プログラミングコンテスト攻略のための

アルゴリズムとデータ構造

会津大学 渡部有隆［著］ Ozy・秋葉拓哉［協力］

Photo: sagrada familia winding staircase
kcconsulting

本書のサポートサイト
本書の補足情報、訂正情報を掲載しています。適宜ご参照ください。
https://book.mynavi.jp/supportsite/detail/9784839952952.html

・本書の内容は会津大学のAizu Online Judge（AOJ）を活用できます。
Aizu Online Judge（AOJ）**http://judge.u-aizu.ac.jp**
AOJは2017年冬より以下の新サイトも利用可能です。
https://onlinejudge.u-aizu.ac.jp/
新AOJのサイトでは本書 第1章(21～36ページ)の内容に変化がありますので、詳しくは以下のオンラインチュートリアルを参照してください。
https://onlinejudge.u-aizu.ac.jp/documents/tutorial.pdf
・AOJの利用は無料ですがユーザ登録が必要です。詳しくはオンラインチュートリアルを参照してください。

はじめよう、アルゴリズムコレクション

本書の概要

本書は、プログラミングコンテストの問題を攻略するための「アルゴリズムとデータ構造」を体得するための参考書です。初級者が体系的にアルゴリズムとデータ構造の基礎を学ぶことができる入門書となっています。

プログラミングコンテストでは、高い数理的能力で上位ランクを得ることができますが、多くの入門者においては基礎アルゴリズムの応用が目の前の問題の攻略に繋がります。つまり、基礎対策をすることでランクを上げることができ（問題が解けて）、コンテストをより楽しむことができます。

基礎対策と言っても辛い勉強ではありません。そこには、体得したスキルで問題を解いていく楽しみ、応用する楽しみ、アルゴリズムとデータ構造を網羅的に「コレクション」していく楽しみがあります。

このような楽しみを体感しながら学習・対策できるように、本書では、コンテストの競技システムに類似した、オンラインジャッジと呼ばれるプログラムの自動採点システムを通してアルゴリズムとデータ構造を獲得していきます。

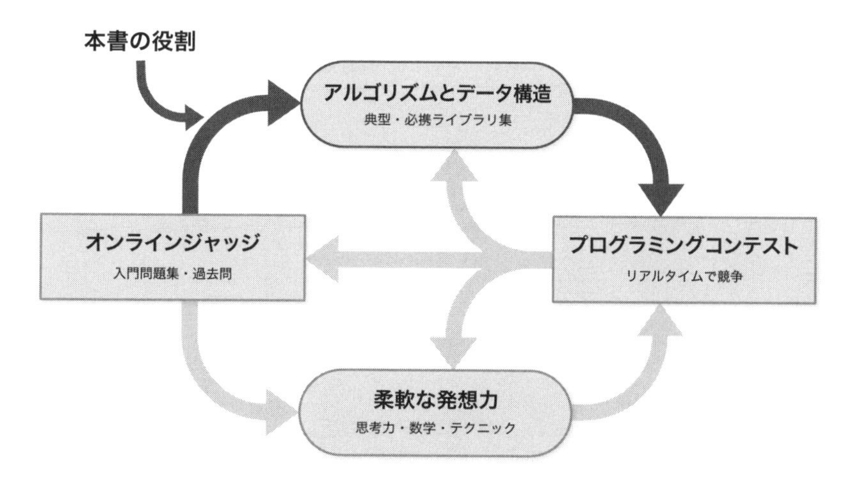

図1: 本書の役割

オンラインジャッジで獲得したアルゴリズムとデータ構造は、知識・ライブラリ[1]の一部としてプログラミングコンテストに活かすことができます。ただし、コンテストで上位になるためには、より高度なアルゴリズムと柔軟な発想力・数理的能力が必要になります。上位ランクインのための本格的なサポートまではできませんが、本書では、オンラインジャッジの活用法とともに、コンテストへ向けた勉強法も簡単に紹介します。

教員の皆様へ

本書は、アルゴリズムの概要と計算効率の概念からはじまり、情報処理技術者・プログラマとして欠かせない汎用的なアルゴリズムとデータ構造に関する問題、解説、模範解答を含んでいます。プログラミングコンテストに特化した参考書としてだけではなく、プログラミングやアルゴリズムとデータ構造に関する科目の教材としてもご活用いただけます。

オンラインジャッジを活用しよう

アルゴリズムとデータ構造は単なる知識ではなく読むだけでは身に付きません。演習問題を解くためのコードを実装してその正しさと性能を確かめる必要があります。しかし、多くの場合、アルゴリズムを組んだプログラムにはバグが含まれてしまいます。仕様に合わない効率の悪いアルゴリズムでプログラムを書いてしまうこともあります。オンラインジャッジは、厳格なテストデータに基づき（このようなテストデータを自分で作成するのは骨が折れます）、プログラムの欠陥の有無を示し、「本当に正しい実装」を通してアルゴリズムとデータ構造を体得することをサポートします。さらに、反復学習により、以下の資質・能力を得られることが期待できます：

- 情報処理技術者・プログラマとして最低限必要な基本的アルゴリズムとデータ構造の幅広い知識が身に付きます。
- プログラマに必要とされる能力を体得することができます。具体的には、文書から要件を正確に理解し、仕様に忠実でバグのないプログラムを意識したコーディングができるようになります。さらに、計算効率・メモリ使用量などの、コンピュータの資源を意識した設計・コーディングができるようになります。

また、魅力的なのは、問題を自力で解決した際に、オンラインジャッジから受ける正解判定が、ささやかな喜びを与えてくれることです。モチベーションを維持しながらゲーム感覚で学習を進めることができます。経験値を得て新しい問題を解決し、さらにその経験が新たな武器となるような反復演習は、ゲームに共通するものがあります。体得したスキル

1　汎用的なプログラムを再利用可能な形で集めたものをライブラリと言います。

はコレクションとなり、プログラミングを１つの趣味として見出すこともできるでしょう。

本書で扱う問題

本書の演習問題は、オンラインジャッジの各問題をイメージした次のようなカードから始まります。

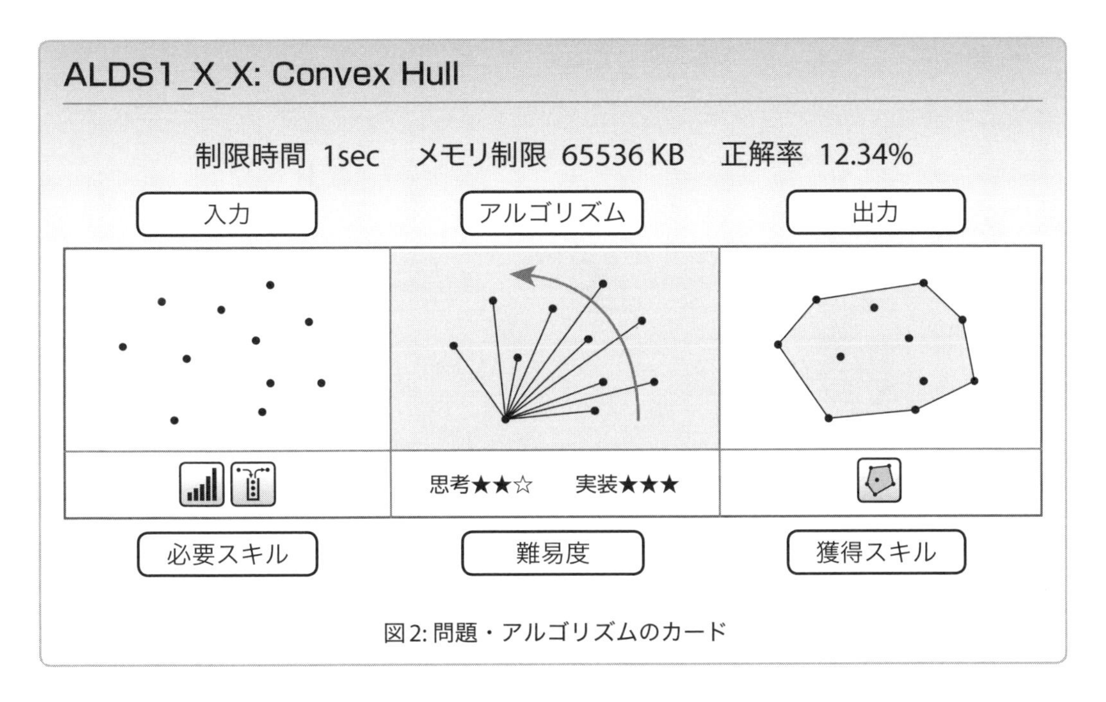

図2: 問題・アルゴリズムのカード

このカードは問題の概要を表すもので、以下の情報から構成されています。

- **基本情報**. オンラインジャッジの問題ＩＤ、タイトル、ＣＰＵ・メモリ制限、正解率などの基本情報が書かれています。制限時間は、提出したプログラムの実行時間です。
- **入力と出力**. どんな入力からどんな出力を行えばよいかを表す簡単なイラストが描かれています。
- **アルゴリズム**. どのようなアルゴリズムで解決するかのビジョンが簡単なイラストで表現されています。「?」と表記されている場合は考える「楽しみ」とします。
- **難易度**. 思考、実装それぞれについての難易度を0.5刻みの５段階の★で表します。★が1ポイント、☆が0.5ポイントです。「思考」のポイントが多いほどアルゴリズムが難しく、「実装」のポイントが多いほどコーディング量が増えます。ただし、コーディング量については、アルゴリズムとデータ構造に関する標準ライブラリを用いなかった場合の実装量を想定しています。

- **必要スキル(アイコン)**．この問題を解くために必要な前提スキルを表します。本書では、必ずしも順番に問題を解く必要はありませんが、各問題の必要スキルを身に付けてから挑戦することを推奨します。
- **獲得スキル(アイコン)**．この問題を解決したときに得られるスキルです。これらは以降に解く問題の必要スキルになっていきます。本書で獲得できるスキルの一覧が付録の472-473ページに掲載されています。

本書のスタート地点で必要な前提スキルは、プログラミングの基礎である「変数」や「四則演算」に加え、おおよそ次の７つです：

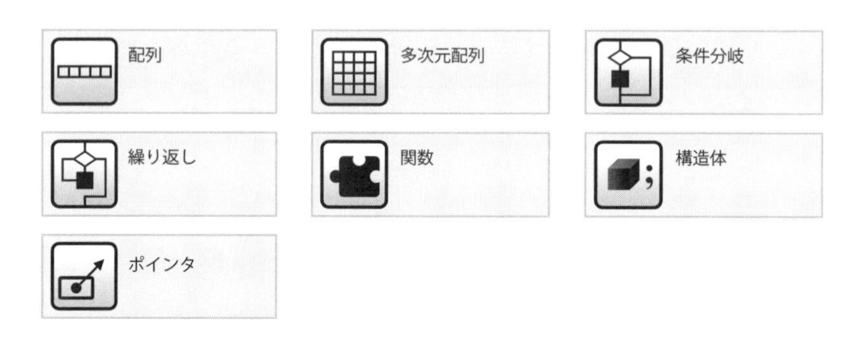

図3: 本書の前提スキル

これらのスキルは、何かしらの言語（C/C++ やJava など）の基礎を一通り学習すれば身に付けることができます。これらの知識に自信がなければ入門書などで予習を行うことをお勧めします。

本書で扱う問題は、情報処理において基礎的かつ汎用的なものです。これらのいくつかは、多くのプログラミング言語で既にライブラリとして提供されているものです。しかし、標準ライブラリの中身を知ることにより、その性能や挙動（何ができて何ができないか）を深く理解することは、それを利用するプログラマにとって必要なことです。

一方、本書ではC++ の標準テンプレートライブラリ（STL）の汎用的なアルゴリズムとデータ構造の使い方も適時紹介します。あわせて、基本的なアルゴリズムとデータ構造を組み合わせ応用することで、やや難しい問題を解くことにもチャレンジします。

本書の活用方法

本書の各章は、次のような項目から構成されています（1. と4. は必要に応じて掲載されるオプションです)。

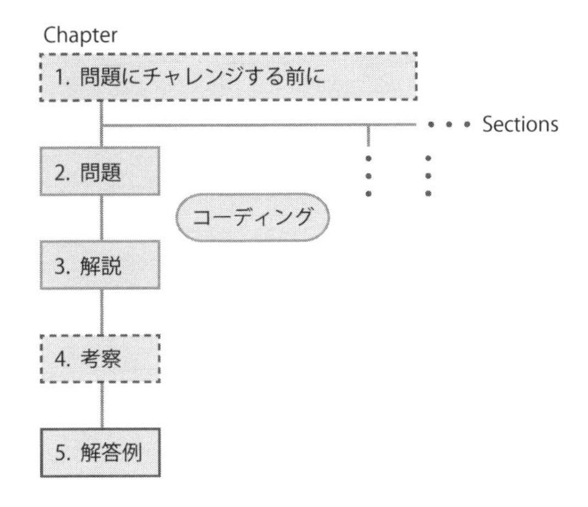

図4: 本書の活用方法

まず、各章の最初でそのテーマに関する用語や概念を簡単に説明します。基礎的なアルゴリズムやデータ構造の概要も紹介します。続くセクションごとに、以下の項目が含まれます。

「問題」は実際に演習でチャレンジする問題で、「解説」にてそれを解くためのアルゴリズムの詳細と実装方法を解説します。これらは「対」として考え、状況に応じてコーディングを行うタイミングを変えてください。例えば、難易度や経験に応じて以下のような学習の順番を想定しています：

- 問題→ 解説→ コーディング→ 考察・解答例
  本書では多くの基礎的問題（基礎的なアルゴリズムの知識を確認する問題）を扱うため、初学者にとっては問題を読んでからすぐにコーディングを行うのは困難です。無理をせずに、「問題と解説」を読んだ後にコーディングにチャレンジしてください。オンラインジャッジでどうしても正解できない場合は解答例を参考にしましょう。また、正解した場合も考察・解答例を確認し、自分の実装方法と比べ、改善点がないか考えてみましょう。
- 問題→ コーディング→ 解説→ 考察・解答例
  問題を読んで、ヒントなしで解けると思ったらコーディングにチャレンジしてみましょう。オンラインジャッジで正解が出たらクリアとなりますが、想定解法から新しい知見を得ることができるかもしれないので、解説や考察も確認してみましょう。

「考察」では、想定解法の計算量や、アルゴリズムの特筆すべき特徴や注意点などを考察します。

「解答例」では、解答例の一つとして、オンラインジャッジで実際に正解できるC またはC++言語のコードを紹介します。各問題について、解法は様々であり、紹介するコードよりもより優れた実装方法が存在することを念頭において、参考にしてください。

目次

Part 1

[準備編]

プロコンで勝つための勉強法

準備編では、これからプログラミングコンテストにチャレンジする方や入門者向けに、少しでも順位を上げるための勉強方法を紹介します。

▶ 本書はオンラインジャッジシステムと密な連携をしているユニークなアルゴリズムとデータ構造の教科書です。自ら実装を行い、正しさの自動的なチェックを受けてから次に進むことで、基礎を着実に身に付けることのできる本になっていると思います（秋葉）。

▶ 初めてプログラミングに触れた頃、何もかもが手探りで相当な時間を無駄にしました。オンラインジャッジシステムが登場し、新しい知識・技術の獲得から実装能力の体得に至るまでのサイクルは劇的に縮まりました。本書を用いた学習法が今後の王道になると確信しています（Ozy）。

1章 オンラインジャッジを活用しよう

オンラインジャッジは、提出されたプログラムの正しさとその効率の自動判定を行うWEBシステムです。24時間インターネットからアクセスして自由に自分のペースで問題を解くことができます。この章では、本書で扱うAizu Online Judgeを中心に、オンラインジャッジを紹介し、その使い方を解説します。

1.1 “プロコン”で勝つための勉強法

プログラミングコンテストの紹介

プログラミングコンテストには様々な大会があります。代表的なものとして、テーマに沿ったアプリケーションを開発してそのアイデアや技術力を競う大会や、ゲームのAI（人工知能）を作成する長期的な大会、短時間で与えられた問題を解く大会などがあります。本書で扱うプログラミングコンテストは、主に「問題を解く」競技形式のコンテストになります。

プログラミングコンテストはおおよそ次のような競技形式で行われます：

- 制限時間内に、与えられた複数の問題を解きます。
- 正解した問題数、あるいは点得の合計によって順位が決まります。
- 問題数や得点が同じ場合は、誤答が少ないあるいはより早く問題を解いたチームが上位になります。

このような競技形式では、様々な難易度の問題が出題されるので、入門者から挑戦することができます。また、順位付けのルールが明確なので、勝者を決める正確なランキングが行われます。プログラミング技術、思考力、アルゴリズムの知識、チームワークを養うことができ、その教育効果が非常に高いアクティビティとなっています。

まずは、代表的なプログラミングコンテストをいくつか紹介します。
学生を対象とした代表的なコンテストとして以下の３つの大会が挙げられます：

- 情報オリンピック
  http://www.ioi-jp.org/
  国際科学オリンピックのひとつで、高校生以下の生徒（個人）を対象とする国際大会です。日本情報オリンピックで優秀な成績を修めた選手が日本代表として選抜され、国際情報オリンピックに出場することができます。情報オリンピックは、優れたアルゴリズムを考えるための高い数理的能力が求められる、とてもレベルの高い大会です。
- パソコン甲子園プログラミング部門
  http://web-ext.u-aizu.ac.jp/pc-concours/
  高校生と高等専門学校生（３年生まで）を対象とする全国大会で、毎年会津大学で開催されています。２人１組のチーム戦です。マシンは１台しか使えないので、チームワークが必要になります。情報オリンピックよりも問題数が多く、典型的なアルゴリズムを応用する問題や実装力を重視する問題が出題されることが特徴です。
- ACM-ICPC（国際大学対抗プログラミングコンテスト）
  http://icpc.baylor.edu/
  計算機科学の分野で最も影響力のある学会のひとつであるACMが主催する、大学対抗のプログラミングコンテストです。３人１組のチーム戦です。３人でマシンは１台しか使えないので、よりチームワークが重要になります。各地で開催されるアジア地区予選で優秀な成績を修めると世界大会へ出場することができます。高度なアルゴリズムの設計に加え、高い実装力とチームワークが求められる大会です。

参加資格に制限がない定期コンテストの場として以下の２つのサイトが挙げられます

- TopCoder（トップコーダー）
  http://www.topcoder.com/
  プログラミングコンテストとソフトウェアのクラウドソーシング[1]を行うサービスです。いくつかの部門があり、その中でも定期的に開催されるSRM（Single Round Match）では、アルゴリズムに関する問題を１時間程度で解きます。記録されていく成績に応じて、各ユーザにはレーティングとそれに応じた「色」が与えられます。トップコーダー攻略ガイド「最強最速アルゴリズマー養成講座」（SBクリエイティブ）も出版されており、学習環境も整っています。
- AtCoder（アットコーダー）
  http://atcoder.jp/

1　企業が、要求するソフトウェアの開発をコンテストとして掲示し、参加者の解答を募ること。

定期的にプログラミングコンテストを開催しています。問題は日本語で、ビギナー向けのコンテストも開催されているので、プログラミングを始めたばかりの方でも気軽に参加することができます。また、企業や学生有志が主催するコンテストなど、非常にレベルの高いコンテストも開催されています。

このようなコンテストの各問題は、プログラミングによって解決することができる課題で様々な分野から出題されます。完成したプログラムを審判（ジャッジシステム）に提出して、正解・不正解の判定を得ます。ジャッジシステムではテストデータによってアルゴリズムの効率と正しさが厳格に検証されます。

このような形式のコンテストで参加者に求められるのは、以下のことをより速く・間違いのないように行うことです：

- ▶ 問題文（仕様）を理解する。
- ▶ 十分効率の良いアルゴリズムを考える。
- ▶ プログラムを作成する。
- ▶ バグを修正する（なるべくバクを埋め込まないプログラムを書く）。

どんな対策が必要？

上記のことから、プログラミングコンテストで順位を上げるための対策として必要なことは主に以下の３つになります：

1. プログラミング言語

- ○ コンテストで最低でも１問解くためには、プログラミング言語の基本文法を知っている必要があります。多くのプログラミングコンテストでC/C++/Javaを使用することができます。どれでもいいので、１つの言語を選んで、変数・標準入出力・分岐処理・繰り返し処理・配列などの基本構文を習得しておきましょう。本書では、C++言語を推薦し、主にC++による解答プログラムを紹介します。

2. 基礎的なアルゴリズムの知識とライブラリの活用

- ○ 初級から中級レベルまでは、多くの場合基本アルゴリズムとデータ構造、それらに関する既存ライブラリの活用で問題を解くことができます。正しくかつ効率の良いアルゴリズム・データ構造を知っていれば（持っていれば）、バグを作らずより速く解くことに繋がります。
- ○ 高等的なアルゴリズムやデータ構造でも、コンテストに出題される可能性があるものをライブラリとして持っておけば、それらを再利用するチャンスはより多くなります。

3. 柔軟な発想力とより高度なアルゴリズム

○上位入賞を目指すには、高度な思考力と発想力に加え、より幅広い知識と高い実装力が必要になります。本書では対応できませんが、参考文献の「プログラミングコンテストチャレンジブック（マイナビ）」でより高度なアルゴリズムやコーディングテクニックを幅広くマスターすることができます。

どうやって対策するの？

プログラミングコンテストの対策として、本を読むことや、過去問を解いてみることが考えられますが、コーディングの実践と反復練習（数をこなす）は不可欠になります。対策として、以下の２つの方法をお勧めします。

▶ 定期コンテストに出場する

○強くなるための最も効果的な方法のひとつは、定期開催のコンテストに出場して、終了後に必ず復習することです。本番で解けなかった問題（自分のレベルより一歩先の問題）に絞って、解説や模範解答を参考にしながら復習すると、無理なくモチベーションを保てるでしょう。AtCoder、Codeforces、TopCoder、UVa オンラインジャッジ等が定期コンテストを開催しているので、積極的に参加しましょう。

▶ オンラインジャッジを活用する

○ある程度基礎を固めてからコンテストに参加したい、定期的にコンテストに参加することが難しい、マイペースで自分にあった問題をたくさん解きたいときなどはオンラインジャッジを活用しましょう。次の節でオンラインジャッジを使う意義と活用方法を詳しく紹介します。

オンラインジャッジをフル活用!

オンラインジャッジの活用には以下の３つの意義があります。

▶ コンテスト同様の自動審判システム：厳格にジャッジされることに慣れよう

○特に入門者は、コンピュータが自動で行うジャッジのシステムに慣れる必要があります。問題の仕様を満たす様々な入力データに対して正しい出力を行うプログラムを作成しなければなりません。アルゴリズムの間違いや、ささいなコーディングミスでも不正解になってしまうことを体感しましょう。コーナーケースを考慮して、どのような入力に対しても正しく動作するプログラムを常に意識しましょう。

○コンテストでは、制限を超えたCPUやメモリを使用する効率の悪いアルゴリズムのプログラムは不正解と判定されます。入力の制約を基に、考えたアルゴリズムの計算量を見積もり、どのような計算が実機でどのくらいのリソースを使用するかを感覚（経験）として知っておきましょう。

▶ 整理されたコース問題と豊富な過去問題が収録：数をこなして知識を獲得しよう

○ プログラミング言語を１つ覚えたら、基本アルゴリズムの知識を獲得しましょう。アルゴリズムの理解とコーディングの正しさの確証を得るためにオンラインジャッジを活用することができます。体系的に整備されたオンラインジャッジのコース問題を活用すれば、短期間で網羅的な基本アルゴリズムとデータ構造、典型問題に対する解法を習得することができます。

○ 過去問にチャレンジして、幅広い問題に対するテクニックを蓄積しましょう。過去問を解く際にはいくつかの注意点があります。まず、類似問題にチャレンジする場合は、コードを洗練することを意識して反復練習をしましょう。十分満足のいくコードができたら、それを類似問題に対するテンプレートとして活用しましょう。また、自分のレベルにあった質の良い問題を選びチャレンジすることが大切です。有志によって非公式難易度表（ICPC・JAG等）もまとめられているので、是非活用しましょう。

▶ 全国からたくさんのユーザが登録：ライバルと競争してお互いに学び合おう

○ オンラインジャッジには全世界から多くのユーザ（ライバル）が登録しており、各ユーザの問題数（解答状況）やレーティング、各分野のステータスなどが公開・更新されています。ライバル（友達）を決めてその人との差を意識してオンラインジャッジを活用してみましょう。例えば、ライバルがチャレンジしている問題に絞って、問題を埋めていくことで、モチベーションを維持することができます。AOJ-ICPC (http://aoj-icpc.ichyo.jp/) のような便利なツールも公開されていますので是非活用しましょう。

○ 一方、他のユーザが公開しているソースコードを参考にして、自分の解答をより洗練することができます。自分が正解した問題でも、強い人のコードを参考にして自分のコーディング力を磨いていきましょう。

1.2 オンラインジャッジとは

オンラインジャッジシステムにはたくさんの問題が収録されています。ユーザは問題文に書かれている仕様や制限（CPU時間やメモリ使用量）を満たすプログラムを作成します。各問題に対するプログラムのソースコードをオンラインジャッジに提出すると、「仕様に基づいた入力データに対して正しい出力を行っているか」、「指定された制約内で処理を行っているか」を自動で判定し、即座に結果をフィードバックしてくれます。

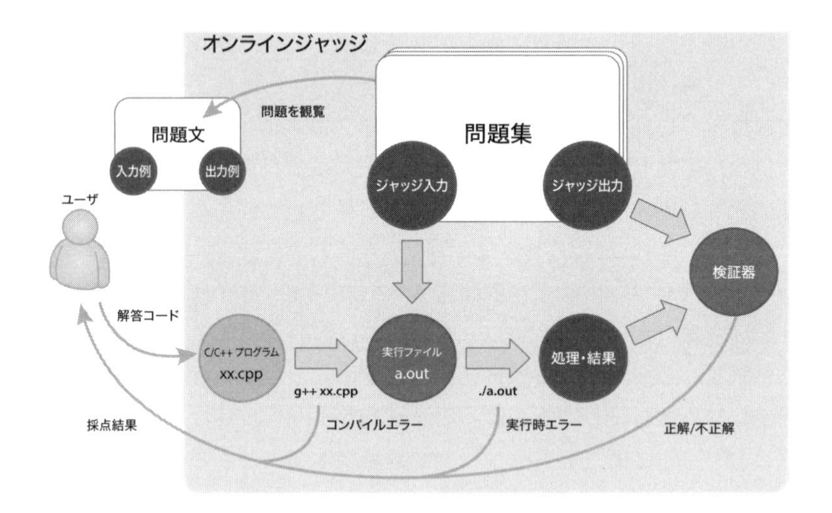

図1.1：オンラインジャッジの概要

図のように、オンラインジャッジはコンパイル・実行から、ジャッジデータを使ったテストまでを自動で行ってくれます。各問題には複数の入力データ（ジャッジ入力）とそれに対する正しい出力データ（ジャッジ出力）が準備されており、提出されたプログラムにジャッジ入力を与えて実行した出力結果が、対応するジャッジ出力と一致するかどうかを検証します。

国内では、会津大学のAizu Online Judge、競技プログラミングの定期コンテストを開催しているAtCoder[2]などが知られています。

2 http://atcoder.jp/

本書では主にAizu Online Judge（以下AOJと略します）のコース問題を題材にして学習を進めます。次のURLからAOJのページにアクセスしてみましょう。

`http://judge.u-aizu.ac.jp`

またAOJは2017年冬より以下の新サイトも利用可能です。

`https://onlinejudge.u-aizu.ac.jp/`

新サイトでは（21～36ページ）の内容に変化がありますので、詳しくは以下のオンラインチュートリアルを参照してください。

`https://onlinejudge.u-aizu.ac.jp/documents/tutorial.pdf`

図1.2：AOJ ホーム（judge.u-aizu.ac.jp）

以降36ページまではjudge.u-aizu.ac.jpの解説になっています。

まずは、ページ右上の国旗のアイコンをクリックして、サイトの表示言語を設定します。日本語または英語を選択することができます。AOJのホームには、最近の提出状況、お知らせ、掲示板の最新書き込み情報などが表示されています。

AOJは機能ごとにいくつかのページから構成されています。次のようにページ上部ヘッダのメニューからそれぞれのページへ移動することができます。

図1.3：AOJの基本メニュー

ヘッダのリンクから各メニューを選択することができます。各メニューは以下のページへのリンクになっています。メニューにマウスをのせるとサブメニューが開きます。

- **問題セット**．問題が分類されてまとめられたページへの入り口です。本書で題材にする問題セットについては1.4節で詳しく確認します。
- **ランキング**．サイト内ユーザのランキング（順位）ページです。本書では扱いませんが、問題の解答状況でユーザのランキングが行われています。
- **ステータス**．提出プログラムの判定結果一覧です。詳しくは1.5節で確認します。
- **コンテスト**．本書では扱いませんが、過去に開催されたプログラミングコンテスト、開催予定のコンテストなどの情報を閲覧することができます。
- **コース**．アルゴリズムやプログラミングの導入として、基本的な問題を順番に解いていくためのコースです。本書で題材にする問題セットについては1.4節で詳しく確認します。

1.3 ユーザ登録する

オンラインジャッジにプログラムを提出するためには、ユーザ登録を行う必要があります。ユーザ登録はページ上部のヘッダメニュー右上の「登録・設定」ボタンから行います。ボタンを押すとサブメニューが現れますので、さらに「登録・設定」リンクへ進んでください。次のような新規ユーザ登録ページが表示されます。

図1.4：ユーザ登録ページ

ユーザ登録を行う前に、右上リンクより、プログラムの提出に関する注意事項を確認してください。登録に必要な情報は、ユーザID、パスワード、名前、所属（学校名や勤務先等）です。各入力右側の注意事項に従って必要事項を入力し、送信ボタンを押します。正しい入力が行われ「ご登録ありがとうございます」というメッセージが表示されれば登録完了となります。

ヘッダメニューのログインボタンを押すとサブメニューが現れるので、登録したユーザIDとパスワードを入力し、Sign In（ログイン）ボタンを押してください。

ポイント

AOJでは、ログインを行わなくても問題を閲覧しプログラムを提出することができますが、ログイン後は以下の機能面で便利になります：

- 自分がすでに解いている問題や進捗を把握することができます。
- 自分が提出したソースコードを閲覧することができます。
- 掲示板の投稿やタグ付け、ブックマーク機能などを利用することができます。
- その他の詳しい機能については、チュートリアル[3]をご覧ください。

3 https://onlinejudge.u-aizu.ac.jp/documents/tutorial.pdf

1.4 問題を閲覧する

1.4.1 問題の種類

AOJには基本的な問題や各種コンテストの過去問などが収録されています。本書で題材にする演習問題へのアクセスは2通りあり、以下のファインダーまたはコースを用います。

次のように、メニューの「問題セット」にマウスポインタを合わせると、出典やレベルによって問題がまとめられているファインダーのリストが表示されます。

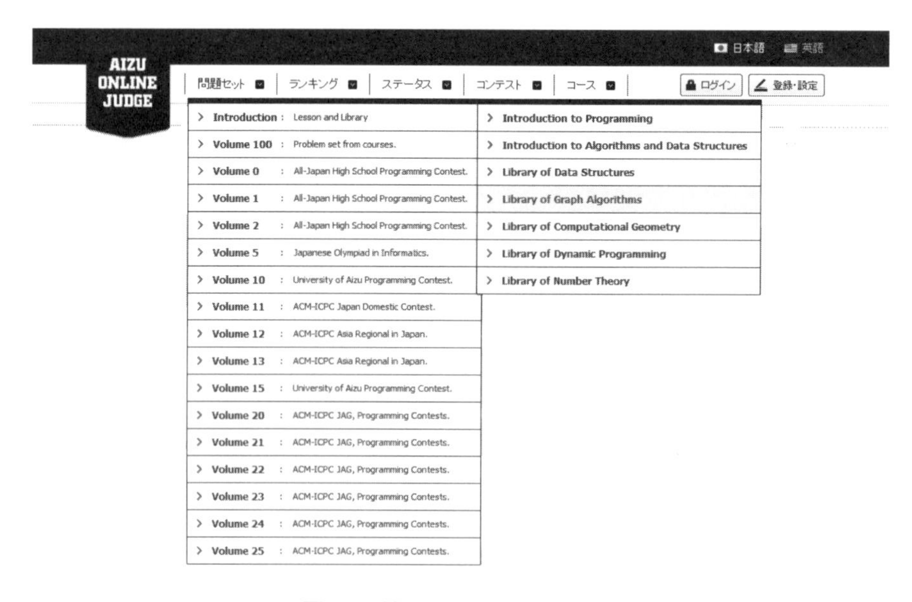

図1.5：問題セットのリスト

AOJの多くの問題はVolume 0 - Volume 26に収録されています。本書ではこれらの問題は扱いませんが、ここではこれらを「チャレンジ問題」とよぶことにします。本書では、リストのトップのIntroductionに含まれる「コース問題」を演習問題として用います。Introductionはさらにいくつかのコースのリストになっており、以下の問題セットが含まれています：

- Introduction to Programming にはプログラミング入門のための課題が収録されています。
- Introduction to Algorithms and Data Structures にはアルゴリズムとデータ構造の課題が収録されています。本書前半の演習問題に対応します。

- Library of ○○○ にはライブラリ作成の参考となる問題が収録されています。本書後半の演習問題に対応します。

1.4.2 ファインダーから探す

他のユーザの正解率などを確認しながら、問題の一覧から問題を選択したい場合はファインダーを使います。問題セットのリストから次のようなファインダーに移動します。

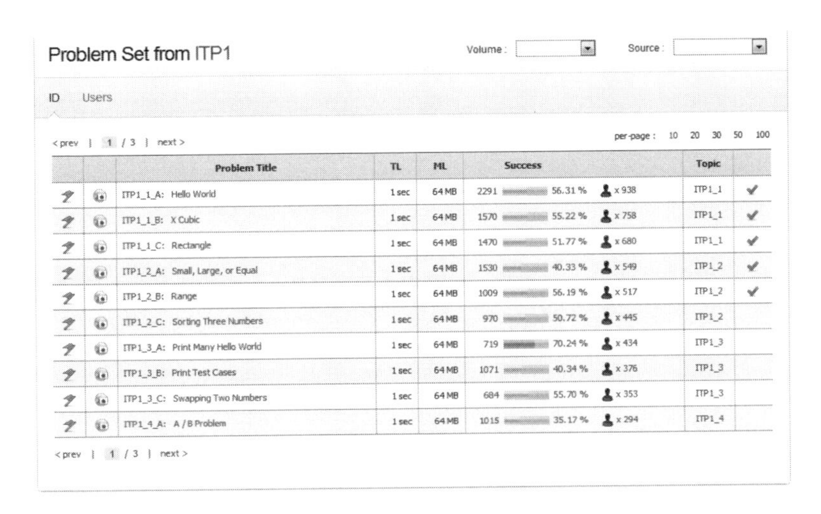

Problem Set from ITP1　Volume :　Source :

ID　Users

< prev | 1 / 3 | next >　per-page : 10 20 30 50 100

		Problem Title	TL	ML	Success		Topic	
		ITP1_1_A: Hello World	1 sec	64 MB	2291 56.31 %	x 938	ITP1_1	✔
		ITP1_1_B: X Cubic	1 sec	64 MB	1570 55.22 %	x 758	ITP1_1	✔
		ITP1_1_C: Rectangle	1 sec	64 MB	1470 51.77 %	x 680	ITP1_1	✔
		ITP1_2_A: Small, Large, or Equal	1 sec	64 MB	1530 40.33 %	x 549	ITP1_2	✔
		ITP1_2_B: Range	1 sec	64 MB	1009 56.19 %	x 517	ITP1_2	✔
		ITP1_2_C: Sorting Three Numbers	1 sec	64 MB	970 50.72 %	x 445	ITP1_2	
		ITP1_3_A: Print Many Hello World	1 sec	64 MB	719 70.24 %	x 434	ITP1_3	
		ITP1_3_B: Print Test Cases	1 sec	64 MB	1071 40.34 %	x 376	ITP1_3	
		ITP1_3_C: Swapping Two Numbers	1 sec	64 MB	684 55.70 %	x 353	ITP1_3	
		ITP1_4_A: A / B Problem	1 sec	64 MB	1015 35.17 %	x 294	ITP1_4	

< prev | 1 / 3 | next >

図1.6：ファインダー：問題リスト

ファインダー右上部のプルダウンメニューVolume、Sourceで絞り込みの方法を変更することができます。Volume はコンテストの過去問を問題IDを基準にまとめたチャレンジ問題のリストです。Source はコンテストやコースの出典キーワードで問題をまとめたリストです。

問題リストでは各問題の制限時間・メモリ、正解率、自分が正解しているかのチェックを確認することができます。

1.4.3 コースから探す

問題が分類されたトピックごとに、自分視点の進捗度・スコアを確認しながら問題を選びたい場合はコースを使います。AOJヘッダメニューのコースがコースリストへのリンクとなっています。コースを選ぶと次のようなトピックリストが表示されます[4]。

Algorithms and Data Structures I - -

Topics　Problems　Submit　Status

#	Topics	Progress	Score
1	Getting Started	70 %	280 / 400
2	Sort I	75 %	300 / 400
3	Elementary data structures	75 %	300 / 400
4	Search	0 %	0 / 400
5	Recursion / Divide and Conquer	25 %	100 / 400
6	Sort II	0 %	0 / 400
7	Tree	0 %	0 / 400
8	Binary search trees	0 %	0 / 300
9	Heaps	0 %	0 / 300
10	Dynamic Programming	0 %	0 / 300
11	Graph I	0 %	0 / 300
12	Graph II	0 %	0 / 300
	Total Score	22 %	980 / 4300

図1.7: コース：トピックリスト

各コースはいくつかのトピックから構成されており、それぞれの達成度（%）とスコアを確認することができます。次のように、各トピックはいくつかの問題リストで構成されています。トピック名が問題リストへのリンクとなっています。問題リストでは、各問題の現時点での得点を確認することができます。

Algorithms and Data Structures I - Getting Started -

Topics　Problems　Submit　Status

ID	Title	Time Limit	Memory Limit	Solved Users	Score
A	Insertion Sort	1 sec	64 MB	639	100 / 100
B	Greatest Common Divisor	1 sec	64 MB	628	80 / 100
C	Prime Numbers	1 sec	64 MB	491	100 / 100
D	Maximum Profit	1 sec	64 MB	149	0 / 100

図1.8：コース：問題リスト

4 新サイトのページに移動しますが、ほぼ同じ構成内容となっています。

1.5 問題を解く

1.5.1 問題文を読む

ファインダーまたはトピックの問題名(リンク) から問題ページを開きます。次の図は問題文の例です。

図1.9：問題文の例

問題ページはヘッダと本文から構成されています。ヘッダには問題に関する以下の基本情報が含まれています。

- 制限. 問題を解答するために利用できるCPU の時間とメモリ量が指定されています。提出プログラムの実行時間やメモリ使用量がこれらの値を超えると不正解となります。
- 言語切り替え. 英語がサポートされている問題はまず英語の問題文が表示されます。日本語の問題を読む場合は「English / Japanese」の Japaneseをクリックします。
- メニューリンク. 次のように、ヘッダ右上のアイコンはその問題に関する詳細ページへのリンクまたはアクションになっています。

表1.1：問題文メニュー

アイコン		リンクまたはアクション
	提出	プログラムの提出フォームを開きます。詳しくは事項で確認します。
	統計	問題に対する統計情報ページへ移動します。統計情報ページでは、正解率、正解者リストとランキングを閲覧することができます。
	掲示板	問題に関する議論やアナウンスが行われている掲示板へ移動します。
	解答例	解答例のページへ移動します。公開されている正解ソースコードを閲覧することができます。
	タグ	問題に関連付けられたアノテーションページへ移動します。カテゴリタグやブックマークを閲覧・追加することができます。

本文には以下の内容が記載されています。

- **問題文.** 問題の内容が書かれています。問題文に定義された仕様を満たすプログラムを作成しなければなりません。
- **入力の説明.** 問題の入力に関する説明が書かれています。プログラムはここで定義されている入力形式で入力データを読み込まなければなりません。特に指定がない限り「標準入力」から読み込みます。
- **出力の説明.** 問題の出力に関する説明が書かれています。プログラムはここで定義されている形式で出力を行わなければなりません。特に指定がない限り「標準出力」へ出力します。
- **制約.** 問題には問題の入力値の範囲や制約が記述されています。判定用のデータに用いられるデータサイズの上限等が明記されているので、アルゴリズムの設計のために参考にします。
- **入出力例.** 入力例は、審判データとして与えられる入力の「例」であり、入力の説明で定義された形式に従っています。出力例は入力例に対する正しい出力を示します。

ポイント

入力例・出力例で示されるデータは、問題の入出力の「形式」を確認するためのものであって、簡単な例であることに留意してください。出力例と一致したプログラムが正解になるとは限りません。提出されたプログラムはより厳格でサイズが大きいデータを用いて判定されます。

ポイント

一般的にオンラインジャッジでは、解答プログラムの出力値が厳密にチェックされます。入力をうながすメッセージ出力やデバッグ出力などを残さないように注意してください。また、余分な空白・改行を出力する、あるいは必要な空白・改行が不足していると不正解と判定される場合もありますので注意が必要です。

1.5.2 プログラムを提出する

問題ページの提出アイコンをクリックすると提出フォームが現れるので、必要な項目を入力します[5]。ここでは先ほどの問題例に対応した「1つの整数xを入力し、xの3乗を出力する」というプログラムを作成して提出してみましょう（※ただし、下図のフォームのプログラムは、xの2乗を出力し、意図的に間違いを含めています）。

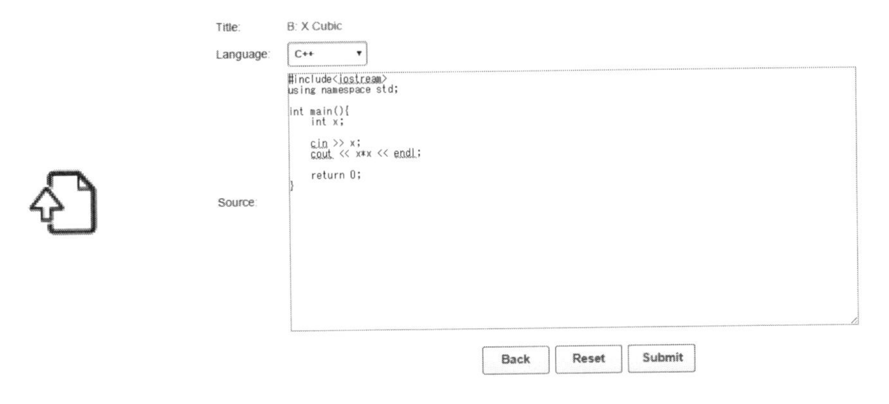

図1.10：プログラムの提出フォーム

提出フォームは以下の項目を含みます。

- **ユーザ情報.** ユーザIDとパスワードを入力します。これらはログインしている場合は自動的に入力されます。
- **問題番号・タイトル.** これから提出するプログラムが解く問題の番号・タイトルが表示されます。
- **使用プログラミング言語.** 提出するプログラムの言語を選択します。AOJではC, C++, Java,

5 問題の分類によってデザインが異なりますが、同じ機能を持ちます。

C#, D, Ruby, Python, PHP, JavaScript, Rust, Go, Haskell, Scala, Kotlinなどで書かれたプログラムを提出することができます。

▶ ソースコード．プログラムのソースコードを貼り付けます。プログラムを作成したエディタなどからソースコードをコピー＆ペーストして貼り付けてください。

ポイント

解答プログラムは直接提出フォームに書きこむのではなく、普段使用しているお好みのエディタなどでコーディングし、動作を確認した上で貼り付けましょう。様々な機能拡張が行えるエディタ（Emacs など）を利用することを推奨しています。また、AOJでは下記リンクからオンラインのエディタを提供しています。
https://onlinejudge.u-aizu.ac.jp/services/ice/

　以上の入力項目を埋めたら、提出フォーム下部の提出（Submit）ボタンを押してプログラムを提出します。リセット（Reset）ボタンでソースコードをクリアし、キャンセル（Cancel）ボタンでフォームを閉じることができます。提出フォームに正しく必要事項を入力し、提出ボタンを押すと判定結果ページへ遷移します。

1.5.3 判定結果を確認する

プログラムの判定結果は、次のような最近のジャッジ結果を表示するステータスリスト内に表示されます[6]。

	Run#	Author	Problem	Status	Score	Language	CPU Time	Memory	Size	
<	1071495	db2	ITP1_1_B	✔ : Wrong Answer	25	C++	0.00 sec	1164 KB	123 B	>
<	1071493	db2	ITP1_1_A	: Wrong Answer	0	C++	0.00 sec	1160 KB	120 B	>
<	1058755	db2	ITP1_1_A	✔ : Accepted	100	C++	0.00 sec	1112 KB	80 B	>
<	1058746	db2	ITP1_1_A	: Wrong Answer	0	C++	0.00 sec	1112 KB	81 B	>
<	1040455	db2	ITP1_1_A	: Wrong Answer	0	C++	0.00 sec	1040 KB	51 B	>
<	1001471	db2	ITP1_1_C	: Runtime Error	0	JAVA	0.00 sec	0 KB	7 B	>
<	998836	db2	ITP1_1_A	: Time Limit Exceeded	0	C++	20.00 sec	844 KB	24 B	>
<	980821	db2	ITP1_1_D	✔ : Accepted	100	C++	0.00 sec	1164 KB	193 B	>
<	980820	db2	ITP1_1_D	: Wrong Answer	0	C++	0.00 sec	1164 KB	193 B	>
<	949879	db2	ITP1_1_A	: Runtime Error	0	Python	0.02 sec	4308 KB	46 B	>
<	949457	db2	ITP1_1_B	✔ : Accepted	100	Python	0.02 sec	4176 KB	18 B	>
<	746843	db2	ITP1_1_A	✔ : Accepted	100	C++	0.00 sec	1076 KB	75 B	>
<	701415	db2	ITP1_1_B	✔ : Wrong Answer	25	C++	0.00 sec	1160 KB	87 B	>

図1.11：判定結果画面

ステータスリストには提出・採点状況が新しい順に表示されています。ここでは、例として間違ったプログラムを提出したのでStatusに“Wrong Answer”と表示されます。

リストには主に以下の情報が含まれています。

- **Run#.** 各提出プログラムに割り当てられる固有のIDです。審査結果やソースコードはこのIDによって管理されます。Run#をクリックすると、審査結果の詳細ページへ移動します。
- **提出者.** 提出者のユーザIDです。クリックするとユーザ情報のページへ移動します。
- **問題.** プログラムに対応した問題番号です。クリックすると問題ページへ移動します。
- **結果.** 提出プログラムの判定結果です。判定は以下の状態のいずれかであり、上から順番にチェックされ結果が決定されます：

6 問題の分類によってデザインが異なりますが、同じ機能を持ちます。

表1.2：判定結果

状態	意味
In Queue	提出プログラムがキューに追加されました。ジャッジサーバに送られるまで待機中です。
Waiting Judge	プログラムを実行中です。判定結果待ちです。ブラウザをリロードするかこのリンクをクリックしてください。
Judge Not Available	一時的に判定を行うことができません。データが準備中かシステムによって制限された場合等に判定不可となります。
Compile Error	提出されたプログラムのコンパイルに失敗しました。Compile Error のリンク先を確認してください。
Runtime Error	提出されたプログラムの実行中にエラーが発生しました。不正なメモリアクセス、スタックオーバーフロー、ゼロによる割り算など多くの原因が考えられます。また、main 関数は必ず0を返すようにしてください。
Time Limit Exceeded	制限時間を超えました。不正解です。問題に指定された制限時間内にプログラムが終了しませんでした。
Memory Limit Exceeded	制限メモリ使用量を超えました。不正解です。提出されたプログラムは、問題に指定された以上のメモリを使用しました。
Output Limit Exceeded	提出されたプログラムは、制限を越えたサイズの出力を行いました。不正解です。
Wrong Answer	不正解です。提出されたプログラムは審判データと異なる出力データを生成しました。あるいは、検証器（special judge）が不正解と判断しました。
WA:Presentation Error	出力の形式が誤っています。提出されたプログラムは、正しい計算結果を出力していますが、余計な空白や改行を行っていたり、あるいは必要な空白や改行を出力していません。
Partial Points	上記不正解の状態において、部分点が得られている場合に付加されます。リスト内に部分点が表示されます。
Accepted	正解です。提出されたプログラムは上記すべての審査において拒否されなかったため、“受理”されました。

- 言語．提出されたプログラムの言語です。リンクからバージョンの情報などを確認することができます。
- CPU使用時間．提出プログラムが該当問題の審判データに対する結果を出力するのに要した秒単位の時間です。AOJでは制限時間＋1秒程度の間（※言語によって緩和されます）プロ

グラムを走らせます。複数の審判データファイル（テストケース）がある場合は、その結果の中で最大のものが表示されます。

- **メモリ使用量**. 提出プログラムが該当問題の審判データに対する結果を出力するのに要したキロバイト単位のメモリ使用量です。複数の審判データファイルがある場合は、その結果の中で最大のものが表示されます。
- **コード長**. 提出プログラムのバイト単位のサイズです。
- **提出日時**. プログラムが提出された日時です。

判定結果のRun#または結果（Status）リンクから次のような判定結果詳細ページへ移動します。

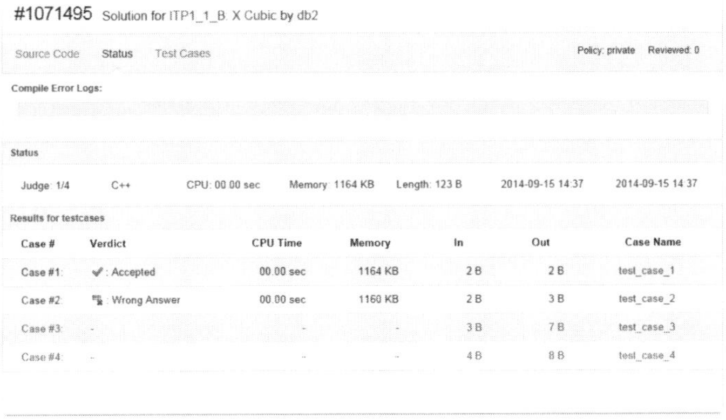

#1071495 Solution for ITP1_1_B: X Cubic by db2

Source Code　Status　Test Cases　　Policy: private　Reviewed: 0

Compile Error Logs:

Status

Judge: 1/4　C++　CPU: 00.00 sec　Memory: 1164 KB　Length: 123 B　2014-09-15 14:37　2014-09-15 14:37

Results for testcases

Case #	Verdict	CPU Time	Memory	In	Out	Case Name
Case #1:	✔: Accepted	00.00 sec	1164 KB	2 B	2 B	test_case_1
Case #2:	: Wrong Answer	00.00 sec	1160 KB	2 B	3 B	test_case_2
Case #3:	-	-	-	3 B	7 B	test_case_3
Case #4:	-	-	-	4 B	8 B	test_case_4

図1.12：判定結果詳細ページ

詳細ページでジャッジからのメッセージ（主にコンパイルエラー）を確認することができます。オンラインジャッジでは、複数の審判データファイル（テストケース）で正誤・性能判定が行われます。判定結果詳細ページでは、各テストケースごとの判定結果と性能を確認することができます。

審判結果詳細ページの入出力ファイルへのリンク、または詳細タブをクリックすると、次のようなテストケース確認ページへ移り、審判データとして利用されたテストケースを確認することができます（未公開のデータもあります）。

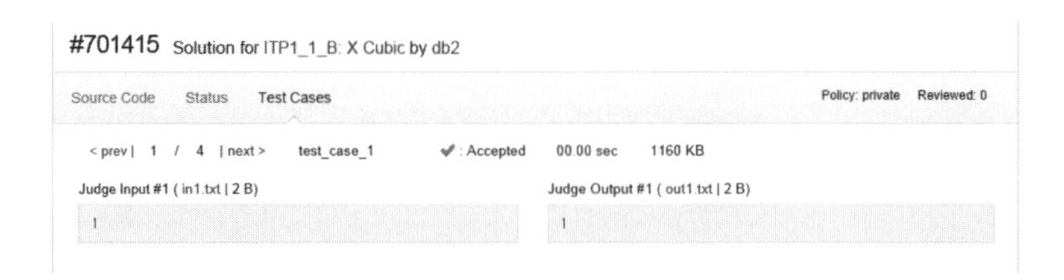

図1.13：テストケースの確認（ケース１）

ページ左側にジャッジで利用された各テストケースの入力データ、右側に対応するテストケースの出力データ（正しい答え）が表示されます。ここでは、1つ目のテストケースではAccepted（正解）されていることを示しています。

矢印ボタン（リンク）でテストケースを変更することができます。

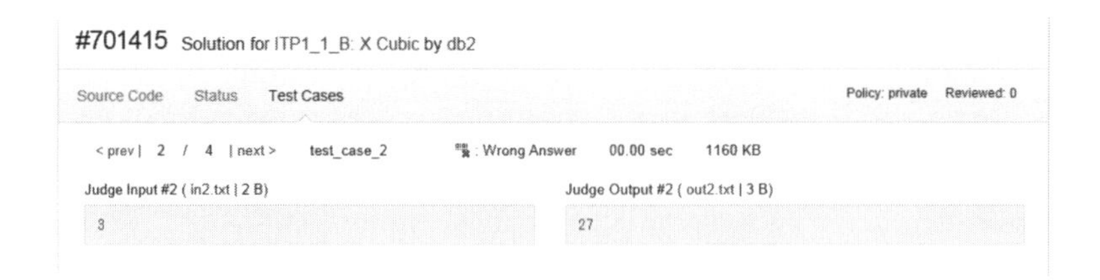

図1.14：テストケースの確認（ケース２）

ここでは、２つ目のテストケースでWrong Answerになっていることを示しています。入力が3のときは27と出力しなければなりませんが、提出したプログラムは正しい出力を行っていません。プログラムを修正してStatusがAcceptedになることを確認してみましょう。

ポイント

オンラインジャッジでは審判結果にかかわらず何度でも再提出を行うことができます。正解するまで、あるいは納得のいく性能や順位が得られるまで、何度でもチャレンジしましょう。

1.6 マイページ

マイページ（ユーザページ）では自分や他のユーザのステータスを閲覧することができます。次のように、チャレンジ問題のステータスは正解問題数、レーティング、レーダーチャートで表された各分野の進捗、などを閲覧することができます。

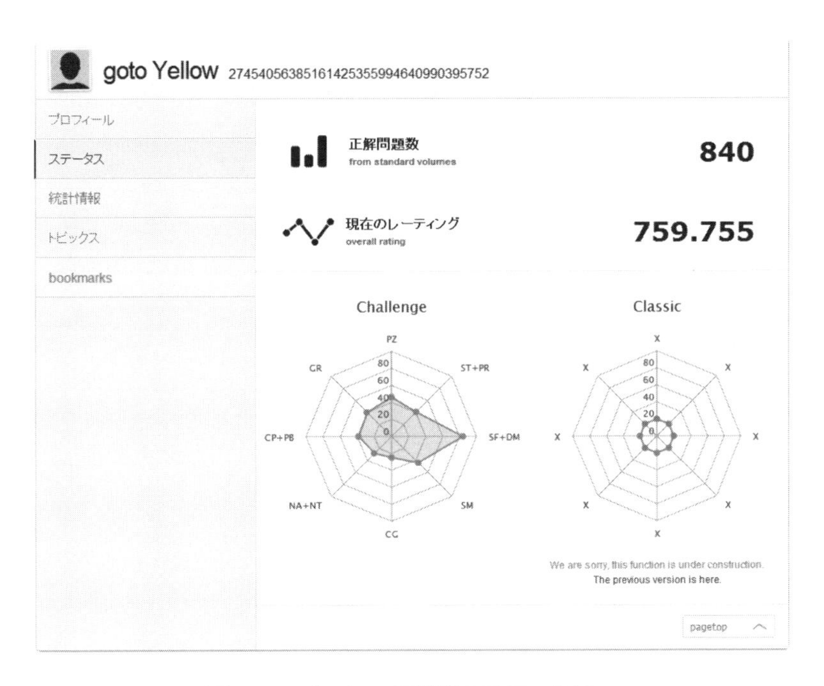

図1.15：チャレンジ問題のステータス

ポイント

これらのチャレンジ問題に関するステータスやランキングには、本書のコース問題の結果は反映されませんが、アルゴリズムとデータ構造の基本を身に付けたら、是非チャレンジしてみてください。

一方、次のように、トピックスリンクからコースの各トピックの進捗度の一覧を閲覧することができます。

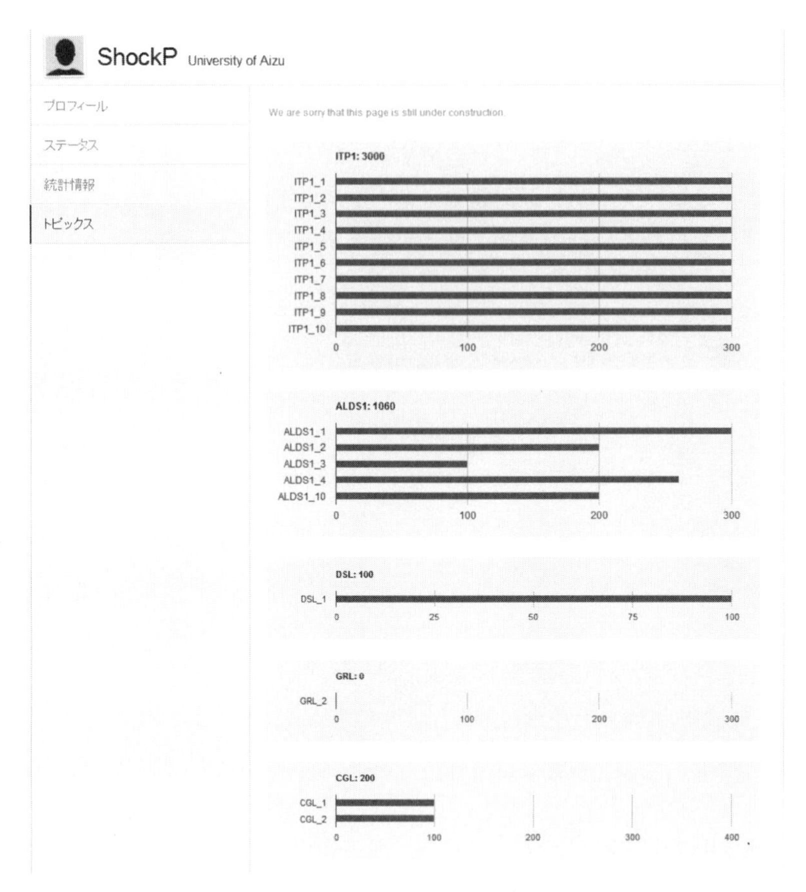

図1.16：トピックス進捗率

1.7 本書での活用方法

本書で扱う演習問題は、コースAlgorithms and Data Structures I に含まれる全47問およびLibrary of ○○○に含まれるいくつかの精選問題となっています。本書の各所にこれらの演習問題が指定されていますので、問題ID を参考にAOJ の問題ページを閲覧してチャレンジしてください。

各問題のプログラムを作成したらフォームから提出し、採点結果を確認してください。スコアや進捗を確認しながら目標を設定し、自分のペースで問題を解くことを楽しんでください。

Part 2

[基礎編]

プロコンのための
アルゴリズムとデータ構造

基礎編では、基本的なアルゴリズムとデータ構造を学習し、それらに関する問題を解いていきます。ここで取りあげるアルゴリズムやデータ構造は、汎用性があるもので、標準ライブラリとして提供されているものも多くありますが、以下の点で学ぶ意義があります。

- 類似しているにもかかわらず標準ライブラリでは対応できない処理に対して、自分で応用する力を鍛えることができます。
- 長所・短所と計算量を知ることで、適切なアルゴリズムの選択ができ、不具合が発生したときにも対処することができます。
- 言語やライブラリの使い方だけで満足せず、アルゴリズムを自ら実装するよい練習課題となります。

2章

アルゴリズムと計算量

基本的なプログラミング言語の構文や書き方を一通り習得すると、それらを組み合わせることによって様々な問題を解決することができるようになります。問題解決においては、特定の言語のルールに関する知識よりも、問題を「どのような手順」で解決するか、つまりアルゴリズムを設計する能力が求められます。

この章では、簡単な問題を用いてアルゴリズムとその計算量について導入を行います。

2.1 アルゴリズムとは

アルゴリズムは「算法」や「演算手順」などと直訳することができますが、広い意味では「あることを達成するための手順」のことです。「朝起きて→着替えて→朝食を食べて→自転車で学校へ行く」という日常の行動も一種のアルゴリズムです。コンピュータの世界では、データ処理、数値演算、組み合わせ計算、シミュレーションなどの問題を解決するための手順をアルゴリズムと呼びます。

厳密には、アルゴリズムは問題に対する正しい出力を行い「停止する」、明確に定義された規則です。世の中に存在する問題に応じて、アルゴリズムは無数に存在しますが、その選択によって計算時間が大きく変わってきます。新しいシステムを開発したり、問題を解決する際、先人たちによって研究開発された数々の古典的なアルゴリズムを利用・応用することで、効率的に問題を解決することができます。また、アルゴリズムを自ら考える必要がある場合でも、それらの考え方を応用することができます。

2.2 問題とアルゴリズムの例

簡単な問題を通して、アルゴリズムの例をみてみましょう。

問題: Top 3

10人分のプレイヤーの得点が記録されたデータを読み込んで、その中から上位3人の得点を順に出力してください。ただし、得点は100点満点とします。

入力例

```
25 36 4 55 71 18 0 71 89 65
```

出力例

```
89 71 71
```

この問題をプログラムとして実装することを考えます。このような単純な問題に対しても以下のようにいくつかのアルゴリズムが考えられます。

Algorithm 1: 3回探索する

1. 各プレイヤーの得点を配列A[10] に入力する。
2. Aの中に含まれる10個の数から最大の値を探して出力する。
3. 2. で選ばれた要素を除いた9個の数の中から、最大値を探して出力する。
4. 2. 3. で選ばれた要素を除いた8個の数の中から、最大値を探して出力する。

Algorithm 2: 整列してから上位3つの得点を出力する

1. 各プレイヤーの得点を配列A[10] に入力する。
2. Aを降順に整列する。
3. Aの最初の3つの要素を順番に出力する。

Algorithm 3: 各得点ごとの人数を数える

1. 得点p を獲得した人数を配列C[p] に記録する。
2. C[100], C[99], ... , の順に、C[p]が1 以上の場合p をC[p] 回出力する（ただし合計3回まで）。

Algorithm 1 は最初に思いつく率直な方法の 1 つと考えられます。一方、データを整列するためのアルゴリズムを利用することができるのであれば、Algorithm 2 の方が簡潔なプログラムを間違い無しに実装できるでしょう。また、データを整列するためにも多くのアルゴリズムが考えられ、その選択によっても計算効率が違ってきます。

Algorithm 3 は、計算効率は良さそうですが、場合によっては大きな記憶領域が必要そうです。扱うデータが、テストの点数や人の年齢のように、範囲の狭いものであれば記憶領域も少なく、計算効率も良いので非常に良い方法です。しかし、扱うデータの取りうる値の範囲が広すぎる場合は、大きな記憶領域が必要になり、実用的ではありません。

このように、与えられた問題を解く方法は 1 つとは限らず、様々なアルゴリズムを適用することができます。問題の性質、入力の大きさや制約、さらには自分の能力やコンピュータの資源などにも応じて考えることになります。

「問題：Top 3」を一般化した次の問題を考えてみましょう。

問題: Top N

m 個の整数 a_i $(i = 1, 2, ..., m)$ が与えられます。その中で値が大きい順に n 個出力してください。

制約　$m \leq 1{,}000{,}000$
$n \leq 1{,}000$
$0 \leq a_i \leq 10^6$

この問題の場合、どのアルゴリズムが適当か考えてみましょう。アルゴリズムの設計で重要なことは、問題の仕様で与えられている入力値の制約です。コンピュータは速いと言えど、m、n、a_i が結構大きな値なので、どんな方法でも高速な処理になるとは限りません。

プログラムの簡潔さや書き易さでアルゴリズムを選ぶこともできますが、重要なことは計算の効率とメモリの使用量です。2.4節で、問題の入力の上限を基に、アルゴリズムの計算効率を見積もる方法を学習します。

2.3 疑似コード

アルゴリズムを説明する方法には様々なものがあります。そのひとつが自然言語（日本語や英語など）とプログラミング言語の構文を組み合わせた疑似コードです。

本書では、必要に応じてアルゴリズムを疑似コードを用いて解説します。これは、アルゴリズムの説明書であるとともに、なんらかのプログラミング言語で実装するための１つの手がかりとなるものです。本書で用いる疑似コードには明確な文法はありませんが、以下のような要領で記述することにします。

- 変数を英文字で表します。宣言文や型は省略します。
- 構造文として多くのプログラミング言語で使用できるif、while、for文を用います。
- ブロックは{ }ではなくインデント（字下げ）で表します。
- C/C++言語を模倣した演算子を用います。例えば、代入演算は=、等価演算は==、不等価演算子は!=で表します。論理演算子として、論理和||、論理積&&、否定!を用います。
- 配列Aの長さ（サイズ）は、A.lengthと表記します。
- 配列Aのi番目の要素をA[i]で表します。
- 配列の添え字は0オリジン[1]と1オリジンを場合によって使い分けます。

---

1 0オリジンでは、配列のインデックスを0から数えます。サイズがNの配列には0番目からN-1番目までの要素が存在します。

2.4 アルゴリズムの効率

コンピュータは計算処理を一瞬でこなしているように感じますが、実際には入力の大きさとアルゴリズムの効率に依存した量だけプロセッサのリソースを使用しています。高速に動作する優れたプログラムを書くためには、問題の性質を十分に考慮し、可能性のある全ての入力に対して効率良く動作するアルゴリズムを考える必要があります。

与えられた問題を解くためのアルゴリズムを考えるとき、その効率を評価するための「ものさし」が必要になります。アルゴリズムを考えてプログラムを実装する前に、まずはその効率を推測し、解決したい問題を解くのに十分かどうかを確認する必要があります。この過程を無視すると、苦労して書いたプログラムが使い物にならなかった、という失敗をしてしまいます。

コンピュータの処理能力は日々進歩する一方、処理するデータの量や複雑さも日々増しています。ビッグデータ[2]の活用、計算機の可能性、省エネに繋がるアルゴリズムの効率化などを背景に、より効率の良いアルゴリズムの開発を目指した研究が盛んに行われています。

2.4.1 計算量の評価

アルゴリズムの効率は主に以下の２つの計算量で評価されます。

- 時間計算量（time complexity）. プログラムの実行に必要な時間を評価します。計算機のプロセッサをどれだけ利用するかを見積もります。
- 領域計算量（space complexity）. プログラムの実行に必要な記憶領域を評価します。計算機のメモリをどれだけ利用するかを見積もります。

一般的には、システムの環境を考慮した上で、時間計算量と領域計算量のトレードオフやバランスを考えてアルゴリズムを設計します。領域計算量よりも時間計算量の方が問題になることが多いので、本書では特に指定がない限り「計算量」を時間計算量という意味で使用します。

2 巨大なデータ集合の集積物で、その活用のための解析、検索、可視化などの技術的な課題が多くあり、盛んに研究が行われています。

2.4.2 O表記法

アルゴリズムの効率を評価する「ものさし」のひとつがO表記法です。O表記法は、Big-Oh-Notationとも言われ、例えば$O(n)$や$O(n^2)$のようにnを問題の入力サイズとした関数でアルゴリズムの効率を表します。$O(g(n))$は計算量が$g(n)$に比例することを意味し、「オーダーが$g(n)$である」と言います[3]。与えられた問題には入力の上限が定義されているので、この情報を基にアルゴリズムの評価を行います。

例えば、「n件のデータを小さい順に整列してください。nは最大でも1,000件とします。」という問題をAというアルゴリズムを用いて解くことを考えます。Aのオーダーが$O(n^2)$であるとすると、Aの計算量はn^2に比例することになります。$O(n^2)$のアルゴリズムでは、データの量が10倍になれば計算量は100倍になります。この問題では、nは最大でも1,000なので、最悪の場合でもおおよそ1,000,000の計算量と見積もることができます。

ここで、前章でとりあげた導入問題「Top N」を振り返って各アルゴリズムの計算量について考えてみましょう。Algorithm 1は$O(n \times m)$の計算量になることを4章で学びます。Algorithm 2は$O(m\log m+n)$の計算量で実装することができることを7章で学びます。また、Algorithm 3の詳細は7章で詳しく学習しますが、その計算量は$O(n+\mathrm{m}+\max(\mathrm{a_i}))$となり、各整数の値$a_i$の最大値に比例するメモリ量を必要とします。

アルゴリズムの計算量は、最善、平均、最悪の場合について見積もることができます。平均の計算量が最悪の計算量と同等になる場合が多いことや、最悪の計算量を見積もれば、それ以上の心配をする必要がないということから、一般的にアルゴリズムの設計においては最悪の計算量を見積もります。

3　O表記法の厳密な定義は「比例する」ということではありませんが、最初のうちはこのような理解で問題ありません。

2.4.3 計算量の比較

アルゴリズムの評価でよく見られる典型的なオーダーについて、実際の入力サイズnとその計算量を次の表で比べてみましょう。

n	$\log n$	$\sqrt{n}$	$n\log n$	n^2	2^n	$n!$
5	2	2	10	25	32	120
10	3	3	30	100	1,024	3,628,800
20	4	4	80	400	1,048,576	約2.4×10^{18}
50	5	7	250	2,500	約10^{15}	約3.0×10^{64}
100	6	10	600	10,000	約10^{30}	約9.3×10^{157}
1,000	9	31	9,000	1,000,000	約10^{300}	約$4.0\times10^{2,567}$
10,000	13	100	130,000	100,000,000	約$10^{3,000}$	約$10^{35,660}$
100,000	16	316	1,600,000	10^{10}	約$10^{30,000}$	約$10^{456,574}$
1,000,000	19	1,000	19,000,000	10^{12}	約$10^{300,000}$	約$10^{5,565,709}$

どの関数がどれだけ効率が良いか、または悪いかを考えてみましょう。オーダーが$O(\sqrt{n})$、$O(\log n)$、$O(n)$、$O(n\log n)$などのアルゴリズムはnが増加しても計算量はそれほど増加しないので、効率が良いと言えます。

一方、オーダーが$O(2^n)$や$O(n!)$のアルゴリズムは、入力nが数十になっただけで、計算量が何十桁にも至ってしまいます。地球上最速のコンピュータを使っても、数百年かかってしまう計算量です。これらの効率の悪いオーダーは、単純で力任せのアルゴリズムによく見られます。重要なことは、プログラムを実装する前に、入力の上限からアルゴリズムの最悪の計算量を評価することです。

計算量を見積もり、そのプログラムが実用的であると判断できる基準は、計算の内容や実行環境等によって左右されます。現在のコンピュータの処理能力を考えると、比較や基本演算などの計算回数が数百万から数千万程度以下であれば、数秒以内で処理を行うことができるでしょう。多くの問題をプログラミングで解決する実践を通して、アルゴリズムと計算量の意義を実感することができます。

2.5 導入問題

アルゴリズムの設計と計算量を意識して、簡単な問題を解いてみましょう。この問題を解くために特別なアルゴリズムの知識は必要ありませんが、正解するためのポイントがいくつかあります。以下の点に注意してチャレンジしてみましょう。

- 問題文をよく読み、正しいアルゴリズムを設計する。
- 制約に書いてある入力のサイズを意識して、効率の良いアルゴリズムを考える（効率の悪いアルゴリズムを避ける）。
- 入出力例をヒントに、制約を満たすあらゆる入力ケースに対して正しい動作をするか確認する。

ALDS1_1_D: Maximum Profit

制限時間 1sec　　メモリ制限 65536 KB　　正解率 18.54%

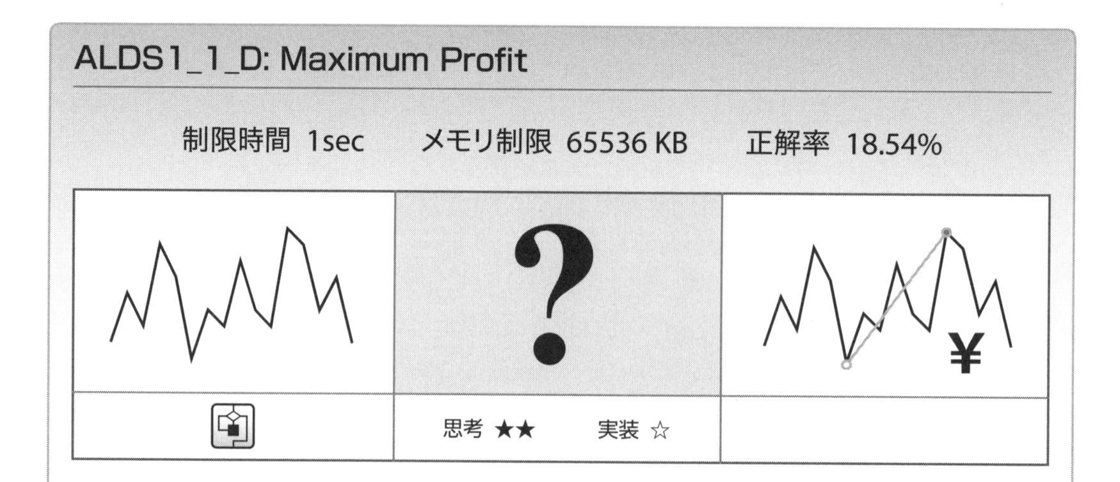

FX取引では、異なる国の通貨を交換することで為替差の利益を得ることができます。例えば、1ドル100円の時に1,000ドル買い、価格変動により1ドル108円になった時に売ると、(108円－100円)×1,000ドル＝8,000円の利益を得ることができます。

ある通貨について、時刻tにおける価格R_t ($t = 0,1,2...,n - 1$) が入力として与えられるので、価格の差$R_j - R_i$ (ただし、$j > i$とする) の最大値を求めてください。

入力 最初の行に整数nが与えられます。続くn行に整数R_t ($t = 0,1,2...,n - 1$) が順番に与えられます。

出力　最大値を1行に出力してください。

制約　$2 \leq n \leq 200{,}000$
$1 \leq R_t \leq 10^9$

入力例1

```
6
5
3
1
3
4
3
```

出力例1

```
3
```

入力例2

```
3
4
3
2
```

出力例2

```
-1
```

入出力例1の場合は、価格が1のとき買って4のときに売ると4－1＝3で最大3の利益を得ることができます。最初の5を使うと5－1＝4となりますが、これは5の方が時間が前なので許されません。

入出力例2の場合は、価格が減少しているケースですが、この問題では$j > i$という条件から、買って売る作業を1回は行う必要があるので、最大利益は-1となります。

不正解時のチェックポイント

- R_tが常に減少するケースは考慮していますか。
- 最大値の初期値は十分小さいですか。R_tの上限を確認してみましょう。
- 計算量が$O(n^2)$のアルゴリズムを実装していませんか。$200{,}000^2$の計算量を考えてみましょう。

解説

この問題では、maxvを最大利益とすると、次のアルゴリズムで条件を満たす正しい出力を得ることができます。

Program 2.1: 最大利益を求める素朴なアルゴリズム

```
for j が 1 から n-1 まで
  for i が 0 から j-1 まで
    maxv = (maxv と R[j]-R[i] のうち大きい方)
```

このアルゴリズムは、$i < j$ となるような i と j の全ての組に対する $R_j - R_i$ を調べて最大値maxvを求めています。

ここでひとつ気を付けなければならないことは、maxvの初期値を適切に設定することです。$R_t \le 10^9$ なので、最大の利益が負になることを考慮して、maxvの初期値は $10^9 \times (-1)$ 以下にする必要があります。あるいは、$R_1 - R_0$ を初期値としてもよいでしょう。

このアルゴリズムでは確かに正しい出力が得られますが、その計算量は $O(n^2)$ であり、入力の上限 ($n \le 200{,}000$) を考慮すると、大きな入力に対しては制限時間内に処理を終えることはできません。そこで、より高速なアルゴリズムを検討しましょう。

次の図のように、知りたい値は j よりも左側（前方）の最小値なのですが、それを上のような素朴なアルゴリズムで求めると $O(n)$ かかり、これを各 j について毎回行うと $O(n^2)$ の計算量になってしまいます。しかしこれは、j を増やす過程で、それ以前の R_j の最小値（これをminvとします）を保持しておくことで、時刻 j における最大利益を $O(1)$ で求めることができます。ここで、$O(1)$ は入力の大きさに影響しない一定の計算量を表します。

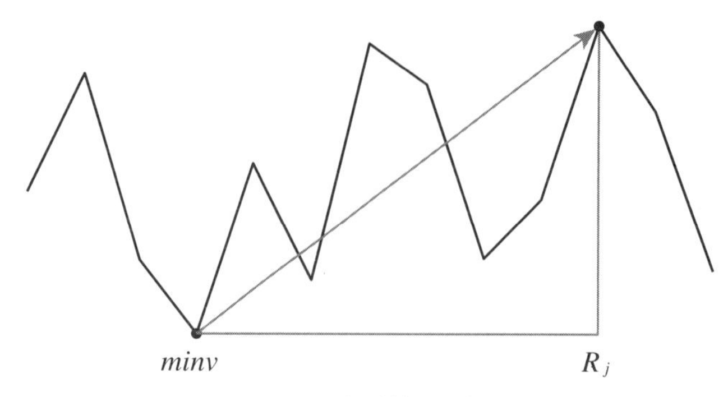

図2.1：最大利益の更新

最大利益の更新判定を n 回行えばよいので、次のようなアルゴリズムになります。

Program 2.2: 最大利益を求めるアルゴリズム

```
1  minv = R[0]
2  for j が 1 から n-1 まで
3    maxv = (maxv と R[j]-minv のうち大きい方)
4    minv = (minv と R[j] のうち小さい方)
```

考察

n に関する２重ループで実装された $O(n^2)$ の素朴なアルゴリズムを、ひとつのループで完結した $O(n)$ のアルゴリズムに改良することができました。

解答例

C++

```
1  #include<iostream>
2  #include<algorithm>
3  using namespace std;
4  static const int MAX = 200000;
5  
6  int main() {
7    int R[MAX], n;
8  
9    cin >> n;
10   for ( int i = 0; i < n; i++ ) cin >> R[i];
11 
12   int maxv = -2000000000; // 十分小さい値を初期値に設定
13   int minv = R[0];
14 
15   for ( int i = 1; i < n; i++ ) {    // ここで毎回 R[i] を読み込めば、配列は不要
16     maxv = max(maxv, R[i] - minv);   // 最大値を更新
17     minv = min(minv, R[i]);          // ここまでの最小値を保持しておく
18   }
19 
20   cout << maxv << endl;
21 
22   return 0;
23 }
```

前ページのコード15行目のコメントで「ここで毎回R[i]を読み込めば、配列は不要」と記載しましたが、このコード例を以下に記載します。

C++

```
6   int main(){
7     int R[MAX], n, r;  // 変数rを1つ追加します
8   
9     cin >> n;
10    cin >> r;          // 最初の要素だけ読み込んでおきます
11  
12    int maxv = -2000000000;
13    int minv = r;
14  
15    for ( int i = 1; i < n; i++ ){
16      cin >> r;        // ここで毎回R[i]としてrを読み込むことにします
17      maxv = max(maxv, r - minv );
18      minv = min(minv, r);
19    }
20    cout << maxv << endl;
21  
22    return 0;
23  }
```

改良したアルゴリズムでは、入力を配列に保持する必要もなくなり、メモリ使用量も改善することができます。

3章

初等的整列

データを並び替えるソートは、データの扱いを容易にし、多くのアルゴリズムの基礎となります。この章では、効率は悪いですが比較的実装が簡単なソートアルゴリズムに関する問題を解いていきます。7章で効率が良く実用的なソートのアルゴリズムに関する問題を解きます。

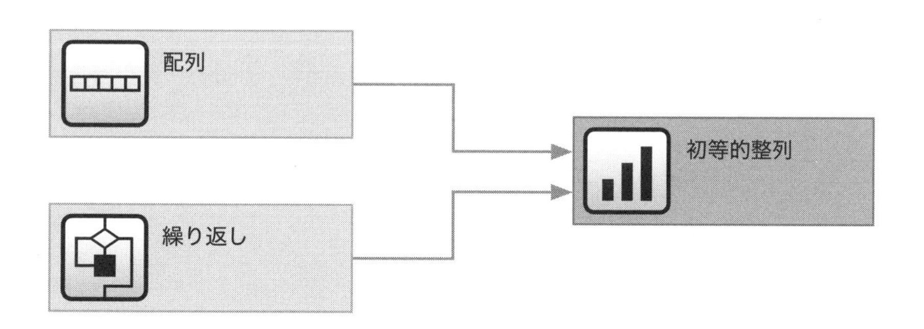

この章の問題を解くためには、配列や繰り返し処理などの基本的なプログラミングスキルが必要です。アルゴリズムとデータ構造に関する特定の前提知識は必要ありません。

3.1 ソート：問題にチャレンジする前に

データをそれらが持つキーを基準に昇順（小さい順）または降順（大きい順）に並べ替える処理をソート（整列）と言います。例えば、整数の列 $A = \{4, 1, 3, 8, 6, 5\}$ を昇順にソートすると $A = \{1, 3, 4, 5, 6, 8\}$ となり、降順にソートすると $A = \{8, 6, 5, 4, 3, 1\}$ となります。

このような数列の入力は配列で管理し、繰り返し処理によって要素の交換や移動を行うことでデータを整列します。

一般的に、データは複数の属性を持つ表のようなものとして与えられ、ソートキーと呼ばれる特定の属性を基準に整列する必要があります。例えば、「ID」「問題Aの得点」「問題Bの得点」の３つの属性からなるランキングのデータを考えてみましょう。このデータに対してID順の入力データを「Aの得点順」で降順に整列すると次のようになります。

ID	A	B
player1	70	80
player2	90	95
player3	95	60
player4	80	95

表3.1: ID順で整列された入力

ID	A	B
player3	95	60
player2	90	95
player4	80	95
player1	70	80

表3.2: A の得点順で整列

このようなデータは、構造体やクラスの配列によって整列対象のデータを管理することになります。

アルゴリズムを設計・選択するときの重要なポイントのひとつがその計算量ですが、ソートのアルゴリズムに関しては、それが「安定なソート」であるかも考慮に入れる必要があります。キーの値が同じ要素を2つ以上含むデータをソートした場合、処理の前後でそれらの要素の順番が変わらないようなアルゴリズムを安定なソート（stable sort）と言います。

例えば、表3.1の「ID順で整列された入力」を「Bの得点」を基準に降順に整列した場合、以下のような出力が考えられます。

ID	A	B
player2	90	95
player4	80	95
player1	70	80
player3	95	60

表3.3: Bの得点順（安定）

ID	A	B
player4	80	95
player2	90	95
player1	70	80
player3	95	60

表3.4: Bの得点順（不安定）

この入力データにはBの得点が等しいplayer2とplayer4がこの順で並んでいます。安定なソートアルゴリズムは常にplayer2 → player4の順で出力します。一方、安定でないソートアルゴリズムは入力順とは逆にplayer4 → player2と出力する可能性があります。

これまでに、数多くのソートアルゴリズムが考案・研究されてきました。その仕組みは様々なので、以下の特徴に留意して、適切なアルゴリズムを選択することが重要です。

- 計算量と安定性。
- データの列を保持する1つの配列以外にメモリが必要にならないか。
- 入力データの特徴が計算量に影響しないか。

3.2 挿入ソート

ALDS1_1_A: Insertion Sort

制限時間 1sec　　メモリ制限 65536 KB　　正解率 29.64%

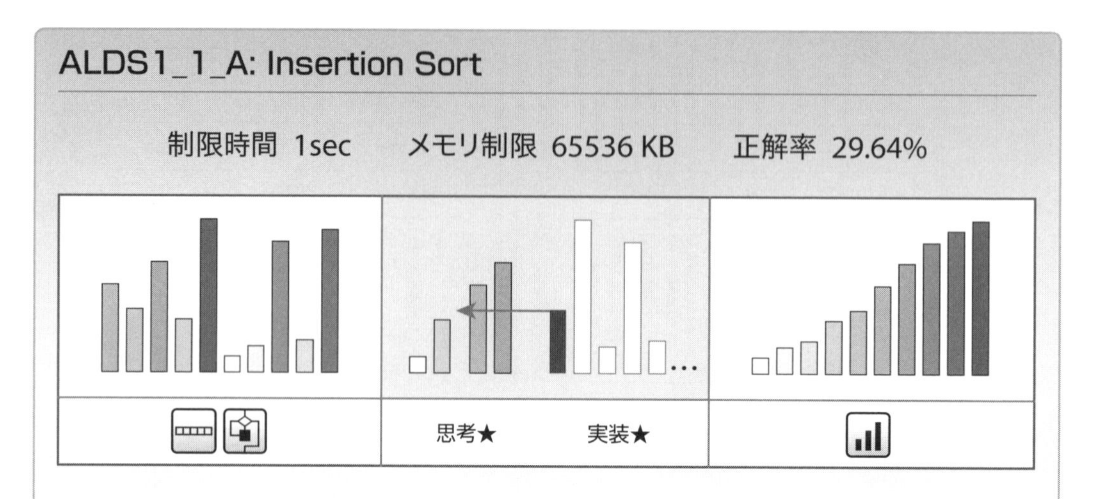

挿入ソート（Insertion Sort）は、手持ちのトランプを並び替えるときに使われる、自然で思い付きやすいアルゴリズムの１つです。片手に持ったトランプを左から小さい順に並べる場合、１枚ずつカードを取り出して、それをその時点ですでにソートされている並びの適切な位置に挿入していくことによって、カードを並べ替えることができます。

挿入ソートは次のようなアルゴリズムになります。

```
1  insertionSort(A, N) // N個の要素を含む0-オリジンの配列A
2    for i が 1 から N-1 まで
3      v = A[i]
4      j = i - 1
5      while j >= 0 かつ A[j] > v
6        A[j+1] = A[j]
7        j--
8      A[j+1] = v
```

*N*個の要素を含む数列*A*を昇順に並び替える挿入ソートのプログラムを作成してください。上の疑似コードに従いアルゴリズムを実装してください。アルゴリズムの動作を確認するため、各計算ステップでの配列（入力直後の並びと、各 *i* の処理が終了した直後の並び）を出力してください。

入力 入力の最初の行に、数列の長さを表す整数Nが与えられます。2行目に、N個の整数が空白区切りで与えられます。

出力 出力はN行からなります。挿入ソートの各計算ステップでの途中結果を1 行に出力してください。配列の要素は1つの空白で区切って出力してください。最後の要素の後の空白など、余計な空白や改行を含めるとPresentation Error となりますので注意してください。

制約 $1 \leq N \leq 100$
$0 \leq A$ の要素 $\leq 1,000$

入力例

```
6
5 2 4 6 1 3
```

出力例

```
5 2 4 6 1 3
2 5 4 6 1 3
2 4 5 6 1 3
2 4 5 6 1 3
1 2 4 5 6 3
1 2 3 4 5 6
```

不正解時のチェックポイント

- 配列のサイズは十分確保していますか。
- 配列インデックスの0 オリジンと1 オリジンを混用していませんか。
- ループ変数（例えばi、j）を誤用していませんか。
- 余分な空白や改行を出力していませんか。

解説

挿入ソートでは図のように、各計算ステップにおいて、配列は「ソート済みの部分列」と「未ソートの部分列」の２つの部分列に分けられます。

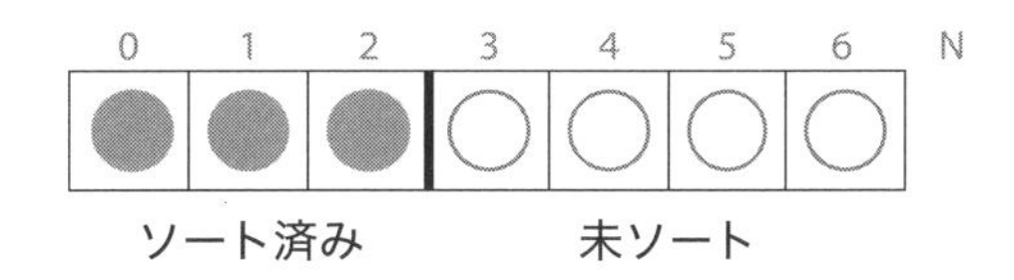

図3.1: 挿入ソートの配列の状態

挿入ソート

- 先頭の要素をソート済みとする。
- 未ソートの部分がなくなるまで、以下の処理を繰り返す：
  1. 未ソート部分の先頭から要素を１つ取り出しvに記録する。
  2. ソート済みの部分において、vより大きい要素を後方へ１つずつ移動する。
  3. 最後に空いた位置に「取り出した要素v」を挿入する。

例えば、配列$A = \{8, 3, 1, 5, 2, 1\}$に対して挿入ソートを行うと以下のようになります。

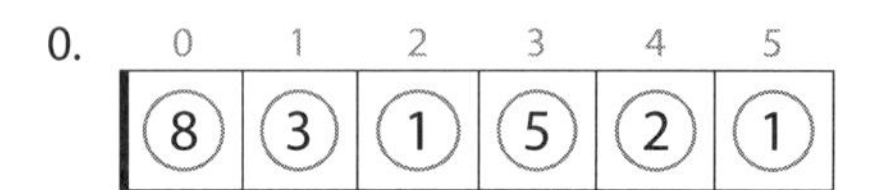

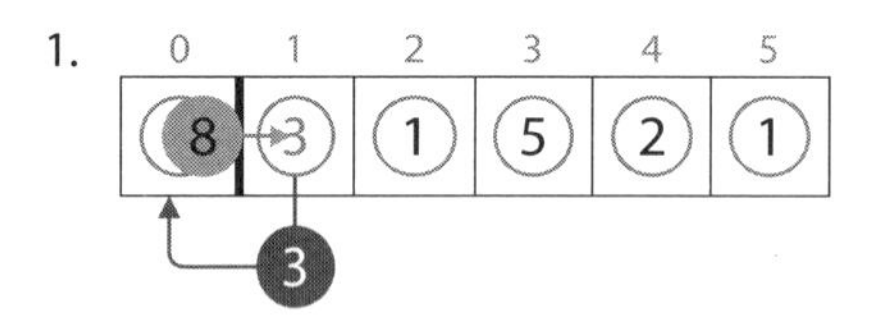

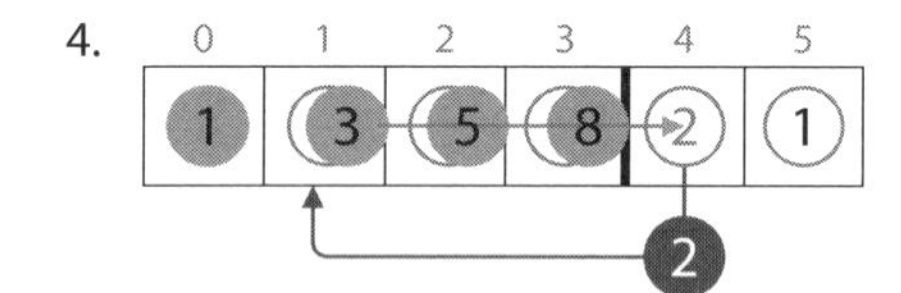

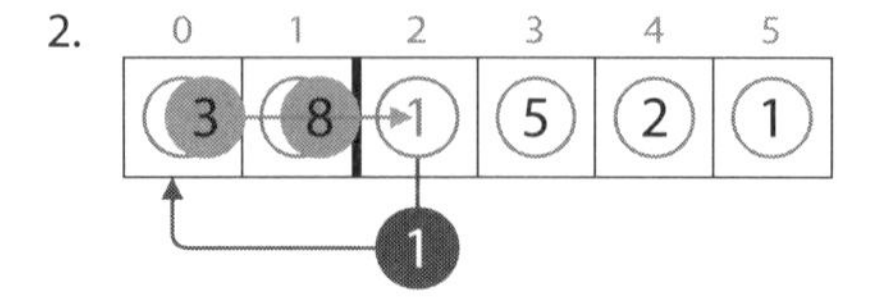

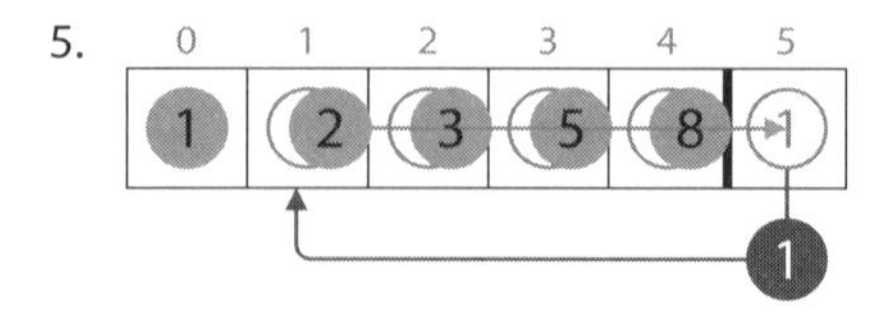

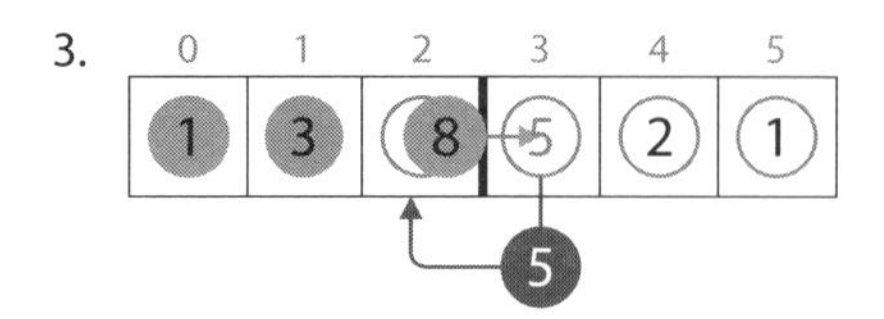

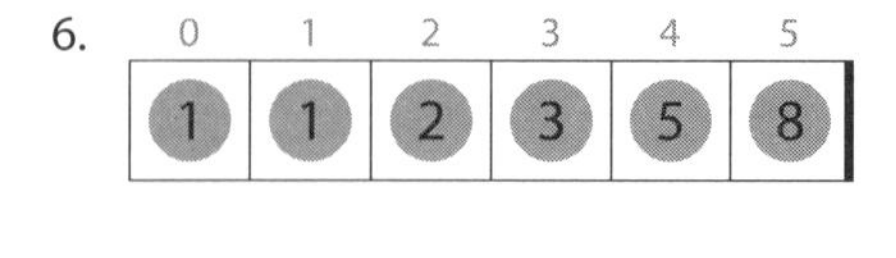

図3.2: 挿入ソート

1.では先頭の要素$A[0]$ (=8)はソート済みであり、$A[1]$の3を取り出しソート済み部分列の適切な位置に挿入します。まず、$A[0]$にあった8を$A[1]$に移動してから、$A[0]$に3を挿入します。これにより、最初の２つの要素がソート済みとなります。

2. では、$A[2]$ の 1 を適切な位置に挿入します。まず、1 より大きい $A[1]$ (= 8) と $A[0]$(= 3) をこの順番で後方へ 1 つ移動し、A[0] に 1 を挿入します。

3. では、$A[3]$ の 5 を適切な位置に挿入します。5 より大きい $A[2]$(=8) を後方へ 1 つ移動し、$A[2]$ に 5 を挿入します。

以降同様に、ソート済みの部分列の一部を後方へ移動し、未ソートの部分列の先頭の要素を、ソート済み部分列の適切な位置に挿入していきます。挿入ソートでは、0 から i 番目の要素がソート済みの部分列のとき、入力として与えられた数列の 0 から i 番目の要素がソート済みとなる状態が常に保たれます。

挿入ソートの実装に必要な主な変数は以下のようになります。

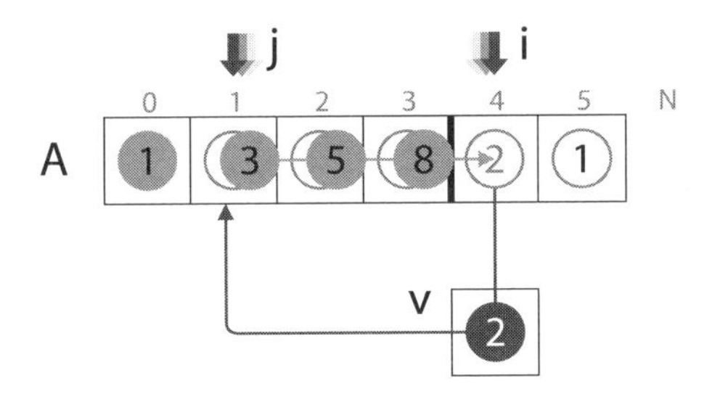

図 3.3: 挿入ソートに用いる主な変数

A[N]	サイズが N の整数型配列。
i	未ソートの部分列の先頭を示すループ変数。
v	A[i] の値を一時的に保持しておくための変数。
j	ソート済み部分列から v を挿入するための位置を探すループ変数。

外側の繰り返し処理で i を 1 からひとつずつ増加させていきます。各繰り返し処理の最初で v に A[i] の値を一時的に保持しておきます。

続く内部の繰り返し処理で、ソート済みの中で v より大きい要素を後ろに 1 つ移動させます。ここでは、j が i-1 を始点として先頭に向かって減少し、その過程で v より大きい A[j] が A[j+1] へ移動します。j が -1 に達したとき、あるいは A[j] が v 以下となったときに、この繰り返し処理が終了し、このときの j+1 が v を挿入する位置になります。

考察

挿入ソートは離れた要素を直接交換することはなく、取り出した値vより大きい要素のみを後方に移動するので、安定なソートアルゴリズムです。

挿入ソートの計算量を考えてみましょう。ここでは、各iのループでA[j] の要素を後方へ移動する回数を見積もります。最悪の場合、iのループの各処理がi回行われるので、$1 + 2 + ... + N - 1 = (N^2 - N)/2$ となり、$O(N^2)$ のアルゴリズムとなります。このように、オーダーの計算では多くの場合、まず大まかな計算ステップ数を見積もり、求めた式の最も影響のある項を残し、定数を無視することで得られます。例えば、$\frac{N^2}{2} - \frac{N}{2}$ においては、N は N^2 に比べ十分小さいので無視することができ、さらには定数倍の $\frac{1}{2}$ を無視して、おおよそ N^2 に比例すると見積もります。このとき、N は十分大きな値であると仮定します。

挿入ソートは、入力のデータの並びが、計算量に大きく影響する興味深いアルゴリズムの１つです。計算量が $O(N^2)$ になるのは、データが降順に並んでいる場合です。一方、データが昇順に並んでいる場合はA[j] の移動が必要ないため、おおよそ N 回の比較ですみます。従って、挿入ソートはある程度整列されたデータに対しては高速に動作する特長を持ちます。

解答例

C

```
#include<stdio.h>

/* 配列の要素を順番に出力 */
void trace(int A[], int N) {
  int i;
  for ( i = 0; i < N; i++ ) {
    if ( i > 0 ) printf(" "); /* 隣接する要素の間に1つの空白を出力 */
    printf("%d", A[i]);
  }
  printf("\n");
}

/* 挿入ソート（0オリジン配列）*/
void insertionSort(int A[], int N) {
  int j, i, v;
  for ( i = 1; i < N; i++ ) {
    v = A[i];
    j = i - 1;
    while ( j >= 0 && A[j] > v ) {
      A[j + 1] = A[j];
      j--;
    }
    A[j + 1] = v;
    trace(A, N);
  }
}

int main() {
  int N, i, j;
  int A[100];

  scanf("%d", &N);
  for ( i = 0; i < N; i++ ) scanf("%d", &A[i]);

  trace(A, N);
  insertionSort(A, N);

  return 0;
}
```

3.3 バブルソート

ALDS1_2_A: Bubble Sort

制限時間 1sec　メモリ制限 65536 KB　正解率 43.80%

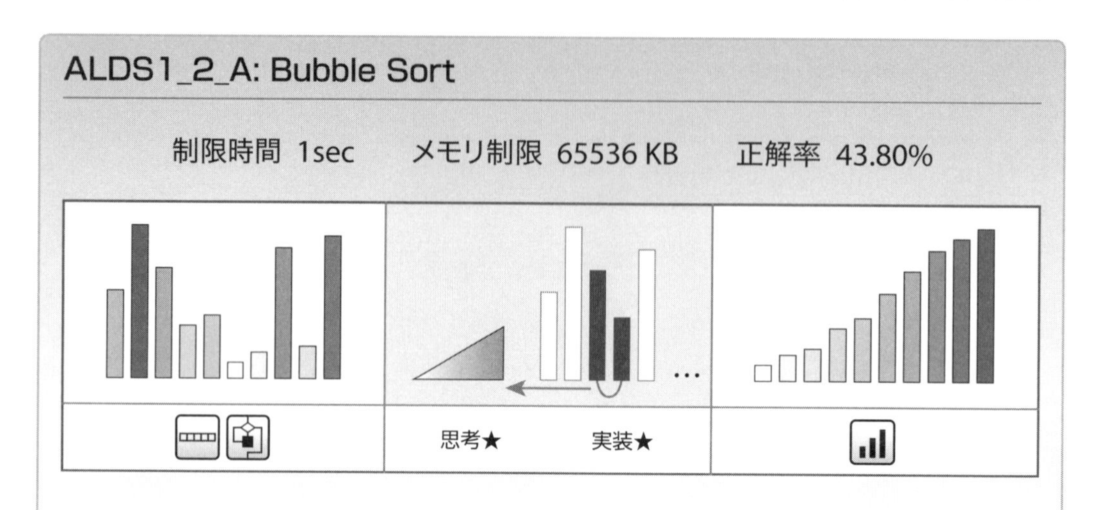

バブルソートはその名前が表すように、泡（Bubble）が水面に上がっていくように配列の要素が動いていきます。バブルソートは次のようなアルゴリズムで数列を昇順に並び変えます。

```
1  bubbleSort(A, N)  // N個の要素を含む0-オリジンの配列A
2    flag = 1        // 逆の隣接要素が存在する
3    while flag
4      flag = 0
5      for j が N-1 から 1 まで
6        if A[j] < A[j-1]
7          A[j] と A[j-1] を交換
8          flag = 1
```

数列 A を読み込み、バブルソートで昇順に並び変え出力するプログラムを作成してください。また、バブルソートで行われた要素の交換回数も報告してください。

入力 入力の最初の行に、数列の長さを表す整数 N が与えられます。2行目に、N 個の整数が空白区切りで与えられます。

出力 出力は2行からなります。1行目に整列された数列を1行に出力してください。数列の連続する要素は1つの空白で区切って出力してください。2行目に交換回数を出力してください。

制約 $1 \leq N \leq 100$
$0 \leq A$ の要素 ≤ 100

入力例

```
5
5 3 2 4 1
```

出力例

```
1 2 3 4 5
8
```


解説

バブルソートでは、挿入ソートと同様に、各計算ステップにおいて、配列は「ソート済みの部分列」と「未ソートの部分列」とに分けられます。

バブルソート

▶ 順番が逆になっている隣接要素がなくなるまで、次の処理を繰り返す：

1. 配列の末尾から隣接する要素を順番に比べていき、大小関係が逆ならば交換する。

例えば、配列 $A = \{5, 3, 2, 4, 1\}$ に対してバブルソートを行うと以下のようになります。

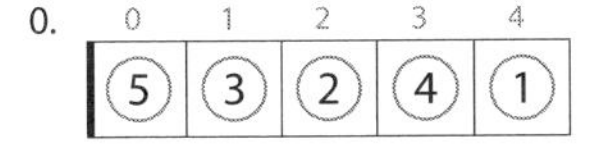

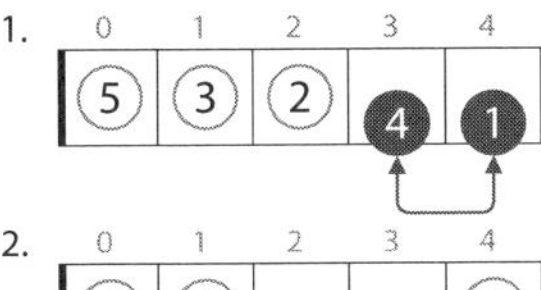

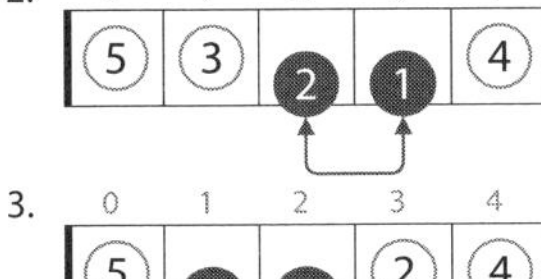

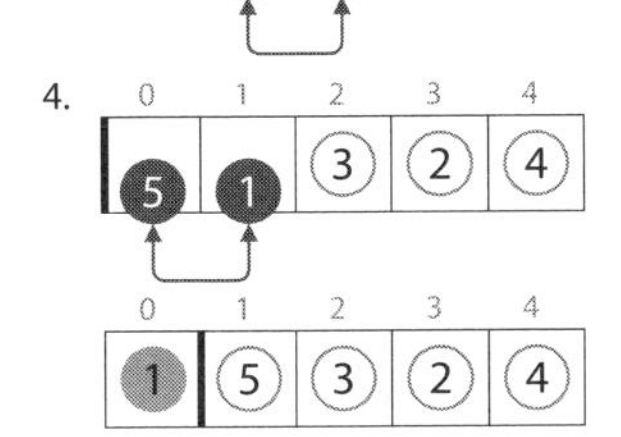

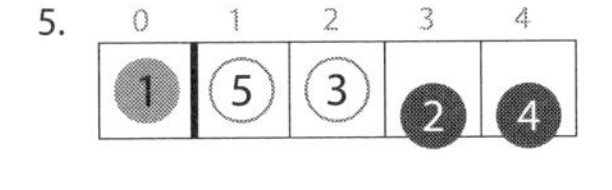

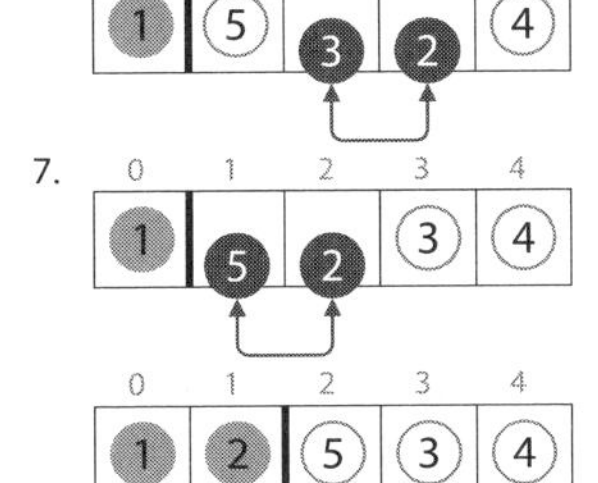

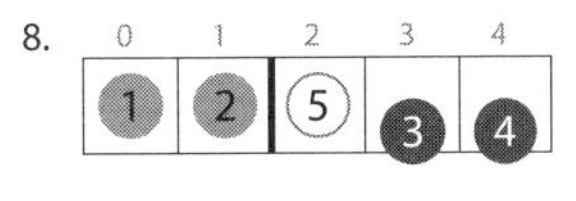

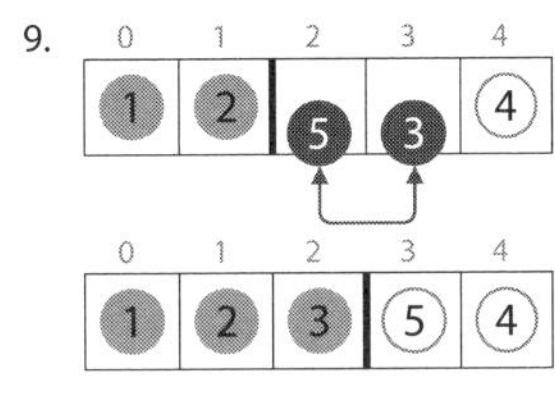

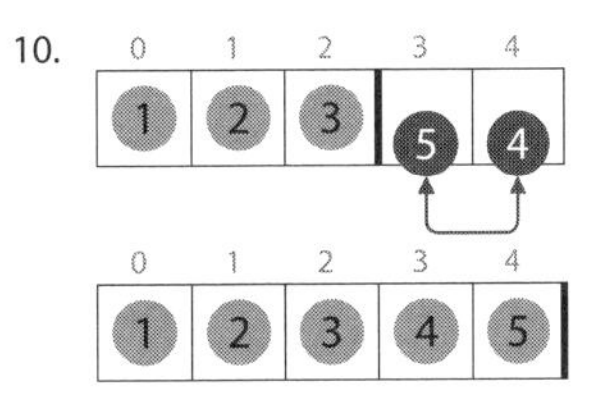

図3.5: バブルソート

このバブルソートのアルゴリズムでは、ソート済みのデータが配列の先頭から順番に決定します。例では、1. から 4. の処理が終了すると、データの中で一番小さい要素が配列の先頭 *A*[0] に移動します。以下同様に、5. から 7. が終了すると、2 番目に小さい要素が *A*[1] に移動し、8. から 9.、10. でそれぞれソート済みの部分列の末尾に追加されるデータが順番に決まっていきます。

この例から分かるように、外側のループが 1 回終了するごとに、ソート済みの要素が増えていきます。従って外側のループは最大でも *N* 回実行され、内側のループ処理の範囲は狭くなっていきます。このことから、バブルソートのアルゴリズムは、外側のループ変数 i を用いて次のように実装することができます。

Program 3.1: バブルソートの実装

```
1  bubbleSort()
2    flag = 1
3    i = 0 // 未ソート部分列の先頭インデックス
4    while flag
5      flag = 0
6      for j = N-1 から i+1 まで
7        if A[j] < A[j-1]
8          A[j] と A[j-1] を交換
9          flag = 1
10     i++
```

このバブルソートの実装に必要な主な変数は以下のようになります。

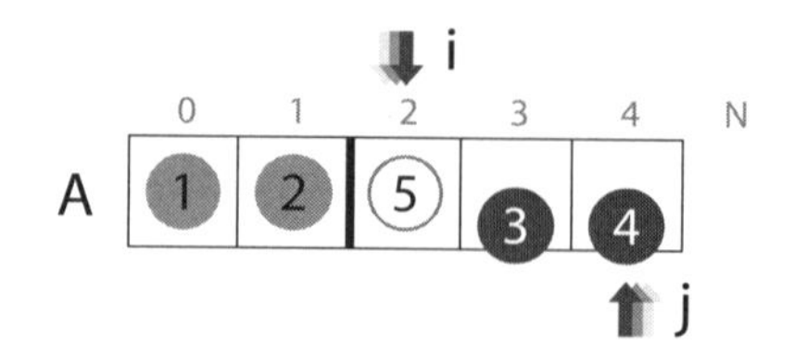

図 3.6: バブルソートに用いる主な変数

A[N]	サイズが N の整数型配列。
i	未ソートの部分の先頭を指すループ変数で、配列の先頭から末尾に向かって移動します。
j	未ソートの部分の隣り合う要素を比較するためのループ変数で、A の末尾である N−1 から開始し i+1 まで減少します。

考察

バブルソートは、配列要素の隣同士のみを比較・交換するので、要素のキーが同じだった場合、それらの順番が入れ替わることはありません。従ってバブルソートは安定なソートです。ただし隣同士を比較する演算A[j] < A[j-1] に等号を入れてA[j] <= A[j-1] としてしまうと安定ではなくなるので注意が必要です。

バブルソートの計算量を考えてみましょう。データの数をNとすると、バブルソートは未ソートの部分列における隣どうしの比較を$N-1$回、$N-2$回、...1回の合計（N^2-N）/2 回行います。これは最悪の場合は、$(N^2-N)/2$ 回の比較演算が行われるため、オーダーが$O(N^2)$のアルゴリズムとなります。

ちなみに、バブルソートの交換回数は反転数または転倒数と呼ばれるもので、列の乱れの具合を表す数値として知られています。

解答例

C++

```
#include<iostream>
using namespace std;

// flag を用いたバブルソート
int bubbleSort(int A[], int N) {
  int sw = 0;
  bool flag = 1;
  for ( int i = 0; flag; i++ ) {
    flag = 0;
    for ( int j = N - 1; j >= i + 1; j-- ) {
      if ( A[j] < A[j - 1] ) {
        // 隣接要素を交換する
        swap(A[j], A[j - 1]);
        flag = 1;
        sw++;
      }
    }
  }
  return sw;
}

int main() {
```

```
23    int A[100], N, sw;
24    cin >> N;
25    for ( int i = 0; i < N; i++ ) cin >> A[i];
26
27    sw = bubbleSort(A, N);
28
29    for ( int i = 0; i < N; i++ ) {
30      if (i) cout << " ";
31      cout << A[i];
32    }
33    cout << endl;
34    cout << sw << endl;
35
36    return 0;
37  }
```

3.4 選択ソート

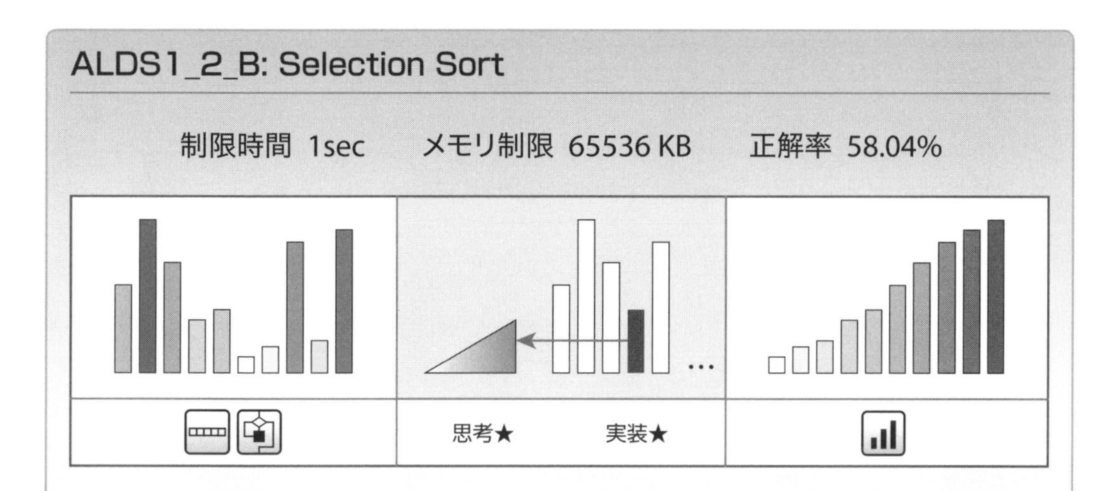

選択ソートは、各計算ステップで１つの最小値を「選択」していく、直観的なアルゴリズムです。

```
1  selectionSort(A, N) // N個の要素を含む0-オリジンの配列A
2    for i が 0 から N-1 まで
3      minj = i
4      for j が i から N-1 まで
5        if A[j] < A[minj]
6          minj = j
7      A[i] と A[minj] を交換
```

数列 A を読み込み、選択ソートのアルゴリズムで昇順に並び替え出力するプログラムを作成してください。上の疑似コードに従いアルゴリズムを実装してください。

疑似コード7行目で、`i` と `minj` が異なり実際に交換が行われた回数も出力してください。

入力 入力の最初の行に、数列の長さを表す整数 N が与えられます。2行目に、N 個の整数が空白区切りで与えられます。

出力 出力は2行からなります。1行目に整列された数列を1行に出力してください。数列の連続する要素は1つの空白で区切って出力してください。2行目に交換回数を出力してください。

制約 $1 \leq N \leq 100$
$0 \leq A$ の要素 ≤ 100

入力例

```
6
5 6 4 2 1 3
```

出力例

```
1 2 3 4 5 6
4
```

解説

選択ソートでは、挿入ソート・バブルソートと同様に、各計算ステップにおいて、配列は「ソート済みの部分列」と「未ソートの部分列」とに分けられます。

選択ソート

▶ 以下の処理をN-1回繰り返す：
1. 未ソートの部分から最小の要素の位置 minj を特定する。
2. minj の位置にある要素と未ソートの部分の先頭要素を交換する。

例えば、配列 $A = \{5, 4, 8, 7, 9, 3, 1\}$ に対して選択ソートを行うと以下のようになります。

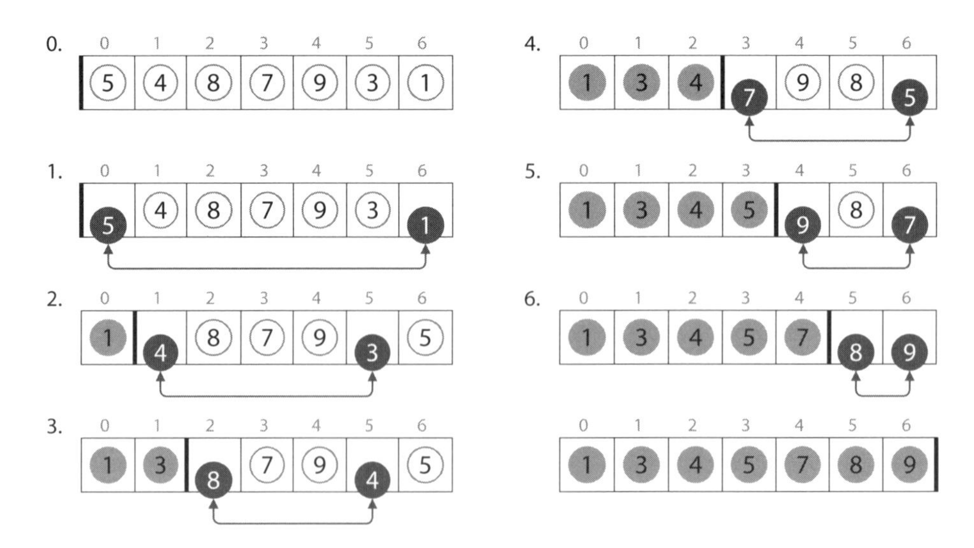

図 3.8: 選択ソート

0. の初期状態では全ての要素が未ソートの部分に属します。

1. では、未ソートの部分列から最小値の位置を探し (minj = 6)、その位置の要素 *A*[6] (= 1) と未ソートの部分列の先頭の要素 *A*[0] (= 5) を交換します。ソート済みの要素が 1 つ増えます。

2. では、未ソートの部分列から最小値の位置を探し (minj = 5)、その位置の要素 *A*[5] (= 3) と未ソートの部分列の先頭の要素 *A*[1] (= 4) を交換します。以下同様に繰り返し、配列の先頭から小さい順に値が決定していきます。

選択ソートの実装に必要な主な変数は以下のようになります。

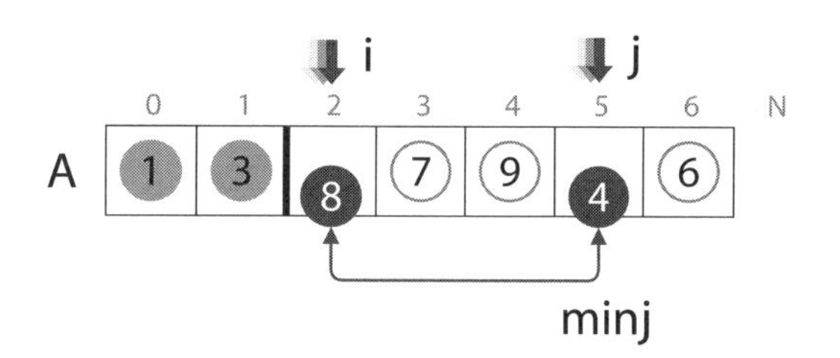

図 3.9: 選択ソートに用いる主な変数

A[N]	サイズがNの整数型配列。
i	未ソートの部分の先頭を指すループ変数で、配列の先頭から末尾に向かって移動する。
minj	各ループの処理でi番目からN-1番目までの要素で最小のものの位置。
j	未ソートの部分から最小値の位置（minj）を探すためのループ変数。

各iのループでjをiからN-1まで調べてminjを決定します。minjが決定した後、先頭要素A[i]と最小値A[minj]を交換します。

考察

数字と文字からなるカードを選択ソートで昇順に整列してみましょう。次の例は、'3H' → '3D' の２つの3 をこの順で含む配列に対して、「数字を基準」に選択ソートを行った結果です。

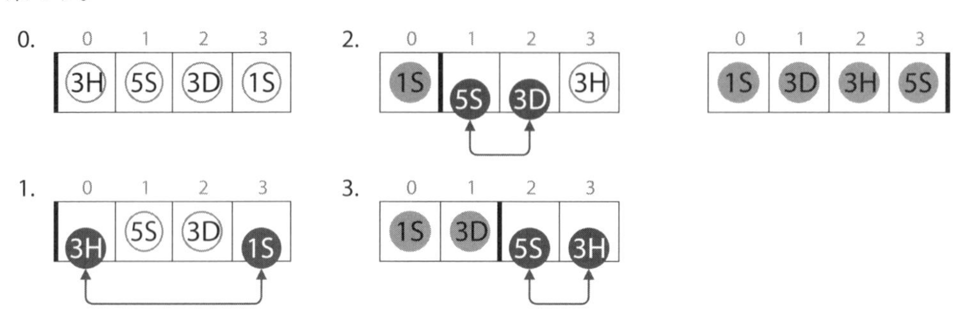

図3.10: 選択ソートの不安定性

ソートが終わると '3D' → '3H' となり順番が逆になってしまいます。このように、選択ソートは離れた要素を交換するので、安定なソートではありません。

選択ソートの計算量を考えてみましょう。データの数をNとすると、選択ソートは未ソートの部分の最小値を見つけるために$N-1$回、$N-2$回、$N-3$回、...、1回の比較演算を行います。よって合計の比較演算の回数は常に$(N^2-N)/2$となることから、選択ソートの計算量はN^2に比例し、オーダーが$O(N^2)$のアルゴリズムとなります。

ここで、バブルソート、選択ソート、挿入ソートのアルゴリズムを振り返ってそれらの特徴を比較してみましょう。バブルソートと選択ソートは、それぞれ、逆順の要素を局所的に減らしていくことと、大局的に最小値を選んでいくことに大きな違いがありますが、外側のループ内処理がi回行われると、データの中で小さいものからi個が順番に求まる特徴があります。一方、挿入ソートでは、外側のループがi回行われると、もともとの配列の最初のi個の要素がソートされます。また、flagを用いない単純なバブルソートと選択ソートは、データに依存しない比較演算を行いますが、挿入ソートはデータに依存する挙動をし、高速になる場合があります。

解答例

C

```
#include<stdio.h>

/* 選択ソート (0オリジン)*/
int selectionSort(int A[], int N) {
  int i, j, t, sw = 0, minj;
  for ( i = 0; i < N - 1; i++ ) {
    minj = i;
    for ( j = i; j < N; j++ ) {
      if ( A[j] < A[minj] ) minj = j;
    }
    t = A[i]; A[i] = A[minj]; A[minj] = t;
    if ( i != minj ) sw++;
  }
  return sw;
}

int main() {
  int A[100], N, i, sw;

  scanf("%d", &N);
  for ( i = 0; i < N; i++ ) scanf("%d", &A[i]);

  sw = selectionSort(A, N);

  for ( i = 0; i < N; i++ ) {
    if ( i > 0 ) printf(" ");
    printf("%d", A[i]);
  }
  printf("\n");
  printf("%d\n", sw);

  return 0;
}
```

3.5 安定なソート

ALDS1_2_C: Stable Sort

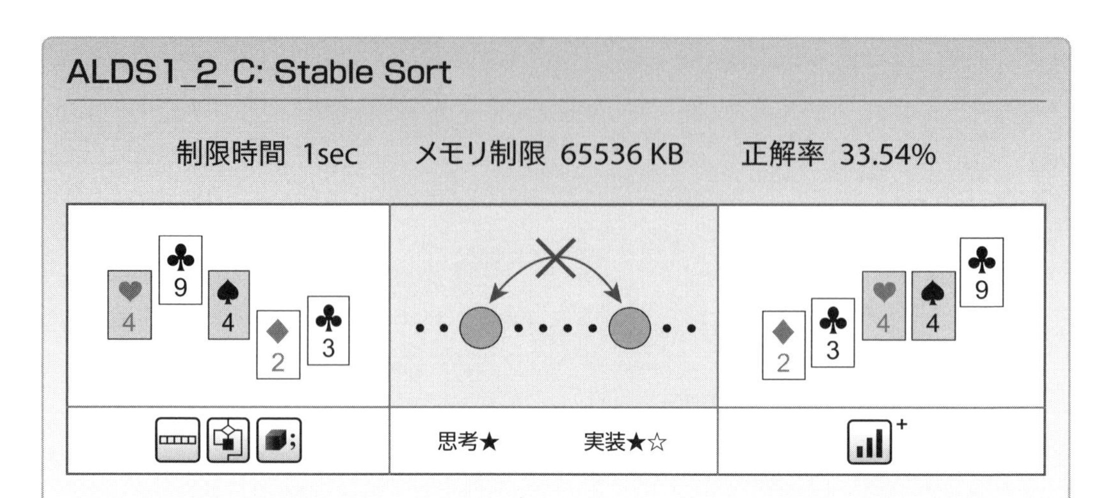

制限時間 1sec
メモリ制限 65536 KB
正解率 33.54%
思考★
実装★☆

トランプのカードを整列しましょう。ここでは、４つの絵柄(suit) S, H, C, Dと９つの数字(value) 1, 2,..., 9 から構成される計36 枚のカードを用います。例えば、ハートの8は"H8"、ダイヤの1は"D1"と表します。

バブルソート及び選択ソートのアルゴリズムを用いて、与えられたN枚のカードをそれらの数字を基準に昇順に整列するプログラムを作成してください。アルゴリズムはそれぞれ以下に示す疑似コードに従うものとします。配列の要素は0オリジンで記述されています。

```
1  BubbleSort(C, N)
2    for i = 0 to N-1
3      for j = N-1 downto i+1
4        if C[j].value < C[j-1].value
5          C[j] と C[j-1] を交換
6
7  SelectionSort(C, N)
8    for i = 0 to N-1
9      minj = i
10     for j = i to N-1
11       if C[j].value < C[minj].value
12         minj = j
13     C[i] と C[minj] を交換
```

また、各アルゴリズムについて、与えられた入力に対して安定な出力を行っているか報告してください。ここでは、同じ数字を持つカードが複数ある場合それらが入力に出現する順序で出力されることを、「安定な出力」と呼ぶことにします。(※常に安定な出力を行うソートのアルゴリズムを安定なソートアルゴリズムと言います。)

入力 1行目にカードの枚数Nが与えられます。
2行目にN枚のカードが与えられます。各カードは絵柄と数字のペアを表す2文字であり、隣合うカードは1つの空白で区切られています。

出力 1行目に、バブルソートによって整列されたカードを順番に出力してください。隣合うカードは1つの空白で区切ってください。
2行目に、この出力が安定か否か（Stable またはNot stable）を出力してください。
3行目に、選択ソートによって整列されたカードを順番に出力してください。隣合うカードは1つの空白で区切ってください。
4行目に、この出力が安定か否か（Stable またはNot stable）を出力してください。

制約 $1 \leq N \leq 36$

入力例

```
5
H4 C9 S4 D2 C3
```

出力例

```
D2 C3 H4 S4 C9
Stable
D2 C3 S4 H4 C9
Not stable
```


解説

ソートの結果が安定かどうかを調べるには、Nの値が小さいので、次のようなカードの組に対する順番を愚直に調べる$O(N^4)$のアルゴリズムを適用することができます。

Program 3.2: 安定性の愚直な判定

```
1  isStable(in, out)
2    for i = 0 to N-1
3      for j = i+1 to N-1
4        for a = 0 to N-1
5          for b = a+1 to N-1
6            if in[i] と in[j] の数字が等しい && in[i] == out[b] && in[j] == out[a]
7              return false
8    return true
```

考察

この問題では $O(N^4)$ のアルゴリズムで十分ですが、より N が大きい場合は工夫が必要です。バブルソートは安定なソートなので、常に「Stable」を出力します。選択ソートは安定なソートではないので、出力結果を調べる必要がありますが、バブルソートの結果と比較することによって $O(N)$ で判定を行うことができます。

解答例

C++

```
1  #include<iostream>
2  using namespace std;
3  
4  struct Card { char suit, value; };
5  
6  void bubble(struct Card A[], int N) {
7    for ( int i = 0; i < N; i++ ) {
8      for ( int j = N - 1; j >= i + 1; j-- ) {
9        if ( A[j].value < A[j - 1].value ) {
10         Card t = A[j]; A[j] = A[j - 1]; A[j - 1] = t;
11       }
12     }
13   }
14 }
15 
16 void selection(struct Card A[], int N) {
17   for ( int i = 0; i < N; i++ ) {
18     int minj = i;
19     for ( int j = i; j < N; j++ ) {
20       if ( A[j].value < A[minj].value ) minj = j;
21     }
22     Card t = A[i]; A[i] = A[minj]; A[minj] = t;
23   }
24 }
25 
26 void print(struct Card A[], int N) {
27   for ( int i = 0; i < N; i++ ) {
28     if ( i > 0 ) cout << " ";
29     cout << A[i].suit << A[i].value;
30   }
31   cout << endl;
32 }
```

```
33
34 // バブルソートと選択ソートの結果を比較
35 bool isStable(struct Card C1[], struct Card C2[], int N) {
36   for ( int i = 0; i < N; i++ ) {
37     if ( C1[i].suit != C2[i].suit ) return false;
38   }
39   return true;
40 }
41
42 int main() {
43   Card C1[100], C2[100];
44   int N;
45   char ch;
46
47   cin >> N;
48   for ( int i = 0; i < N; i++ ) {
49     cin >> C1[i].suit >> C1[i].value;
50   }
51
52   for ( int i = 0; i < N; i++ ) C2[i] = C1[i];
53
54   bubble(C1, N);
55   selection(C2, N);
56
57   print(C1, N);
58   cout << "Stable" << endl;
59   print(C2, N);
60   if ( isStable(C1, C2, N) ) {
61     cout << "Stable" << endl;
62   } else {
63     cout << "Not stable" << endl;
64   }
65
66   return 0;
67 }
```

3.6 シェルソート

※この問題はやや難しいチャレンジ問題です。難しいと感じたら今は飛ばして、実力を付けてから挑戦してみましょう。

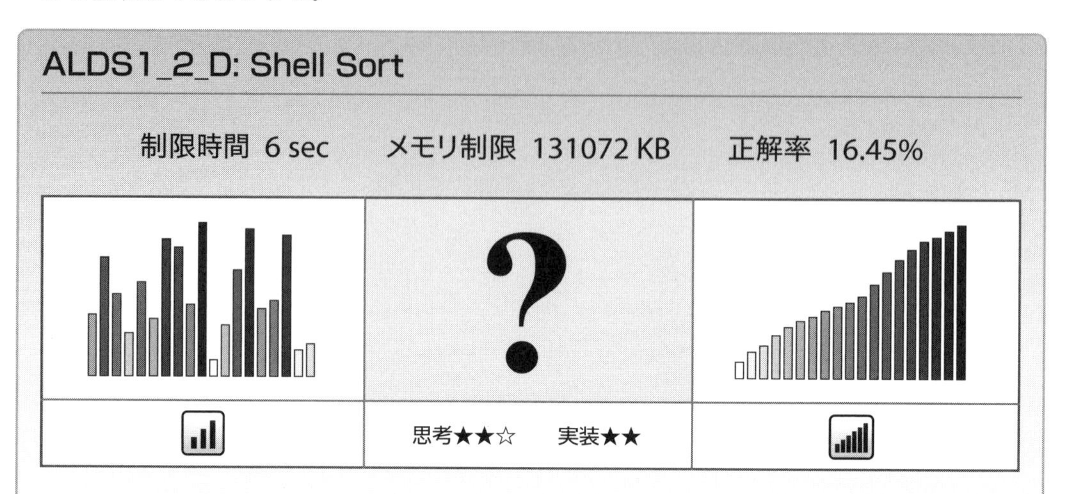

次のプログラムは、挿入ソートを応用して n 個の整数を含む数列 A を昇順に整列するプログラムです。

```
1  insertionSort(A, n, g)
2      for i = g to n-1
3          v = A[i]
4          j = i - g
5          while j >= 0 && A[j] > v
6              A[j+g] = A[j]
7              j = j - g
8              cnt++
9          A[j+g] = v
10
11 shellSort(A, n)
12     cnt = 0
13     m = ?
14     G[] = {?, ?,..., ?}
15     for i = 0 to m-1
16         insertionSort(A, n, G[i])
```

shellSort(A, n) は、一定の間隔 g だけ離れた要素のみを対象とした挿入ソートである insertionSort(A, n, g) を、最初は大きい値から g を狭めながら繰り返します。これをシェルソートと言います。

上の疑似コードの?を埋めてこのプログラムを完成させてください。nと数列Aが与えられるので、疑似コード中のm、m個の整数$G_i (i = 0, 1, ..., m-1)$、入力Aを昇順にした列を出力するプログラムを作成してください。ただし、出力は以下の条件を満たす必要があります。

- $1 \le m \le 100$
- $0 \le G_i \le n$
- cnt の値は $\lceil n^{1.5} \rceil$ を超えてはならない

入力　1行目に整数nが与えられます。続くn行にn個の整数$A_i (i = 0, 1, ..., n-1)$が与えられます。

出力　1行目に整数m、2行目にm個の整数$G_i (i = 0, 1, ..., m-1)$を空白区切りで出力してください。

3行目に、Gを用いた場合のプログラムが終了した直後のcntの値を出力してください。

続くn行に整列した$A_i (i = 0, 1, ..., n-1)$を出力してください。

この問題では、1つの入力に対して複数の解答があります。条件を満たす出力は全て正解となります。

制約　$1 \le n \le 1{,}000{,}000$
$0 \le A_i \le 10^9$

入力例

```
5
5
1
4
3
2
```

出力例

```
2
4 1
3
1
2
3
4
5
```

不正解時のチェックポイント

- 最後に$g = 1$として通常の挿入ソートを行い、確実に整列していますか。

解説

シェルソートは、ほぼ整列されたデータに対しては高速に動作するという挿入ソートの特長を活かす高速なアルゴリズムです。シェルソートでは、一定の間隔gだけ離れた要素のみを対象とした挿入ソートを繰り返します。例えば、$A = \{4, 8, 9, 1, 10, 6, 2, 5, 3, 7\}$に対して、$g$の列として$\{4, 3, 1\}$を用いたシェルソートを行うと以下のようになります。

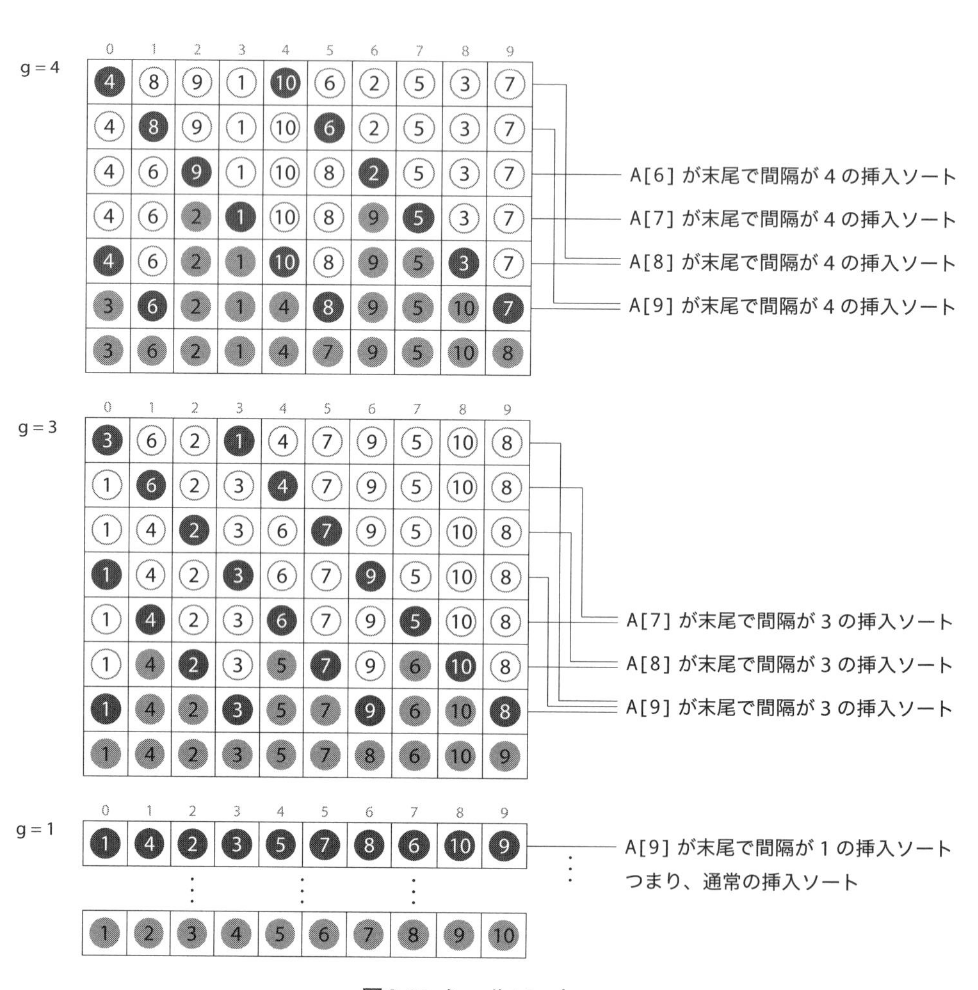

図3.11: シェルソート

この図では、配列の要素が処理の順番通りに上から下に描かれています。各計算ステップでA[i]（一番後ろの濃い灰色の要素）を、前方の間隔がgだけ離れた要素の並び（その時点で既にソート済み）の適切な位置に挿入していきます。図の右の補足は、間隔がgで挿入ソートが行われる各グループを示しています。各グループが順番に処理されるわけではないことに注意してください。

データを完全にソートするためには最後に$g = 1$、つまりただの挿入ソートを行う必要がありますが、この時点で対象となるデータはおおよそ整列されていると期待できます。

考察

$g = G_i$ の選び方は様々で、これまでに多くの研究がなされてきました。その解析は難しく本書の範囲を超えますが、例えば$g = 1, 4, 13, 40, 121...$、つまり$g_{n+1} = 3g_n + 1$ の数列を用いると計算量が$O(N^{1.25})$ になることが予測されています。この数列以外でも、1 を最終値とした減少数列を用いれば、十分効率よくデータをソートすることができます。ただし、例えば2 のべき乗（$2^p = 1, 2, 4, 8,,,$）などの、$g = 1$ までにソートの対象にならない要素が多く発生してしまうような数列では、効率化が期待できません。

解答例

C++

```
1  #include<iostream>
2  #include<cstdio>
3  #include<algorithm>
4  #include<cmath>
5  #include<vector>
6  using namespace std;
7
8  long long cnt;
9  int l;
10 int A[1000000];
11 int n;
12 vector<int> G;
13
14 // 間隔g を指定した挿入ソート
15 void insertionSort(int A[], int n, int g) {
16   for ( int i = g; i < n; i++ ) {
17     int v = A[i];
18     int j = i - g;
```

```
19      while( j >= 0 && A[j] > v ) {
20        A[j + g] = A[j];
21        j -= g;
22        cnt++;
23      }
24      A[j + g] = v;
25    }
26  }
27
28  void shellSort(int A[], int n) {
29    // 数列G = {1, 4, 13, 40, 121, 364, 1093, ...} を生成
30    for ( int h = 1; ; ) {
31      if ( h > n ) break;
32      G.push_back(h);
33      h = 3*h + 1;
34    }
35
36    for ( int i = G.size()-1; i >= 0; i-- ) { // 逆順にG[i] = g を指定
37      insertionSort(A, n, G[i]);
38    }
39  }
40
41  int main() {
42    cin >> n;
43    // より速い入力scanf 関数を使用
44    for ( int i = 0; i < n; i++ ) scanf("%d", &A[i]);
45    cnt = 0;
46
47    shellSort(A, n);
48
49    cout << G.size() << endl;
50    for ( int i = G.size() - 1; i >= 0; i-- ) {
51      printf("%d", G[i]);
52      if ( i ) printf(" ");
53    }
54    printf("\n");
55    printf("%d\n", cnt);
56    for ( int i = 0; i < n; i++ ) printf("%d\n", A[i]);
57
58    return 0;
59  }
```

4章

データ構造

効率の良いアルゴリズムを実装するためには、効率的にデータを扱う「データ構造」を駆使する必要があります。これまでに、問題に応じて様々なデータ構造が考案されてきました。

この章では、初等的なデータ構造に関する問題を解いていきます。

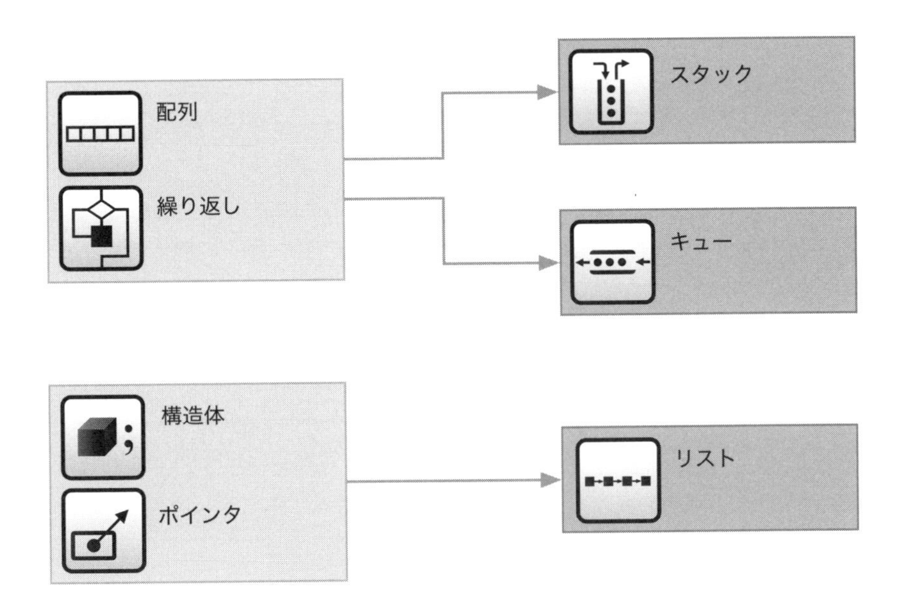

この章の問題を解くためには、配列、繰り返し処理などの基本的なプログラミングスキルが必要です。また、データ構造の部品を作るために、ポインタや構造体（クラス）の知識が必要になります。

4.1 データ構造とは：問題にチャレンジする前に

データ構造とは、プログラムの中でデータの集合を系統立てて管理するための形式で、一般的に単にデータの集合を表すだけではなく、以下の３つの概念から成り立っています：

- データの集合．対象となるデータの本体で、例えば、配列や構造体などの基本データ構造でデータの集合を保持します。
- 規則．データの集合を一定のルールに従って正しく操作・管理・保持するための決まり事です。どういった順番でデータを取り出すかなどの取り決めです。
- 操作．「要素を挿入する」や「要素を取り出す」などの、データの集合に対する操作です。「データの要素数を調べる」や「データの集合が空かどうか調べる」といった問い合わせも含まれます。

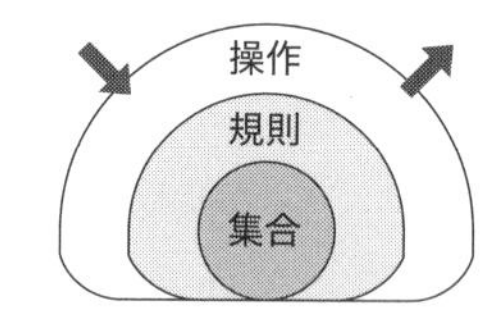

図4.1: データ構造の概念

これらの３つの概念が各種データ構造を特徴づけるものであるということは、以下に紹介する基本的なデータ構造であるスタックとキューの動作を通して理解することができます。

スタック

スタック(Stack) は一時的にデータを退避したいときに有効なデータ構造で、データの中で最後に入ったものが最初に取り出される後入れ先出し（LIFO: Last In First Out）の規則に従いデータを管理します。

操作

- push(x): スタックのトップに要素 x を追加します。
- pop( ): スタックのトップから要素を取り出します。
- isEmpty( ): スタックが空かどうかを調べます。
- isFull( ): スタックが満杯かどうかを調べます。

※一般的なスタックは、スタックのトップの要素を参照したり、スタックの中に指定されたデータが含まれているかを調べたりする操作も含みます。

規則

データの中で最後に入ったものが最初に取り出されます。すなわち、popによって取り出される要素は、最後にpushされた要素です（pushされてからの時間が最も短い要素)。

キュー

キュー(Queue) は「待ち行列」とも呼ばれ、データを到着順に処理したいときに使用するデータ構造で、データの中で最初に入ったものが最初に取り出される、先入れ先出し（FIFO: First In First Out）の規則に従ってデータを管理します。

操作

- enqueue(x): キューの末尾に要素xを追加します。
- dequeue( ): キューの先頭から要素を取り出します。
- isEmpty( ): キューが空かどうかを調べます。
- isFull( ): キューが満杯かどうかを調べます。

※一般的なキューは、これらの他にもキューの先頭の要素を参照したり、キューに指定されたデータが含まれているかを調べたりする操作も含みます。

規則

データの中で最も早く入ったもの（enqueueされてからの時間が最も長い要素）が最初に取り出されます。すなわち、dequeueでは追加された順番に要素が取り出されます。

リスト

順序を保ちつつ特定の位置へのデータの挿入・削除を行うデータ構造については、最初に必要なメモリを確保する固定長の配列では、マシンの資源を効率的に活用するような実装が難しくなります。この問題の要求に答えることのできるデータ構造の1つが双方向連結リスト（Doubly Linked List）です。リストのような基本データ構造は、他の高等的なデータ構造を実装するための基礎知識あるいは部品としても活躍します。

基本的なデータ構造は、その操作や規則はいたってシンプルなものですが、プログラミングやアルゴリズム設計の様々な場面で活用されます。プログラムの中でどのようなデータ構造を用いて、それをどのように実装したかによって、アルゴリズムの効率も変わってきます。

4.2 スタック

ALDS1_3_A: Stack

制限時間 1 sec　　メモリ制限 65536 KB　　正解率 38.56%

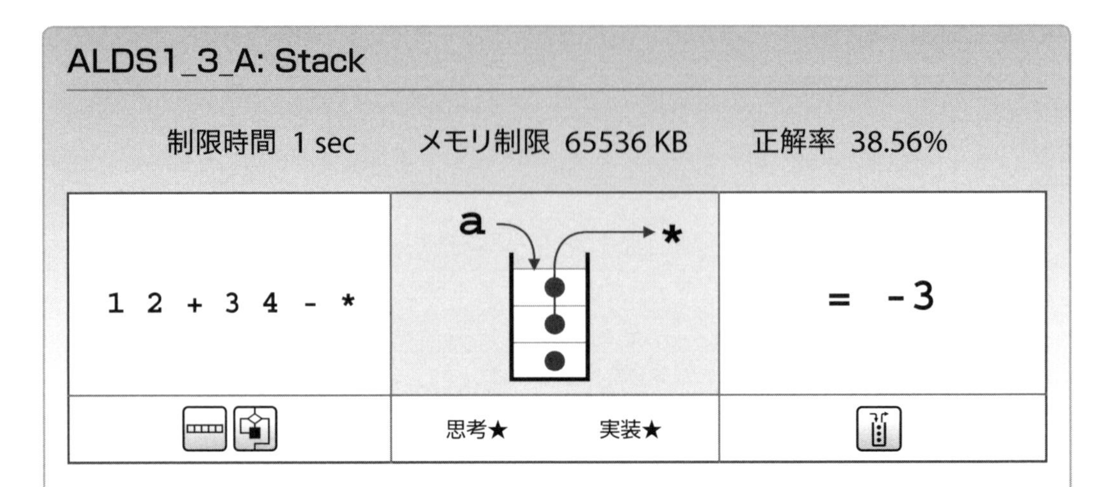

逆ポーランド記法は、演算子をオペランドの後に記述するプログラム（数式）を記述する記法です。例えば、一般的な中間記法で記述された数式 (1+2)*(5+4) は、逆ポーランド記法では 1 2 + 5 4 + * と記述されます。逆ポーランド記法では、中間記法で必要とした括弧が不要である、というメリットがあります。

逆ポーランド記法で与えられた数式の計算結果を出力してください。

入力　1つの数式が1行に与えられます。連続するシンボル（オペランドあるいは演算子）は1つの空白で区切られて与えられます。

出力　計算結果を1行に出力してください。

制約　$2 \leq$ 式に含まれるオペランドの数 ≤ 100
$1 \leq$ 式に含まれる演算子の数 ≤ 99
演算子は +、-、* のみを含み、1つのオペランドは 10^6 以下の正の整数
$-1 \times 10^9 \leq$ 計算途中の値 $\leq 10^9$

入力例

```
1 2 + 3 4 - *
```

出力例

```
-3
```

不正解時のチェックポイント

- 配列のサイズは十分確保していますか。
- 引き算の順序は正しいですか。
- ２桁以上の数値（オペランド）に対応していますか。

解説

逆ポーランド記法で記述された数式は、スタックを用いて計算を行うことができます。式を評価するには、下図のように数式の先頭からひとつずつ順番に文字列を読み込み、文字列がオペランド（数値）であればスタックに値を積み、演算子（+, -, *）であればスタックから値を2 つ取り出して演算結果をスタックに積む、という操作を繰り返します。最後にスタックの中に残った値が答えとなります。

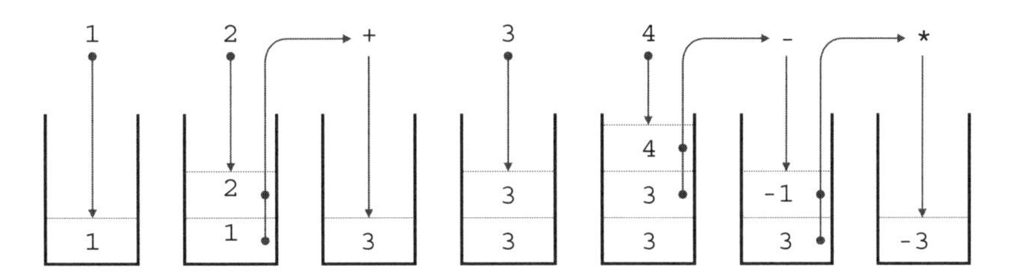

図4.2: スタックによる計算式の解析

スタックやその他のデータ構造の実装には配列やリスト（ポインタ）を使ったものなどいくつかの方法があります。本書では、データ構造の操作と制約の理解に焦点をおき、整数型のデータが格納されるスタックを配列を用いて実装します。

配列を用いたスタックの実装に必要な主な変数と関数は以下のとおりです。

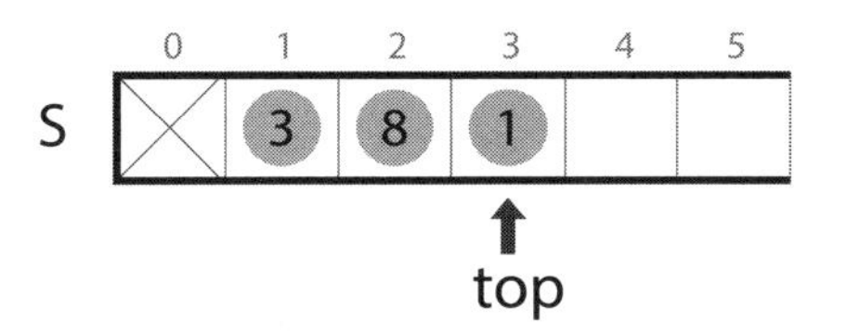

図4.3: スタックの実装に用いる主な変数

▶ データを格納するための整数型1 次元配列：S

配列S の各要素にpush されたデータを格納していきます。問題に応じた十分な記憶領域を確保することが必要です。また、ここで紹介する実装ではS[0] には常に何も入れないようにします。図4.3では、容量が5のスタックに既に3つの要素が格納されている様子を表しています。

▶ スタックポインタを表す整数型変数：top
　スタックの頂点（トップ）の要素（一番最後に追加された要素）を指し示す整数型の変数です。top は最後の要素が格納されている場所を指します。この変数をスタックポインタと言います。また top の値はスタックの要素数に等しくなります。

▶ スタックに要素 x を追加する関数: push(x)
　top を 1 つ増やし、S[top] に x を代入します。

▶ スタックのトップから要素を取り出す関数: pop( )
　S[top] の値を返し、top を 1 つ減らします。

実際にスタックのデータ構造を操作する様子を見てみましょう。次の図4.4は、配列によるスタックに適当な値を適当に出し入れしている様子を表しています。データ構造の操作は動的に発生するものなので、スタックの要素は変動していきます。

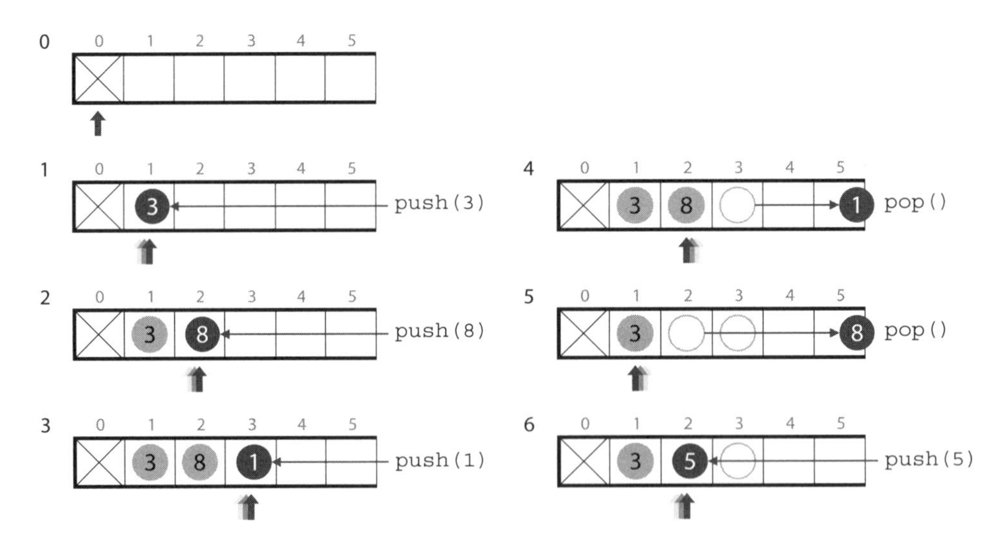

図4.4: スタックのシミュレーション

push(x) で渡された要素は、top を 1 つ増やした位置に挿入されます。一方、pop( ) は top が指す要素を返し、top を 1 つ減らします。

配列によるスタックは次のように実装することができます。

Program 4.1: 配列によるスタックの実装

```
initialize()
  top = 0

isEmpty()
  return top == 0

isFull()
  return top >= MAX - 1

push(x)
  if isFull()
    エラー（オーバーフロー）
  top++
  S[top] = x

pop()
  if isEmpty()
    エラー（アンダーフロー）
  top--
  return S[top+1]
```

initialize関数はtopを0とすることでスタックを空にします。このとき配列（メモリ）の中に要素は残ったままですが、以降のpush操作によって上書きされます。isEmpty関数はtopが0かどうかを調べスタックが空かどうかを判定します。

isFull関数はスタックが満杯かどうかを判定します。例えば、配列が0オリジンで容量がMAXで定義されている場合は、topがMAX-1 以上のときにスタックが満杯の状態になります。

push関数ではtopを1つ増やし、その場所にxを追加します。ただし、スタックが満杯の場合はなんらかのエラー処理を行います。

pop関数では、topが指す要素、つまりスタックの頂点の要素を返しつつ、topの値を1つ減らすことで、頂点の要素を削除します。ただし、スタックが空の場合はなんらかのエラー処理を行います。

考察

データ構造の設計・実装においては、それらに対する各操作にかかる計算量を見積もります。ここで紹介した配列によるスタックの操作の計算量は、pop、push ともにスタックポインタの加算・減算と代入演算を考慮して、$O(1)$ となります。

ポイント

一般的にデータ構造は、構造体やクラスとして実装されます。クラスとして実装しておけば、複数のデータ構造を管理することができ、プログラムの中のデータとして扱いやすくなります。

解答例

C

```
1  #include<stdio.h>
2  #include<stdlib.h>
3  #include<string.h>
4
5  int top, S[1000];
6
7  void push(int x) {
8  /* top を加算してから
      その位置へ挿入 */
9    S[++top] = x;
10 }
11
12 int pop() {
13   top--;
14 /* top が指していた要素を返す */
15   return S[top+1];
16 }
17
18 int main() {
19   int a, b;
20   top = 0;
21   char s[100];
22
23   while( scanf("%s", s) != EOF ) {
24     if ( s[0] == '+' ) {
25       a = pop();
26       b = pop();
27       push(a + b);
28     } else if ( s[0] == '-' ) {
29       b = pop();
30       a = pop();
31       push(a - b);
32     } else if ( s[0] == '*' ) {
33       a = pop();
34       b = pop();
35       push(a * b);
36     } else {
37       push(atoi(s));
38     }
39   }
40
41   printf("%d\n", pop());
42
43   return 0;
44 }
```

ここで、atoi() は文字列で表現された数値をint型の数値に変換する、C言語の標準ライブラリの関数です。

4.3 キュー

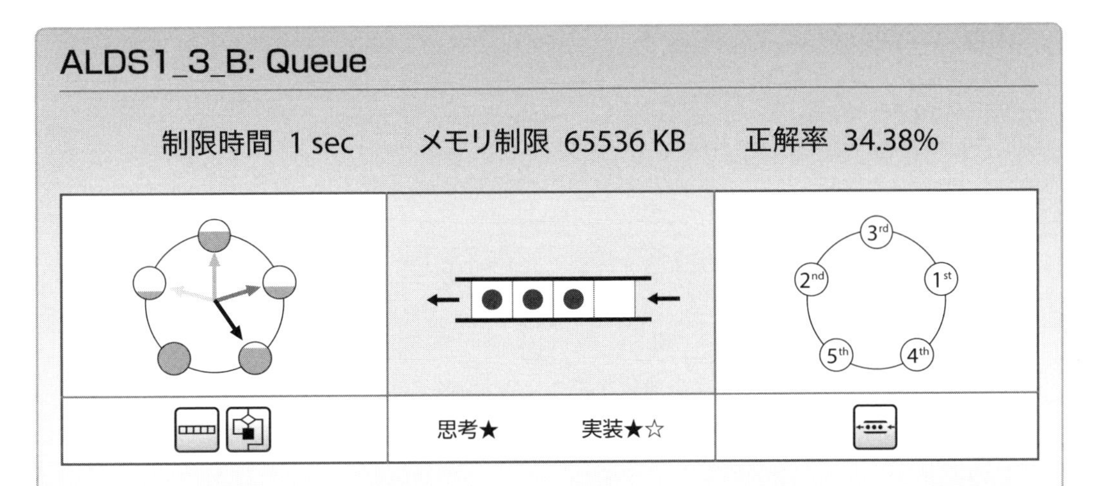

ALDS1_3_B: Queue
制限時間 1 sec
メモリ制限 65536 KB
正解率 34.38%
3rd
2nd
1st
5th
4th
思考★
実装★☆

名前 $name_i$ と必要な処理時間 $time_i$ を持つ n 個のプロセスが順番に一列に並んでいます。ラウンドロビンスケジューリングと呼ばれる処理方法では、CPU がプロセスを順番に処理します。各プロセスは最大 q ms（これをクオンタムと呼びます）だけ処理が実行されます。q ms だけ処理を行っても、まだそのプロセスが完了しなければ、そのプロセスは列の最後尾に移動し、CPU は次のプロセスに割り当てられます。

例えば、q を 100 とし、以下のようなプロセスの列を考えます。

```
A(150) - B(80) - C(200) - D(200)
```

まずプロセス A が 100ms だけ処理され、残りの必要時間 50ms を保持し列の末尾に移動します。

```
B(80) - C(200) - D(200) - A(50)
```

次にプロセス B が 80ms だけ処理され、時刻 180ms で終了し、列から削除されます。

```
C(200) - D(200) - A(50)
```

次にプロセス C が 100ms だけ処理され、残りの必要時間 100ms を保持し列の末尾に移動します。

```
D(200) - A(50) - C(100)
```

このように、全てのプロセスが終了するまで処理を繰り返します。

ラウンドロビンスケジューリングをシミュレートするプログラムを作成してください。

入力　入力の形式は以下の通りです。

n q
$name_1$ $time_1$
$name_2$ $time_2$
...
$name_n$ $time_n$

最初の行に、プロセス数を表す整数 n とクオンタムを表す整数 q が1つの空白区切りで与えられます。

続く n 行で、各プロセスの情報が順番に与えられます。文字列 $name_i$ と整数 $time_i$ は1つの空白で区切られています。

出力　プロセスが完了した順に、各プロセスの名前と終了時刻を空白で区切って1行に出力してください。

制約　$1 \leq n \leq 100{,}000$
$1 \leq q \leq 1{,}000$
$1 \leq time_i \leq 50{,}000$
$1 \leq$ 文字列 $name_i$ の長さ ≤ 10
$1 \leq time_i$ の合計 $\leq 1{,}000{,}000$

入力例

```
5 100
p1 150
p2 80
p3 200
p4 350
p5 20
```

出力例

```
p2 180
p5 400
p1 450
p3 550
p4 800
```

不正解時のチェックポイント

- $O(n^2)$ のシミュレーションを行っていませんか。
- 配列のサイズは十分確保していますか。

解説

ラウンドロビンスケジューリングは、プロセスを格納(管理)するキューを用いてシミュレートすることができます。まず、初期状態のプロセスを順番にキューに入れます。次にキューが空になるまで、「先頭からプロセスを取り出し、最大でもクオンタムだけ処理を行い、まだ必要な処理(時間)が残っている場合は再度キューに追加する」処理を繰り返します。

ここでは、整数型のデータが格納されるキューを配列を用いて実装する方法を紹介します。配列を用いたキューの実装に必要な主な変数と関数は以下のとおりです。

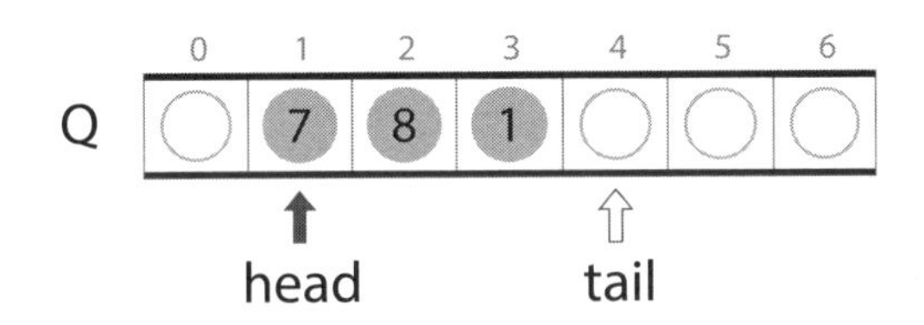

図4.5: キューの実装に用いる変数

- データを格納するための整数型1次元配列:Q

  配列Qの各要素にenqueueされたデータを格納していきます。問題に応じた十分な記憶領域を確保することが必要です。図4.5では、既にいくつかの要素が格納されています。

- 先頭ポインタである整数型変数:head

  キューの先頭の場所を指し示す変数です。dequeueされるとheadで指されている要素が取り出されます。キューの先頭の要素のインデックスが常に0とは限らないことに注意してください。

- 末尾ポインタである整数型変数:tail

  キューの末尾+1の場所(最後の要素の1つ後ろ)を指し示す変数です。tailは新しい要素が追加される場所を示します。headとtailで挟まれた部分(tailが指す要素は含まない)が、キューの中身を表します。

- キューに要素 *x* を追加する関数:enqueue(x)

  Q[tail]にxを代入し、tailを1つ増やします。

- キューの先頭から要素を取り出す関数:dequeue( )

  Q[head]の値を返し、headを1つ増やします。

実際にキューのデータ構造を操作する様子を見てみましょう。次の図4.6は、キューに適当な値を適当に出し入れしている様子を表しています。

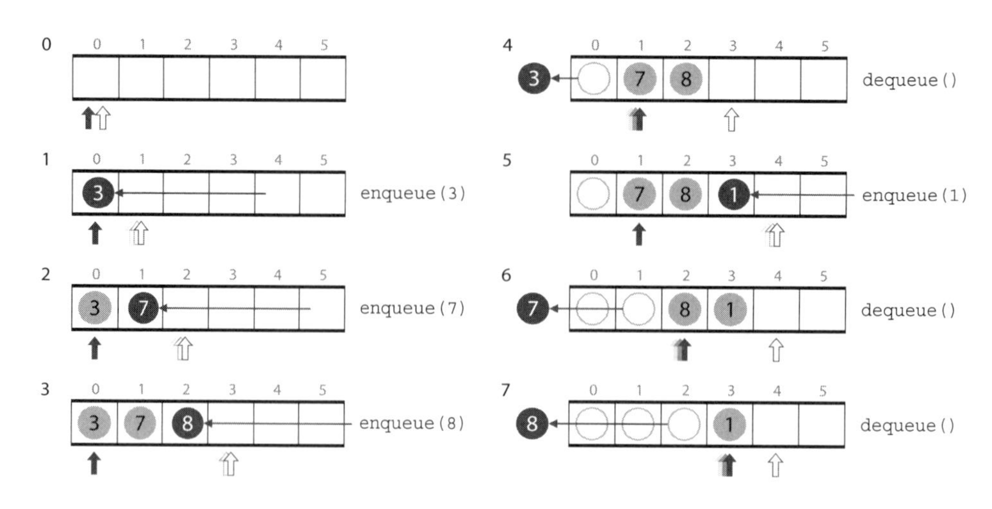

図4.6: キューのシミュレーション

headとtailが一致しているとき、キューが空の状態となります。このとき、これらは必ずしも0とは限りません。enqueue(x)が実行されると、新しい要素はtailの位置に追加されtailが1つ増えます。dequeue()ではheadが指す要素が返され、headが1つ増えます。

配列によってキューを実装すると、上の図4.6に示すように、データの追加と取り出し操作が繰り返されることによって、headとtailに挟まれたキューのデータ本体が配列の末尾に向かって（図の右側に）移動していきます。このままでは、tailとheadが配列の容量をすぐに超えてしまいます。tailが配列の領域を超えた時点でオーバーフローとして追加を諦めてしまっては、まだ使える配列の領域を無駄にしてしまいます。しかし、それを防ぐためにdequeue()が実行されたときにheadを常に0に保つようにデータ全体を配列の先頭に（左に）向かって移動していては、その度に$O(n)$の計算が必要になってしまいます。

この問題を解決するために、配列によるキューの実装では次のように、配列をリングバッファとみなしてデータを管理することがあります。

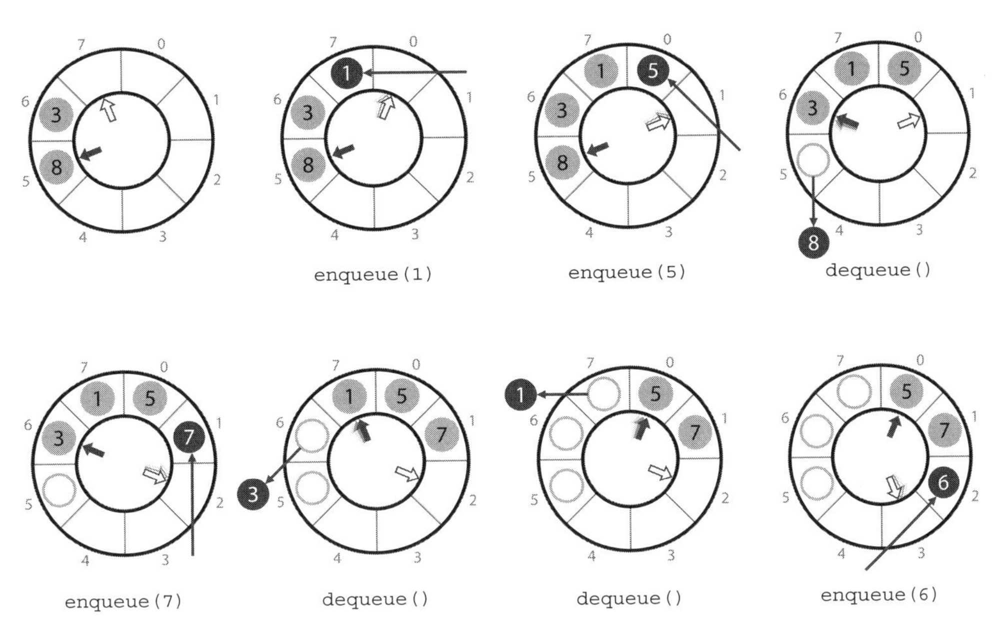

図4.7: 配列によるリングバッファ

リングバッファは1次元配列で実現され、キューの範囲を指し示すhead、tailが配列の領域を超えてしまったときにこれらのポインタを循環させます。つまり、ポインタを1つ増やして、それが配列の範囲を超えてしまった場合には、ポインタを0にリセットします。

上の図4.7は既にいくつかのデータが格納されたキューにデータを出し入れしている様子を示しています。最初にenqueue(1)によって1を追加したときに、tailの値が1つ増えますが、既にtailが7であったため配列の領域を超えてしまうのでtailを0に設定します。リングバッファを時計回りに見ると、キューにデータがある場合はポインタがhead → tailの順番に並びます。また、キューが空のときと満杯のときを区別するためにtail → headの間には常に1つ以上の空きを設けます。

配列を用いたキューは次のように実装することができます。

Program 4.2: 配列によるキューの実装

```
1  initialize()
2    head = tail = 0
3
4  isEmpty()
5    return head == tail
```

```
6
7  isFull()
8    return head == (tail + 1) % MAX
9
10 enqueue(x)
11   if isFull()
12      エラー（オーバーフロー）
13   Q[tail] = x
14   if tail + 1 == MAX
15      tail = 0
16   else
17      tail++
18
19 dequeue()
20   if isEmpty()
21      エラー（アンダーフロー）
22   x = Q[head]
23   if head + 1 == MAX
24      head = 0
25   else
26      head++
27   return x
```

initialize関数では、headとtailを同じ値に設定することで、キューを空に設定し、isEmpty関数では、headとtailが同じ値かを調べて、キューが空かどうかを判定します。

isFull関数では、キューが満杯かどうかを調べます。例えば、配列が0オリジンで容量がMAXで定義されていれば、headが(tail+1)%MAXに等しいとき、キューが満杯と判定されます。ここで*a*%*b*は*a*を*b*で割った余りを示します。

enqueue関数は、tailが指す場所にxを追加します。要素が1つ増えたのでtailを1増やします。ただし、配列の容量であるMAX以上になってしまう場合はtailを0として循環させます。また、キューが満杯の場合はなんらかのエラー処理を行います。

dequeue関数は、headが指すキューの先頭の要素を変数xに一時的に記録し、headを1増やしてからxの値を返します。ただし、headを増やした値がMAX以上になってしまう場合はheadを0として循環させます。また、キューが空の場合はなんらかのエラー処理を行います。

考察

配列によるキューの実装では、メモリを有効に活用しつつ、enqueueとdequeueの操作をそれぞれ$O(1)$のアルゴリズムで行うことがポイントになります。リングバッファを用いれば、enqueue、dequeueともに$O(1)$のアルゴリズムで実装することができます。

解答例

C

```
#include<stdio.h>
#include<string.h>
#define LEN 100005

/* プロセスを表す構造体 */
typedef struct pp {
  char name[100];
  int t;
} P;

P Q[LEN];
int head, tail, n;

void enqueue(P x) {
  Q[tail] = x;
  tail = (tail + 1) % LEN;
}

P dequeue() {
  P x = Q[head];
  head = (head + 1) % LEN;
  return x;
}

int min(int a, int b) { return a < b ? a : b; } /* 最小値を返す  */

int main() {
  int elaps = 0, c;
  int i, q;
  P u;
  scanf("%d %d", &n, &q);

  /* 全てのプロセスをキューに順番に追加する */
```

```
34    for ( i = 1; i <= n; i++ ) {
35      scanf("%s", Q[i].name);
36      scanf("%d", &Q[i].t);
37    }
38    head = 1; tail = n + 1;
39
40    /* シミュレーション */
41    while ( head != tail ) {
42      u = dequeue();
43      c = min(q, u.t);           /* q または必要な時間 u.t だけ処理を行う */
44      u.t -= c;                  /* 残りの必要時間を計算 */
45      elaps += c;                /* 経過時間を加算 */
46      if ( u.t > 0 ) enqueue(u); /* 処理が完了していなければキューに追加 */
47      else {
48        printf("%s %d\n",u.name, elaps);
49      }
50    }
51
52    return 0;
53  }
```

4.4 連結リスト

ALDS1_3_C: Doubly Linked List

制限時間 1 sec　　メモリ制限 65536 KB　　正解率 15.90%

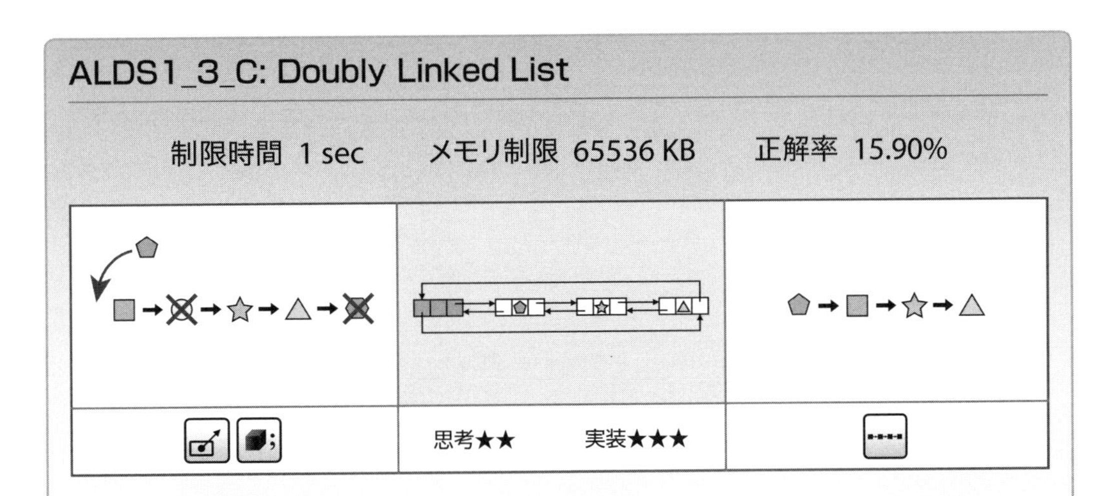

以下の命令を受けつける双方向連結リストを実装してください。

- insert x:連結リストの先頭にキー x を持つ要素を継ぎ足す
- delete x:キー x を持つ最初の要素を連結リストから削除する。そのような要素が存在しない場合は何もしない。
- deleteFirst:連結リストの先頭の要素を削除する
- deleteLast:連結リストの末尾の要素を削除する

入力　入力は以下の形式で与えられます。

n
$command_1$
$command_2$
...
$command_n$

最初の行に命令数 n が与えられます。続く n 行に命令が与えられます。命令は上記4つの命令のいずれかです。キーは整数とします。

出力　全ての命令が終了した後の、連結リスト内のキーを順番に出力してください。連続するキーは1つの空白文字で区切って出力してください。

制約　命令数は2,000,000を超えない
delete x 命令の回数は20を超えない
$0 \leq$ キーの値 $\leq 10^9$
命令の過程でリストの要素数は 10^6 を超えない

delete, deleteFirst, または deleteLast 命令が与えられるとき、リストには1つ以上の要素が存在する。

入力例

```
7
insert 5
insert 2
insert 3
insert 1
delete 3
insert 6
delete 5
```

出力例

```
6 1 2
```

不正解時のチェックポイント

- C++言語の場合はcinではなくscanfを使うなど、高速な入出力方法を使用してください。

解説

データを動的に変化させる必要があるデータ構造の実装には、必要な時にメモリを確保・解放するプログラミングテクニックが必要になります。

ここでは、メモリの確保やポインタを用いたリンクの繋ぎ変えを具体的に説明するために、双方向連結リストの操作を実装するコードをC++言語のプログラムで説明します。

双方向連結リストは、次のようにデータ本体（ここでは整数値のkey）に加え、自分の前の要素と次の要素へのそれぞれのポインタprev、next を持つ構造体変数をポインタで繋ぐことで実装します。ここでは、リストの各要素を「ノード」と呼ぶことにします。

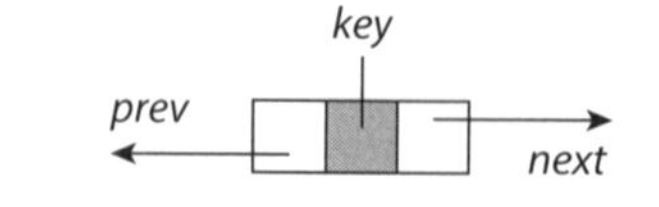

図4.8: 双方向連結リストのノード

Program 4.3: C++言語による双方向連結リストのノード

```
struct Node {
  int key;
  Node *prev, *next;
};
```

また、リストの先頭を指す特別なノードを設置することによって実装を簡略化することができます。このノードは「番兵」と呼ばれるもので、実データには含めませんが、ポインタの繋ぎ変えを容易にする効果があります。例えば、番兵の設置によって要素の削除を行う操作の実装が簡単になります。

リストの初期化を行うinit関数では、番兵を示すNIL[1]のノードを生成し、次の図のようにprevとnextを番兵に繋ぐことによって空のリストを作ります。

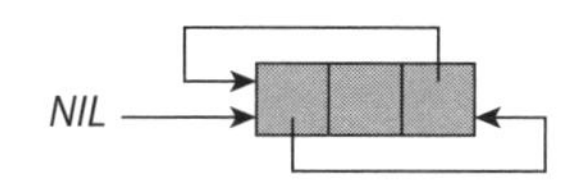

図4.9: 双方向連結リストの番兵

Program 4.4: 双方向リストの初期化

```
Node *nil;

void init() {
  nil = (Node *)malloc(sizeof(Node));
  nil->next = nil;
  nil->prev = nil;
}
```

この番兵を起点として要素が追加されていきます。ここで、mallocは指定したサイズだけメモリを動的に確保するC言語の標準ライブラリの関数です。また、->はポインタ変数からメンバにアクセスするための演算子で、アロー演算子と言います。

insert関数は、与えられたキーを持つノードを生成し、それをリストの先頭に追加します。次の図のように番兵を起点としてポインタを順番に繋ぎ変えます。

1 NIL(ニル)あるいはNULL(ナル)はプログラミングにおいて「何もない」を意味する値として使われます。プログラミング言語によって内容は異なりますが、本書ではNILを「何もない」という意味で使用し、存在しない番号等を保持する変数として用います。

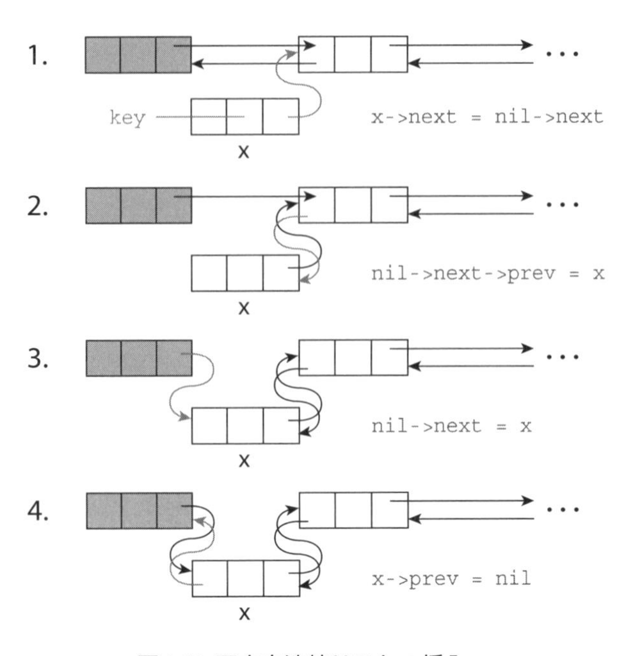

図4.10: 双方向連結リスト：挿入

Program 4.5: 双方向リストへの要素の挿入

```
void insert(int key) {
  Node *x = (Node *)malloc(sizeof(Node));
  x->key = key;
  // 番兵の直後に要素を追加
  x->next = nil->next;
  nil->next->prev = x;
  nil->next = x;
  x->prev = nil;
}
```

要素を探索するlistSearch関数は、与えられたキーを持つノードを探し、そのポインタを返します。現在位置のノードへのポインタをcurとし、番兵のnextが指すノード、つまりリストの先頭の要素から順番にcur = cur->nextとすることでノードを順番に辿ります。

Program 4.6: 双方向リストの要素の探索

```
Node* listSearch(int key) {
  Node *cur = nil->next; // 番兵の次の要素から辿る
  while ( cur != nil && cur->key != key ) {
    cur = cur->next;
```

```
5    }
6    return cur;
7  }
```

この過程でkeyを発見するか、あるいは番兵NILに戻ってしまった場合に探索が終了し、その時のcurが返す値となります。

deleteNode関数は次の図のようにポインタを繋ぎ変えることで、指定されたノードtを削除します。C++言語のプログラムでは、削除したノードのメモリを解放する必要があります。ここで、freeは必要のなくなったメモリを解放するC言語の標準ライブラリの関数です。

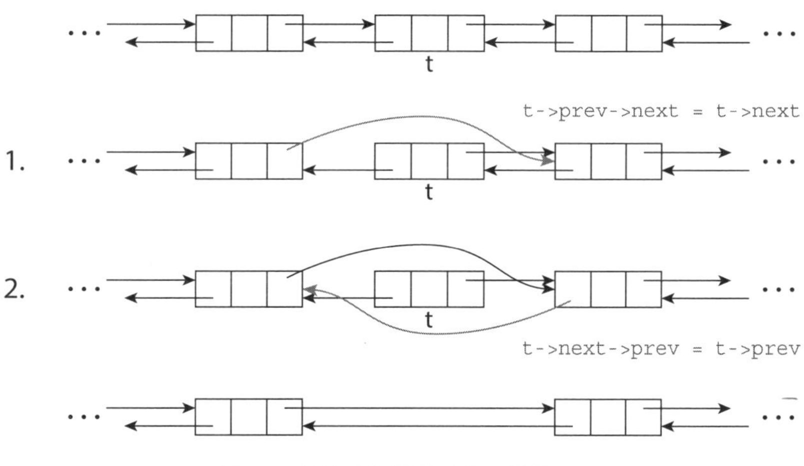

図4.11: 双方向連結リスト：削除

Program 4.7: 双方向リストの要素の削除

```
1  void deleteNode(Node *t) {
2    if ( t == nil ) return; // t が番兵の場合は処理しない
3    t->prev->next = t->next;
4    t->next->prev = t->prev;
5    free(t);
6  }
7
8  void deleteFirst() {
9    deleteNode(nil->next);
10 }
11
```

```
12 void deleteLast() {
13   deleteNode(nil->prev);
14 }
15 
16 void deleteKey(int key) {
17   // 検索したノードを削除
18   deleteNode(listSearch(key));
19 }
```

deleteFirst関数、deleteLast関数は、それぞれ番兵のnext、prevが指すノードを削除します。

削除するキーが指定されるdeleteKey関数では、まずlistSearch関数でkeyが一致するノードtを特定し、deleteNode(t)によってそのノードを削除します。

考察

双方向連結リストへの要素の追加は、いくつかのポインタを繋ぎ変えるだけなので$O(1)$で行うことができます。

配列ではA[i]のように定数時間で指定した要素にアクセスすることができますが、リストでは要素を特定するためにポインタをたどる必要があります。そのため、N個の要素を含むリストに対する検索は$O(N)$のアルゴリズムになります。

双方向連結リストの先頭・末尾の要素の削除は$O(1)$で行うことができますが、特定のkeyを持つノードの削除ではリストの要素を順番に辿る必要があるので、$O(N)$の計算量が必要になります。

ここで紹介したリストの実装は、探索と削除に$O(N)$の計算量が必要でリスト単体ではあまり実用性がありません。しかし、後の章で扱うデータ構造の部品（あるいはそれらを実装するための知識）として活かすことができます。

解答例

C++

```
1 #include<cstdio>
2 #include<cstdlib>
```

```
3   #include<cstring>
4
5   struct Node {
6     int key;
7     Node *next, *prev;
8   };
9
10  Node *nil;
11
12  Node* listSearch(int key) {
13    Node *cur = nil->next; // 番兵の次の要素から辿る
14    while ( cur != nil && cur->key != key ) {
15      cur = cur->next;
16    }
17    return cur;
18  }
19
20  void init() {
21    nil = (Node *)malloc(sizeof(Node));
22    nil->next = nil;
23    nil->prev = nil;
24  }
25
26  void printList() {
27    Node *cur = nil->next;
28    int isf = 0;
29    while ( 1 ) {
30      if ( cur == nil ) break;
31      if ( isf++ > 0 ) printf(" ");
32      printf("%d", cur->key);
33      cur = cur->next;
34    }
35    printf("\n");
36  }
37
38  void deleteNode(Node *t) {
39    if ( t == nil ) return; // t が番兵の場合は処理しない
40    t->prev->next = t->next;
41    t->next->prev = t->prev;
42    free(t);
43  }
44
45  void deleteFirst() {
46    deleteNode(nil->next);
47  }
48
```

```
49 void deleteLast() {
50   deleteNode(nil->prev);
51 }
52
53 void deleteKey(int key) {
54   // 検索したノードを削除
55   deleteNode(listSearch(key));
56 }
57
58 void insert(int key) {
59   Node *x = (Node *)malloc(sizeof(Node));
60   x->key = key;
61   // 番兵の直後に要素を追加
62   x->next = nil->next;
63   nil->next->prev = x;
64   nil->next = x;
65   x->prev = nil;
66 }
67
68 int main() {
69   int key, n, i;
70   int size = 0;
71   char com[20];
72   int np = 0, nd = 0;
73   scanf("%d", &n);
74   init();
75   for ( i = 0; i < n; i++ ) {
76     scanf("%s%d", com, &key); // より高速な入力関数を使用
77     if ( com[0] == 'i' ) { insert(key); np++; size++; }
78     else if ( com[0] == 'd' ) {
79       if ( strlen(com) > 6 ) {
80         if ( com[6] == 'F' ) deleteFirst();
81         else if ( com[6] == 'L' ) deleteLast();
82       } else {
83         deleteKey(key); nd++;
84       }
85       size--;
86     }
87   }
88
89   printList();
90
91   return 0;
92 }
```

4.5 標準ライブラリのデータ構造

4.5.1 C++の標準ライブラリ

本書の目的の1つは、汎用的なアルゴリズムとデータ構造を実装するための基本的なアイデアや特徴、計算量などを知ることですが、多くのプログラミング言語では、入出力、文字列だけでなく、アルゴリズムとデータ構造に関連するクラスや関数をライブラリとして提供しています。プログラマはこれらを再実装することなく、効率的で信頼性のあるライブラリの恩恵を受けることができますが、挙動を把握しておくためにもそれらの仕組みを理解しておく必要があります。

本書の解答プログラムでは、関連するアルゴリズムとデータ構造を解説した後にライブラリを利用しています。ライブラリの特徴や計算量を知った上で、より高等的なアルゴリズムとデータ構造の実装に有効利用することが大切です。ここではC++言語の標準ライブラリの一部を紹介します。

C++言語のライブラリのほとんどは、“テンプレート”として提供されています。テンプレートとは、型を後から指定することのできる関数またはクラスです。本書ではテンプレートの詳しい解説は省きますが本書記載の参考文献を参照してください。本書では、C++言語の標準ライブラリの中心である標準テンプレートライブラリ（STL: Standard Template Library）の使い方を簡単に紹介します。

STLは効率的なアルゴリズムでデータを管理することのできるライブラリです。STLでは様々なニーズに対応するために、コンテナと呼ばれるデータの集合を管理する様々なクラスを提供しています。動的な配列、リスト、スタック、キューなどは、対応するコンテナを定義し、それに対するメンバ関数やアルゴリズムを呼び出すだけで利用することができます。ここでは、stack、queue、vector、listの使い方を紹介します。

4.5.2 stack

次のプログラムはSTLのstackを使用して整数値をスタックで管理するプログラムの例です。

Program 4.8: stack の使い方

```
#include<iostream>
#include<stack>
using namespace std;

int main() {
  stack<int> S;

  S.push(3); // スタックに 3 を積む
  S.push(7); // スタックに 7 を積む
  S.push(1); // スタックに 1 を積む
  cout << S.size() << " "; // スタックのサイズ = 3

  cout << S.top() << " "; // 1
  S.pop(); // スタックの頂点から要素を削除

  cout << S.top() << " "; // 7
  S.pop();

  cout << S.top() << " "; // 3

  S.push(5);

  cout << S.top() << " "; // 5
  S.pop();

  cout << S.top() << endl; // 3

  return 0;
}
```

OUTPUT

```
3 1 7 3 5 3
```

#include<stack> によって、STL の stack のコードが取り込まれます。

stack<int> S; の宣言文により、int 型の要素を管理するスタックが生成されます。stack はテンプレートとして提供されており、< > の中に型を指定することにより、その型のデータを管理するコンテナを定義することができます。

例えば、stack には以下のようなメンバ関数が定義されています。

関数名	機能	計算量
size()	スタックの要素数を返します。	$O(1)$
top()	スタックの頂点の要素を返します。	$O(1)$
pop()	スタックから要素を取り出し削除します。	$O(1)$
push(x)	スタックに要素xを追加します。	$O(1)$
empty()	スタックが空のときにtrueを返します。	$O(1)$

表4.1: stackのメンバ関数の例

演習問題をSTLを用いて解いてみましょう。ALDS1_3_A: Stackは、STLのstackを用いて、次のように実装することができます。

```
1  #include<iostream>
2  #include<cstdlib>
3  #include<stack>
4  using namespace std;
5
6  int main() {
7    // 標準ライブラリからstack を使用
8    stack<int> S;
9    int a, b, x;
10   string s;
11
12   while( cin >> s ){
13     if ( s[0] == '+' ) {
14       a = S.top(); S.pop();
15       b = S.top(); S.pop();
16       S.push(a + b);
17     } else if ( s[0] == '-' ) {
18       b = S.top(); S.pop();
19       a = S.top(); S.pop();
20       S.push(a - b);
21     } else if ( s[0] == '*' ) {
22       a = S.top(); S.pop();
23       b = S.top(); S.pop();
24       S.push(a * b);
25     } else {
26       S.push(atoi(s.c_str()));
27     }
```

```
29    }
30
31    cout << S.top() << endl;
32
33    return 0;
34  }
```

4.5.3 queue

次のプログラムはSTLのqueueを使用して文字列をキューで管理するプログラムの例です。

Program 4.9: queueの使い方

```
1   #include<iostream>
2   #include<queue>
3   #include<string>
4   using namespace std;
5
6   int main() {
7     queue<string> Q;
8
9     Q.push("red");
10    Q.push("yellow");
11    Q.push("yellow");
12    Q.push("blue");
13
14    cout << Q.front() << " "; // red
15    Q.pop();
16
17    cout << Q.front() << " "; // yellow
18    Q.pop();
19
20    cout << Q.front() << " "; // yellow
21    Q.pop();
22
23    Q.push("green");
24
25    cout << Q.front() << " "; // blue
26    Q.pop();
27
28    cout << Q.front() << endl; // green
29
```

```
30    return 0;
31  }
```

OUTPUT

```
red yellow yellow blue green
```


#include<queue> によって、STL の queue のコードが取り込まれます。

queue<string> Q; の宣言文により、string 型の要素を管理するキューが生成されます。queue はテンプレートとして提供されており、< > の中に型を指定することにより、その型のデータを管理するコンテナを定義することができます。

例えば、queue には以下のようなメンバ関数が定義されています。

関数名	機能	計算量
size()	キューの要素数を返します。	$O(1)$
front()	キューの先頭の要素を返します。	$O(1)$
pop()	キューから要素を取り出し削除します。	$O(1)$
push(x)	キューに要素 x を追加します。	$O(1)$
empty()	キューが空のときに true を返します。	$O(1)$

表 4.2: queue のメンバ関数の例

演習問題を STL を用いて解いてみましょう。ALDS1_3_B: Queue は STL の queue を用いて次のように実装することができます。

```
1  #include<iostream>
2  #include<string>
3  #include<queue>
4  #include<algorithm>
5  using namespace std;
6
7  int main() {
8    int n, q, t;
9    string name;
```

```
10    // 標準ライブラリから queue を使用
11    queue<pair<string, int> > Q; // プロセスのキュー
12
13    cin >> n >> q;
14
15    // 全てのプロセスをキューに順番に追加する
16    for ( int i = 0; i < n; i++ ) {
17      cin >> name >> t;
18      Q.push(make_pair(name, t));
19    }
20
21    pair<string, int> u;
22    int elaps = 0, a;
23
24    // シミュレーション
25    while ( !Q.empty() ) {
26      u = Q.front(); Q.pop();
27      a = min(u.second, q);       // q または必要な時間 u.t だけ処理を行う
28      u.second -= a;              // 残りの必要時間を計算
29      elaps += a;                 // 経過時間を加算
30      if ( u.second > 0 ) {
31        Q.push(u);                // 処理が完了していなければキューに追加
32      } else {
33        cout << u.first << " " << elaps << endl;
34      }
35    }
36
37    return 0;
38  }
```

ここで、pairは値の組を保持するための構造体テンプレートで、< >の中に2つの型を指定して宣言します。make_pairによって組を生成し、1つ目の要素はfirst、2つ目の要素はsecondでアクセスすることができます。

4.5.4 vector

要素の追加によってサイズが拡張される配列を動的な配列または可変長配列と言います。一方、あらかじめ決められた要素数しか格納できない配列を静的な配列と言います。

次のプログラムはSTLのvector（ベクタ）を使用して動的な配列でデータを管理するプログラムの例です。

Program 4.10: vector の使い方

```
#include<iostream>
#include<vector>
using namespace std;

void print(vector<double> V) {
  for ( int i = 0; i < V.size(); i++ ) {
    cout << V[i] << " ";
  }
  cout << endl;
}

int main() {
  vector<double> V;

  V.push_back(0.1);
  V.push_back(0.2);
  V.push_back(0.3);
  V[2] = 0.4;
  print(V); // 0.1 0.2 0.4

  V.insert(V.begin() + 2, 0.8);
  print(V); // 0.1 0.2 0.8 0.4

  V.erase(V.begin() + 1);
  print(V); // 0.1 0.8 0.4

  V.push_back(0.9);
  print(V); // 0.1 0.8 0.4 0.9

  return 0;
}
```

OUTPUT

```
0.1 0.2 0.4
0.1 0.2 0.8 0.4
0.1 0.8 0.4
0.1 0.8 0.4 0.9
```

`#include<vector>` によって、STL の vector のコードが取り込まれます。

`vector<double> V;` の宣言文により、double型の要素を管理するベクタが生成されます。

vectorはテンプレートとして提供されており、< >の中に型を指定することにより、その型のデータを管理するコンテナを定義することができます。vectorの要素へのアクセス（代入や書き込み）は、配列と同様に[ ]演算子で行うことができます。

例えば、vectorには以下のようなメンバ関数が定義されています。

関数名	機能	計算量
size()	ベクタの要素数を返します。	$O(1)$
push_back(x)	ベクタの最後に要素xを追加します。	$O(1)$
pop_back()	ベクタの最終要素を削除します。	$O(1)$
begin()	ベクタの先頭を指すイテレータを返します。	$O(1)$
end()	ベクタの末尾(最後の要素の次)を指すイテレータを返します。	$O(1)$
insert(p, x)	ベクタのpの位置に要素xを挿入します。	$O(n)$
erase(p)	ベクタのpの位置の要素を削除します。	$O(n)$
clear()	ベクタの全ての要素を削除します。	$O(n)$

表4.3: vectorのメンバ関数の例

ここで、イテレータとは、ポインタのようなものと考えてください。詳しくは5.5章で確認します。

vectorは可変長配列として用いることができる便利なデータ構造ですが、要素数がnのvectorに対する特定の位置へのデータの挿入や削除には$O(n)$のアルゴリズムが用いられるので注意が必要です。

4.5.5 list

次のプログラムはSTL のlist を使用して双方向連結リストでデータを管理するプログラムの例です。

Program 4.11: list の使い方

```
1  #include<iostream>
2  #include<list>
3  using namespace std;
4
5  int main() {
6    list<char> L;
7
8    L.push_front('b');          // [b]
9    L.push_back('c');           // [bc]
10   L.push_front('a');          // [abc]
11
12   cout << L.front();          // a
13   cout << L.back();           // c
14
15   L.pop_front();              // [bc]
16   L.push_back('d');           // [bcd]
17
18   cout << L.front();          // b
19   cout << L.back() << endl;   // d
20
21   return 0;
22 }
```

OUTPUT

```
acbd
```

`#include<list>` によって、STL のlist のコードが取り込まれます。

`list<char> L;` の宣言文により、char 型の要素を管理する双方向連結リストが生成されます。list には、例えば次ページ表4.4のようなメンバ関数が定義されています。

関数名	機能	計算量
size()	リストの要素数を返します。	$O(1)$
begin()	リストの先頭を指すイテレータを返します。	$O(1)$
end()	リストの末尾(最後の要素の次) を指すイテレータを返します。	$O(1)$
push_front(x)	リストの先頭に要素xを追加します。	$O(1)$
push_back(x)	リストの最後に要素xを追加します。	$O(1)$
pop_front()	リストの先頭要素を削除します。	$O(1)$
pop_back()	リストの最終要素を削除します。	$O(1)$
insert(p, x)	リストのpの位置に要素xを挿入します。	$O(1)$
erase(p)	リストのpの位置の要素を削除します。	$O(1)$
clear()	リストの全ての要素を削除します。	$O(n)$

表4.4: list のメンバ関数の例

list ではvector のように[ ]演算子を使って各要素へアクセスすることはできませんが、イテレータ（5.5 章で学習）を用いて順番にアクセスすることができます。一方、list はvector と異なり要素の挿入と削除を $O(1)$ で高速に行うことができる特長を持ちます。

演習問題をSTL を用いて解いてみましょう。ALDS1_3_C: Doubly Linked List はSTL の list を用いて次のように実装することができます。

```
1  #include<cstdio>
2  #include<list>
3  #include<algorithm>
4  using namespace std;
5
6  int main() {
7    int q, x;
8    char com[20];
9    // 標準ライブラリよりlist を使用
10   list<int> v;
11   scanf("%d", &q);
12   for ( int i = 0; i < q; i++ ) {
13     scanf("%s", com);
14     if ( com[0] == 'i' ) {         // insert
15       scanf("%d", &x);
16       v.push_front(x);
17     } else if ( com[6] == 'L' ) { // deleteLast
18       v.pop_back();
19     } else if ( com[6] == 'F' ) { // deleteFirst
20       v.pop_front();
21     } else if ( com[0] == 'd' ) { // delete
22       scanf("%d", &x);
23       for ( list<int>::iterator it = v.begin(); it != v.end(); it++ ) {
24         if ( *it == x ) {
25           v.erase(it);
26           break;
27         }
28       }
29     }
30   }
31   int i = 0;
32   for ( list<int>::iterator it = v.begin(); it != v.end(); it++ ) {
33     if ( i++ ) printf(" ");
34     printf("%d", *it);
35   }
36   printf("\n");
37
38   return 0;
39 }
```

4.6 データ構造の応用：面積計算

※この問題はやや難しいチャレンジ問題です。難しいと感じたら今は飛ばして、実力を付けてから挑戦してみましょう。

ALDS1_3_D: Areas on the Cross-Section Diagram

制限時間 1 sec　　メモリ制限 65536 KB　　正解率 42.42%

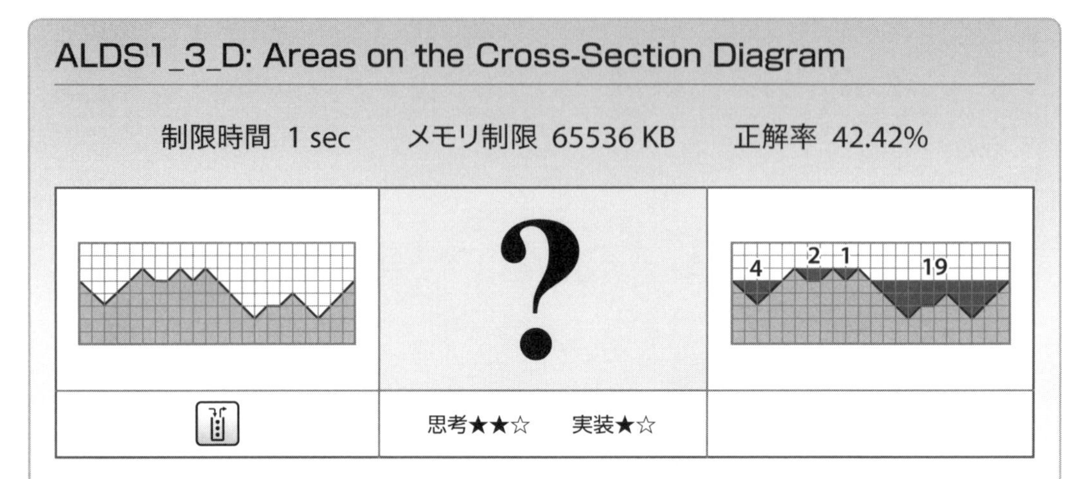

地域の治水対策として、洪水の被害状況をシミュレーションで仮想してみよう。図のように1 × 1(㎡) の区画からなる格子上に表された地域の模式断面図が与えられるので、地域にできる各水たまりの面積を報告してください。

与えられた地域に対して限りなく雨が降り、地域から溢れ出た水は左右の海に流れ出ると仮定します。例えば、図の断面図では、左から面積が4、2、1、19 の水たまりができます。

入力　模式断面図における斜面を'/'と'\'、平地を'_'で表した文字列が1行に与えられます。例えば、図の模式断面図は文字列 `\\///\_/\/\\\\/_/\\///` で与えられます。

出力　1行目に地域にできる水たまりの総面積を表す整数 A を出力してください。
2行目に水たまりの数 k、各水たまりの面積 L_i $(i = 1, 2, ..., k)$ を断面図の左から順番に空白区切りで出力してください。

制約　1 ≤ 文字列の長さ ≤ 20,000

入力例

```
\\///\_/\/\\\\/_/\\///__\\\_\\/_\/_/\
```

出力例

```
35
5 4 2 1 19 9
```

解説

この問題の解法として、ソートアルゴリズムを応用するなど、いくつかのアルゴリズムが考えられますが、ここではスタックを用いたアルゴリズムを考えてみましょう。

まず、全体の総合面積(最初の出力)は次のようなアルゴリズムで求めることができます。

入力された文字 s_i を順番に調べ

- \ ならば、その位置（先頭から何文字目か）を表す整数 i をスタック $S1$ に積む。
- / ならば、スタック $S1$ のトップから対応する \ の位置 i_p を取り出し現在の位置との距離 $i - i_p$ を総面積に加算する。

文字 _ は \ と / の組の距離を 1 つ増やすだけなので、スタックから \ を取り出すときに対応する / との距離を求めることができます。

次に、各水たまりの面積を求めるアルゴリズムを考えてみましょう。

各水たまりの面積はもう 1 つのスタック $S2$ を用いて保存していきます。スタック $S2$ には、(その水たまりの最も左の \ の位置, その水たまりのその時点での面積) の組を積んでいきます。例えば、次の図の局面では、i を現在の / を示す位置、j をそれに対応する \ の位置とすると、$S2$ には $(j+1, 5)$ と $(k, 4)$ の２つの水たまりが積まれています。

図4.12: 水たまりの統合

ここで、新たにできる水たまりの面積は、$S2$ に積まれている j の直前までの水たまりの面積の総和と、新しくできる面積 $i - j$ の和になります。ここで参照された（複数の）水たまりを $S2$ から取り出し、新しくできた水たまりを $S2$ に積みます。

解答例

C++

```
#include<iostream>
#include<stack>
#include<string>
#include<vector>
#include<algorithm>
using namespace std;

int main() {
  stack<int> S1;
  stack<pair<int, int> > S2;
  char ch;
  int sum = 0;
  for ( int i = 0; cin >> ch; i++ ) {
    if ( ch == '\\' ) S1.push(i);
    else if ( ch == '/' && S1.size() > 0 ) {
      int j = S1.top(); S1.pop();
      sum += i - j;
      int a = i - j;
      while ( S2.size() > 0 && S2.top().first > j ) {
        a += S2.top().second; S2.pop();
      }
      S2.push(make_pair(j, a));
    }
  }

  vector<int> ans;
  while ( S2.size() > 0 ) { ans.push_back(S2.top().second); S2.pop(); }
  reverse(ans.begin(), ans.end());
  cout << sum << endl;
  cout << ans.size();
  for ( int i = 0; i < ans.size(); i++ ) {
    cout << " ";
    cout << ans[i];
  }
  cout << endl;

  return 0;
}
```

5章

探索

探索あるいは検索とは、データの集合の中から目的の要素を探し出す処理です。ソートと同様に、各要素は複数の項目から構成されていることが一般的ですが、この章では主にキーと値が同一の単純なデータを探索する問題を解いていきます。

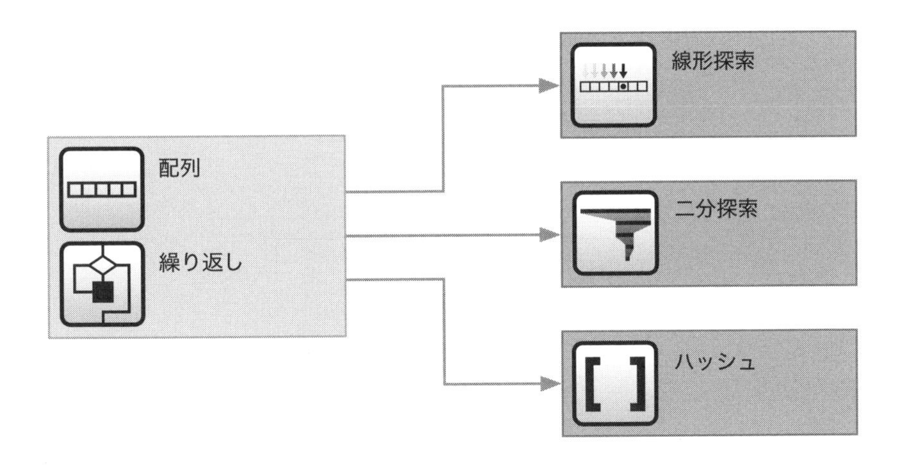

この章の問題を解くためには、配列や繰り返し処理などの基本的なプログラミングスキルが必要です。

5.1 探索：問題にチャレンジする前に

探索とは、例えば数列{8, 13, 5, 7, 21, 11}の中で7は何番目に現れるか？、のようにデータの集合の中から与えられたキーの位置や存在の有無を調べる問題です。基本的な探索アルゴリズムが以下に示す線形探索、二分探索、ハッシュ法です。

線形探索

線形探索は、配列の先頭から各要素が目的の値と等しいかどうかを順番に調べます。等しいものが見つかった時点でその位置を返し探索を終了します。末尾まで調べて目的の値が存在しなかった場合はその事を示す特別な値を返します。アルゴリズムの効率は悪いですが、線形探索はデータの並び方に関係なく適用することができます。

二分探索

コンピュータで扱うデータは、多くの場合ある項目によって整列され管理されており、そのような場合はより効率的な探索アルゴリズムを適用することができます。二分探索（二分検索）は、データの大小関係を利用した高速な探索アルゴリズムです。

キーの昇順に並んだデータが配列に格納されているとすると、二分探索のアルゴリズムは次のようになります。

二分探索のアルゴリズム

1. 配列全体を探索の範囲とします。
2. 探索の範囲内の中央の要素を調べます。
3. 目的のキーと中央の要素のキーが一致すれば探索を終了します。
4. 目的のキーが中央の要素のキーよりも小さければ前半部分を、大きければ後半部分を探索の範囲として2.へ戻ります。

各計算ステップが終わるごとに調べる範囲が半分になっていくので、高速に探索を行うことができます。

ハッシュ法

ハッシュ法では、ハッシュ関数と呼ばれる関数値によって、要素の格納場所を決定します。これは、データ構造の一種でもあり、ハッシュテーブルと呼ばれる表を用いるアルゴリズムです。要素のキー（値）を引数とした関数を呼び出すだけでその位置を特定することができるので、データの種類によってはより高速なデータの検索が可能になります。

5.2 線形探索

ALDS1_4_A: Linear Search

制限時間 1sec　　メモリ制限 65536 KB　　正解率 27.99%

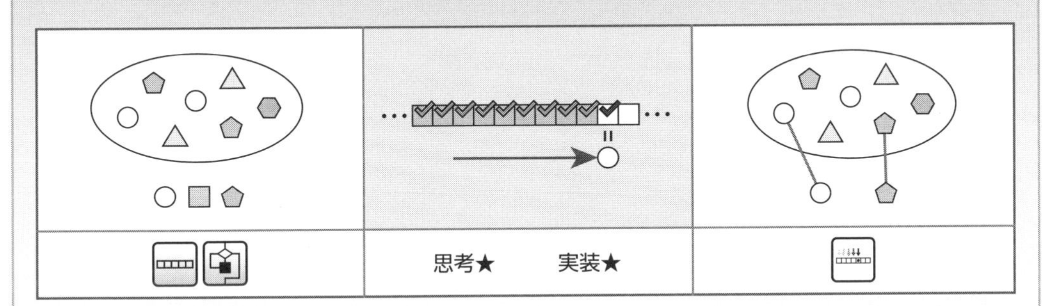

n 個の整数を含む数列 S と、q 個の異なる整数を含む数列 T を読み込み、T に含まれる整数の中で S に含まれるものの個数 C を出力するプログラムを作成してください。

入力　1行目に n、2行目に S を表す n 個の整数、3行目に q、4行目に T を表す q 個の整数が与えられます。

出力　C を1行に出力してください。

制約　$n \leq 10{,}000$
$q \leq 500$
$0 \leq S$ の要素 $\leq 10^9$
$0 \leq T$ の要素 $\leq 10^9$
T の要素は互いに異なる

入力例

```
5
1 2 3 4 5
3
3 4 1
```

出力例

```
3
```

解説

数列 S の中に T の各要素が含まれるかどうかを線形探索によって調べます。線形探索は for ループを用いて次のように実装することができます。

Program 5.1: 線形探索

```
1  linearSearch()
2    for i が 0 から n-1 まで
3      if A[i] と key が等しい
4        return i
5    return NOT_FOUND
```

この線形探索は「番兵」を用いた実装の工夫で定数倍の高速化が期待できます。番兵とは、配列などの要素として設置される特別な値で、ループの制御を簡略化する目的などで使われるプログラミングテクニックの１つです。線形探索では、次のように探索対象の配列の末尾に目的のキーをもつデータを番兵として設置します。

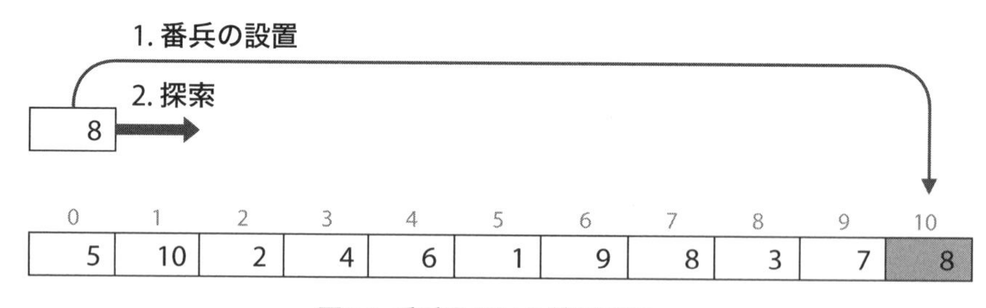

図 5.1: 番兵を用いた線形探索

番兵を用いた線形探索は次のように実装することができます。

Program 5.2: 番兵を用いた線形探索

```
1  linearSearch()
2    i = 0
3    A[n] = key
4    while A[i] と key が異なる
5      i++
6    if i が n に達した
7      return NOT_FOUND
8    return i
```

Program 5.1 と Program 5.2 の違いは、メインループにおける比較演算の数です。

Program 5.1ではforループの終了条件（例えばC言語ではfor (i = 0; i < n; i++)）とキーとの比較演算の２つが必要です。一方、Program 5.2では、不等価演算１つですみます。番兵によってwhileループが必ず終了することが保障されているため、終了条件を省くことができます。

考察

線形探索は$O(n)$のアルゴリズムですが、番兵を使った実装は定数倍の高速化が見込まれ、大きなデータに対して効果が期待できます。

この問題（ALDS1_4_A: Linear Search）は、n個の要素の配列に対してq回の線形探索を行って、$O(qn)$のアルゴリズムで解くことができます。

解答例

C

```
1  #include<stdio.h>
2
3  // 線形探索
4  int search(int A[], int n, int key) {
5    int i = 0;
6    A[n] = key;
7    while ( A[i] != key ) i++;
8    return i != n;
9  }
10
11 int main() {
12   int i, n, A[10000+1], q, key, sum = 0;
13
14   scanf("%d", &n);
15   for ( i = 0; i < n; i++ ) scanf("%d", &A[i]);
16
17   scanf("%d", &q);
18   for ( i = 0; i < q; i++ ) {
19     scanf("%d", &key);
20     if ( search(A, n, key) ) sum++;
21   }
22   printf("%d\n", sum);
23
24   return 0;
25 }
```

5.3 二分探索

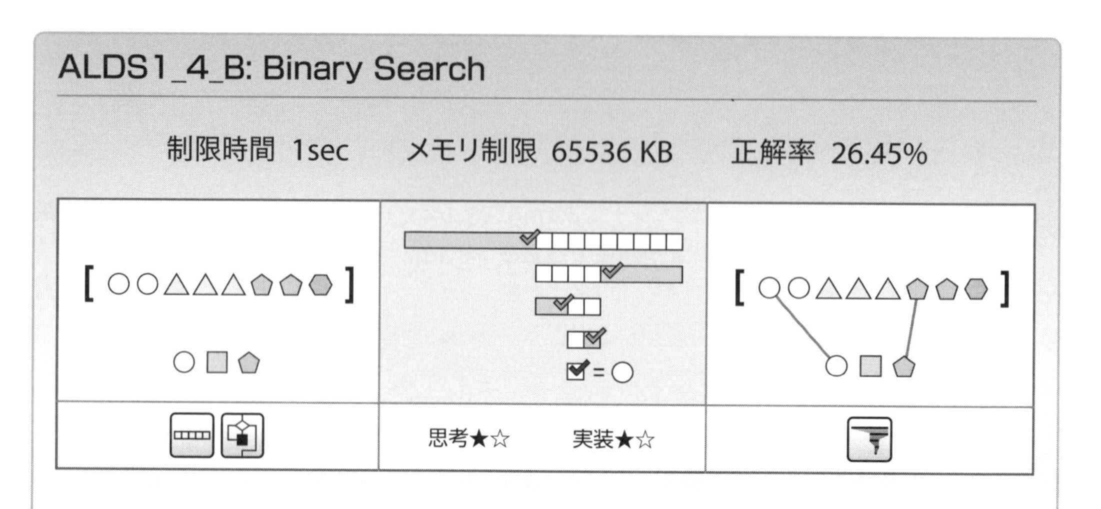

ALDS1_4_B: Binary Search
制限時間 1sec
メモリ制限 65536 KB
正解率 26.45%
思考★☆
実装★☆

n 個の整数を含む数列 S と、q 個の異なる整数を含む数列 T を読み込み、T に含まれる整数の中で S に含まれるものの個数 C を出力するプログラムを作成してください。

入力 1行目に n、2行目に S を表す n 個の整数、3行目に q、4行目に T を表す q 個の整数が与えられます。

出力 C を1行に出力してください。

制約 S の要素は昇順に整列されている
$n \leq 100{,}000$
$q \leq 50{,}000$
$0 \leq S$ の要素 $\leq 10^9$
$0 \leq T$ の要素 $\leq 10^9$
T の要素は互いに異なる

入力例

```
5
1 2 3 4 5
3
3 4 1
```

出力例

```
3
```

不正解時のチェックポイント

- $O(qn)$ のアルゴリズムになっていませんか。制約に気を付けて高速なアルゴリズムを考えましょう。

解説

基本的な考え方は前問 Linear Search と同じで、探索によって数列 S の中に、T の各要素が含まれているかを調べます。ただし、$O(n)$ の線形探索では制限時間内に処理を終えることはできません。今回は「S の要素が昇順に整列されている」という制約を有効利用し、二分探索を適用することができます。

要素数が n の配列 A から、key を探す二分探索のアルゴリズムは次のようになります。

Program 5.3: 二分探索

```
1  binarySearch(A, key)
2    left = 0
3    right = n
4    while left < right
5      mid = (left + right) / 2
6      if A[mid] == key
7        return mid
8      else if key < A[mid]
9        right = mid
10     else
11       left = mid + 1
12   return NOT_FOUND
```

二分探索の実装では、次のように、探索範囲を表すための変数left、right、中央の位置を指すmid を用います。

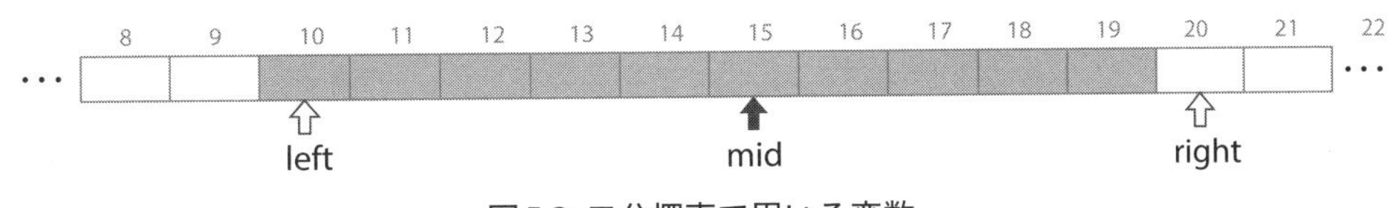

図 5.2: 二分探索で用いる変数

`left` は探索範囲の先頭の要素を指し、`right` は末尾の次の要素を指します。`mid` は `left` と `right` を足して 2 で割った値（小数点以下は切捨て）になります。

具体的な例を見てみましょう。次の図は、昇順に整列された14個の要素を含む配列から、二分探索により36を探す様子です。

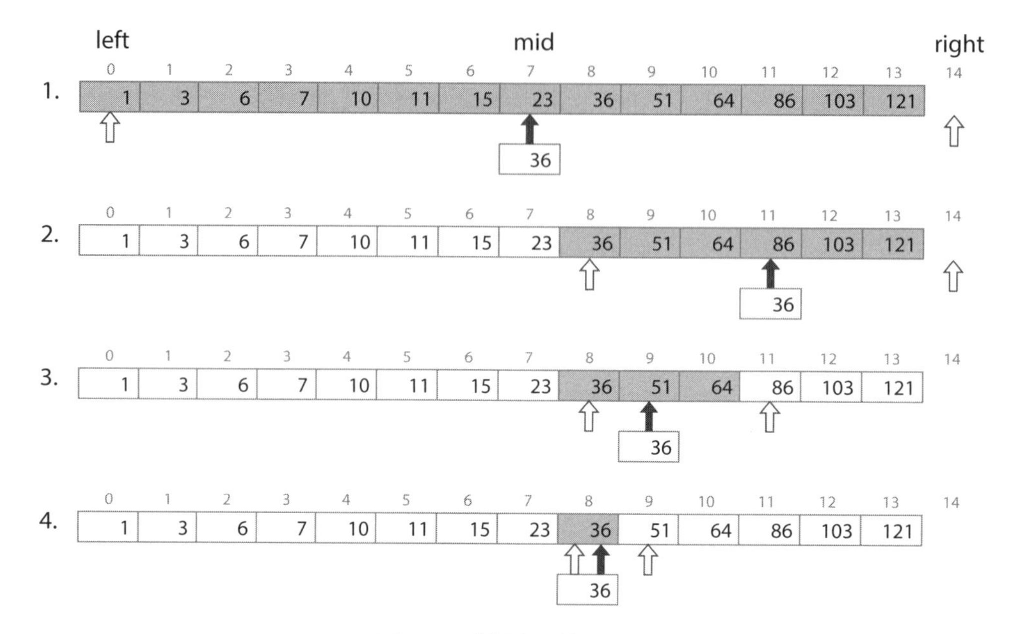

図5.3: 二分探索の流れ

Program 5.3と合わせて確認してみましょう。まず二分探索はデータの全体を探索の範囲とするので、`left`を0に、`right`を要素数nに初期化します。

whileループで、現時点の探索範囲の真ん中の位置`mid`を`(left + right)/2`で求め、`mid`が指す要素`A[mid]`とkeyを比較していきます。一致している場合は`mid`を返します。keyが`A[mid]`よりも小さい場合、目的の値は`mid`よりも前にあるので、`right`を`mid`とすることで探索範囲を前半部分にします。逆の場合は`left`を`mid + 1`とすることで探索範囲を後半部分にします。上の例では、最初のステップでkey(=36)は中央の値`A[mid]`よりも大きいので、`left`を8に設定しています(8より前を探索するのは無駄であることが分かります)。

whileループの繰り返し条件`left < right`は、探索範囲がまだ存在することを示し、もし探索範囲がなくなってしまったら、keyが発見できなかったとして`NOT_FOUND`を返します。

考察

次の表は、要素数がnの配列を対象とした線形探索と二分探索のそれぞれの最悪の比較演算の回数です。

要素数	線形探索	二分探索
100	100回	7回
10,000	10,000回	14回
1,000,000	1,000,000回	20回

最悪の比較回数は、線形探索の場合n回、二分探索の場合はおおよそ$\log_2 n$回になります。二分探索の計算効率が$O(\log n)$となるのは、一回の比較演算を行うごとに探索の範囲が半分になっていくという性質から容易に導き出すことができます。

この問題（ALDS1_4_B: Binary Search）は、Tの各要素について二分探索を行って$O(q\log n)$のアルゴリズムで解くことができます。

この問題では、入力の配列が整列された状態で与えられましたが、そうでない場合でも、前処理としてあらかじめ整列を行えば二分探索を適用することができます。このように、「整列すれば二分探索が使える」という考え方は様々な問題に応用することができます。ただし、データの大きさを考えると、ほとんどの場合、高等的なソートアルゴリズム（7章で詳しく学習します）が必要になります。

解答例

C

```
1  #include<stdio.h>
2  
3  int A[1000000], n;
4  
5  /* 二分探索*/
6  int binarySearch(int key) {
7    int left = 0;
8    int right = n;
9    int mid;
```

```
10    while ( left < right ) {
11      mid = (left + right) / 2;
12      if ( key == A[mid] ) return 1;         /* key を発見*/
13      if ( key > A[mid] ) left = mid + 1;   /* 後半を探索*/
14      else if ( key < A[mid] ) right = mid; /* 前半を探索*/
15    }
16    return 0;
17  }
18
19  int main() {
20    int i, q, k, sum = 0;
21
22    scanf("%d", &n);
23    for ( i = 0; i < n; i++ ) {
24      scanf("%d", &A[i]);
25    }
26
27    scanf("%d", &q);
28    for ( i = 0; i < q; i++ ) {
29      scanf("%d", &k);
30      if ( binarySearch( k ) ) sum++;
31    }
32    printf("%d\n", sum);
33
34    return 0;
35  }
```

5.4 ハッシュ

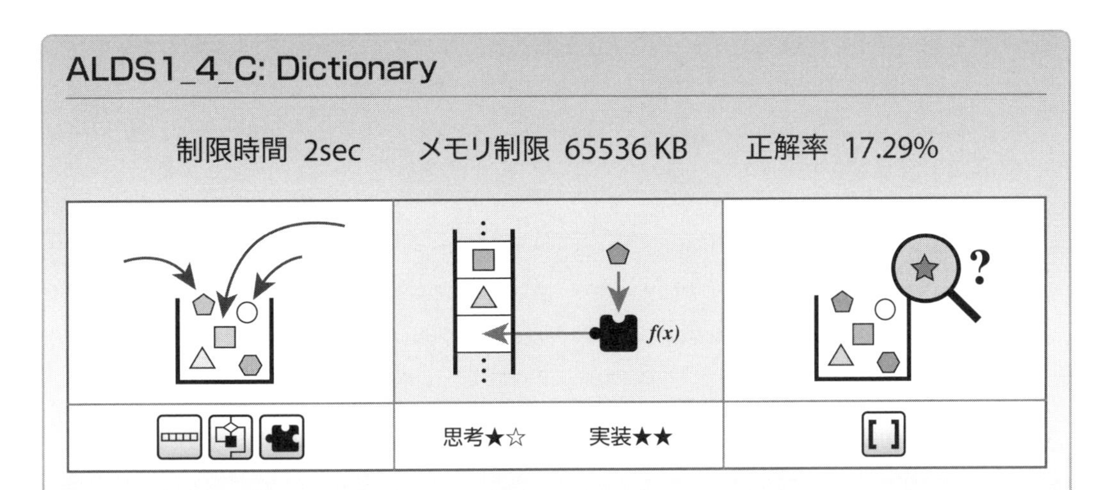

以下の命令を実行する簡易的な「辞書」を実装してください。

- insert *str*: 辞書に文字列 *str* を追加する。
- find *str*: その時点で辞書に *str* が含まれる場合 'yes' と、含まれない場合 'no' と出力する。

入力 最初の行に命令の数 n が与えられます。続く n 行に n 件の命令が順番に与えられます。命令の形式は上記のとおりです。

出力 各 find 命令について、yes または no を 1 行に出力してください。

制約 与えられる文字列は、'A', 'C', 'G', 'T' の4種類の文字から構成される。
$1 \leq$ 文字列の長さ ≤ 12
$n \leq 1{,}000{,}000$

入力例

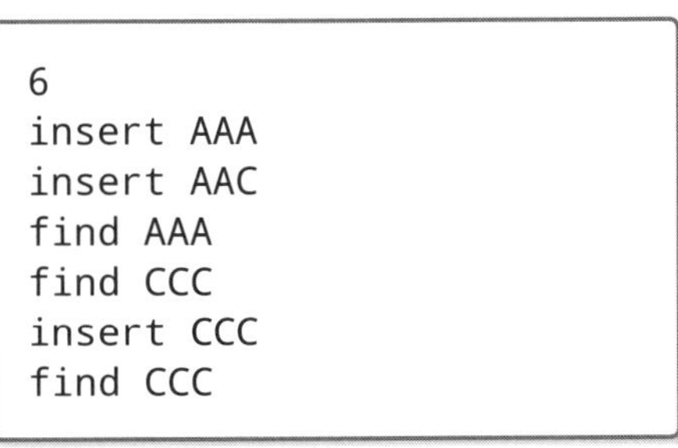

```
6
insert AAA
insert AAC
find AAA
find CCC
insert CCC
find CCC
```

出力例

```
yes
no
yes
```

解説

ハッシュ法は検索アルゴリズムのひとつで、各要素の値に応じて格納場所を管理するハッシュテーブルを用いて、データの検索を高速化します。ハッシュテーブルはキーを持つデータの集合に対して、動的な挿入、検索、削除を効率的に行うことができるデータ構造のひとつです。連結リストを用いて同様の操作を行うことができますが、検索、削除には $O(n)$ の計算量がかかります。

ハッシュテーブルは m 個の要素を格納できる配列 T と、データのキーから配列の添え字を決定する関数から構成されています。つまり、各データを挿入すべき位置をそのデータのキーを入力とした関数で求めます。ハッシュテーブルはおおむね以下のように実装することができます。

Program 5.4: ハッシュテーブルの実装（素朴な実装）

```
1  insert(data)
2    T[h(data.key)] = data
3
4  search(data)
5    return T[h(data.key)]
```

ここではハッシュ関数の入力値 data.key を整数とします。キーが文字列などの場合は、何らかの方法で対応する整数へ変換する必要があることに注意してください。

ここで、$h(k)$ は、k の値から配列 T の添え字を求める関数で、ハッシュ関数と呼ばれます。また、それが返す値をハッシュ値と言います。ハッシュ関数は、ハッシュ値が 0 から $m-1$（m は配列 T のサイズ）の値をとるように実装します。この条件を満たすためには、剰余算を使い出力値が必ず 0 から $m-1$ の整数になるようにします。例えば、ハッシュ関数の例として

$$h(k) = k \bmod m$$

を用いることができます（ここで、$a \bmod b$ は a を b で割った余りを示します）。ただし、このままでは異なる key が同一のハッシュ値になる、いわゆる「衝突」がおきる可能性があります。

衝突を解決する方法の１つとして、オープンアドレス法が知られています。ここでは、ダブルハッシュを用いたオープンアドレス法を紹介します。ダブルハッシュでは、次のように、衝突した場合に第２のハッシュ関数を用いてハッシュ値を求めます。

$$H(k) = h(k, i) = (h_1(k) + i \times h_2(k)) \bmod m$$

このハッシュ関数$h(k, i)$はキーkに加えて、整数iを引数としています。ここで、iは衝突が発生して次のハッシュ値を計算した回数を表します。つまり、ハッシュ関数$H(k)$は、衝突が起きる限り$h(k, 0), h(k, 1), h(k, 2), ...$を計算し、衝突が起こらなかった最初の$h(k, i)$をハッシュ値として返します。これは次の図のように、最初の添え字を$h_1(k)$で求め、衝突が起きた場合に添え字を$h_2(k)$だけ移動し、空いている位置を探していくアルゴリズムとなります。

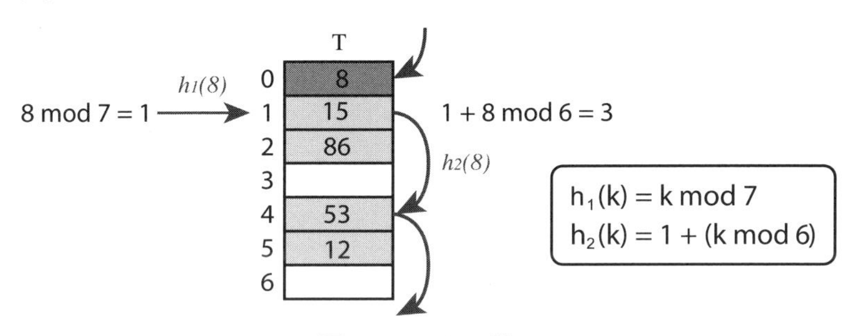

図5.4: ハッシュ法

ここで、$h_2(k)$分だけ添え字を移動することから、$h_2(k)$とTのサイズmが互いに素でないと、生成できない添え字が出てきてしまいます。これは、例えばmを素数とし、$h_2(k)$をmより小さい値に設定することで回避することができます。

例えば、ハッシュ法は以下のように実装することができます。

Program 5.5: ハッシュ法

```
1  h1(key)
2    return key mod m
3
4  h2(key)
5    return 1 + (key mod (m-1))
6
7  h(key, i)
8    return (h1(key)+i*h2(key)) mod m
9
10 insert(T, key)
11   i = 0
12   while true
13     j = h(key, i)
14     if T[j] == NIL
15       T[j] = key
16       return j
17     else
18       i = i+1
19
20 search(T, key)
21   i = 0
22   while true
23     j = h(key, i)
24     if T[j] == key
25       return j
26     else if T[j] == NIL or i >= m
27       return NIL
28     else
29       i = i+1
```

この実装では`T[j]`がNILかどうかによって、その位置が空かどうかを調べています。

考察

ハッシュ法は、衝突を無視することができれば $O(1)$ で要素の挿入や検索を行うことができます。ハッシュ関数の内容は、暗号技術など、用途に応じた様々なアルゴリズム、発見的な計算式が用いられています。本書では、基本的なハッシュ関数とそのしくみについて確認しました。

解答例

C

```
#include<stdio.h>
#include<string.h>

#define M 1046527
#define NIL (-1)
#define L 14

char H[M][L];

// 文字から数値に変換
int getChar(char ch) {
  if ( ch == 'A' ) return 1;
  else if ( ch == 'C' ) return 2;
  else if ( ch == 'G' ) return 3;
  else if ( ch == 'T' ) return 4;
  else return 0;
}

// 文字列から数値へ変換して key を生成する
long long getKey(char str[]) {
  long long sum = 0, p = 1, i;
  for ( i = 0; i < strlen(str); i++ ) {
    sum += p*(getChar(str[i]));
    p *= 5;
  }
  return sum;
}

int h1(int key){ return key % M; }
int h2(int key){ return 1 + (key % (M - 1)); }

int find(char str[]) {
```

```
33    long long key, i, h;
34    key = getKey(str); // 文字列を数値に変換
35    for ( i = 0;; i++ ) {
36      h = (h1(key) + i * h2(key)) % M;
37      if ( strcmp(H[h],str) == 0 ) return 1;
38      else if ( strlen(H[h]) == 0 ) return 0;
39    }
40    return 0;
41  }
42
43  int insert(char str[]) {
44    long long key, i, h;
45    key = getKey(str); // 文字列を数値に変換
46    for ( i = 0; ; i++ ) {
47      h = (h1(key) + i * h2(key)) % M;
48      if ( strcmp(H[h],str) == 0 ) return 1;
49      else if ( strlen(H[h]) == 0 ) {
50        strcpy(H[h], str);
51        return 0;
52      }
53    }
54    return 0;
55  }
56
57  int main() {
58    int i, n, h;
59    char str[L], com[9];
60    for ( i = 0; i < M; i++ ) H[i][0] = '\0';
61    scanf("%d", &n);
62    for ( i = 0; i < n; i++ ) {
63      scanf("%s %s", com, str); // より高速な入力 scanf を使用
64
65      if ( com[0] == 'i' ) {
66        insert(str);
67      } else {
68        if ( find(str) ) {
69          printf("yes\n");
70        } else {
71          printf("no\n");
72        }
73      }
74    }
75    return 0;
76  }
```

5.5 標準ライブラリによる検索

STL には整列や探索をはじめ、様々なアルゴリズムのライブラリが含まれています。ここでは、STL で提供されている探索に関するライブラリを紹介します。

5.5.1 イテレータ

まず、STL のコンテナやアルゴリズムを使用する上で必要な概念となるイテレータ（反復子）について確認します。

イテレータはSTLのコンテナの要素に対して反復処理を行うためのオブジェクトです。イテレータはあるコンテナ内の特定の位置を示すもので、以下の基本演算子を提供します。

++	イテレータを次の要素に進めます。
==, !=	２つのイテレータが同じ位置を示しているかどうかを返します。
=	左辺のイテレータが参照している要素の「位置」に右辺の値を代入します。
*	その位置にある要素を返します。

イテレータの特長は、どの種類のコンテナに対しても同じ方法（文法）でそれらの要素に順番にアクセスできるという点です。さらに、配列の要素に対しては、C/C++言語の通常のポインタのように扱うことができます。つまり、イテレータは、共通のインタフェース（関数などの使い方）でコンテナに対する反復処理を行うことができるポインタのようなものと考えることができます。ただし、インタフェースは同じでも、そのコンテナによって実装・振る舞いが異なってきます。

コンテナは、イテレータを扱うための同じ名前のメンバ関数を提供します。例えば、以下の２つの関数が多く利用されます。

- begin(): コンテナの先頭を指すイテレータを返します。
- end(): コンテナの末尾を指すイテレータを返します。ここで、末尾とは最後の要素の次の位置を示します。

例えば、次の Program 5.6 は、イテレータを使ってベクタの要素に対して読み書きを行うプログラムの例です。

Program 5.6: イテレータの例

```
1  #include<iostream>
2  #include<vector>
3  using namespace std;
4
5  void print(vector<int> v) {
6    // ベクタの先頭から順番にアクセス
7    vector<int>::iterator it;
8    for ( it = v.begin(); it != v.end(); it++ ) {
9      cout << *it;
10   }
11   cout << endl;
12 }
13
14 int main() {
15   int N = 4;
16   vector<int> v;
17
18   for ( int i = 0; i < N; i++ ) {
19     int x;
20     cin >> x;
21     v.push_back(x);
22   }
23
24   print(v);
25
26   vector<int>::iterator it = v.begin();
27   *it = 3; // 先頭の要素 v[0] を 3 にする
28   it++;    // 1つ前に進める
29   (*it)++; // v[1] の要素に 1 加算する
30
31   print(v);
32
33   return 0;
34 }
```

入力例

```
2 0 1 4
```

出力例

```
2014
3114
```

5.5.2 lower_bound

二分探索に関するライブラリとして、STLはbinary_search, lower_bound, upper_boundを提供しています。ここではlower_boundを紹介します。

lower_boundはソートされた範囲に対するアルゴリズムで、指定した値value以上の最初の要素の位置をイテレータで返します。これは、指定された範囲における要素の順序（ソート状態）を崩さずに、valueを挿入することができる最初の位置を示します。一方、upper_boundは指定した値valueより大きい最初の要素の位置を返します。

次のProgram 5.7はlower_boundのふるまいを確認するプログラムです。

Program 5.7: lower_boundによる二分探索

```
#include<iostream>
#include<algorithm>
using namespace std;

int main() {
  int A[14] = {1, 1, 2, 2, 2, 4, 5, 5, 6, 8, 8, 8, 10, 15};
  int *pos;
  int idx;

  pos = lower_bound(A, A + 14, 3);
  idx = distance(A, pos);
  cout << "A[" << idx << "] = " << *pos << endl; // A[5] = 4

  pos = lower_bound(A, A + 14, 2);
  idx = distance(A, pos);
  cout << "A[" << idx << "] = " << *pos << endl; // A[2] = 2

  return 0;
}
```

出力

```
A[5] = 4
A[2] = 2
```

lower_bound()の最初の２つの引数で、対象となる配列やコンテナの範囲を指定します。lower_bound(A, A+14, 3)は、配列Aの先頭ポインタと、そこから14だけ離れた位置、つまり配列の末尾を指定しています。Aがvectorの場合は、A.begin()、A.end()と指定することができます。lower_bound()の３つ目の引数にvalueを指定します。ここでは、valueが3なので、3以上で最初の要素であるA[5](=4)を指すポインタが*posに代入されます。distanceは２つのポインタの距離を返す関数で、11行目のdistance(A, pos)はAの先頭とposとの距離(=5)を返します。

演習問題をSTLを用いて解いてみましょう。ALDS1_4_B: Binary Searchは、STLのlower_boundを用いて次のように実装することができます。

```
1  #include<iostream>
2  #include<stdio.h>
3  #include<algorithm>
4  using namespace std;
5  
6  int A[1000000], n;
7  
8  int main() {
9    cin >> n;
10   for ( int i = 0; i < n; i++ ) {
11     scanf("%d", &A[i]);
12   }
13 
14   int q, k, sum = 0;
15   cin >> q;
16   for ( int i = 0; i < q; i++ ) {
17     scanf("%d", &k);
18     // 標準ライブラリの lower_bound を使用
19     if ( *lower_bound(A, A + n, k) == k ) sum++;
20   }
21 
22   cout << sum << endl;
23 
24   return 0;
25 }
```

5.6 探索の応用：最適解の計算

※この問題はやや難しいチャレンジ問題です。難しいと感じたら今は飛ばして、実力を付けてから挑戦してみましょう。

ALDS1_4_D: Allocation

制限時間 1sec メモリ 制限 65536 KB 正解率 24.51%

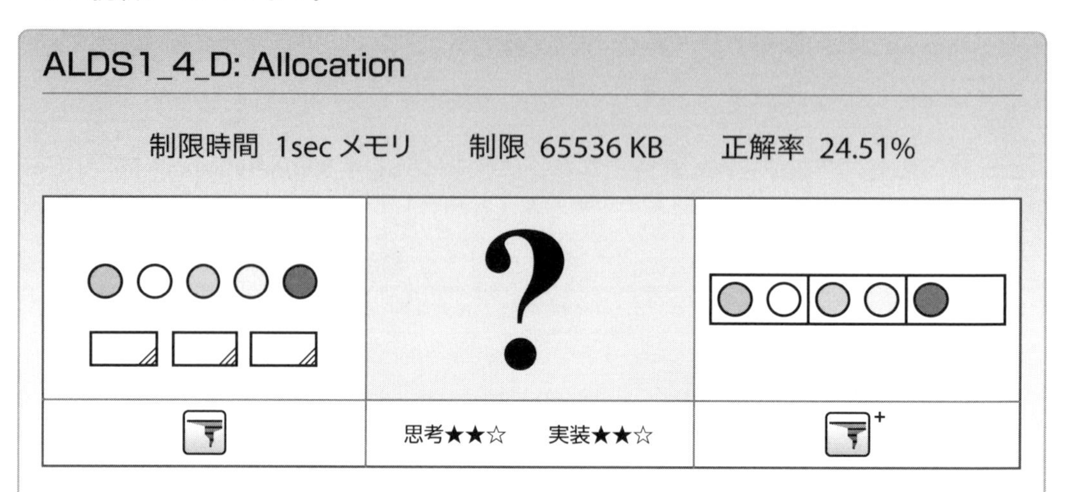

重さがそれぞれ w_i (i = 0, 1, ...n − 1) の n 個の荷物が、ベルトコンベアから順番に流れてきます。これらの荷物を k 台のトラックに積みます。各トラックには連続する0個以上の荷物を積むことができますが、それらの重さの和がトラックの最大積載量 P を超えてはなりません。最大積載量 P はすべてのトラックで共通です。

n、k、w_i が与えられるので、すべての荷物を積むために必要な最大積載量 P の最小値を求めるプログラムを作成してください。

入力 最初の行に整数 n と整数 k が空白区切りで与えられます。続く n 行に n 個の整数 w_i がそれぞれ1行に与えられます。

出力 P の最小値を1行に出力してください。

制約 $1 \leq n \leq 100{,}000$
$1 \leq k \leq 100{,}000$
$1 \leq w_i \leq 10{,}000$

入力例

```
5 3
8
1
7
3
9
```

出力例

```
10
```

1台目のトラックに2つの荷物{8, 1}, 2台目のトラックに2つの荷物{7, 3}、3台目のトラックに1つの荷物{9}を積んで、最大積載量の最小値が10となります。

解説

まずは、最大積載量Pを決めたときに、k台以内のトラックで何個の荷物を積むことができるかを求めるアルゴリズムを考えます。これは、各トラックについて、積載量がP以下である限り荷物を順番に積んでいくことで求めることができます。Pを入力として積むことができる荷物の数vを返す関数$v = f(P)$を作成しておきます。この関数は$O(n)$のアルゴリズムになります。

このような関数を使い、Pを0から1つずつ増やして、vがn以上になる最初のPが答えになります。しかし、Pを順番に調べると$O(Pn)$のアルゴリズムとなり、問題の制約を考慮すると時間内に答えを求めることはできません。

ここで、Pを増やせばvの値は増加する（より厳密にはPを増やしたときvは減少することはない）という性質を用いれば、Pを求める際に二分探索を適用することができます。二分探索を用いれば、この問題は$O(n\log P)$のアルゴリズムで解くことができます。

解答例

C++

```
1  #include<iostream>
2  using namespace std;
3  #define MAX 100000
4  typedef long long llong;
5
```

```
6  int n, k;
7  llong T[MAX];
8
9  // 最大積載量 P の k 台のトラックで何個の荷物を積めるか？
10 int check(llong P) {
11   int i = 0;
12   for ( int j = 0; j < k; j++ ) {
13     llong s = 0;
14     while( s + T[i] <= P ) {
15       s += T[i];
16       i++;
17       if ( i == n ) return n;
18     }
19   }
20   return i;
21 }
22
23 int solve() {
24   llong left = 0;
25   llong right = 100000 * 10000; // 荷物の個数 × 1個当たりの最大重量
26   llong mid;
27   while ( right - left > 1 ) {
28     mid = (left + right) / 2;
29     int v = check(mid); // mid == P を決めて何個積めるかチェック
30     if ( v >= n ) right = mid;
31     else left = mid;
32   }
33
34   return right;
35 }
36
37 main() {
38   cin >> n >> k;
39   for ( int i = 0; i < n; i++ ) cin >> T[i];
40   llong ans = solve();
41   cout << ans << endl;
42 }
```

6章

再帰・分割統治法

問題を分解して、部分的な小さな問題を解くことによって、与えられた元の問題を解くテクニックは様々なアルゴリズムに現れます。そのひとつが分割統治法です。

この章では、分割統治法とそれを実装するための再帰に関する問題を解いていきます。続く７章で、分割統治法を応用する実用的なアルゴリズムを学びます。

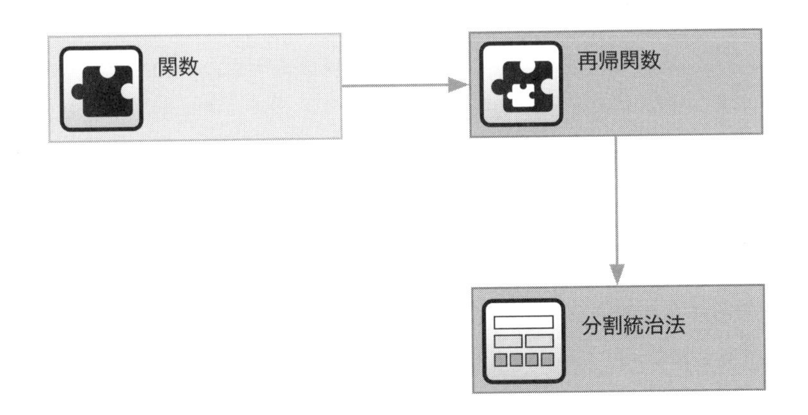

この章の問題を解くためには、基本的なプログラミングスキルに加えて「関数」を定義するための知識が必要です。

6.1 再帰と分割統治：問題にチャレンジする前に

再帰関数とは、関数の中で自分自身を呼び出すような関数で、アルゴリズムを実装するためのプログラミングテクニックの１つです。例えば、整数 n の階乗を計算する関数は再帰関数として次のように定義することができます。

Program 6.1: n の階乗を計算する再帰関数

```
1  factorial(n)
2    if n == 1
3      return 1
4    return n * factorial(n - 1)
```

n の階乗は $n! = n \times (n-1) \times (n-2)... \times 1 = n \times (n-1)!$ であり、n が 1 より大きい場合は、より小さい部分問題である「$(n-1)$ の階乗」を含んでいます。そのため、パラメタ n を減らして同じ機能をもつ関数、つまり自分自身を適用し、元の問題の計算に利用することができます。n が 1 のときは 1 を返す、というように、再帰関数はそれが必ずどこかで終了するように実装しなければならないことに注意が必要です。

再帰のテクニックを用いると、ある問題を２つ以上の小さい問題に分割して、再帰関数によりそれぞれの部分問題の解を求め、それらの結果を統合することにより、元の問題の解を求めることができる場合があります。このようなプログラミング手法を分割統治法（Divide and Conquer）と呼び、以下の手順に基づきアルゴリズムが実装されます。

分割統治法

1. 与えられた問題を部分問題に「分割」する。（Divide）
2. 部分問題を再帰的に解く。（Solve）
3. 得られた部分問題の解を「統合」して、元の問題を解く。（Conquer）

例えば、配列A の要素の最大値は線形探索で探すことができますが、以下のような分割統治法で探すこともできます。ここで、関数findMaximum(A, l, r)は、配列Aのlからr（rを含まない）の範囲内にある要素の最大値を返します。

Program 6.2: 最大値を求めるアルゴリズム

```
1  findMaximum(A, l, r)
2    m = (l + r) / 2 // Divide
3    if l == r - 1 // 要素数が1つ
4      return A[l]
5    else
6      u = findMaximum(A, l, m) // 前半の部分問題をSolve
7      v = findMaximum(A, m, r) // 後半の部分問題をSolve
8      x = max(u, v) // Conquer
9    return x
```

6.2 全探索

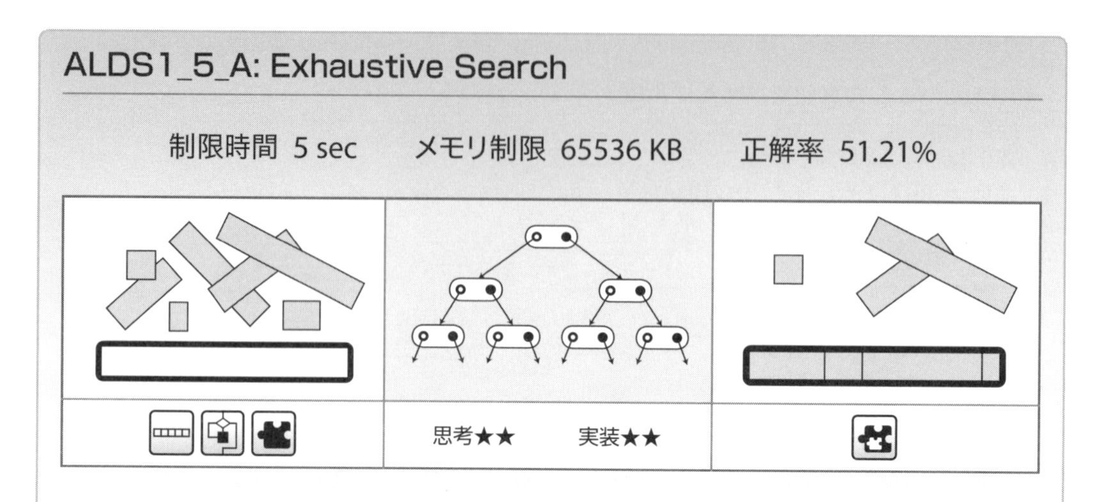

長さnの数列Aと整数mに対して、Aの要素の中のいくつかの要素を足しあわせてmが作れるかどうかを判定するプログラムを作成してください。Aの各要素は1度だけ使うことができます。

数列Aが与えられたうえで、質問としてq個のm_iが与えられるので、それぞれについて“yes”または“no”と出力してください。

入力 1行目にn、2行目にAを表すn個の整数、3行目にq、4行目にq個の整数m_iが与えられます。

出力 各質問についてAの要素を足しあわせてm_iを作ることができればyesと、できなければnoと出力してください。

制約
$n \le 20$
$q \le 200$
$1 \le A$の要素$\le 2{,}000$
$1 \le m_i \le 2{,}000$

入力例

```
5
1 5 7 10 21
4
2 4 17 8
```

出力例

```
no
no
yes
yes
```

解説

この問題は、nの値が小さいので、数列の要素を選ぶ組み合わせを列挙するアルゴリズムが適用できます。各要素について選択するかしないかの2択となるので、2^n通りの組み合わせがあります。これらは次の再帰によるアルゴリズムで生成することができます。

Program 6.3: 組み合わせを列挙する再帰関数

```
1  makeCombination()
2    for i が 0 から n-1 まで
3      S[i] = 0 // i を選択しない
4    rec(0)
5
6  rec(i)
7    if i が n に達した
8      print S
9      return
10
11   rec(i + 1)
12   S[i] = 1 // i を選択する
13   rec(i + 1)
14   S[i] = 0 // i を選択しない
```


SをS[i]が1のときi番目の整数を選択する、0のとき選択しない、という配列とします。最初の要素から選択するかしないかを再帰関数によって分岐させ、iがnに達したときのSが1つの組み合わせを保持しています。0から$2^n - 1$までのビット列が生成されることになります。

この再帰関数により、i番目の要素を選ぶか選ばないかの全ての組み合わせを調べることができます。例えば、nが3のときrec(0) はSに記録されるビット列として、{0, 0, 0}, {0, 0, 1}, {0, 1, 0}, {0, 1, 1},{1, 0, 0}, {1, 0, 1}, {1, 1, 0}, {1, 1, 1} を順番に生成します[1]。

ここでは、この考え方を応用し、次のような1つの関数を定義して問題を解くことにします。solve(i, m)を「i番目以降の要素を使ってmを作れる場合trueを返す」という関数とすると、solve(i, m)はより小さい部分問題であるsolve(i+1, m)とsolve(i+1, m - A[i])に分割することができます。ここで、A[i]を引いていることが、「i番目の要素を使う」に対応しています。これらを再帰的に調べることで元の問題であるsolve(0, m)を

1　このようなビット列は、シフト演算やビット演算を用いて求めることもできます

判定することができます。

Program 6.4: 整数が作れるかどうかを判定する再帰関数

```
solve(i, m)
  if m == 0
    return true
  if i >= n
    return false
  res = solve(i + 1, m) || solve(i + 1, m - A[i])
  return res
```

solve(i, m) において、与えられた整数を作ることができたとき、mが0となります。mが0より大きくかつiがn以上になったとき、またはmが0より小さくなったとき与えられた整数は作れなかったことになります。部分問題であるsolve(i+1, m)かsolve(i+1, m - A[i])のいずれかがtrueのとき、元の問題solve(i, m)がtrueになります。

例えば、次の例は数列$A = \{1, 5, 7\}$に対して、8が作れるかどうかを判定している様子です。

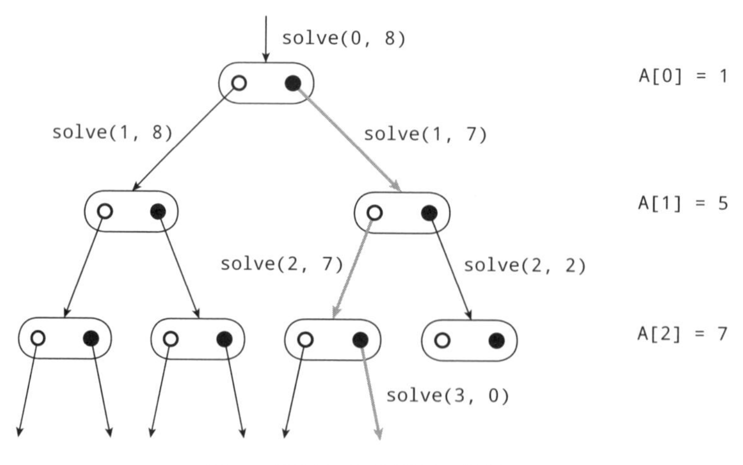

図6.2: 再帰による問題の分割

この例では、「1を選ぶ」→「5を選ばない」→「7を選ぶ」の組み合わせで8を作ることができます。関数の中でi番目の要素を選ぶか選ばないかについてさらに2つの関数を呼び出します。

考察

再帰関数の中で２つの再帰関数を呼び出すことを繰り返せば、$O(2^n)$ のアルゴリズムとなり、全ての組み合わせを調べる方法は大きな n に対しては適用することができません。

このアルゴリズムでは (i,m) の組について solve(i, m) が複数回計算されてしまう無駄があります。これは動的計画法と呼ばれるテクニックで改善することができます。動的計画法に関する問題は11章で解いていきます。

解答例

C

```
#include<stdio.h>

int n, A[50];

// 入力値の M から選んだ要素を引いていく再帰関数
int solve (int i, int m) {
  if ( m == 0 ) return 1;
  if ( i >= n ) return 0;
  int res = solve(i + 1, m) || solve(i + 1, m - A[i]);
  return res;
}

int main() {
  int q, M, i;

  scanf("%d", &n);
  for ( i = 0; i < n; i++ ) scanf("%d", &A[i]);
  scanf("%d", &q);
  for ( i = 0; i < q; i++ ) {
    scanf("%d", &M);
    if ( solve(0, M) ) printf("yes\n");
    else printf("no\n");
  }

  return 0;
}
```

6.3 コッホ曲線

ALDS1_5_C: Koch Curve

制限時間 1sec　メモリ制限 65536KB　正解率 48.18%

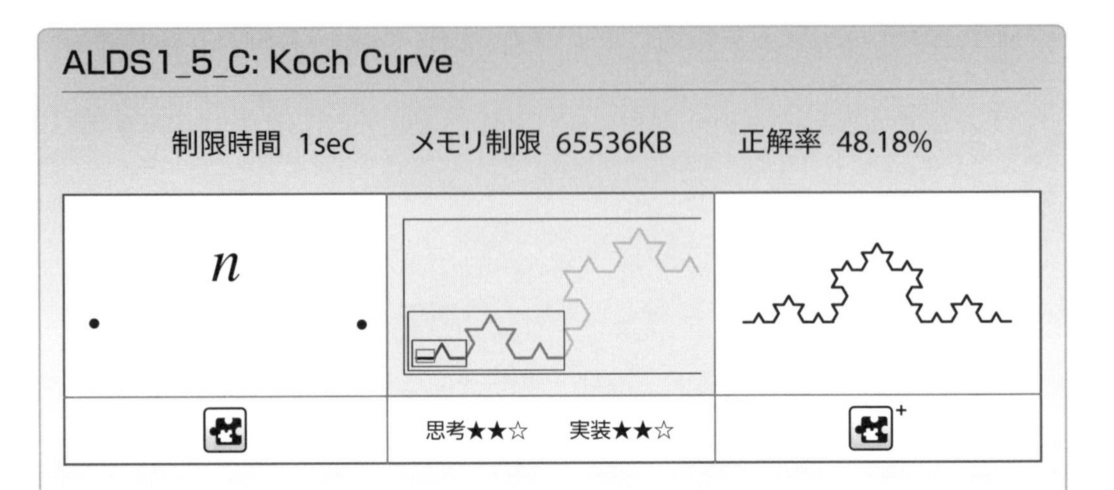

整数 n を入力し、深さ n の再帰呼び出しによって作成されるコッホ曲線の頂点の座標を出力するプログラムを作成してください。

コッホ曲線はフラクタルの一種として知られています。フラクタルとは再帰的な構造を持つ図形のことで、以下のように再帰的な関数の呼び出しを用いて描画することができます。

- 与えられた線分 ($p1, p2$) を 3 等分する。
- 線分を 3 等分する 2 点 s, t を頂点とする正三角形 (s, u, t) を作成する。
- 線分 ($p1, s$)、線分 (s, u)、線分 (u, t)、線分 ($t, p2$) に対して再帰的に同じ操作を繰り返す。

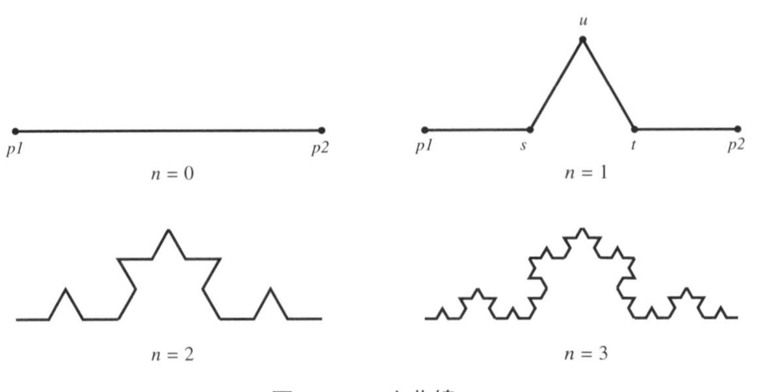

図6.3: コッホ曲線

(0, 0), (100, 0) を端点とします。

入力 1つの整数 n が与えられます。

出力 コッホ曲線の各頂点の座標 (x, y) を出力してください。1行に1点の座標を出力してください。端点の1つ (0, 0) から開始し、一方の端点 (100, 0) で終えるひと続きの線分の列となる順番に出力してください。出力は 0.0001 以下の誤差を含んでいてもよいものとします。

制約 $0 \le n \le 6$

入力例

```
1
```

出力例

```
0.00000000 0.00000000
33.33333333 0.00000000
50.00000000 28.86751346
66.66666667 0.00000000
100.00000000 0.00000000
```

解説

コッホ曲線の頂点の座標を順番に出力する再帰関数は次のようになります。

Program 6.5: コッホ曲線の描画

```
1  koch(d, p1, p2)
2    if d == 0
3      return
4
5    // p1, p2 から s, u, t の座標を計算
6
7    koch(d-1, p1, s)
8    print s
9    koch(d-1, s, u)
10   print u
11   koch(d-1, u, t)
12   print t
13   koch(d-1, t, p2)
```

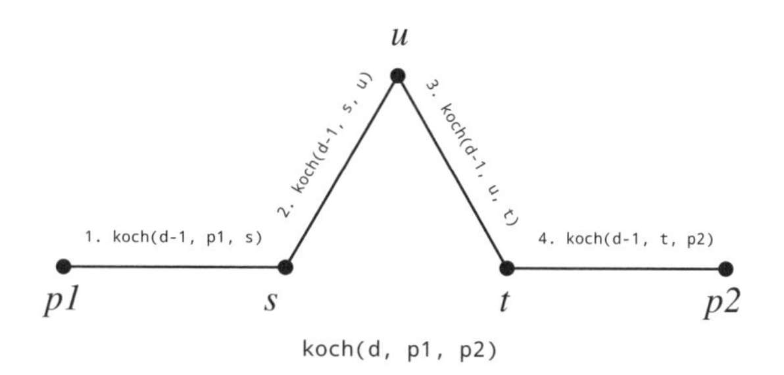

図6.4: コッホ曲線の描画

関数kochは、再帰の深さを表すdと、線分の端点$p1$、$p2$を引数とします。この再帰関数では図のようにまず、線分$p1p2$からそれを三等分するような点s、tを求め、線分su、ut、tsが正三角形を成すような点uを求めます。続いて、以下の処理を順番に行い線分を描画します。

1. 線分$p1s$に対してkochを再帰的に呼び出し、sの座標を出力。
2. 線分suに対してkochを再帰的に呼び出し、uの座標を出力。
3. 線分utに対してkochを再帰的に呼び出し、tの座標を出力。
4. 線分$tp2$に対してkochを再帰的に呼び出す。

uの座標はベクトル演算（16章で詳しく学習します）で求めることができます。まず、sとtの座標は以下の式で求めることができます。

$$s.x = (2 \times p1.x + 1 \times p2.x)/3$$
$$s.y = (2 \times p1.y + 1 \times p2.y)/3$$
$$t.x = (1 \times p1.x + 2 \times p2.x)/3$$
$$t.y = (1 \times p1.y + 2 \times p2.y)/3$$

点uは、点tを点sを起点として反時計回りに60度回転した位置にあります。ここで、原点中心の回転速度に使われる回転行列を用いると、点uは次の式で求めることができます。

$$u.x = (t.x - s.x) \times \cos 60^\circ - (t.y - s.y) \times \sin 60^\circ + s.x$$
$$u.y = (t.x - s.x) \times \sin 60^\circ + (t.y - s.y) \times \cos 60^\circ + s.y$$

初期状態の端点$p1$, $p2$に対してkochを呼び出せば、$p1$から$p2$にいたる全ての頂点を順番に出力することができます。

解答例

C++

```
1  #include<stdio.h>
2  #include<math.h>
3
4  struct Point { double x, y; };
5
6  void koch(int n, Point a, Point b) {
7    if (n == 0) return;
```

```
8
9     Point s, t, u;
10    double th = M_PI * 60.0 / 180.0; // 度からラジアンへ単位を変換
11
12    s.x = (2.0 * a.x + 1.0 * b.x) / 3.0;
13    s.y = (2.0 * a.y + 1.0 * b.y) / 3.0;
14    t.x = (1.0 * a.x + 2.0 * b.x) / 3.0;
15    t.y = (1.0 * a.y + 2.0 * b.y) / 3.0;
16    u.x = (t.x - s.x) * cos(th) - (t.y - s.y) * sin(th) + s.x;
17    u.y = (t.x - s.x) * sin(th) + (t.y - s.y) * cos(th) + s.y;
18
19    koch(n - 1, a, s);
20    printf("%.8f %.8f\n", s.x, s.y);
21    koch(n - 1, s, u);
22    printf("%.8f %.8f\n", u.x, u.y);
23    koch(n - 1, u, t);
24    printf("%.8f %.8f\n", t.x, t.y);
25    koch(n - 1, t, b);
26  }
27
28  int main() {
29    Point a, b;
30    int n;
31
32    scanf("%d", &n);
33
34    a.x = 0;
35    a.y = 0;
36    b.x = 100;
37    b.y = 0;
38
39    printf("%.8f %.8f\n", a.x, a.y);
40    koch(n, a, b);
41    printf("%.8f %.8f\n", b.x, b.y);
42
43    return 0;
44  }
```

7章

高等的整列

３章では、$O(n^2)$ の遅いソートアルゴリズムの問題を解きました。それらの初等的なアルゴリズムは大きな入力に対して実用的ではありませんでしたが、前章で獲得した再帰・分割統治法のプログラミングテクニックを用いて、より高速なアルゴリズムを実装することができます。

この章では、$O(n\log n)$ の高速なアルゴリズムと、条件付きで $O(n)$（線形時間）で動くソートアルゴリズムに関する問題を解いていきます。

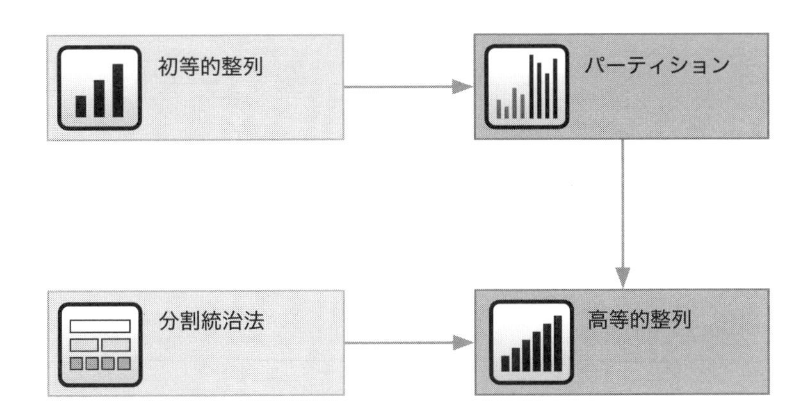

この章の問題を解くためには、初等的なソートアルゴリズムの知識に加え、再帰・分割統治法を応用したプログラミングスキルが必要です。

7.1 マージソート

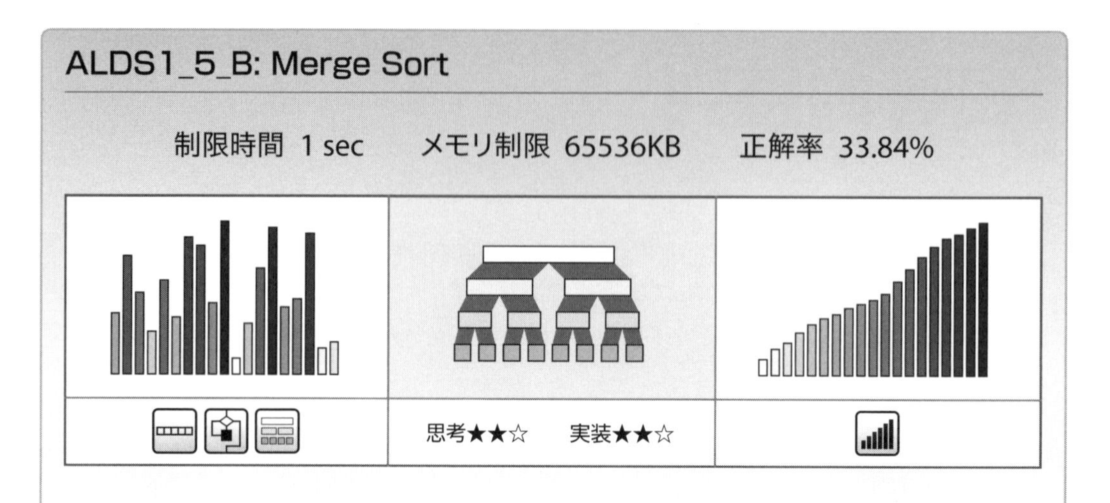

ALDS1_5_B: Merge Sort
制限時間 1 sec
メモリ制限 65536KB
正解率 33.84%
思考★★☆
実装★★☆

マージソート（Merge Sort）は次の分割統治法に基づく高速なアルゴリズムです。

```
1  merge(A, left, mid, right)
2    n1 = mid - left
3    n2 = right - mid
4    L[0...n1], R[0...n2] を生成
5    for i = 0 to n1-1
6      L[i] = A[left + i]
7    for i = 0 to n2-1
8      R[i] = A[mid + i]
9    L[n1] = INFTY
10   R[n2] = INFTY
11   i = 0
12   j = 0
13   for k = left to right-1
14     if L[i] <= R[j]
15       A[k] = L[i]
16       i = i + 1
17     else
18       A[k] = R[j]
19       j = j + 1
20
21 mergeSort(A, left, right)
22   if left+1 < right
23     mid = (left + right)/2
24     mergeSort(A, left, mid)
25     mergeSort(A, mid, right)
26     merge(A, left, mid, right)
```

n 個の整数を含む数列 S を上の疑似コードに従ったマージソートで昇順に整列するプログラムを作成してください。また、merge における比較回数の総数を報告してください。

入力 1行目に n、2行目に S を表す n 個の整数が与えられます。

出力 1行目に整列済みの数列 S を出力してください。数列の隣り合う要素は1つの空白で区切ってください。2行目に比較回数を出力してください。

制約 $n \le 500{,}000$
$0 \le S$ の要素 $\le 10^9$

入力例

```
10
8 5 9 2 6 3 7 1 10 4
```

出力例

```
1 2 3 4 5 6 7 8 9 10
34
```

7章 高等的整列

解説

バブルソートなどの $O(n^2)$ の初等的なアルゴリズムは大きなサイズの配列に対しては実用的ではありません。マージソートは、大きなサイズのデータに対応することのできる高等的なアルゴリズムのひとつです。

マージソート

- 配列全体を対象として mergeSort を行う。
- mergeSort は次の通り：
  1. 指定された n 個の要素を含む部分配列をそれぞれ $n/2$ 個の要素を含む２つの部分配列に「分割」する。(Divide)
  2. その２つの部分配列をそれぞれ mergeSort でソートする。(Solve)
  3. 得られた２つのソート済み部分配列を merge により「統合」する。(Conquer)

マージソートは、既にソート済みの２つの配列をマージ（合併）するアルゴリズム mergeが基礎になっています。それぞれn1、n2 個の整数が格納された配列 L と R を配列 A にマージすることを考えます。L と R はそれぞれ昇順に整列されているものとし、L と R のすべての要素をそれらが昇順になるように A にコピーします。

ここで重要なことは、L とR を連結した後に通常のソートアルゴリズムを適用するのではなく、それぞれソート済みということを利用し、計算効率が$O(n1 + n2)$ となるようなマージのアルゴリズムにすることです。例えば、2つの整列済み配列$L = \{1, 5\}$と$R = \{2, 4, 8\}$をマージすると以下のようになります。

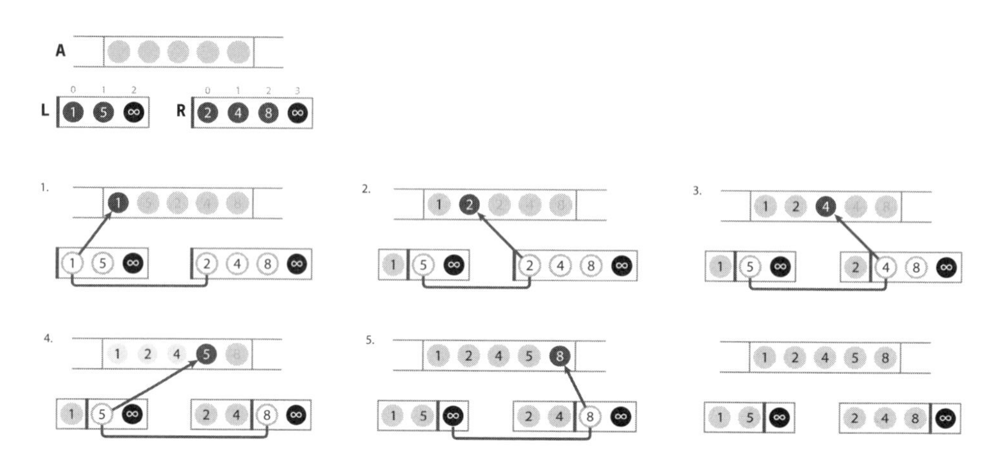

図7.1: 2つのソート済み配列のマージ

mergeでは、LとRのそれぞれの末尾に番兵としてどの要素よりも大きな値を配置することで実装を簡略化することができます。L、Rの要素を比較していく過程で、ある要素と番兵を比べる局面がありますが、番兵として大きな値を設定し、比較する回数をn1 + n2（right – left）とすれば、番兵どうしが比較されることも、ループ変数i、jがそれぞれn1、n2を超えることもありません。

mergeSortを詳しく確認します。mergeSortは配列Aとその配列の部分配列の範囲を表す変数leftとrightを引数とします。次の図のように、leftは部分配列の先頭の要素、rightは部分配列の末尾+1の要素を指します。

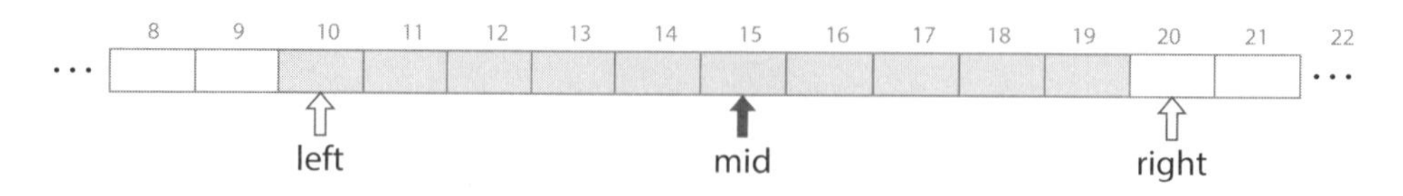

図7.2: マージソートで用いるインデックス

例えば、配列{9, 6, 7, 2, 5, 1, 8, 4, 2}に対してマージソートを行うと以下のようになります。

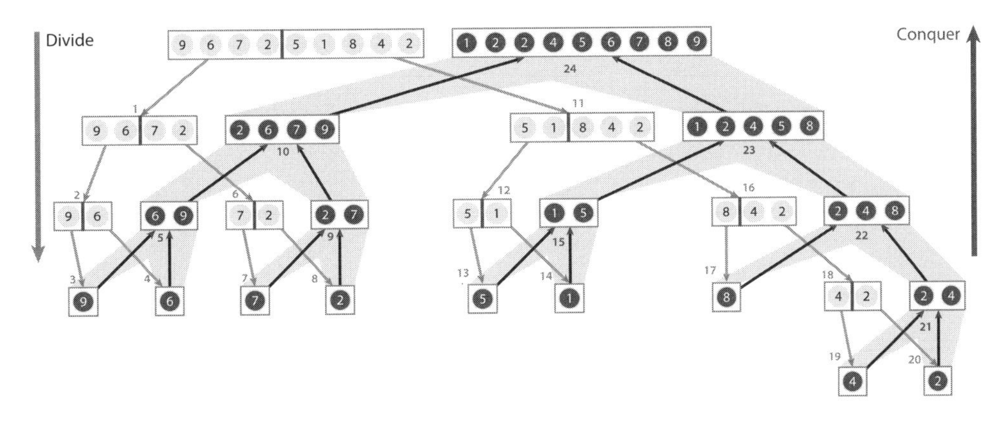

図7.3: マージソート

下に向かう矢印が分割、上に向かう矢印が統治を表し、矢印の数字が処理の順番を示しています。mergeSortで分割、mergeで統治していきます。

mergeSortは部分配列の要素数が1 以下のときは何もせず終了します。部分配列の中央の位置midを計算し、部分配列の前半部分はleftからmid（midは含まない）、後半部分はmidからright（rightは含まない）までとし、前半部分、後半部分それぞれにmergeSortを行います。

考察

mergeの処理では、その直前ですでに２つの部分配列がソート済みになっているので、$O(n1 + n2)$ のマージのアルゴリズムを適用することができます。

図7.3の配列{9, 6, 7, 2, 5, 1, 8, 4, 2} では9 個のデータを１個になるまで分割すると、9 → 5 → 3 → 2 → 1 の４回の分割が必要で、階層が５つになります（8 個のデータの場合は 8 → 4 → 2 → 1の４階層）。一般的に n 個のデータの場合はおおよそ $log_2 n$ 個の階層になります。各階層ごとに行われるすべてのmergeの総計算量は $O(n)$ になるので、マージソートの計算量は $O(nlogn)$ となります。

マージソートは離れた要素同士を比較しますが直接交換することはありません。前半と後半のソート済み配列をマージする処理で、対象となる２つの要素が同じ場合は常に前半の部分配列の要素を優先させれば、同じ値の要素の順番が入れ替わることはないので、マージソートは安定なソートアルゴリズムです。

マージソートは高速で安定なアルゴリズムですが、入力データを保持する配列以外に、一時的なメモリ領域が必要になる特徴を持ちます。

解答例

C++

```
#include<iostream>
using namespace std;
#define MAX 500000
#define SENTINEL 2000000000

int L[MAX/2+2], R[MAX/2+2];
int cnt;

void merge(int A[], int n, int left, int mid, int right) {
  int n1 = mid - left;
  int n2 = right - mid;
  for ( int i = 0; i < n1; i++ ) L[i] = A[left + i];
  for ( int i = 0; i < n2; i++ ) R[i] = A[mid + i];
  L[n1] = R[n2] = SENTINEL;
  int i = 0, j = 0;
  for ( int k = left; k < right; k++ ) {
    cnt++;
    if ( L[i] <= R[j] ) {
      A[k] = L[i++];
    } else {
      A[k] = R[j++];
    }
  }
}

void mergeSort(int A[], int n, int left, int right) {
  if ( left+1 < right ){
    int mid = (left + right) / 2;
    mergeSort(A, n, left, mid);
    mergeSort(A, n, mid, right);
    merge(A, n, left, mid, right);
```

```
32    }
33  }
34
35  int main() {
36    int A[MAX], n, i;
37    cnt = 0;
38
39    cin >> n;
40    for ( i = 0; i < n; i++ ) cin >> A[i];
41
42    mergeSort(A, n, 0, n);
43
44    for ( i = 0; i < n; i++ ) {
45      if ( i ) cout << " ";
46      cout << A[i];
47    }
48    cout << endl;
49
50    cout << cnt << endl;
51
52    return 0;
53  }
```

7.2 パーティション

ALDS1_6_B: Partition

制限時間 1 sec　　メモリ制限 65536KB　　正解率 50.32%

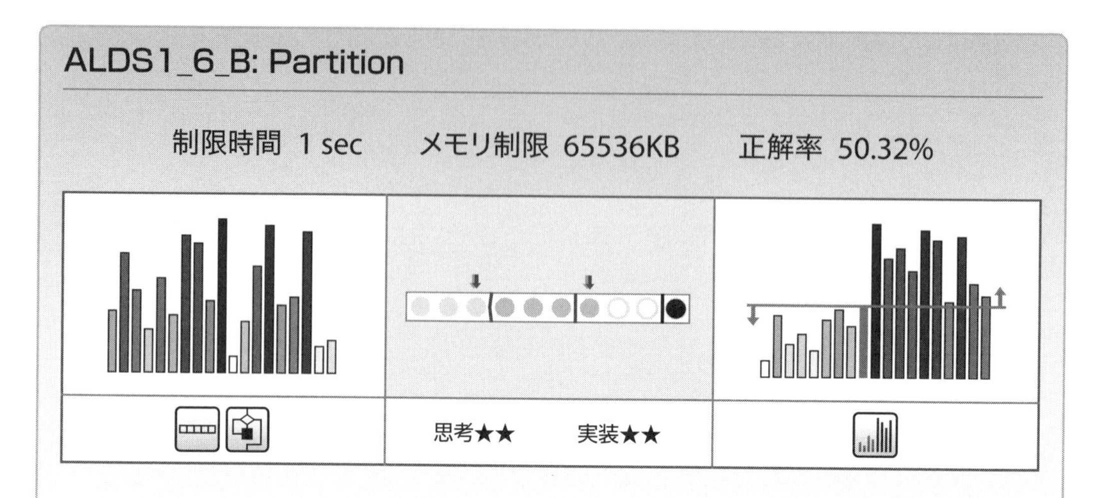

partition(A, p, r)は、配列$A[p..r]$を$A[p..q-1]$の各要素が$A[q]$以下で、$A[q+1..r]$の各要素が$A[q]$より大きい$A[p..q-1]$と$A[q+1..r]$に分割し、インデックスqを戻り値として返します。

数列Aを読み込み、次の疑似コードに基づいた*partition*を行うプログラムを作成してください。

```
1  partition(A, p, r)
2    x = A[r]
3    i = p-1
4    for j = p to r-1
5      if A[j] <= x
6        i = i+1
7        A[i] と A[j] を交換
8    A[i+1] と A[r] を交換
9    return i+1
```

ここで、rは配列Aの最後の要素を指す添え字で、$A[r]$を基準として配列を分割することに注意してください。

入力 入力の最初の行に、数列 A の長さを表す整数 n が与えられます。2行目に、n 個の整数が空白区切りで与えられます。

出力 分割された数列を1 行に出力してください。数列の連続する要素は1つの空白で区切って出力してください。また、partitionの基準となる要素を[ ]で示してください。

制約 $1 \le n \le 100,000$
$0 \le A_i \le 100,000$

入力例

```
12
13 19 9 5 12 8 7 4 21 2 6 11
```

出力例

```
9 5 8 7 4 2 6 [11] 21 13 19 12
```


解説

次の図のように、配列Aの*partition*の対象となる範囲はpからrまで（それぞれ含む）となります。ここで*partition*の基準となるA[r]をxとします。基準となるx以下の要素がpからiまでの範囲（iを含む）に、xより大きい要素がi + 1からjまでの範囲（jを含まない）にあるように、Aの要素を移動してきます。iはp−1、jはpの位置に初期化します。

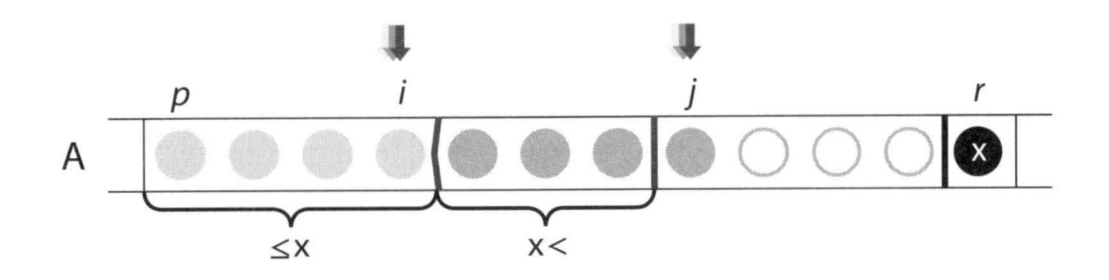

図7.4: パーティションに用いるインデックス

毎回の計算ステップでjは必ず1つ後方に進み、A[j]をどちらのグループに入れるかを順番に決めていきます。グループへの入れ方は以下の2つの場合があります。

A[j]がxよりも大きい場合は、要素の移動は必要なく、jを1つ進めてA[j]を「xより大きいグループ」へ含めます。

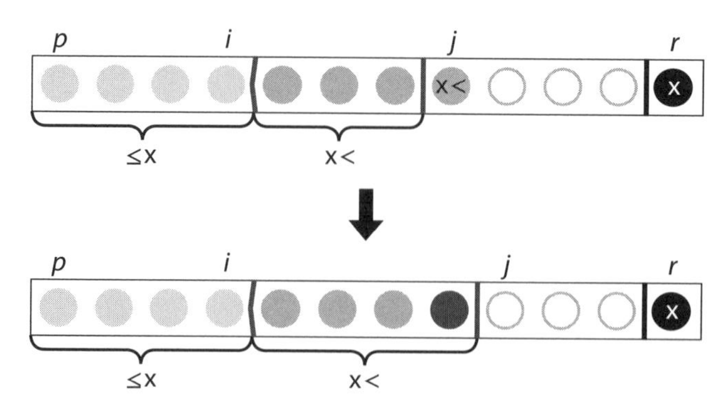

図7.5: パーティション：ケース1

A[j]がx以下の場合は、まずiを1つ進めて、A[j]とA[i]を交換します。A[j]は「x以下のグループ」に移動し、jが1つ進められることによってA[i]にあった要素は「xより大きいグループ」に含められます。

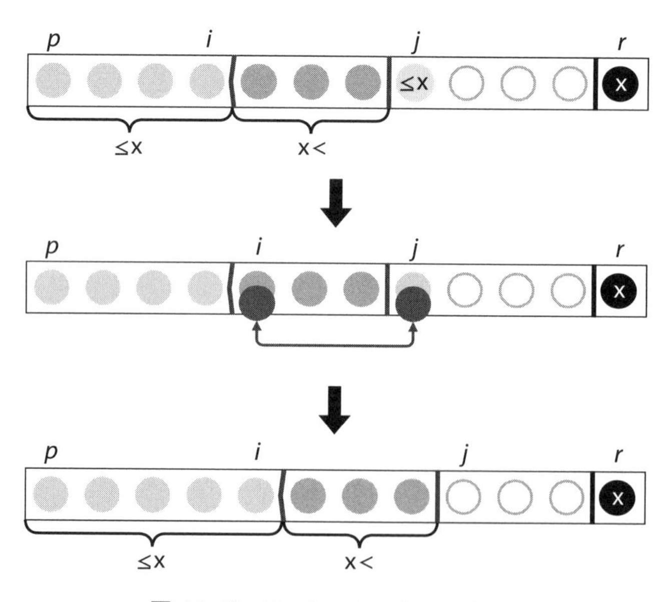

図7.6: パーティション：ケース2

例えば、数列{3, 9, 8, 1, 5, 6, 2, 5} に対して*partition*を行うと図7.7のようになります。

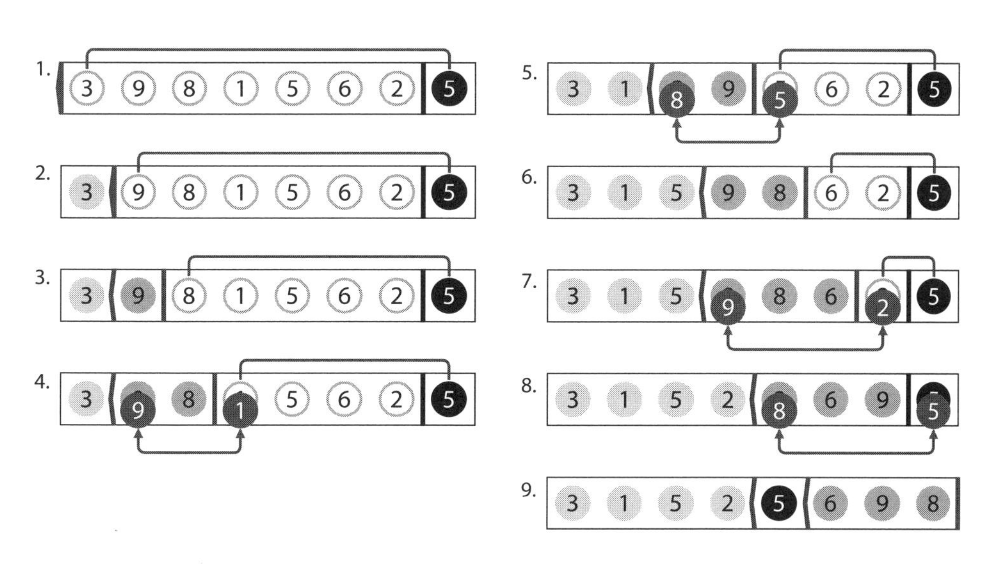

図7.7: パーティション

最後に（図の 8. → 9.）、A[i+1] と A[r] を交換して、パーティションが終了します。

考察

j が p から r − 1 まで毎回 1 つ後方に移動するので、パーティションの処理は $O(n)$ のアルゴリズムとなります。

パーティションは離れた要素を交換するので、ソートに応用する場合は注意が必要です。

解答例

C

```
#include<stdio.h>
#define MAX 100000

int A[MAX], n;

int partition(int p, int r) {
  int x, i, j, t;
  x = A[r];
  i = p - 1;
  for ( j = p; j < r; j++ ) {
```

```
11     if ( A[j] <= x ) {
12       i++;
13       t = A[i]; A[i] = A[j]; A[j] = t;
14     }
15   }
16   t = A[i + 1]; A[i + 1] = A[r]; A[r] = t;
17   return i + 1;
18 }
19 
20 int main() {
21   int i, q;
22 
23   scanf("%d", &n);
24   for ( i = 0; i < n; i++ ) scanf("%d", &A[i]);
25 
26   q = partition(0, n - 1);
27 
28   for ( i = 0; i < n; i++ ) {
29     if ( i ) printf(" ");
30     if ( i == q ) printf("[");
31     printf("%d", A[i]);
32     if ( i == q ) printf("]");
33   }
34   printf("\n");
35 
36   return 0;
37 }
```

7.3 クイックソート

ALDS1_6_C: Quick Sort

制限時間 1sec　　メモリ制限 65536 KB　　正解率 23.51%

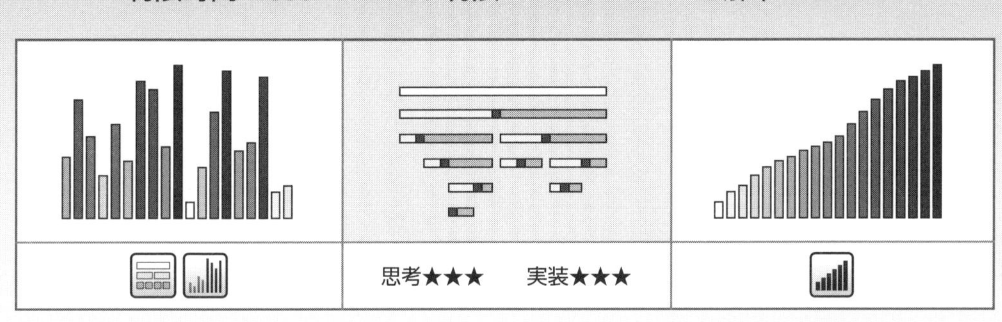

n 枚のカードの列を整列します。各カードには 1 つの絵柄 (S, H, C, または D) と 1 つの数のペアが書かれています。これらを以下の疑似コードに基づくクイックソートで昇順に整列するプログラムを作成してください。partition は ALDS1_6_B の疑似コードに基づくものとします。

```
1  quickSort(A, p, r)
2    if p < r
3        q = partition(A, p, r)
4        quickSort(A, p, q-1)
5        quickSort(A, q+1, r)
```

ここで、*A* はカードが格納された配列であり、partition における比較演算はカードに書かれた「数」を基準に行われるものとします。

また、与えられた入力に対して安定な出力を行っているかを報告してください。ここでは、同じ数を持つカードが複数ある場合、それらが入力で与えられた順序であらわれる出力を「安定な出力」とします。

入力　1 行目にカードの枚数 *n* が与えられます。

2 行目以降で *n* 枚のカードが与えられます。各カードは絵柄を表す 1 つの文字と数（整数）のペアで 1 行に与えられます。絵柄と数は 1 つの空白で区切られています。

出力 1行目に、この出力が安定か否か（`Stable`または`Not stable`）を出力してください。
2行目以降で、入力と同様の形式で整列されたカードを順番に出力してください（nを出力する必要はありません）。

制約 $1 \leq n \leq 100{,}000$
1 ≤ カードに書かれている数 ≤ 10^9
入力に絵柄と数の組が同じカードは2枚以上含まれない

入力例

```
6
D 3
H 2
D 1
S 3
D 2
C 1
```

出力例

```
Not stable
D 1
C 1
D 2
H 2
D 3
S 3
```

解説

クイックソートは次のような分割統治法に基づくアルゴリズムです。

クイックソート

- 配列全体を対象としてquickSortを実行する。
- quickSortは次の通り：
  1. partitionにより、対象の部分配列を前後２つの部分配列へ分割する。（Divide）
  2. 前方の部分配列に対してquickSortを行う。（Solve）
  3. 後方の部分配列に対してquickSortを行う。（Solve）

クイックソートの関数`quickSort`は次の図のように、部分配列を`partition`により２つに分割し、２つのグループそれぞれに再帰的に`quickSort`を行うことで与えられた配列を整列します。例えば、$A = \{13, 19, 9, 5, 12, 8, 7, 4, 21, 2, 5, 3, 14, 6, 11\}$に対してクイックソートを行うと次のようになります。

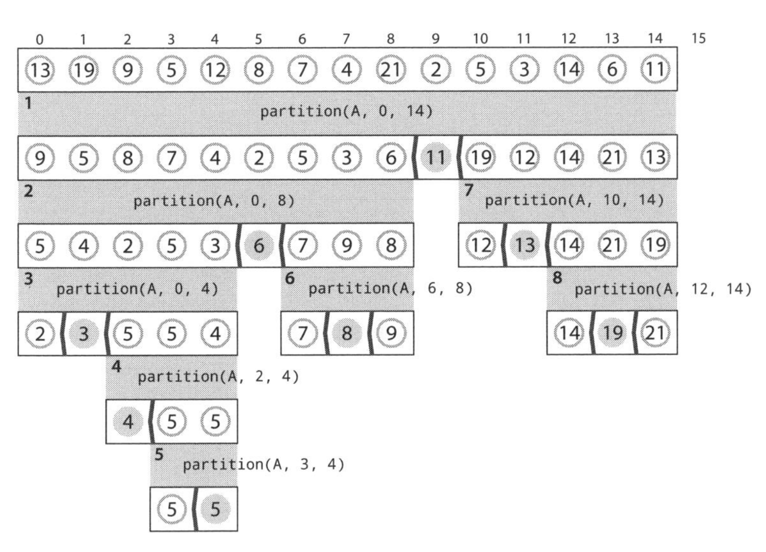

図7.8: クイックソート

考察

クイックソートはマージソートと同様に分割統治法に基づくアルゴリズムですが、分割してパーティションを行ったときに既に元の配列内でソートが完了するので、（マージソートのように）統治にあたる明示的な処理がありません。

クイックソートは、partitionの内部で離れた要素を交換するので、安定なソートアルゴリズムではありません。一方で、マージソートが$O(n)$の外部メモリを必要としたのに対し、クイックソートは追加のメモリ領域を必要としない、いわゆるインプレースソート（内部ソート）であるという特長があります。

クイックソートはpartitionにおいてバランスよく半分ずつ分割されていけば、マージソートと同様におおよそ$\log_2 n$段の階層ができます。クイックソートの平均計算量は$O(n\log n)$で、一般的に最も高速なソートアルゴリズムとして知られています。しかし、問題の疑似コードで示されたクイックソートは、基準の選び方が一定なので、データの並びによっては（例えば既にソートされているデータ）に対して効率が悪くなり、最悪の場合$O(n^2)$の計算量になってしまいます。データの並びによっては再帰が深くなりスタックオーバーフローが起こる可能性もあります。通常は、基準をランダムに選ぶ、配列から適当な値を選びその中央値を選ぶ、などして基準の選び方を工夫する必要があります。

解答例

C

```
#include<stdio.h>
#define MAX 100000
#define SENTINEL 2000000000

struct Card {
  char suit;
  int value;
};

struct Card L[MAX / 2 + 2], R[MAX / 2 + 2];

void merge(struct Card A[], int n, int left, int mid, int right) {
  int i, j, k;
  int n1 = mid - left;
  int n2 = right - mid;
  for ( i = 0; i < n1; i++ ) L[i] = A[left + i];
  for ( i = 0; i < n2; i++ ) R[i] = A[mid + i];
  L[n1].value = R[n2].value = SENTINEL;
  i = j = 0;
  for ( k = left; k < right; k++ ) {
    if ( L[i].value <= R[j].value ) {
      A[k] = L[i++];
    } else {
      A[k] = R[j++];
    }
  }
}

void mergeSort(struct Card A[], int n, int left, int right) {
  int mid;
  if ( left + 1 < right ) {
    mid = (left + right) / 2;
    mergeSort(A, n, left, mid);
    mergeSort(A, n, mid, right);
    merge(A, n, left, mid, right);
  }
}

int partition(struct Card A[], int n, int p, int r) {
  int i, j;
  struct Card t, x;
  x = A[r];
  i = p - 1;
  for ( j = p; j < r; j++ ) {
```

```
45      if ( A[j].value <= x.value ) {
46        i++;
47        t = A[i]; A[i] = A[j]; A[j] = t;
48      }
49    }
50    t = A[i + 1]; A[i + 1] = A[r]; A[r] = t;
51    return i + 1;
52  }
53  
54  void quickSort(struct Card A[], int n, int p, int r) {
55    int q;
56    if ( p < r ) {
57      q = partition(A, n, p, r);
58      quickSort(A, n, p, q - 1);
59      quickSort(A, n, q + 1, r);
60    }
61  }
62  
63  int main() {
64    int n, i, v;
65    struct Card A[MAX], B[MAX];
66    char S[10];
67    int stable = 1;
68  
69    scanf("%d", &n);
70  
71    for ( i = 0; i < n; i++ ) {
72      scanf("%s %d", S, &v);
73      A[i].suit = B[i].suit = S[0];
74      A[i].value = B[i].value = v;
75    }
76  
77    mergeSort(A, n, 0, n);
78    quickSort(B, n, 0, n - 1);
79  
80    for ( i = 0; i < n; i++ ) {
81      // マージソートとクイックソートの結果を比べる
82      if ( A[i].suit != B[i].suit ) stable = 0;
83    }
84  
85    if ( stable == 1 ) printf("Stable\n");
86    else printf("Not stable\n");
87    for ( i = 0; i < n; i++ ) {
88      printf("%c %d\n", B[i].suit, B[i].value);
89    }
90  
91    return 0;
92  }
```

7.4 計数ソート

ALDS1_6_A: Counting Sort

制限時間 1sec　　メモリ制限 65536 KB　　正解率 18.50%

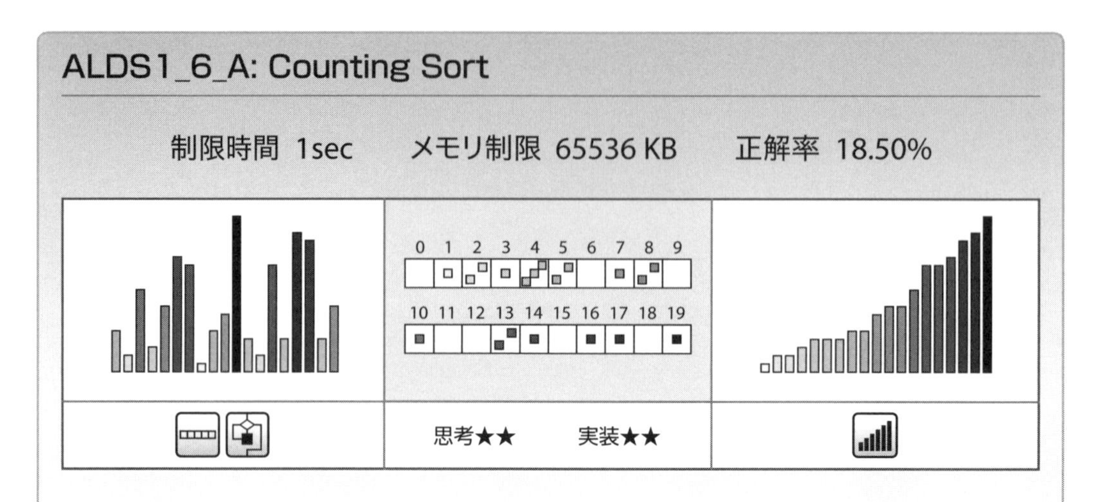

計数ソート[1]は各要素が0以上k以下である要素数nの数列に対して線形時間($O(n + k)$)で動く安定なソーティングアルゴリズムです。

入力数列Aの各要素A_jについて、A_j以下の要素の数をカウンタ配列Cに記録し、その値を基に出力配列BにおけるA_jの位置を求めます。同じ数の要素が複数ある場合を考慮して、要素A_jを出力（Bに入れる）した後にカウンタ$C[A_j]$は修正します。

```
1  CountingSort(A, B, k)
2      for i = 0 to k
3          C[i] = 0
4
5      /* C[i] に i の出現数を記録する*/
6      for j = 1 to n
7          C[A[j]]++
8
9      /* C[i] に i 以下の数の出現数を記録する*/
10     for i = 1 to k
11         C[i] = C[i] + C[i-1]
12
13     for j = n downto 1
14         B[C[A[j]]] = A[j]
15         C[A[j]]--
```

1　バケツソート、バケットソートなどともいわれます。

数列Aを読み込み、計数ソートのアルゴリズムで昇順に並び替え出力するプログラムを作成してください。上記疑似コードに従ってアルゴリズムを実装してください。

入力 入力の最初の行に、数列Aの長さを表す整数nが与えられます。2行目に、n個の整数が空白区切りで与えられます。

出力 整列された数列を1行に出力してください。数列の連続する要素は1つの空白で区切って出力してください。

制約 $1 \leq n \leq 2{,}000{,}000$
$0 \leq A_i \leq 10{,}000$

入力例

```
7
2 5 1 3 2 3 0
```

出力例

```
0 1 2 2 3 3 5
```


解説

この問題の計数ソートでは、入力の数列を便宜上1オリジンの配列に記録します。例えば、入力配列$A = \{4, 5, 0, 3, 1, 5, 0, 5\}$に対して、計数ソートを行うことを考えます。次の図のように、配列Aの各要素が何回現れるかを数え、配列Cに記録します。

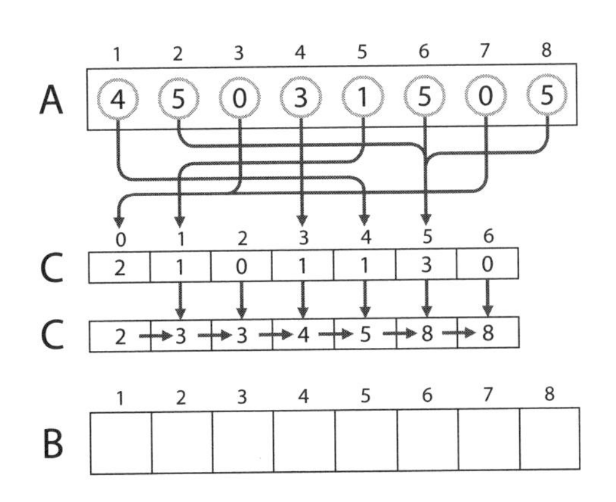

図7.9: 計数ソート：初期化

例えば、Aの中に5は3つ含まれているのでC[5]が3となります。次に、カウンタCの各要素の累積和を求め、カウンタ配列Cを更新します。

このカウンタ配列の要素C[x]には、配列Aについてx以下の要素の数が記録されています。次の図のように、このカウンタ配列Cを用いて、出力配列BにAの要素を順番にコピーしていき、昇順に整列された要素を持つ配列Bを作ります。

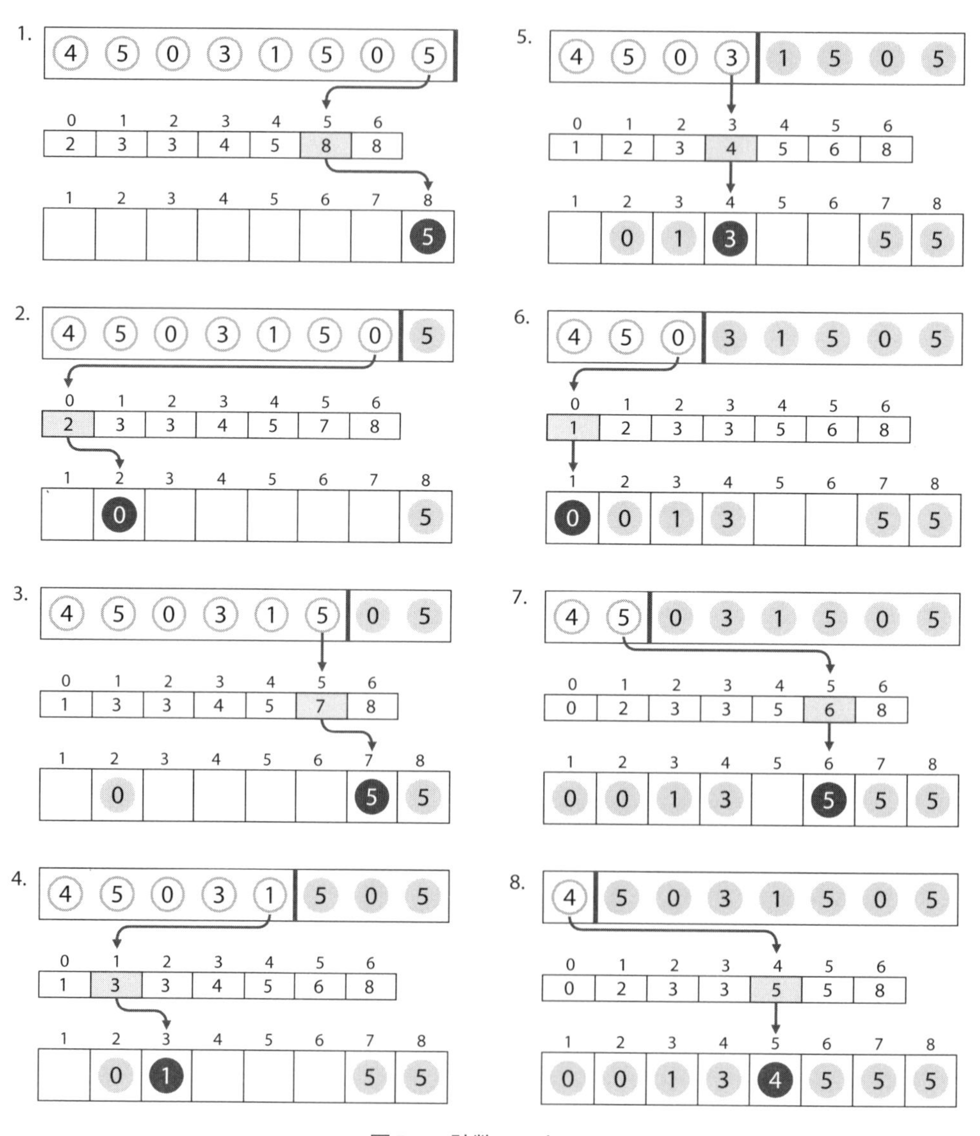

図7.10: 計数ソート

Aの要素を後ろから順番に参照してBの適切な位置にコピーしていきます。1. ではA[8] (= 5) をコピーしますが、C[5] = 8 より、Aの要素で5以下の数は8個あるのでB[8]に5をコピーします。このとき、C[5]を1つ減らします。これで、Aの残りの要素で5以下の数は7個になります。

2. ではA[7](= 0)をコピーしますが、Aの残りの要素で0以下の数は2個なのでB[2]に0をコピーします。3. では、Aの残りの要素で5以下の数は7個なのでB[7]に5をコピーします。以下同様にB[i]の値が決定していきます。

考察

計数ソートは、入力配列*A*の要素を後ろから選んでいくことで安定なソートになります。図7.10の例では、*A*の要素を前から選んでいくと重複している0と5が、それぞれ逆順に*B*にコピーされてしまいます。

問題で示されている計数ソートは、A_iが0以上という条件とA_iの最大値のサイズに比例する時間と記憶領域が必要となりますが、線形時間$O(n + k)$で動く高速で安定なアルゴリズムです。

解答例

C

```
1  #include<stdio.h>
2  #include<stdlib.h>
3  #define MAX 2000001
4  #define VMAX 10000
5
6  int main() {
7    unsigned short *A, *B;
8
9    int C[VMAX+ 1];
10   int n, i, j;
11   scanf("%d", &n);
12
13   A = malloc(sizeof(short) * n + 1);
14   B = malloc(sizeof(short) * n + 1);
15
16   for ( i = 0; i <= VMAX; i++ ) C[i] = 0;
17
18   for ( i = 0; i < n; i++ ) {
19     scanf("%hu", &A[i + 1]);
20     C[A[i + 1]]++;
```

```
21    }
22
23    for ( i = 1; i <= VMAX; i++ ) C[i] = C[i] + C[i - 1];
24
25    for ( j = 1; j <= n; j++ ) {
26      B[C[A[j]]] = A[j];
27      C[A[j]]--;
28    }
29
30    for ( i = 1; i <= n; i++ ) {
31      if ( i > 1 ) printf(" ");
32      printf("%d", B[i]);
33    }
34    printf("\n");
35
36    return 0;
37  }
```

7.5 標準ライブラリによる整列

STL では配列やコンテナの要素に対する様々なアルゴリズムが提供されています。その中でも汎用的な関数が要素の整列を行う sort です。

7.5.1 sort

次の Program 7.1 は STL の sort を使って vector の要素を昇順に整列するプログラムの例です。

Program 7.1: sort による vector の整列

```
#include<iostream>
#include<vector>
#include<algorithm>
using namespace std;

int main() {
  int n;
  vector<int> v;

  cin >> n;
  for ( int i = 0; i < n; i++ ) {
    int x; cin >> x;
    v.push_back(x);
  }

  sort(v.begin(), v.end());

  for ( int i = 0; i < v.size(); i++ ) {
    cout << v[i] << " ";
  }
  cout << endl;

  return 0;
}
```

INPUT

```
5
5 3 4 1 2
```

OUTPUT

```
1 2 3 4 5
```

sort の第１引数に整列対象の先頭イテレータ、第２引数に末尾のイテレータ（ソート対象に末尾は含まない）を指定します。

配列の要素を整列したい場合は、次のように引数にポインタを指定します。

Program 7.2: sort による配列の整列

```
#include<iostream>
#include<algorithm>
using namespace std;

int main() {
  int n, v[5];

  for ( int i = 0; i < 5; i++ ) cin >> v[i];

  sort(v, v + 5);

  for ( int i = 0; i < 5; i++ ) {
    cout << v[i] << " ";
  }
  cout << endl;

  return 0;
}
```

INPUT

```
8 6 9 10 7
```

OUTPUT

```
6 7 8 9 10
```

処理系に依存する場合がありますが、STL の sort はクイックソートがベースとなっているので、$O(n\log n)$ で動く高速なソートです。また、クイックソートの弱点である最悪の場合に $O(n^2)$ になってしまう欠点も対策がなされています。一方、sort は安定なソートではないため注意が必要です。

安定なソートを行いたい場合は、マージソートがベースとなっている stable_sort を用いることができます。ただし、計算量は $O(n\log n)$ で高速ではあるものの、sort と比べると場合によってはメモリをより必要とし、速度も劣ります。

7.6 反転数

※この問題はやや難しいチャレンジ問題です。難しいと感じたら今は飛ばして、実力を付けてから挑戦してみましょう。

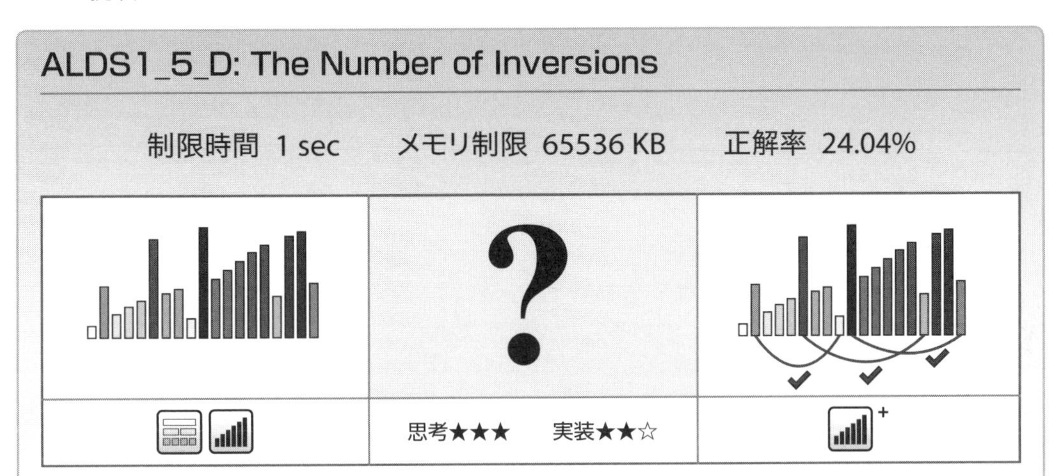

ALDS1_5_D: The Number of Inversions
制限時間 1 sec
メモリ制限 65536 KB
正解率 24.04%
?
思考★★★
実装★★☆
+

数列 $A = \{a_0, a_1, ..., a_{n-1}\}$ について、$a_i > a_j$ かつ $i < j$ である組 (i, j) の個数を反転数と言います。反転数は次のバブルソートの交換回数と等しくなります。

```
1  bubbleSort(A)
2    cnt = 0 // 反転数
3    for i = 0 to A.length-1
4      for j = A.length-1 downto i+1
5        if A[j] < A[j-1]
6          swap(A[j], A[j-1])
7          cnt++
8    return cnt
```

数列 A が与えられるので、A の反転数を求めてください。上の疑似コードのアルゴリズムをそのまま実装すると Time Limit Exceeded になることに注意してください。

入力 1行目に数列 A の長さ n が与えられます。2行目に $a_i (i = 0, 1, ..., n - 1)$ が空白区切りで与えられます。

出力 反転数を1行に出力してください。

制約 $1 \leq n \leq 200{,}000$
$0 \leq a_i \leq 10^9$
a_i はすべて異なる値である

入力例

```
5
3 5 2 1 4
```

出力例

```
6
```

解説

実際にバブルソートを行うと $O(n^2)$ のアルゴリズムとなり、時間内に出力を得ることはできません。

分割統治法を応用することを考えてみましょう。マージソートのmerge関数に少しの処理を加えることで反転数を求めることができます。

例えば、配列 $A = \{5, 3, 6, 2, 1, 4\}$ の反転数を考えてみます。次の図のように、配列の添え字 k について k より左側にあり $A[k]$ より大きい値の数を $C[k]$ とすると、$C[k]$ の合計が配列 A の反転数となります。

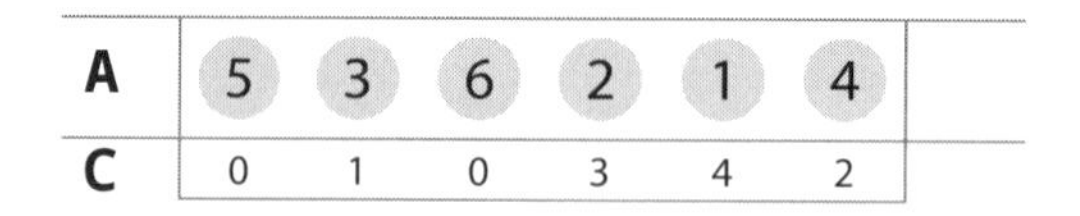

図7.11: 反転数の計算 (1)

この例では反転数が10となります。この $C[i]$ の値はどのような順番で計算してもよいので、マージソートを応用します。ここでは、ALDS1_5_B のmergeSortとmergeの疑似コードを参照します。

まず、次の図のようにこの配列を２つに分割した場合のそれぞれの $C[k]$ を考えてみましょう。

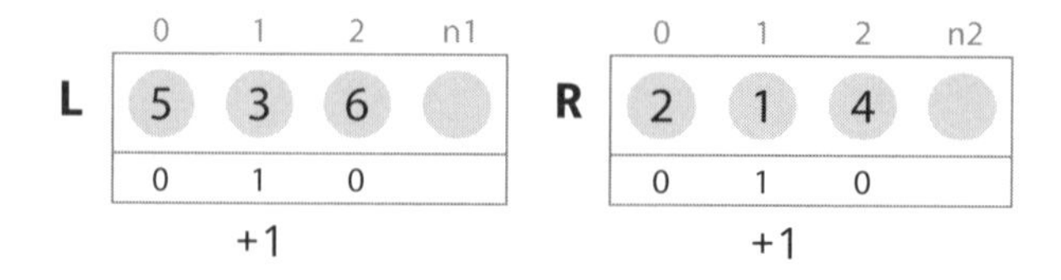

図7.12: 反転数の計算 (2)

これらの配列L、Rをそれぞれ整列しつつ、それぞれの反転数を求め、それらを合わせると2となります。

続いて、次の図のように整列済みの配列LとRをマージしつつ反転数を加算していきます。配列Rの各要素$R[j]$について、Lに含まれマージ後に$R[j]$よりも後に移動するような要素の数は、Lのサイズを$n1$、Lのインデックスをiとすると、$n1-i$で求めることができます。

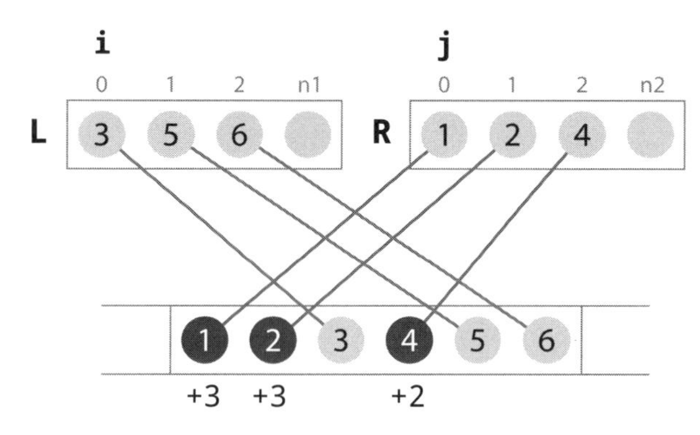

図7.13: 反転数の計算(3)

この値はRの要素{1, 2, 4}についてそれぞれ{3、3、2}となり、配列A全体の反転数は、最初に求めた2を加算して10となります。

解答例

C++

```
1  #include<iostream>
2  using namespace std;
3
4  #define MAX 200000
5  #define SENTINEL 2000000000
6  typedef long long llong;
7
8  int L[MAX / 2 + 2], R[MAX / 2 + 2];
9
10 llong merge(int A[], int n, int left, int mid, int right) {
11   int i, j, k;
12   llong cnt = 0;
13   int n1 = mid - left;
14   int n2 = right - mid;
15   for ( i = 0; i < n1; i++ ) L[i] = A[left + i];
```

```
16    for ( i = 0; i < n2; i++ ) R[i] = A[mid + i];
17    L[n1] = R[n2] = SENTINEL;
18    i = j = 0;
19    for ( k = left; k < right; k++ ) {
20      if ( L[i] <= R[j] ){
21        A[k] = L[i++];
22      } else {
23        A[k] = R[j++];
24        cnt += n1 - i;    // = mid + j - k -1
25      }
26    }
27    return cnt;
28  }
29
30  llong mergeSort(int A[], int n, int left, int right) {
31    int mid;
32    llong v1, v2, v3;
33    if ( left + 1 < right ) {
34      mid = (left + right) / 2;
35      v1 = mergeSort(A, n, left, mid);
36      v2 = mergeSort(A, n, mid, right);
37      v3 = merge(A, n, left, mid, right);
38      return v1 + v2 + v3;
39    } else return 0;
40  }
41
42  int main() {
43    int A[MAX], n, i;
44
45    cin >> n;
46    for ( i = 0; i < n; i++ ) {
47      cin >> A[i];
48    }
49
50    llong ans = mergeSort( A, n, 0, n );
51    cout << ans << endl;
52
53    return 0;
54  }
```

7.7 最小コストソート

※この問題はやや難しいチャレンジ問題です。難しいと感じたら今は飛ばして、実力を付けてから挑戦してみましょう。

ALDS1_6_D: Minimum Cost Sort

制限時間 1 sec　メモリ制限 65536 KB　正解率 18.64%

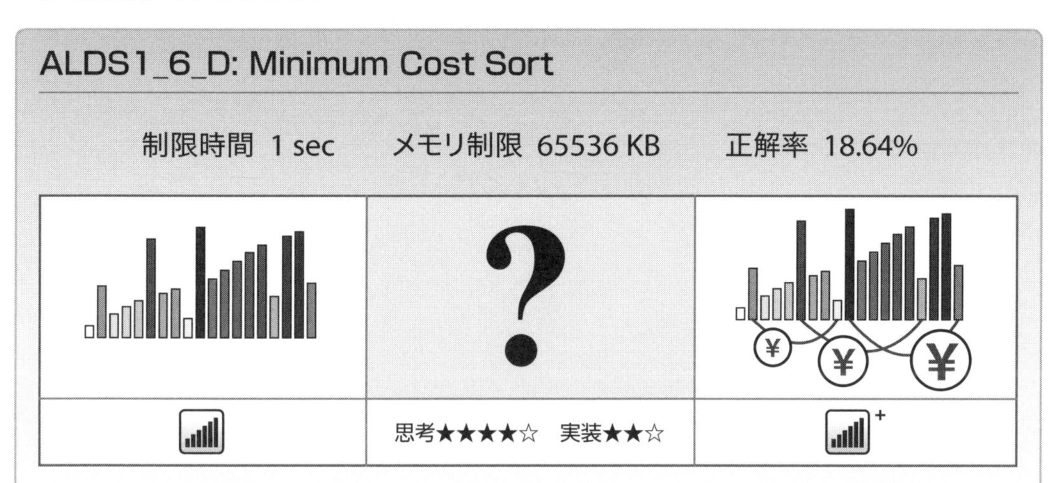

重さ $w_i (i = 0, 1, ..., n-1)$ の n 個の荷物が 1 列に並んでいます。これらの荷物をロボットアームを用いて並べ替えます。1 度の操作でロボットアームは荷物 i と荷物 j を持ち上げ、それらの位置を交換することができますが、$w_i + w_j$ のコストがかかります。ロボットアームは何度でも操作することができます。

与えられた荷物の列を重さの昇順に整列するコストの総和の最小値を求めてください。

入力　1 行目に整数 n が与えられます。2 行目に n 個の整数 $w_i (i = 0, 1, ..., n-1)$ が空白区切りで与えられます。

出力　最小値を 1 行に出力してください。

制約　$1 \leq n \leq 1{,}000$
$0 \leq w_i \leq 10^4$
w_i は全て異なる

入力例

```
5
1 5 3 4 2
```

出力例

```
7
```

解説

例えば入力 $W = \{4, 3, 2, 7, 1, 6, 5\}$ について考えてみましょう。この配列を $W = \{1, 2, 3, 4, 5, 6, 7\}$ にするための最小コストを求めます。まずは、次のように各要素が最終的にどの位置へ移動する必要があるかを図で表してみます。

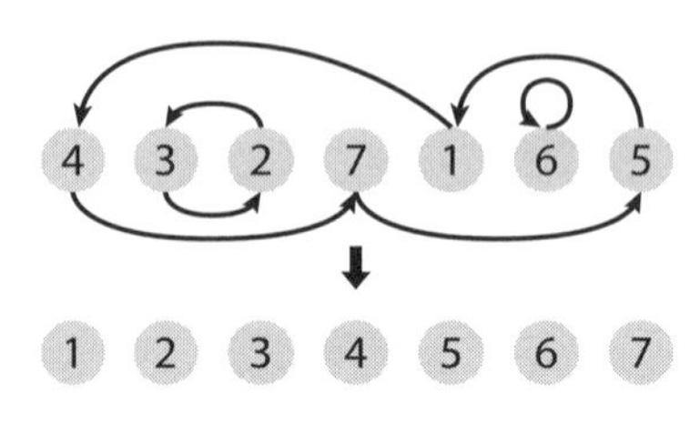

図7.14: 最小コストソート(例1)

すると、いくつかのサイクルができます。この例では4 → 7 → 5 → 1 → 4、3 → 2 → 3、6 → 6の３つのサイクルができます。まずは、このようなサイクルごとに必要な最小コストを求めることを考えます。

サイクルの長さが1、つまり移動の必要がないサイクルについては、コストは0になります。

サイクルの長さが２のものは、１回の交換でそれぞれの要素が最終位置に移動するので、対象となる２つの要素の和がコストになります。例えば、3 → 2 → 3 のサイクルのコストは3 + 2 = 5 となります。

長さが３以上のサイクルについて考えてみましょう。次の図のように、4 → 7 → 5 → 1 → 4 のサイクルについては、1 を使ってそれ以外の要素を移動すると、最小コストの19 になります。

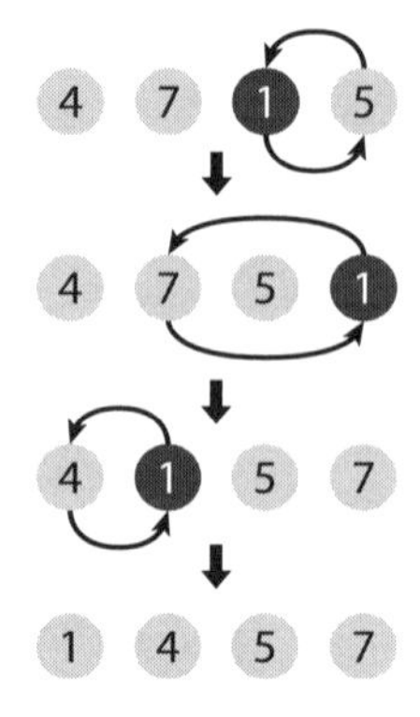

図7.15: 最小コストの計算

つまり、サイクルの中で最小の値を使ってそれ以外の要素を移動するのが、この場合の最適な方法となります。

このときのコストは、サイクルの中の要素をw_i、サイクル内の要素の個数をnとすると

$$\sum w_i + (n - 2) \times min(w_i)$$

となります。各要素は必ず1回は移動するので$\sum w_i$、さらに最小値は最後の交換の手前までで$(n - 2)$回移動します。この式は$n = 2$のときも成り立ちます。

各サイクルのコストの和をとると、$W = \{4, 3, 2, 7, 1, 6, 5\}$の最小コストは$(5 + 0) + (17 + 2) = 24$　となります。

上の例では、正しい最小値を求めることができましたが、このアルゴリズムには反例があります。次の例を考えてみましょう。

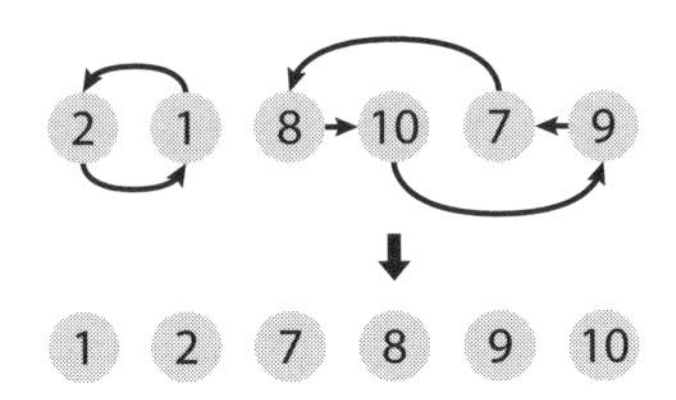

図7.16: 最小コストソート(例2)

このような入力に対して、上のようなアルゴリズムを適用すると、1 → 2 → 1 についてコスト3、8 → 10 → 9 → 7 → 8 についてコスト48、合計のコストが51 となります。

しかし、8 → 10 → 9 → 7 → 8 のサイクルについて、7 と1 を交換して8 → 10 → 9 → 1 → 8 のサイクルとすると、28 + 2 × 1 に1 と7 の２回分の交換を加えて、このサイクルのコストは46 となり、合計すると49 となります。つまり、1 と7 の交換分を考慮しても、先のアルゴリズムの結果よりも小さくなり、サイクルの外から借りてきた要素を使って移動した方がコストが小さくなる場合があります。

サイクルの外の要素をxとすると$2\times(min(w_i)+x)$だけコストが増加しますが、$(n-1)\times(min(w_i)-x)$だけコストが減ります。このときのコストは

$$\sum w_i + (n-2) \times min(w_i) + 2 \times (min(w_i) + x) - (n-1) \times (min(w_i) - x)$$

$$= \sum w_i + min(w_i) + (n+1) \times x$$

となります。従ってxとして入力全体の中で最小の要素を採用します。

以上のことを考慮すると、各サイクルのコストは要素全体の最小値をかりた場合とかりない場合を計算し、コストが小さい方を採用する必要があります。

解答例

C++

```
1  #include<iostream>
2  #include<algorithm>
3  using namespace std;
4  static const int MAX = 1000;
5  static const int VMAX = 10000;
6  
7  int n, A[MAX], s;
8  int B[MAX], T[VMAX+1];
9  
10 int solve() {
11   int ans = 0;
12 
13   bool V[MAX];
14   for ( int i = 0; i < n; i++ ) {
15     B[i] = A[i];
16     V[i] = false;
17   }
18   sort(B, B+n);
19   for ( int i = 0; i < n; i++ ) T[B[i]] = i;
20   for ( int i = 0; i < n; i++ ) {
21     if ( V[i] ) continue;
22     int cur = i;
23     int S = 0;
24     int m = VMAX;
25     int an = 0;
26     while ( 1 ) {
27       V[cur] = true;
```

```
28        an++;
29        int v = A[cur];
30        m = min(m, v);
31        S += v;
32        cur = T[v];
33        if ( V[cur] ) break;
34      }
35      ans += min(S + (an - 2) * m, m + S + (an + 1) * s);
36    }
37
38    return ans;
39  }
40
41  int main() {
42    cin >> n;
43    s = VMAX;
44    for ( int i = 0; i < n; i++ ) {
45      cin >> A[i];
46      s = min(s, A[i]);
47    }
48    int ans = solve();
49    cout << ans << endl;
50
51    return 0;
52  }
```

8章

木

木構造とは、階層的な構造を表すのに適したデータ構造です。ソフトウェア開発では、ドキュメント、組織図、グラフィックスなど階層構造を抽象化する方法として活用されます。

また、木構造は、効率的なアルゴリズムとデータ構造を実装するための基礎構造で、情報処理とプログラミングには欠かせない概念となります。標準ライブラリとして提供されている多くのアルゴリズムやデータ構造が木構造に関連しています。

この章では、木の表現方法や、木構造における基本的なアルゴリズムに関する問題を解いていきます。

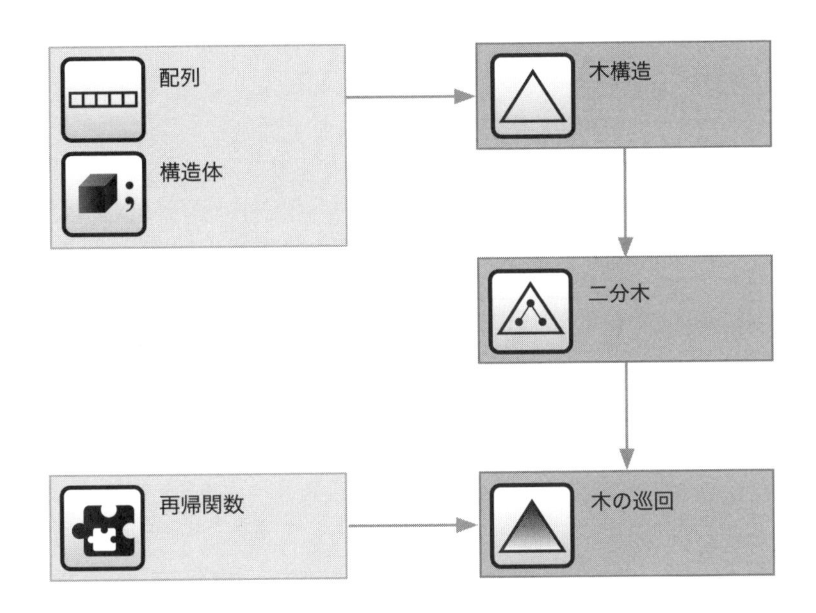

この章の問題を解くためには、配列や繰り返し処理に加え、構造体(クラス)を使用できるプログラミングスキルが必要です。また、再帰関数を理解している必要があります。

8.1 木構造：問題にチャレンジする前に

根付き木

木構造とは節点(node) と、節点同士を結ぶ辺(edge) で表されるデータ構造です。次の図のように、木の節点は円、辺は線で表されます。

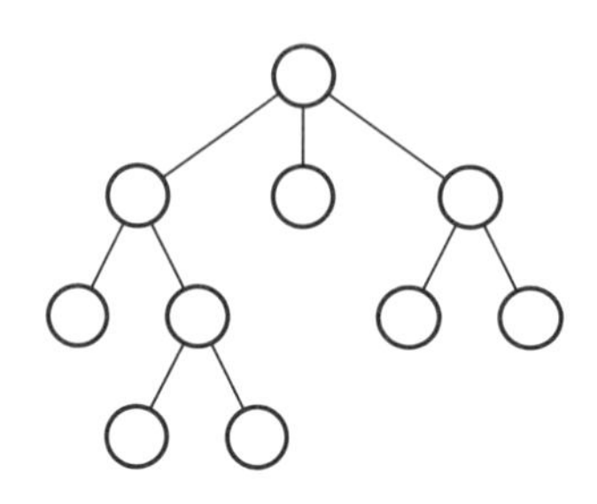

図8.1: 木の例

下の図のように、根(root) と呼ばれる他と区別された 1 つの節点を持つ木を根付き木(rooted tree)と呼びます。

根付き木の節点には親子関係があります。根付き木Tの根rから節点xに至る経路上の最後の辺が節点pと節点xを繋ぐとき、pをxの親(parent)、xをpの子(child)と呼びます。同一の親を持つ節点を兄弟(sibling)と呼びます。例えば、右の図では、節点2の親は0(根)、兄弟は1と3になります。

図のように、根は親を持たない唯一の節点です。子を持たない節点は外部節点(external node) または葉(leaf)と呼ばれます。葉でない節点を内部節点(internal node)と呼びます。

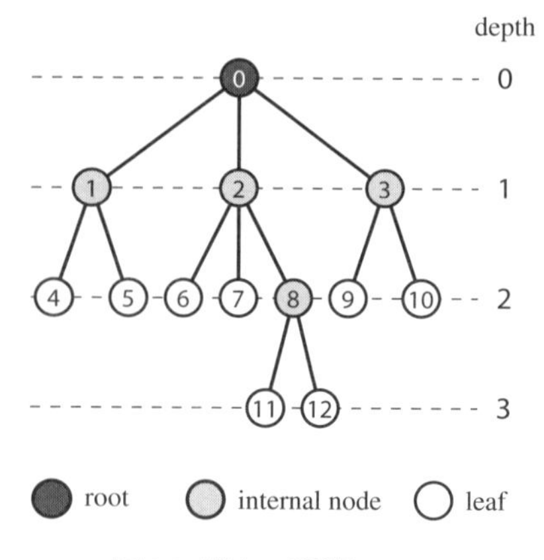

図8.2: 節点の種類

根付き木Tの節点xの子の数をxの次数(degree)と呼びます。例えば節点2の次数は3で、節点2は節点6、7、8の3つの子を持ちます。子を持たない場合、次数は0になります。

根 r から節点 x までの経路の長さを x の深さ (depth) と呼びます。また、節点 x から葉までの経路の長さの最大値を節点 x の高さ (height) と呼びます。根の高さが最も高くなり、それを木の高さと呼びます。例えば、図の節点8 の深さと高さはそれぞれ2、1 で、木の高さは3 です。

二分木

１つの根を持ち全ての節点についてその子の数が２以下である木を根付き二分木と言います。次の図は二分木の例です。

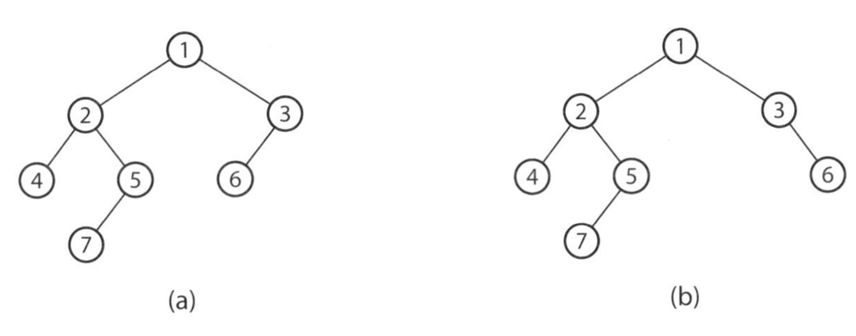

図8.3: 二分木の例

二分木では、節点が持つ子の数が２つ以下となりますが、左の子と右の子は区別されます。つまり、子が１つの場合はそれが左の子なのか右の子なのかが厳密に区別されます。(a) の節点3 は左の子として節点6 を持ちますが、一方(b) の節点3 は右の子として節点6 を持っています。このように、子に順序性がある木を順序木と呼びます。

二分木 T は再帰的に定義することができ、以下のいずれかの条件を満たす木です：

- T は節点をまったく持たない。
- T は共通要素を持たない次の３つの頂点集合から構成される：
  - 根 (root)
  - 左部分木 (left subtree) と呼ばれる二分木
  - 右部分木 (right subtree) と呼ばれる二分木

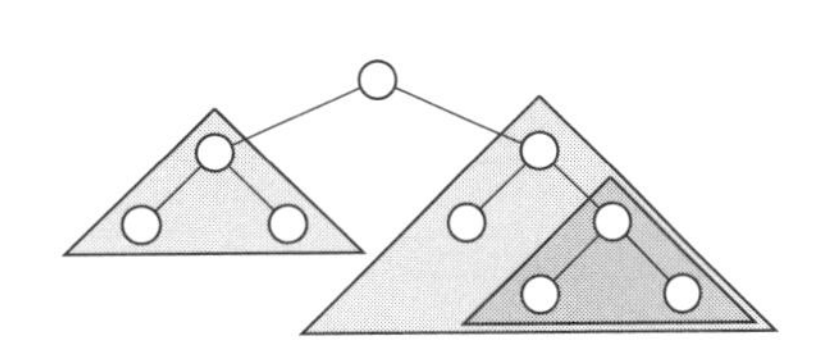

図8.4: 二分木の部分木

8.2 根付き木の表現

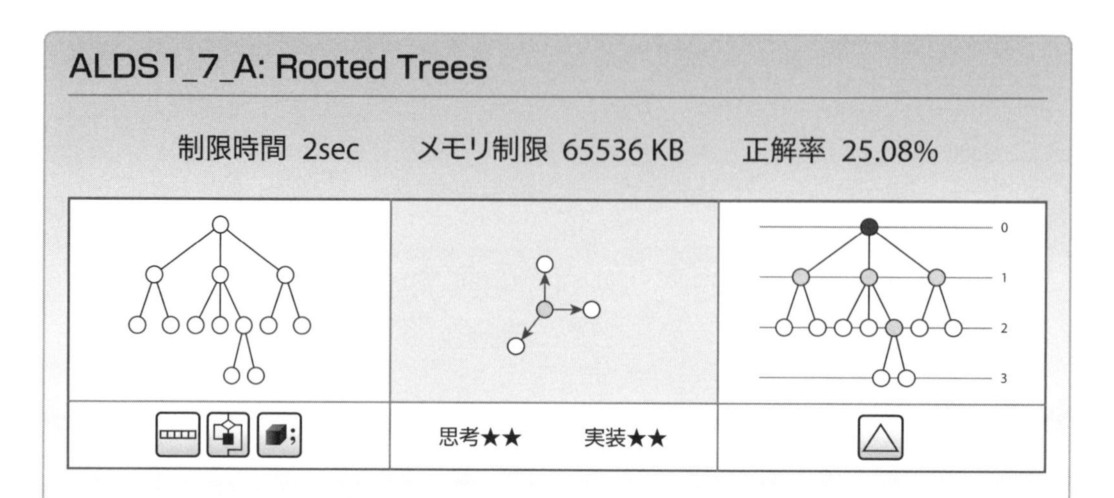

ALDS1_7_A: Rooted Trees
制限時間 2sec
メモリ制限 65536 KB
正解率 25.08%
0
1
2
3
思考★★
実装★★

与えられた根付き木Tの各節点uについて、以下の情報を出力するプログラムを作成してください。

- uの節点番号
- uの親の節点番号
- uの深さ
- uの節点の種類(根、内部ノードまたは葉)
- uの子のリスト

ここでは、与えられる木はn個の節点を持ち、それぞれ0から$n-1$の番号が割り当てられているものとします。

入力 入力の最初の行に、節点の個数nが与えられます。続くn行に、各節点の情報が次の形式で1行に与えられます。

$id\ k\ c_1\ c_2\ ...\ c_k$

idは節点の番号、kは次数を表します。$c_1\ c_2\ ...\ c_k$は1番目の子の節点番号, ..., k番目の子の節点番号を示します。

出力 次の形式で節点の情報を出力してください。節点の情報はその番号が小さい順に出力してください。

node id: parent = p, depth = d, $type$, [c_1, ..., c_k]

pは親の番号を示します。ただし、親を持たない場合は-1とします。dは節点の深さを示します。*type*は根、内部節点、葉をそれぞれ表すroot、internal node、leafの文字列のいずれかです。

$c_1...c_k$ は子のリストです。順序木とみなし入力された順に出力してください。カンマ空白区切りに注意してください。出力例にて出力形式を確認してください。

制約 $1 \leq n \leq 100,000$
節点の深さは20を超えない。
任意の2つの節点間には必ず経路が存在する。

入力例

```
13
0 3 1 4 10
1 2 2 3
2 0
3 0
4 3 5 6 7
5 0
6 0
7 2 8 9
8 0
9 0
10 2 11 12
11 0
12 0
```

出力例

```
node 0: parent = -1, depth = 0, root, [1, 4, 10]
node 1: parent = 0, depth = 1, internal node, [2, 3]
node 2: parent = 1, depth = 2, leaf, []
node 3: parent = 1, depth = 2, leaf, []
node 4: parent = 0, depth = 1, internal node, [5, 6, 7]
node 5: parent = 4, depth = 2, leaf, []
node 6: parent = 4, depth = 2, leaf, []
node 7: parent = 4, depth = 2, internal node, [8, 9]
node 8: parent = 7, depth = 3, leaf, []
node 9: parent = 7, depth = 3, leaf, []
node 10: parent = 0, depth = 1, internal node, [11, 12]
node 11: parent = 10, depth = 2, leaf, []
node 12: parent = 10, depth = 2, leaf, []
```


解説

まず、入力された根付き木をメモリに記録する方法を考えます。この問題では、入力が完了した後は節点の数が変化しないので、各節点が以下の情報を持つような「左子右兄弟表現(left-child, right-sibling representation)」によって木を表すことができます。

- 節点 u の親
- 節点 u の最も左の子
- 節点 u のすぐ右の兄弟

左子右兄弟表現は、例えばC++ 言語では以下のように構造体の配列、あるいは3つの配列を用いて実装することができます。

Program 8.1: 左子右兄弟表現の実装

```
struct Node { int parent, left, right; };
struct Node T[MAX];

//または

int parent[MAX], left[MAX], right[MAX];
```

各節点uの親はu.parent を参照することで知ることができます。親が存在しない節点が根となります。また、u.left が存在しない節点が葉(leaf) となり、u.right が存在しない節点が最も右の子になります。親、左の子、右の兄弟が存在しないことを示すために、設定する節点番号として特別な値NIL を使用します。NIL の値は節点番号として使われない値を設定しておきます。

各節点の深さは次のアルゴリズムで求めることができます。

Program 8.2: 節点の深さ

```
getDepth(u)
  d = 0
  while T[u].parent != NIL
    u = T[u].parent
    d++
  return d
```

節点uの深さは、uからその親をたどっていき、根に至るまでの辺の数を数えます。根の親をNIL (= -1) としておくことで他の節点と区別することができます。

一方、次の再帰的なアルゴリズムで木の全ての節点の深さをより高速に求めることができます。

Program 8.3: 節点の深さ（再帰）

```
setDepth(u, p)
  D[u] = p
  if T[u].right != NIL
    setDepth(T[u].right, p)
  if T[u].left != NIL
    setDepth(T[u].left, p + 1)
```

このアルゴリズムは、右の兄弟の深さと、最も左の子の深さを再帰的に計算していきます。Tは左子右兄弟表現で実装されているため、右の兄弟が存在する場合は深さpを変えずに再帰呼び出しを行い、左の子が存在する場合は深さを１つ足して再帰呼び出しを行います。

節点uの子のリストは、uの左の子から開始し、右の子が存在する限り右の子をたどることによって出力することができます。

Program 8.4: 子のリストを表示

```
1  printChildren(u)
2    c = T[u].left
3    while c != NIL
4      print c
5      c = T[c].right
```


考察

木の高さをhとして各節点の深さを求めるアルゴリズムの計算量を考えてみましょう。各節点から親をたどっていくアルゴリズムの計算量は$O(h)$となり、全ての節点について深さを求めると$O(nh)$のアルゴリズムになります。この問題では各節点の深さに制約があるので、このような素朴なアルゴリズムを適用することができます。

一方、深さを再帰的に計算していくアルゴリズムは、各節点を一度ずつ訪問するので$O(n)$のアルゴリズムとなります。

解答例

C++

```
1  #include<iostream>
2  using namespace std;
3  #define MAX 100005
4  #define NIL -1
5
6  struct Node { int p, l, r; };
7
8  Node T[MAX];
9  int n, D[MAX];
10
11 void print(int u) {
```

```
12    int i, c;
13    cout << "node " << u << ": ";
14    cout << "parent = " << T[u].p << ", ";
15    cout << "depth = " << D[u] << ", ";
16
17    if ( T[u].p == NIL ) cout << "root, ";
18    else if ( T[u].l == NIL ) cout << "leaf, ";
19    else cout << "internal node, ";
20
21    cout << "[";
22
23    for ( i  = 0, c = T[u].l; c != NIL; i++, c = T[c].r ) {
24      if (i) cout << ", ";
25      cout << c;
26    }
27    cout << "]" << endl;
28  }
29
30  // 再帰的に深さを求める
31  int rec(int u, int p) {
32    D[u] = p;
33    if ( T[u].r != NIL ) rec(T[u].r, p);     // 右の兄弟に同じ深さを設定
34    if ( T[u].l != NIL ) rec(T[u].l, p + 1); // 最も左の子に自分の深さ+1を設定
35  }
36
37  int main() {
38    int i, j, d, v, c, l, r;
39    cin >> n;
40    for ( i = 0; i < n; i++ ) T[i].p = T[i].l = T[i].r = NIL;
41
42    for ( i = 0; i < n; i++ ) {
43      cin >> v >> d;
44      for ( j = 0; j < d; j++ ) {
45        cin >> c;
46        if ( j == 0 ) T[v].l = c;
47        else T[l].r = c;
48        l = c;
49        T[c].p = v;
50      }
51    }
52    for ( i = 0; i < n; i++ ) {
53      if (T[i].p == NIL) r = i;
54    }
55
56    rec(r, 0);
57
58    for ( i = 0; i < n; i++ ) print(i);
59
60    return 0;
61  }
```

8.3 二分木の表現

ALDS1_7_B: Binary Tree

制限時間 1sec　メモリ制限 65536 KB　正解率 23.76%

思考★★　実装★★

与えられた根付き二分木Tの各節点uについて、以下の情報を出力するプログラムを作成してください。

- uの節点番号
- uの親
- uの兄弟
- uの子の数
- uの深さ
- uの高さ
- 節点の種類（根、内部節点または葉）

ここでは、与えられる二分木はn個の節点を持ち、それぞれ0から$n-1$の番号が割り当てられているものとします。

入力 入力の最初の行に、節点の個数nが与えられます。続くn行に、各節点の情報が以下の形式で1行に与えられます。

id left right

*id*は節点の番号、*left*は左の子の番号、*right*は右の子の番号を表します。子を持たない場合は*left*(*right*)は-1で与えられます。

出力 次の形式で節点の情報を出力してください。

node *id*: parent = *p*, sibling = *s*, degree = *deg*, depth = *dep*, height = *h*, *type p* は親の番号を表します。親を持たない場合は-1 とします。*s* は兄弟の番号を表します。兄弟を持たない場合は-1 とします。

deg、*dep*、*h* はそれぞれ節点の子の数、深さ、高さを表します。*type* は根、内部節点、葉をそれぞれ表す `root`、`internal node`、`leaf` の文字列のいずれかです。

出力例にて、空白区切り等の出力形式を確認してください。

制約　$1 \leq n \leq 25$

入力例

```
9
0 1 4
1 2 3
2 -1 -1
3 -1 -1
4 5 8
5 6 7
6 -1 -1
7 -1 -1
8 -1 -1
```

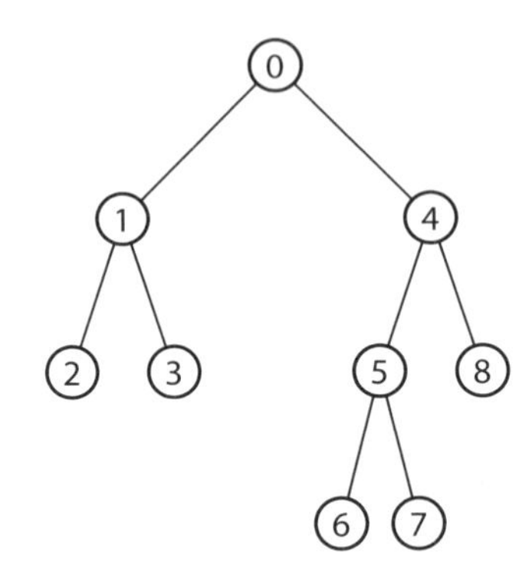

図8.5: 入力例

出力例

```
node 0: parent = -1, sibling = -1, degree = 2, depth = 0, height = 3, root
node 1: parent = 0, sibling = 4, degree = 2, depth = 1, height = 1, internal node
node 2: parent = 1, sibling = 3, degree = 0, depth = 2, height = 0, leaf
node 3: parent = 1, sibling = 2, degree = 0, depth = 2, height = 0, leaf
node 4: parent = 0, sibling = 1, degree = 2, depth = 1, height = 2, internal node
node 5: parent = 4, sibling = 8, degree = 2, depth = 2, height = 1, internal node
node 6: parent = 5, sibling = 7, degree = 0, depth = 3, height = 0, leaf
node 7: parent = 5, sibling = 6, degree = 0, depth = 3, height = 0, leaf
node 8: parent = 4, sibling = 5, degree = 0, depth = 2, height = 0, leaf
```

解説

節点の数に変化がない二分木は、例えば次のような構造体の配列として実装することができます。

Program 8.5: 二分木の節点

```
struct Node {
  int parent, left, right;
};
```


この実装では、次の図のように節点が子を持たない場合はleft あるいはright にNILを設定します。NILには-1 などの節点番号として使用しない値を設定しておきます。これらは番兵としての役割を果たします。

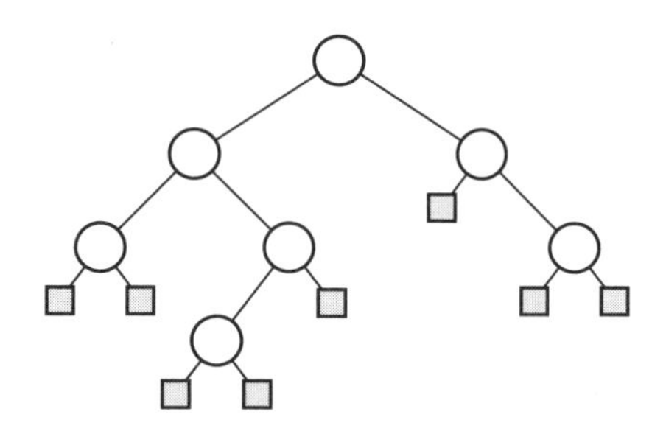

図8.6: 二分木の番兵

節点 u の高さは、次のような再帰的なアルゴリズムで求めることができます。

Program 8.6: 二分木の節点の高さ

```
setHeight(H, u)
  h1 = h2 = 0
  if T[u].right != NIL
    h1 = setHeight(H, T[u].right) + 1
  if T[u].left != NIL
    h2 = setHeight(H, T[u].left) + 1

  return H[u] = max(h1, h2)
```

考察

高さを求めるアルゴリズムでは、各節点の左の子（存在する場合）の高さ+1 と、右の子（存在する場合）の高さ+1 の大きい方をその節点の高さとする処理を再帰的に行っています。各節点を 1 度ずつ訪問するので $O(n)$ のアルゴリズムとなります。

解答例

C++

```
#include<cstdio>
#define MAX 10000
#define NIL -1

struct Node { int parent, left, right; };

Node T[MAX];
int n, D[MAX], H[MAX];

void setDepth(int u, int d) {
  if ( u == NIL ) return;
  D[u] = d;
  setDepth(T[u].left, d + 1);
  setDepth(T[u].right, d + 1);
}

int setHeight(int u) {
  int h1 = 0, h2 = 0;
  if ( T[u].left != NIL )
    h1 = setHeight(T[u].left) + 1;
  if ( T[u].right != NIL )
    h2 = setHeight(T[u].right) + 1;
  return H[u] = ( h1 > h2 ? h1 : h2 );
}

// 節点 u の兄弟を返す
int getSibling(int u) {
  if ( T[u].parent == NIL ) return NIL;
  if ( T[T[u].parent].left != u && T[T[u].parent].left != NIL )
    return T[T[u].parent].left;
  if ( T[T[u].parent].right != u && T[T[u].parent].right != NIL )
    return T[T[u].parent].right;
  return NIL;
```

```
34  }
35
36  void print(int u) {
37    printf("node %d: ", u);
38    printf("parent = %d, ", T[u].parent);
39    printf("sibling = %d, ", getSibling(u));
40    int deg = 0;
41    if ( T[u].left != NIL ) deg++;
42    if ( T[u].right != NIL ) deg++;
43    printf("degree = %d, ", deg);
44    printf("depth = %d, ", D[u]);
45    printf("height = %d, ", H[u]);
46
47    if ( T[u].parent == NIL ) {
48      printf("root\n");
49    } else if ( T[u].left == NIL && T[u].right == NIL ) {
50      printf("leaf\n");
51    } else {
52      printf("internal node\n");
53    }
54  }
55
56  int main() {
57    int v, l, r, root = 0;
58    scanf("%d", &n);
59
60    for ( int i = 0; i < n; i++ ) T[i].parent = NIL;
61
62    for ( int i = 0; i < n; i++ ) {
63      scanf("%d %d %d", &v, &l, &r);
64      T[v].left = l;
65      T[v].right = r;
66      if ( l != NIL ) T[l].parent = v;
67      if ( r != NIL ) T[r].parent = v;
68    }
69
70    for ( int i = 0; i < n; i++ ) if ( T[i].parent == NIL ) root = i;
71
72    setDepth(root, 0);
73    setHeight(root);
74
75    for ( int i = 0; i < n; i++ ) print(i);
76
77    return 0;
78  }
```

8.4 木の巡回

ALDS1_7_C: Tree Walk

制限時間 1sec　　メモリ制限 65536 KB　　正解率 38.33%

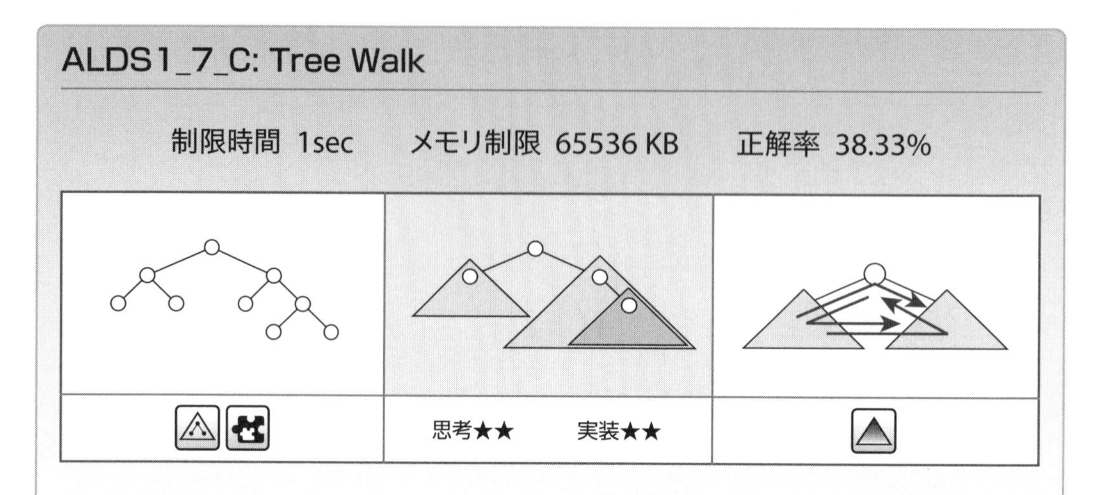

以下に示すアルゴリズムで、与えられた二分木のすべての節点を体系的に訪問するプログラムを作成してください。

1. 根節点、左部分木、右部分木の順で節点の番号を出力する。これを木の先行順巡回 (Preorder Tree Walk) と呼びます。
2. 左部分木、根節点、右部分木の順で節点の番号を出力する。これを木の中間順巡回 (Inorder Tree Walk) と呼びます。
3. 左部分木、右部分木、根節点の順で節点の番号を出力する。これを木の後行順巡回 (Postorder Tree Walk) と呼びます。

与えられる二分木はn個の節点を持ち、それぞれ0から$n-1$の番号が割り当てられているものとします。

入力　入力の最初の行に、節点の個数nが与えられます。続くn行に、各節点の情報が以下の形式で1行に与えられます。

id left right

id は節点の番号、*left* は左の子の番号、*right* は右の子の番号を表します。子を持たない場合は *left* (*right*) は-1で与えられます。

出力　1行目に"Preorder"と出力し、2行目に先行順巡回を行った節点番号を順番に出力してください。

3行目に"Inorder"と出力し、4行目に中間順巡回を行った節点番号を順番に出力してください。

5行目に"Postorder"と出力し、6行目に後行順巡回を行った節点番号を順番に出力してください。

節点番号の前に1つの空白文字を出力してください。

制約 $1 \leq n \leq 25$

入力例

```
9
0 1 4
1 2 3
2 -1 -1
3 -1 -1
4 5 8
5 6 7
6 -1 -1
7 -1 -1
8 -1 -1
```

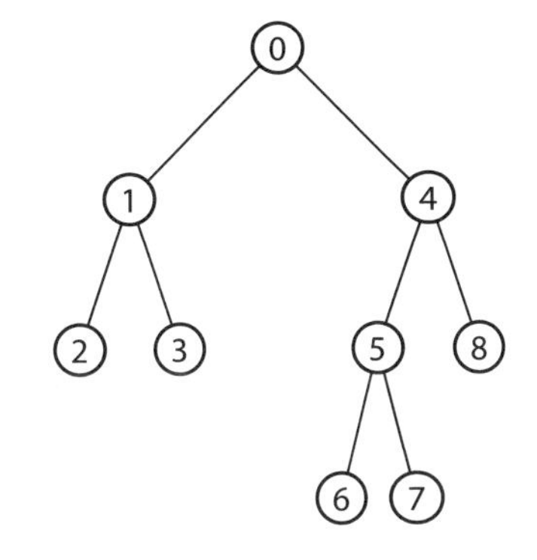

図8.7: 入力例

出力例

```
Preorder
 0 1 2 3 4 5 6 7 8
Inorder
 2 1 3 0 6 5 7 4 8
Postorder
 2 3 1 6 7 5 8 4 0
```

解説

Preorder、Inorder、Postorder の巡回はそれぞれ以下のような再帰的なアルゴリズムになります。

Program 8.7: Preorder 巡回

```
1  preParse(u)
2    if u == NIL
3      return
4    print u
5    preParse(T[u].left)
6    preParse(T[u].right)
```

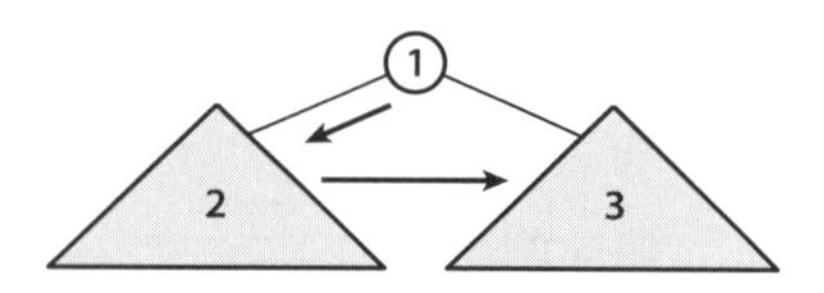

図8.8: Preorder 巡回

Program 8.8: Inorder 巡回

```
1  inParse(u)
2    if u == NIL
3      return
4    inParse(T[u].left)
5    print u
6    inParse(T[u].right)
```

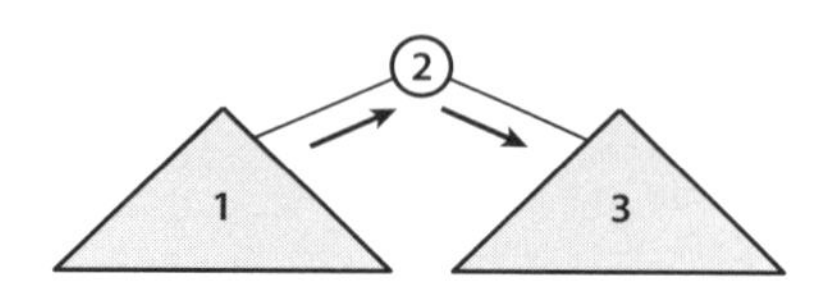

図8.9: Inorder 巡回

Program 8.9: Postorder 巡回

```
1  postParse(u)
2    if u == NIL
3      return
4    postParse(T[u].left)
5    postParse(T[u].right)
6    print u
```

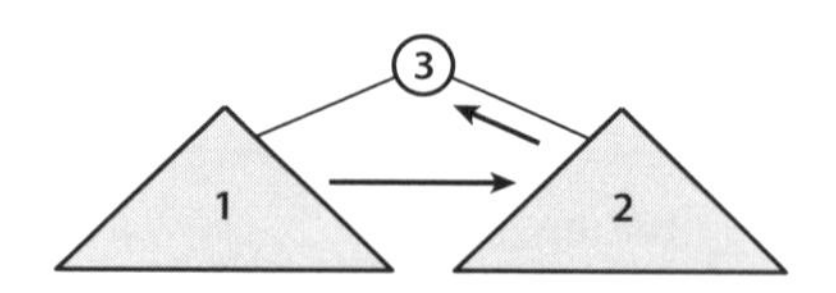

図8.10: Postorder 巡回

例えば、preParse(u)では、*u*を訪問し（ここでは、print uによって節点番号を出力しています）、preParse(T[u].left)で*u*の左部分木を訪問し、それが終了した後にpreParse(T[u].right)で*u*の右部分木を訪問します。*u*がNILの場合はそれ以降たどる節点がないので、関数を終了します。

同様にprint uの位置を変えることによって、異なる訪問アルゴリズムを実装することができます。Inorder 巡回では、左部分木と右部分木を巡回する「間」に、Postorder 巡回では、左部分木と右部分木を巡回した「後」にprint uを実行します。

考察

二分木の巡回は、木の各節点へ１度ずつ訪問するので、$O(n)$ のアルゴリズムとなります。再帰を用いた巡回アルゴリズムの実装では、木の節点の数が膨大で、バランスが悪い場合は、再帰が深くなりすぎる可能性があるので注意が必要です。

解答例

C

```
1  #include<stdio.h>
2  #define MAX 10000
3  #define NIL -1
4  
5  struct Node { int p, l, r; };
6  struct Node T[MAX];
7  int n;
8  
9  /* 先行順巡回*/
10 void preParse(int u) {
11   if ( u == NIL ) return;
12   printf(" %d", u);
13   preParse(T[u].l);
14   preParse(T[u].r);
15 }
16 
17 /* 中間順巡回*/
18 void inParse(int u) {
19   if ( u == NIL ) return;
20   inParse(T[u].l);
21   printf(" %d", u);
22   inParse(T[u].r);
23 }
24 
25 /* 後行順巡回*/
26 void postParse(int u) {
27   if ( u == NIL ) return;
28   postParse(T[u].l);
29   postParse(T[u].r);
30   printf(" %d", u);
31 }
32 
33 int main() {
```

```
34    int i, v, l, r, root;
35  
36    scanf("%d", &n);
37    for ( i = 0; i < n; i++ ) {
38      T[i].p = NIL;
39    }
40  
41    for ( i = 0; i < n; i++ ) {
42      scanf("%d %d %d", &v, &l, &r);
43      T[v].l = l;
44      T[v].r = r;
45      if ( l != NIL ) T[l].p = v;
46      if ( r != NIL ) T[r].p = v;
47    }
48  
49    for ( i = 0; i < n; i++ ) if ( T[i].p == NIL ) root = i;
50  
51    printf("Preorder\n");
52    preParse(root);
53    printf("\n");
54    printf("Inorder\n");
55    inParse(root);
56    printf("\n");
57    printf("Postorder\n");
58    postParse(root);
59    printf("\n");
60  
61    return 0;
62  }
```

8.5 木巡回の応用：木の復元

※この問題はやや難しいチャレンジ問題です。難しいと感じたら今は飛ばして、実力を付けてから挑戦してみましょう。

ALDS1_7_D: Reconstruction of the Tree

制限時間 1sec メモリ 制限 65536 KB 正解率 41.38%

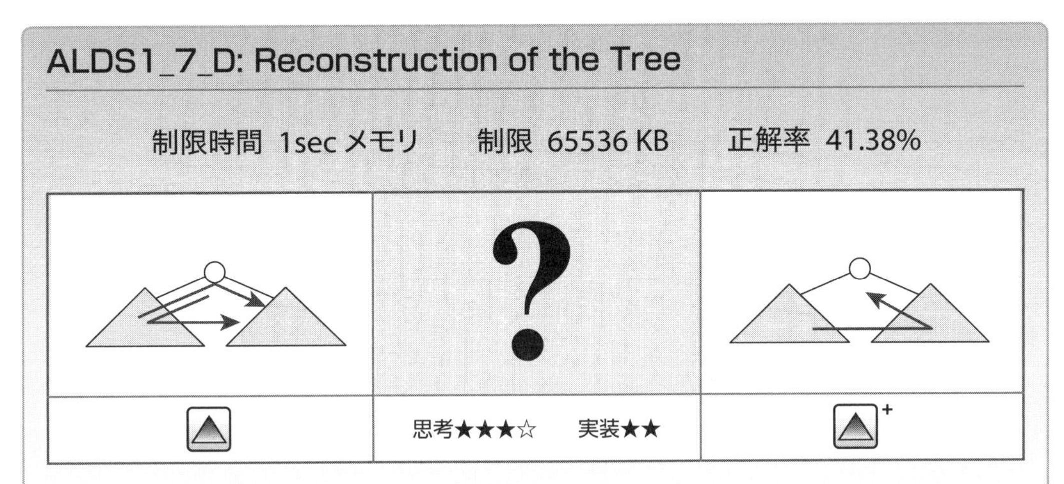

ある二分木に対して、それぞれ先行順巡回と中間順巡回を行って得られる節点の列が与えられるので、その二分木の後行順巡回で得られる節点の列を出力するプログラムを作成してください。

入力 1行目に二分木の節点の数nが与えられます。
2行目に先行順巡回で得られる節点の番号の列が空白区切りで与えられます。
3行目に中間順巡回で得られる節点の番号の列が空白区切りで与えられます。

節点には1からnまでの整数が割り当てられています。1が根とは限らないことに注意してください。

出力 後行順巡回で得られる節点の番号の列を1行に出力してください。節点の番号の間に1つの空白を入れてください。

制約 $1 \le$ 節点の数 ≤ 100

入力例

```
5
1 2 3 4 5
3 2 4 1 5
```

出力例

```
3 4 2 5 1
```

解説

Preorder は根→左部分木→右部分木、Inorder は左部分木→根→右部分木の順に再帰的に巡回します。例えば、Preorder の入力 *pre* = {1, 2, 3, 4, 5, 6, 7, 8, 9}、Inorder の入力 *in* = {3, 2, 5, 4, 6, 1, 8, 7, 9} からは次のような二分木が生成されます。

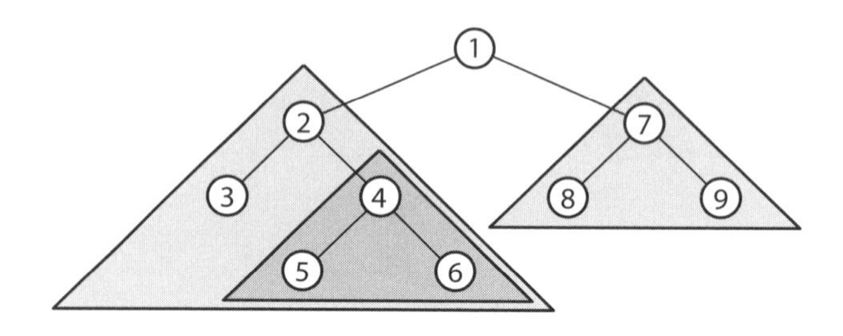

図 8.11: 木の復元

まず、Preorder 巡回の順番で節点を 1 つずつ訪問していきます。この過程で、訪問中の節点を根 *c* とした左部分木と右部分木ができますが、それぞれの部分木内の Inorder 巡回による順序は入力された *in* で知ることができます。

つまり、Preorder 巡回の *c* の位置を *in* から探し、その位置を *m* とすると、*m* より左側にある部分木と右側にある部分木はそれぞれ再帰的に復元することができます。

例えば、1 を根とする木は 3 2 5 4 6 [1] 8 7 9 のように *in* から 1 を探すことにより 3 2 5 4 6 と 8 7 9 の左右 2 つの部分木に分けられます。さらに 3 2 5 4 6 については、Preorder 巡回の次の節点である 2 が根となり (3 [2] 5 4 6)、3 と 5 4 6 の 2 つの部分木ができます。

この再帰的なアルゴリズムは、Preorder で訪問中の部分木の範囲を *in* のインデックスである *l* と *r* (*r* を含めない) で表すと、次のようなアルゴリズムになります。

Program 8.10: 二分木の復元

```
1  reconstruction(l, r)
2    if l >= r
3      return
4    c = next(pre) // Preorder での次の節点
5    m = in.find(c) // Inorder における c の位置
6
```

```
7    reconstruction(l, m) // 左部分木を復元
8    reconstruction(m + 1, r) // 右部分木を復元
9
10   print c // Postorder で c を出力
```

考察

このアルゴリズムは、再帰の各階層において $O(n)$ の線形探索を行うので、最悪の場合 $O(n^2)$ のアルゴリズムとなります。

解答例

C++

```
1  #include<iostream>
2  #include<string>
3  #include<algorithm>
4  #include<vector>
5  using namespace std;
6
7  int n, pos;
8  vector<int> pre, in, post;
9
10 void rec(int l, int r) {
11   if ( l >= r ) return;
12   int root = pre[pos++];
13   int m = distance(in.begin(), find(in.begin(), in.end(), root));
14   rec(l, m);
15   rec(m + 1, r);
16   post.push_back(root);
17 }
18
19 void solve() {
20   pos = 0;
21   rec(0, pre.size());
22   for ( int i = 0; i < n; i++ ) {
23     if ( i ) cout << " ";
24     cout << post[i];
25   }
26   cout << endl;
27 }
28
29 int main() {
```

```
30     int k;
31     cin >> n;
32 
33     for ( int i = 0; i < n; i++ ) {
34       cin >> k;
35       pre.push_back(k);
36     }
37 
38     for ( int i = 0; i < n; i++ ) {
39       cin >> k;
40       in.push_back(k);
41     }
42 
43     solve();
44 
45     return 0;
46   }
```

9章

二分探索木

実行時に必要なメモリ領域を確保し、動的な集合を取り扱うデータ構造として、データの追加・削除・探索を行うことができる連結リストがあります。しかし、連結リストの要素を探索するには $O(n)$ の計算量を必要とします。動的な木構造を用いれば、データの追加・削除・探索をより効率的に行うことができます。

この章では、動的集合を扱う二分探索木に関する問題を解いていきます。

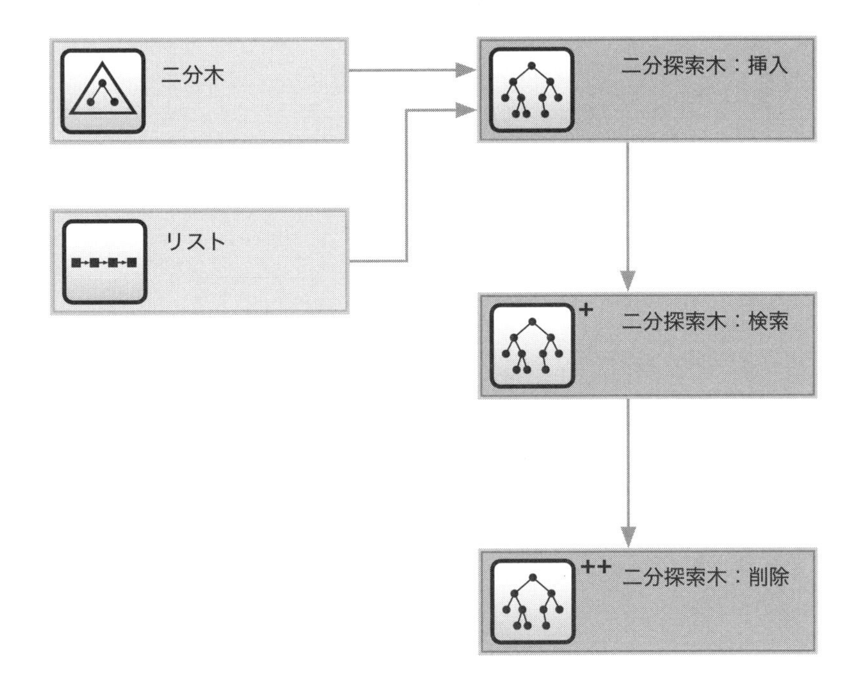

この章の問題を解くためには、木構造及び二分木の知識と連結リストを実装するためのプログラミングスキルが必要です。

9.1 二分探索木：問題にチャレンジする前に

探索木は、挿入、検索、削除などの操作が行えるデータ構造で、辞書あるいは優先度付きキュー[1]として用いることができます。探索木の中でも最も基本的なものが二分探索木です。

二分探索木は、各節点にキーを持ち、次に示す二分探索木条件(Binary search tree property) を常に満たすように構築されます：

- xを二分探索木に属するある節点とする。yをxの左部分木に属する節点とすると、yのキー $\leq x$のキーである。また、z をx の右部分木に属する節点とすると、x のキー $\leq z$のキーである。

次の図は二分探索木の例です。

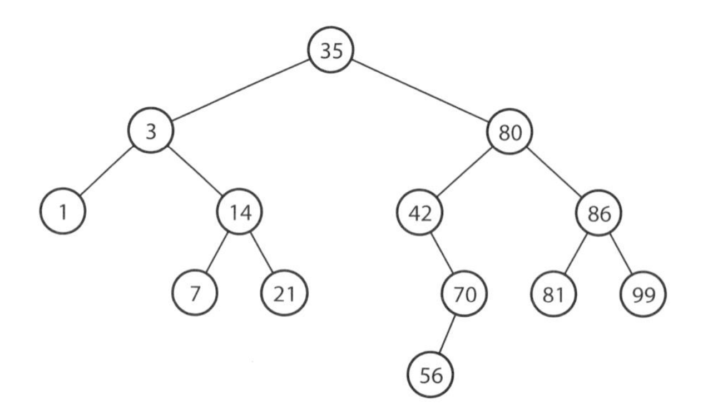

図9.1: 二分探索木

例えば、キーが80の節点の左部分木に属する節点のキーは80以下であり、右部分木に属する節点のキーは80以上になっています。二分探索木に中間順巡回を行うと、昇順に並べられたキーの列を得ることができます。

二分探索木は、データの挿入や削除が行われても常にこのような条件が全ての節点で成り立つように実装しなければなりません。リストと同様に、節点をポインタで連結することで木を表し、各節点には値（キー）に加えその親、左の子、右の子へのポインタを持たせます。

1　10章で優先度付きキューに関する問題を解きます。

9.2 二分探索木：挿入

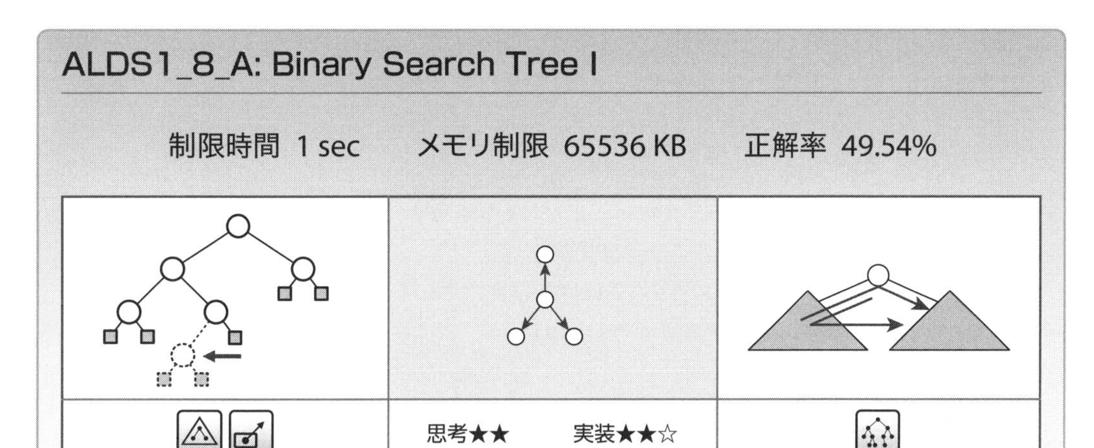

ALDS1_8_A: Binary Search Tree I
制限時間 1 sec
メモリ制限 65536 KB
正解率 49.54%
思考★★
実装★★☆

二分探索木 *T* に新たに値 *v* を挿入するには以下の疑似コードに示すinsertを実行します。insertは、キーが*v*、左の子が*NIL*、右の子が*NIL*であるような点*z*を受け取り、*T*の正しい位置に挿入します。

```
1  insert(T, z)
2      y = NIL // x の親
3      x = 'T の根'
4      while x != NIL
5          y = x // 親を設定
6          if z.key < x.key
7              x = x.left // 左の子へ移動
8          else
9              x = x.right // 右の子へ移動
10     z.p = y
11
12     if y == NIL // T が空の場合
13         'T の根' = z
14     else if z.key < y.key
15         y.left = z // z を y の左の子にする
16     else
17         y.right = z // z を y の右の子にする
```

二分探索木 *T* に対し、以下の命令を実行するプログラムを作成してください。

- insert *k*: *T* にキー *k* を挿入する。
- print: キーを木の中間順巡回と先行順巡回アルゴリズムで出力する。

挿入は上記疑似コードのアルゴリズムに従ってください。

入力 入力の最初の行に、命令の数 m が与えられます。続く m 行に、`insert k` または `print` の形式で各命令が1行に与えられます。

出力 print 命令ごとに、中間順巡回アルゴリズム、先行順巡回アルゴリズムによって得られるキーの列をそれぞれ1行に出力してください。各キーの前に1つの空白を出力してください。

制約 命令の数は500,000を超えない。また、print 命令の数は10を超えない。
$-2{,}000{,}000{,}000 \leq k \leq 2{,}000{,}000{,}000$
上記の疑似コードのアルゴリズムに従う場合、木の高さは100を超えない。
二分探索木中のキーに重複は発生しない。

入力例

```
8
insert 30
insert 88
insert 12
insert 1
insert 20
insert 17
insert 25
print
```

出力例

```
 1 12 17 20 25 30 88
 30 12 1 20 17 25 88
```

解説

二分探索木は、例えばC++ 言語では、次のような構造体で定義された節点をポインタで繋げることによって実装することができます。

Program 9.1: 二分探索木の節点

```
struct Node {
  int key;
  Node *parent, *left, *right;
};
```

構造体`Node`は、キー`key`に加え、親へのポインタ`*parent`、左の子へのポインタ`*left`、右の子へのポインタ`*right`を持ちます。

insert 操作では、二分探索木条件を保つように与えられたデータを正しい位置に挿入する必要があります。例えば、空の木にキーが{30, 88, 12, 1, 20, 17, 25} の節点をこの順番で挿入すると、次のように二分探索木が生成されていきます。

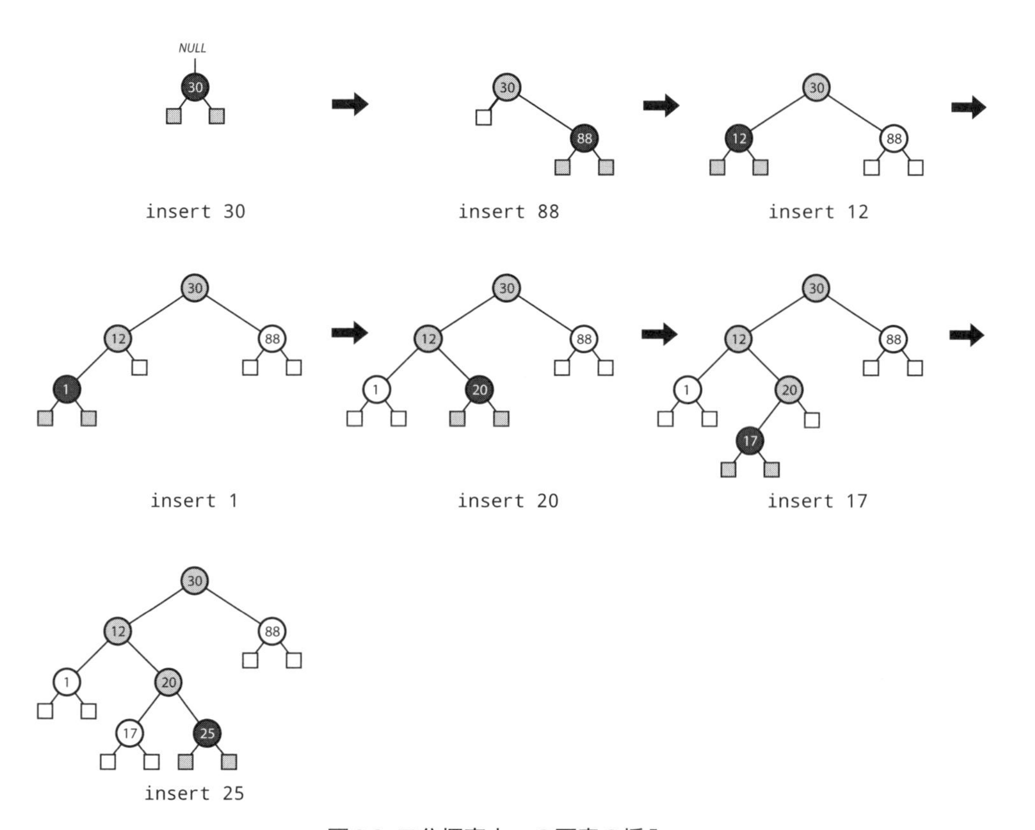

図9.2: 二分探索木への要素の挿入

insertは節点zを挿入する位置を根を始点として探していきます。zのキーが現在の節点xのキーより小さい場合xの左の子、そうでなければxの右の子を次の節点xとして、木の葉に向かって挿入する位置を探します。この過程でzの親の候補として１つ前の節点yを保持しておきます。xがNILにたどり着いたとき終了し、そのときのyがzの親となります。

yが初期値のままのNILであれば、挿入前の二分木は空なので、zを根とします。挿入前の木が空でない場合は、挿入した節点zがその親の左の子なのか右の子なのかを設定します。

考察

二分探索木への挿入操作の計算量は、木の高さをhとすると$O(h)$ となります。つまり、節点の個数をnとすると、入力に偏りがなければ$O(\log n)$ になります。一般的には、挿入されるキーとそれらの順番によっては木の高さが高くなる可能性があり、最悪の場合は節点の数n に近づき計算量が$O(n)$ となってしまいます。この問題を解決し、バランスのよい二分探索木を保つ必要がありますが、本書では簡易的な実装方法を紹介します。

解答例

C++

```
1  #include<cstdio>
2  #include<cstdlib>
3  #include<string>
4  #include<iostream>
5  using namespace std;
6
7  struct Node {
8    int key;
9    Node *right, *left, *parent;
10 };
11
12 Node *root, *NIL;
13
14 void insert(int k) {
15   Node *y = NIL;
16   Node *x = root;
17   Node *z;
18
19   z = (Node *)malloc(sizeof(Node));
20   z->key = k;
21   z->left = NIL;
22   z->right = NIL;
23
24   while ( x != NIL ) {
25     y = x;
26     if ( z->key < x->key ) {
27       x = x->left;
28     } else {
29       x = x->right;
30     }
31   }
32
```

```
33    z->parent = y;
34    if ( y == NIL ){
35      root = z;
36    } else {
37      if ( z->key < y->key ) {
38        y->left = z;
39      } else {
40        y->right = z;
41      }
42    }
43  }
44
45  void inorder(Node *u) {
46    if ( u == NIL ) return;
47    inorder(u->left);
48    printf(" %d", u->key);
49    inorder(u->right);
50  }
51  void preorder(Node *u) {
52    if ( u == NIL ) return;
53    printf(" %d", u->key);
54    preorder(u->left);
55    preorder(u->right);
56  }
57
58  int main() {
59    int n, i, x;
60    string com;
61
62    scanf("%d", &n);
63
64    for ( i = 0; i < n; i++ ) {
65      cin >> com;
66      if ( com == "insert" ) {
67        scanf("%d", &x);
68        insert(x);
69      } else if ( com == "print" ) {
70        inorder(root);
71        printf("\n");
72        preorder(root);
73        printf("\n");
74      }
75    }
76
77    return 0;
78  }
```

9.3 二分探索木：探索

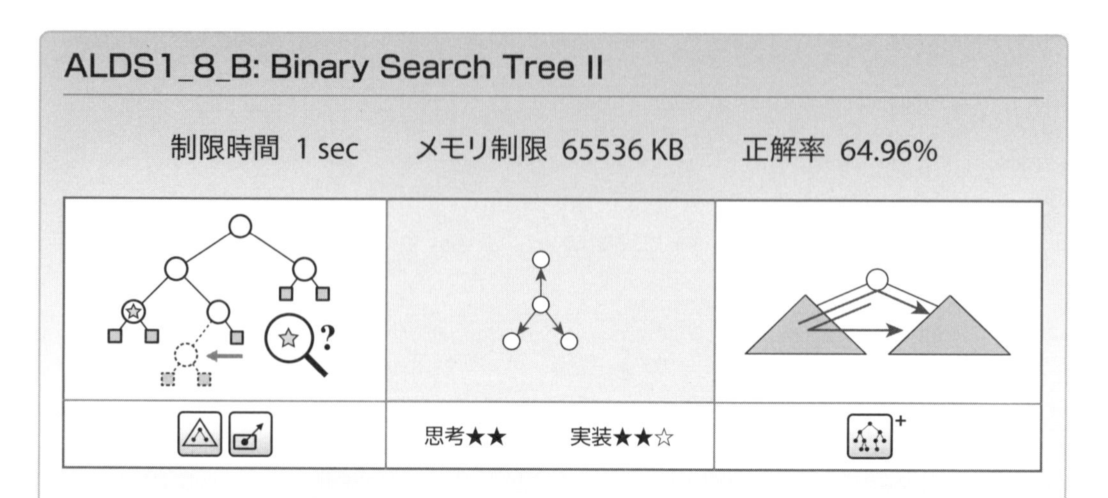

A: Binary Search Tree I に、find 命令を追加し、二分探索木 T に対し、以下の命令を実行するプログラムを作成してください。

- insert k: T にキー k を挿入する。
- find k: T にキー k が存在するか否かを報告する。
- print: キーを木の中間順巡回と先行順巡回アルゴリズムで出力する。

入力　入力の最初の行に、命令の数 m が与えられます。続く m 行に、`insert k`、`find k` または `print` の形式で命令が1行に与えられます。

出力　`find k` 命令ごとに、T に k が含まれる場合 `yes` と、含まれない場合 `no` と1行に出力してください。

さらに `print` 命令ごとに、中間順巡回アルゴリズム、先行順巡回アルゴリズムによって得られるキーの列をそれぞれ1行に出力してください。各キーの前に1つの空白を出力してください。

制約　命令の数は 500,000 を超えない。また、print 命令の数は 10 を超えない。
$-2{,}000{,}000{,}000 \le k \le 2{,}000{,}000{,}000$
上記の疑似コードのアルゴリズムに従う場合、木の高さは 100 を超えない。
二分探索木中のキーに重複は発生しない。

入力例

```
10
insert 30
insert 88
insert 12
insert 1
insert 20
find 12
insert 17
insert 25
find 16
print
```

出力例

```
yes
no
 1 12 17 20 25 30 88
 30 12 1 20 17 25 88
```


解説

二分探索木から与えられたキーkを持つ節点xを探すfind操作は次のようなアルゴリズムになります。

Program 9.2: 二分探索木の探索

```
1 find(x, k)
2   while x != NIL and k != x.key
3     if k < x.key
4       x = x.left
5     else
6       x = x.right
7   return x
```

根を起点としてfindを呼び出し、根から葉に向かって節点を探します。現在調べている節点xのキーよりも、与えられたキーが小さい場合は左の子、それ以外の場合は右の子へ移動し探索を続けます。キーが存在しない場合はNILが返ります。

考察

find操作もinsertと同様に木の高さをhとすると、$O(h)$のアルゴリズムとなります。

解答例

C++

```
#include<stdio.h>
#include<stdlib.h>
#include<string>
#include<iostream>
using namespace std;

struct Node {
  int key;
  Node *right, *left, *parent;
};

Node *root, *NIL;

Node * find(Node *u, int k) {
  while ( u != NIL && k != u->key ) {
    if ( k < u->key ) u = u->left;
    else u = u->right;
  }
  return u;
}

void insert(int k) {
// ALDS1_8_A 解答例を参照してください。
}

void inorder(Node *u) {
// ALDS1_8_A 解答例を参照してください。
}
void preorder(Node *u) {
// ALDS1_8_A 解答例を参照してください。
}

int main() {
  int n, i, x;
  string com;

  scanf("%d", &n);

  for ( i = 0; i < n; i++ ) {
    cin >> com;
    if ( com[0] == 'f' ) {
      scanf("%d", &x);
      Node *t = find(root, x);
      if ( t != NIL ) printf("yes\n");
      else printf("no\n");
    } else if ( com == "insert" ) {
      scanf("%d", &x);
      insert(x);
    } else if ( com == "print" ) {
      inorder(root);
      printf("\n");
      preorder(root);
      printf("\n");
    }
  }

  return 0;
}
```

9.4 二分探索木：削除

ALDS1_8_C: Binary Search Tree III

制限時間 1 sec　　メモリ制限 65536 KB　　正解率 49.76%

思考★★★☆　　実装★★★☆

B: Binary Search Tree II に、delete 命令を追加し、二分探索木 T に対し、以下の命令を実行するプログラムを作成してください。

- insert k: T にキー k を挿入する。
- find k: T にキー k が存在するか否かを報告する。
- delete k: キー k を持つ節点を削除する。
- print: キーを木の中間順巡回と先行順巡回アルゴリズムで出力する。

二分探索木 T から与えられたキー k を持つ節点 z を削除する delete k は以下の３つの場合を検討したアルゴリズムに従い、二分探索木条件を保ちつつ親子のリンク（ポインタ）を更新します：

1. z が子を持たない場合、z の親 p の子（つまり z）を削除する。
2. z がちょうど１つの子を持つ場合、z の親の子を z の子に変更、z の子の親を z の親に変更し、z を木から削除する。
3. z が子を２つ持つ場合、z の次節点 y のキーを z のキーへコピーし、y を削除する。y の削除では 1. または 2. を適用する。ここで、z の次節点とは、中間順巡回で z の次に得られる節点である。

入力　入力の最初の行に、命令の数 m が与えられます。続く m 行目に、`insert k`、`find k`、`delete k` または `print` の形式で命令が１行に与えられます。

出力 find k 命令ごとに、T に k が含まれる場合yes と、含まれない場合no と1行に出力してください。

さらにprint 命令ごとに、中間順巡回アルゴリズム、先行順巡回アルゴリズムによって得られるキーの列をそれぞれ1行に出力してください。各キーの前に1つの空白を出力してください。

制約 命令の数は500,000 を超えない。また、print 命令の数は10 を超えない。
$-2{,}000{,}000{,}000 \le k \le 2{,}000{,}000{,}000$
上記の疑似コードのアルゴリズムに従う場合、木の高さは100 を超えない。
二分探索木中のキーに重複は発生しない。

入力例

```
18
insert 8
insert 2
insert 3
insert 7
insert 22
insert 1
find 1
find 2
find 3
find 4
find 5
find 6
find 7
find 8
print
delete 3
delete 7
print
```

出力例

```
yes
yes
yes
no
no
no
yes
yes
 1 2 3 7 8 22
 8 2 1 3 7 22
 1 2 8 22
 8 2 1 22
```

解説

二分探索木Tから節点zを削除するdeleteNodeは次のようなアルゴリズムになります。

Program 9.3: 二分探索木のノードの削除

```
1  deleteNode(T, z)
2    // 削除する対象を節点 y とする
3    if z.left == NIL || z.right == NIL
4      y = z                // z が子を持たないか、子を1つ持つ場合は入力節点の z
5    else
6      y = getSuccessor(z) // z が子を2つ持つ場合は z の次節点
7
8    // y の子 x を決める
9    if y.left != NIL
10     x = y.left           // y に左の子があれば、x は y の左の子
11   else
12     x = y.right          // y に左の子がなければ、x は y の右の子
13
14   if x != NIL
15     x.parent = y.parent // x の親を設定する
16
17   if y.parent == NIL
18     'root of T' = x      // y が根のとき、x を木の根とする
19   else if y == y.parent.left
20     y.parent.left = x    // y がその親 p の左の子なら、p の左の子を x とする
21   else
22     y.parent.right = x   // y がその親 p の右の子なら、p の右の子を x とする
23
24   if y != z              // z の次節点が削除された場合
25     z.key = y.key        // y のデータを z にコピーする
```

このアルゴリズムは、削除する節点をzとして引数で受け取りますが、次の図のように場合分けをし、まずは削除する節点の候補yを決めます。

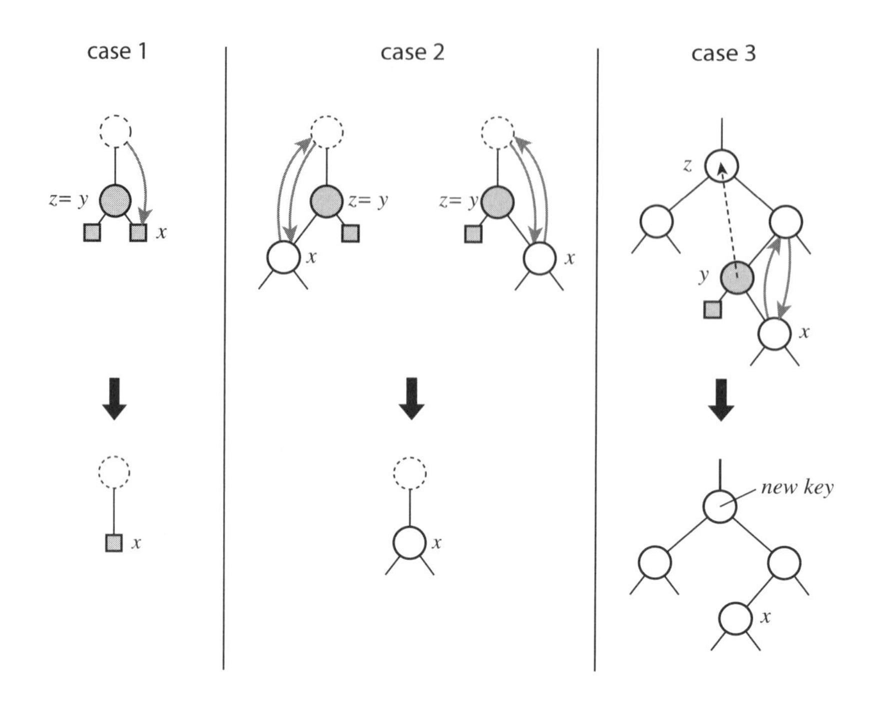

図 9.3: 二分探索木からの要素の削除

z が子を持たない場合 (case 1)、ただ一つの子を持つ場合 (case 2) は、*y* を *z* そのものにします。

一方、*z* が２つの子を持つ場合 (case 3) は *y* を *z* の次節点とします。ここで、*z* の次節点とは、二分探索木における中間順巡回で *z* の次に訪問される節点です。

次に、削除する節点 *y* の１つの子 *x* を決めます。case 1 の場合は右の子 (NIL)、case 2 の場合は *z* の子（左の子または右の子いずれか）、case 3 の場合は *z* の次節点の右の子（次節点に左の子は存在しない）になります。

次に、*y* の親子のポインタを繋ぎ変えて *y* を削除します。まず、*x* の親が *y* の親になるようにポインタを繋ぎ変えます。

次に *y* の親の子が *x* になるようにポインタを繋ぎ変えます。ここでは、*y* が根なのか、*y* が（*y* の親の）左の子なのか右の子なのかを調べ、ポインタを繋ぎ変えます。

最後に、case 3 の場合の処理として *z* のキーに *y* のキーを設定します。

*x*の次節点を求める`getSuccessor(x)`は次のようなアルゴリズムになります。

Program 9.4: 次節点の探索

```
getSuccessor(x)
  if x.right != NIL
    return getMinimum(x.right)

  y = x.parent
  while y != NIL && x == y.right
    x = y
    y = y.parent
  return y
```

まず、*x*に右の子が存在する場合は、右部分木でキーが最も小さい節点が x の次節点となるので`getMinimum(x.right)`を返します。右の子が存在しない場合は、親をたどっていき、最初に「左の子になっているような節点の親」が次節点となります。二分探索木の節点*x*に次節点が存在しない場合（木の中で*x*が最大のキーを持つ場合）はNILを返します。

次のように、`getMinimum(x)`は節点*x*を根とする部分木の中で最小のキーを持つ節点を返します。

Program 9.5: 二分探索木の最小値

```
getMinimum(x)
  while x.left != NIL
    x = x.left
  return x
```

考察

ここで示した二分探索木からの要素の削除は、木の高さをhとすると、まず与えられたキーを持つノードを探索するために$O(h)$、次節点を求めるためにも$O(h)$の計算を必要とするため、$O(h)$のアルゴリズムとなります。

一般的に、挿入、探索、削除を行うことができる二分探索木は、それらの計算量が$O(\log n)$となるように実装されます（nは節点の数）。そのためには、常に木の高さをできるだけ低く維持する必要があります。このようなバランスのとれた木を、平衡二分探索木と呼びます。

解答例

C++

```
#include<stdio.h>
#include<stdlib.h>
#include<string>
#include<iostream>
using namespace std;

struct Node {
  int key;
  Node *right, *left, *parent;
};

Node *root, *NIL;

Node * treeMinimum(Node *x) {
  while( x->left != NIL ) x = x->left;
  return x;
}

Node * find(Node *u, int k) {
  while( u != NIL && k != u->key ) {
    if ( k < u->key ) u = u->left;
    else u = u->right;
  }
  return u;
}

Node * treeSuccessor(Node *x) {
  if ( x->right != NIL ) return treeMinimum(x->right);
  Node *y = x->parent;
  while( y != NIL && x == y->right ) {
    x = y;
    y = y->parent;
  }
  return y;
}

void treeDelete(Node *z) {
  Node *y; // 削除する対象
  Node *x; // y の子

  // 削除する節点を決める
  if ( z->left == NIL || z->right == NIL ) y = z;
  else y = treeSuccessor(z);

```

C++

```
46    // y の子 x を決める
47    if ( y->left != NIL ) {
48      x = y->left;
49    } else {
50      x = y->right;
51    }
52
53    if ( x != NIL ) {
54      x->parent = y->parent;
55    }
56
57    if ( y->parent == NIL ) {
58      root = x;
59    } else {
60      if ( y == y->parent->left) {
61        y->parent->left = x;
62      } else {
63        y->parent->right = x;
64      }
65    }
66
67    if ( y != z ) {
68      z->key = y->key;
69    }
70
71    free(y);
72  }
73
74  void insert(int k) {
75    // ALDS1_8_A 解答例を参照してください。
76  }
77
78  void inorder(Node *u) {
79    // ALDS1_8_A 解答例を参照してください。
80  }
81  void preorder(Node *u) {
82    // ALDS1_8_A 解答例を参照してください。
83  }
84
85  int main() {
86    int n, i, x;
87    string com;
88
89    scanf("%d", &n);
90
91    for ( i = 0; i < n; i++ ) {
92      cin >> com;
93      if ( com[0] == 'f' ) {
94        scanf("%d", &x);
95        Node *t = find(root, x);
96        if ( t != NIL ) printf("yes\n");
97        else printf("no\n");
98      } else if ( com == "insert" ) {
99        scanf("%d", &x);
100       insert(x);
101     } else if ( com == "print" ) {
102       inorder(root);
103       printf("\n");
104       preorder(root);
105       printf("\n");
106     } else if ( com == "delete") {
107       scanf("%d", &x);
108       treeDelete(find(root, x));
109     }
110   }
111
112   return 0;
113 }
```

9.5 標準ライブラリによる集合の管理

要素の集合を管理するSTLのコンテナは大きく2種類に分けられます。シーケンスコンテナと呼ばれる順序付きのコレクションと、連想コンテナと呼ばれるソートされたコレクションです。

シーケンスコンテナでは、追加される要素はその値に関係なく特定の位置に配置され、その位置は挿入した時間と場所に依存します。すでに紹介したvectorやlistが代表的なシーケンスコンテナです。

一方、連想コンテナでは、追加される要素の位置は何らかのソート基準に従って決められます。STLでは、set、map、multiset、multimapを提供しています。ここでは、setとmapの使い方を紹介します。

連想コンテナでは要素が自動的にソートされて集合が管理されます。シーケンスコンテナもソートを行うことができますが、連想コンテナの特長は、常に二分探索が行えることであり、要素の探索を高速に行うことができます。

9.5.1 set

set は、要素が値によってソートされている集合で、挿入された要素は集合の中にただ1つ存在し、要素の重複がありません。

次のProgram 9.6は、setに値を挿入し、要素を出力するプログラムです。連想コンテナもシーケンスコンテナ同様に、イテレータで各要素に順番にアクセスすることができます。

Program 9.6: set の使用例

```
1  #include<iostream>
2  #include<set>
3  using namespace std;
4  
5  void print(set<int> S) {
6    cout << S.size() << ":";
7    for ( set<int>::iterator it = S.begin(); it != S.end(); it++ ) {
```

```
8      cout << " " << (*it);
9    }
10   cout << endl;
11 }
12
13 int main() {
14   set<int> S;
15
16   S.insert(8);
17   S.insert(1);
18   S.insert(7);
19   S.insert(4);
20   S.insert(8);
21   S.insert(4);
22
23   print(S); // 4: 1 4 7 8
24
25   S.erase(7);
26
27   print(S); // 3: 1 4 8
28
29   S.insert(2);
30
31   print(S); // 4: 1 2 4 8
32
33   if ( S.find(10) == S.end() ) cout << "not found." << endl;
34
35   return 0;
36 }
```


OUTPUT

```
4: 1 4 7 8
3: 1 4 8
4: 1 2 4 8
not found.
```

#include<set> によって STL の set のコードが取り込まれます。

set<int> S; の宣言文により、int 型の要素を管理する集合が生成されます。この set に対して、様々な操作・問い合わせを行うことができます。例えば、set には以下のようなメンバ関数が定義されています。

関数名	機能	計算量
size()	セットの中の要素数を返します。	$O(1)$
clear()	セットの中を空にします。	$O(n)$
begin()	セットの先頭を指すイテレータを返します。	$O(1)$
end()	セットの末尾を指すイテレータを返します。	$O(1)$
insert(key)	セットに要素 key を挿入します。	$O(\log n)$
erase(key)	key を持つ要素を削除します。	$O(\log n)$
find(key)	key に一致する要素を探索し、その要素へのイテレータを返します。 key に一致する要素が無ければ末尾 end() を返します。	$O(\log n)$

表 9.1: set のメンバ関数の例

set は二分探索木で実装されていますが、バランスのよい木を保つための平衡処理がきちんと行われているため、常に $O(\log n)$ でデータの探索、挿入、削除を行うことができます。

9.5.2 map

map はキーと値の組を要素とする集合で、各要素は 1 つのキーと 1 つの値を持ち、キーをソートの基準とします。集合の中で各キーは必ずひとつだけ存在し、重複はありません。map は任意の型の添え字を使用することができる連想配列として使用することができます。例えば、文字列から文字列を引くような辞書の機能を実装するために用いることができます。

次の Program 9.7 は、map に値を挿入し、要素を出力するプログラムです。

Program 9.7: map の使用例

```
1  #include<iostream>
2  #include<map>
3  #include<string>
4  using namespace std;
```

```
5
6   void print(map<string, int> T) {
7     map<string, int>::iterator it;
8     cout << T.size() << endl;
9     for ( it = T.begin(); it != T.end(); it++ ) {
10      pair<string, int> item = *it;
11      cout << item.first << " --> " << item.second << endl;
12    }
13  }
14
15  int main() {
16    map<string, int> T;
17
18    T["red"] = 32;
19    T["blue"] = 688;
20    T["yellow"] = 122;
21
22    T["blue"] += 312;
23
24    print(T);
25
26    T.insert(make_pair("zebra", 101010));
27    T.insert(make_pair("white", 0));
28    T.erase("yellow");
29
30    print(T);
31
32    pair<string, int> target = *T.find("red");
33    cout << target.first << " --> " << target.second << endl;
34
35    return 0;
36  }
```

OUTPUT

```
3
blue --> 1000
red --> 32
yellow --> 122
4
blue --> 1000
red --> 32
white --> 0
zebra --> 101010
red --> 32
```

`#include<map>` によってSTLのmapのコードが取り込まれます。

`map<string, int> T;` の宣言文により、stringをキーとしてint型の要素を管理する連想配列が生成されます。ここでは< >の中にキーと値の型の組み（ペア）を指定します。

mapのコンテナでは、[ ] 演算子にキーを指定し、対応する値にアクセス（読み書き）することができます。また、イテレータを用いて各キーと値のペアに順番にアクセスすることができます。ここで、pairはSTLで提供されている構造体テンプレートで、1つ目の要素はfirst、2つ目の要素はsecondでアクセスすることができます。

例えば、mapには以下のようなメンバ関数が定義されています。

関数名	機能	計算量
`size()`	マップの中の要素数を返します。	$O(1)$
`clear()`	マップの中を空にします。	$O(n)$
`begin()`	マップの先頭を指すイテレータを返します。	$O(1)$
`end()`	マップの末尾を指すイテレータを返します。	$O(1)$
`insert( (key, val) )`	マップに要素(key, val)を挿入します。	$O(\log n)$
`erase(key)`	keyを持つ要素を削除します。	$O(\log n)$
`find(key)`	keyに一致する要素を探索し、その要素へのイテレータを返します。 keyに一致する要素が無ければ末尾end()を返します。	$O(\log n)$

表9.2: mapのメンバ関数の例

mapもsetと同様に平衡な二分探索木で実装されているため、要素の挿入、削除、検索、そして[ ]演算の計算量はいずれも$O(\log n)$となります。

演習問題をSTLを用いて解いてみましょう。ALDS1_4_C: Dictionaryは、STLのmapを用いて次のように実装することができます。

```
#include<iostream>
#include<cstdio>
#include<string>
#include<map>
using namespace std;

int main() {
  int n;
  char str[10], com[13];
  map<string, bool> T;  // 標準ライブラリからmap を使用

  cin >> n;
  for ( int i = 0; i < n; i++ ) {
    scanf("%s%s", com, str);
    if ( com[0] == 'i' ) T[string(str)] = true;
    else {
      if ( T[string(str)] ) printf("yes\n");
      else printf("no\n");
    }
  }

  return 0;
}
```

10章

ヒープ

データ構造には、データを「追加する」、「取り出す」などの操作と、取り出すときのルール（規則）がありました。例えば、キューはデータの中で最初に追加されたもの（一番長い時間滞在したもの）を優先的に取り出す規則に基づいていました。

一方、データの到着順ではなく、データがもつあるキーを基準にして優先度が高いものから取り出す優先度付きキューは、高等的なアルゴリズムの実装において重要な役割を果たします。

優先度付きキューは、二分探索木を応用して実現することができますが、バランスの良い木を保ちつつ効率的な操作を行うには工夫が必要で、その実装は簡単ではありません。一方、二分ヒープと呼ばれるデータ構造を用いれば比較的簡単に優先度付きキューを実装することができます。

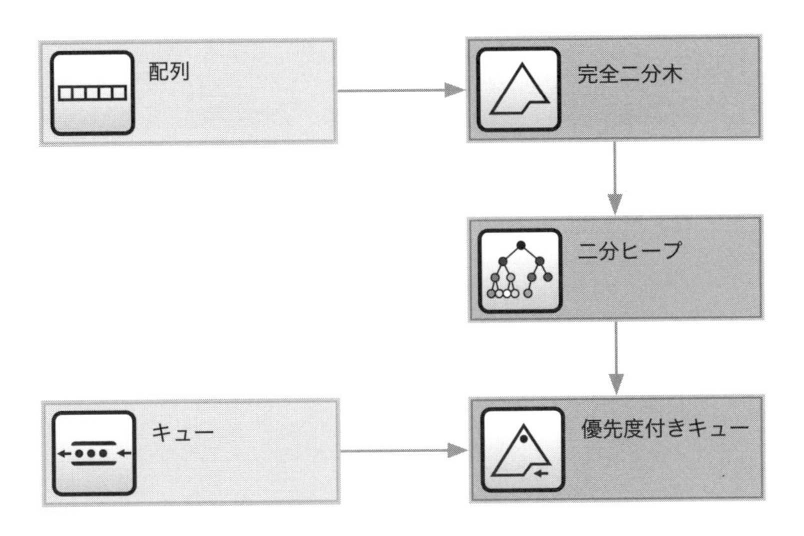

この章の問題を解くためには、配列や繰り返し処理などの基礎的なプログラミングスキルに加え、キューなどの初等的データ構造の知識が必要です。

10.1 ヒープ: 問題にチャレンジする前に

完全二分木

次の図(a) のように、すべての葉が同じ深さを持ち、すべての内部節点の子の数が2 であるような二分木を完全二分木(Complete Binary Tree) と呼びます。また、図(b) のように、二分木の葉の深さの差が最大でも 1 で、最下位レベルの葉が左から順に埋まっているような木も（おおよそ）完全二分木と呼びます。

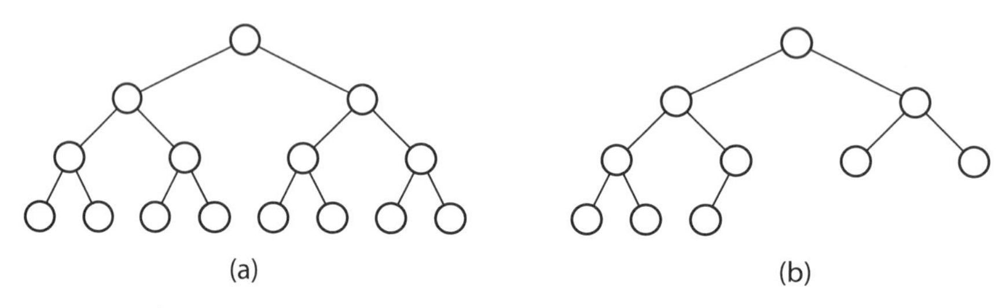

図10.1: 完全二分木

完全二分木では、節点の数を n とすると、木の高さが常に $\log_2 n$ となるため、この性質を利用して高速なデータの管理を行うことができます。

二分ヒープ

二分ヒープ（Binary Heap）は、次の図のように、木の各節点に割り当てられたキーが 1 つの配列の各要素に対応した完全二分木で表されたデータ構造です。

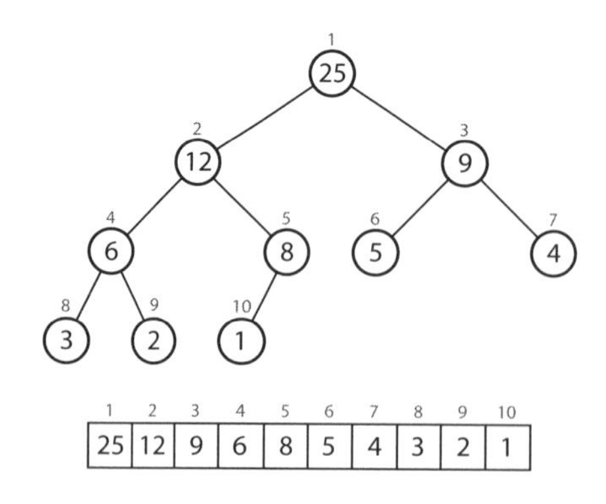

図10.2: 二分ヒープ

二分ヒープは、論理的な構造は完全二分木となりますが、実際は 1 オリジンの 1 次元配列を用いて表します。二分ヒープを表す配列を A、二分ヒープのサイズ（要素数）を H とすれば、$A[1, ..., H]$ に二分ヒープの要素が格納されます。木の根の添え字は 1 であり、節点の添え字 i が与えられたとき、その親 $parent(i)$、左の子 $left(i)$、右の子 $right(i)$ はそれぞれ $\lfloor i / 2 \rfloor$、$2 \times i$、$2 \times i + 1$ で簡単に算出することができます。ここで、$\lfloor x \rfloor$ は床関数と呼ばれ、実数 x に対する x 以下の最大の整数を意味します。

二分ヒープの各節点のキーは、次に示すヒープ条件を保つように格納されます。

- max-ヒープ条件：節点のキーがその親のキー以下である
- min-ヒープ条件：節点のキーがその親のキー以上である

max-ヒープ条件を満たす二分ヒープは max-ヒープと呼ばれ、図 10.2 の二分ヒープは max-ヒープとなっています。

max-ヒープでは、最大の要素が根に格納され、ある節点を根とする部分木の節点のキーは、その部分木の根のキー以下となります。親子間のみに大小関係があり、兄弟間に制約はないことに注意してください。

この二分ヒープのデータ構造を用いれば、大小関係を保ちつつ優先度が最も高い要素の取り出し（削除）と新しい要素の追加を効率的に行うことができます。

10.2 完全二分木

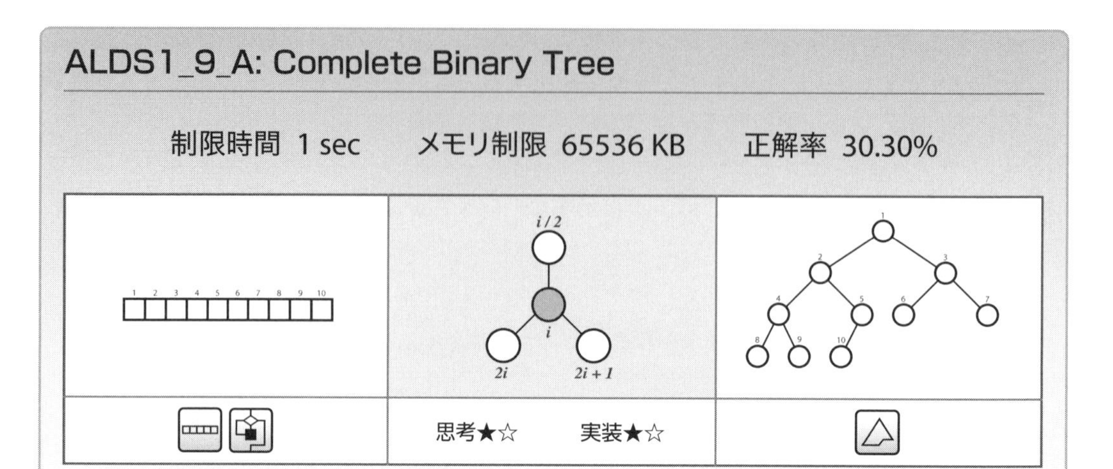

ALDS1_9_A: Complete Binary Tree
制限時間 1 sec
メモリ制限 65536 KB
正解率 30.30%
i / 2
i
2i
2i + 1
思考★☆
実装★☆

完全二分木で表された二分ヒープを読み込み、以下の形式で二分ヒープの各節点の情報を出力するプログラムを作成してください。

node *id*: key = *k*, parent key = *pk*, left key = *lk*, right key = *rk*,

ここで、*id* は節点の番号（インデックス）、*k* は節点の値、*pk* は親の値、*lk* は左の子の値、*rk* は右の子の値を示します。これらの情報をこの順番で出力してください。ただし、該当する節点が存在しない場合は、出力を行わないものとします。

入力 入力の最初の行に、ヒープのサイズ *H* が与えられます。続いて、二分ヒープの節点の値（キー）を表す *H* 個の整数がそれらの節点の番号順に空白区切りで与えられます。

出力 上記形式で二分ヒープの節点の情報をインデックスが 1 から *H* に向かって出力してください。各行の最後が空白となることに注意してください。

制約 $H \leq 250$

$-2{,}000{,}000{,}000 \leq$ 節点のキー $\leq 2{,}000{,}000{,}000$

入力例

```
5
7 8 1 2 3
```

出力例

```
node 1: key = 7, left key = 8, right key = 1,
node 2: key = 8, parent key = 7, left key = 2, right key = 3,
node 3: key = 1, parent key = 7,
node 4: key = 2, parent key = 8,
node 5: key = 3, parent key = 8,
```

解説

二分ヒープは完全二分木で実装されるので、1つの一次元配列に1オリジンでキーの列を入力します。

完全二分木の各節点番号 i についてその親、左の子、右の子の節点番号を求める計算式、$i/2$, $2i$, $2i + 1$ を適用し、節点の情報を順番に出力します。ここでは、計算式で得られた節点番号が、1から H の範囲におさまるかを確認する必要があることに注意してください。

解答例

C++

```
#include<iostream>
using namespace std;
#define MAX 100000

int parent(int i) { return i / 2; }
int left(int i) { return 2 * i; }
int right(int i) { return 2 * i + 1; }

int main() {
  int H, i, A[MAX+1]; // 1-オリジンのため +1 する

  cin >> H;
  for ( i = 1; i <= H; i++ ) cin >> A[i];

  for ( i = 1; i <= H; i++ ) {
    cout << "node " << i << ": key = " << A[i] << ", ";
    if ( parent(i) >= 1 ) cout << "parent key = " << A[parent(i)] << ", ";
    if ( left(i) <= H ) cout << "left key = " << A[left(i)] << ", ";
    if ( right(i) <= H ) cout << "right key = " << A[right(i)] << ", ";
    cout << endl;
  }

  return 0;
}
```

10.3 最大・最小ヒープ

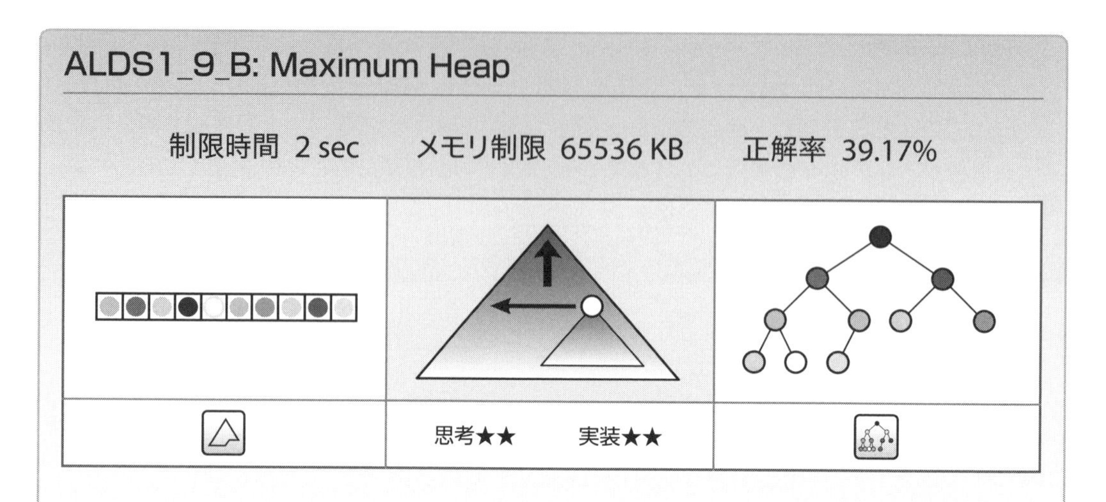

与えられた配列から以下の疑似コードに従ってmax-ヒープを構築するプログラムを作成してください。

maxHeapify(A, i)は、節点iを根とする部分木がmax-ヒープになるようA[i]の値をmax-ヒープの葉へ向かって下降させます。ここでHをヒープサイズとします。

```
1  maxHeapify(A, i)
2      l = left(i)
3      r = right(i)
4      // 左の子、自分、右の子で値が最大のノードを選ぶ
5      if l <= H && A[l] > A[i]
6          largest = l
7      else
8          largest = i
9      if r <= H && A[r] > A[largest]
10         largest = r
11
12     if largest != i // i の子の方が値が大きい場合
13         A[i] と A[largest] を交換
14         maxHeapify(A, largest) // 再帰的に呼び出し
```

次のbuildMaxHeap(A)はボトムアップにmaxHeapifyを適用することで配列Aをmax-ヒープに変換します。

```
1  buildMaxHeap(A)
2      for i = H/2 downto 1
3          maxHeapify(A, i)
```

入力 入力の最初の行に、配列のサイズHが与えられます。続いて、ヒープの節点の値を表すH個の整数が節点の番号が1からHに向かって順番に空白区切りで与えられます。

出力 max-ヒープの節点の値を節点の番号が1からHに向かって順番に1行に出力してください。各値の直前に1つの空白文字を出力してください。

制約 $1 \leq H \leq 500{,}000$
$-2{,}000{,}000{,}000 \leq$ 節点の値$\leq 2{,}000{,}000{,}000$

入力例

```
10
4 1 3 2 16 9 10 14 8 7
```

出力例

```
 16 14 10 8 7 9 3 2 4 1
```


解説

maxHeapify(A, i)は、A[i]をmax-ヒープ条件を満たすまで木の葉に向かって下降させます。例えば、二分ヒープ$A = \{5, 86, 37, 12, 25, 32, 11, 7, 1, 2, 4, 19\}$をmax-ヒープにするためにmaxHeapify(A, 1)を行うと以下のようになります。

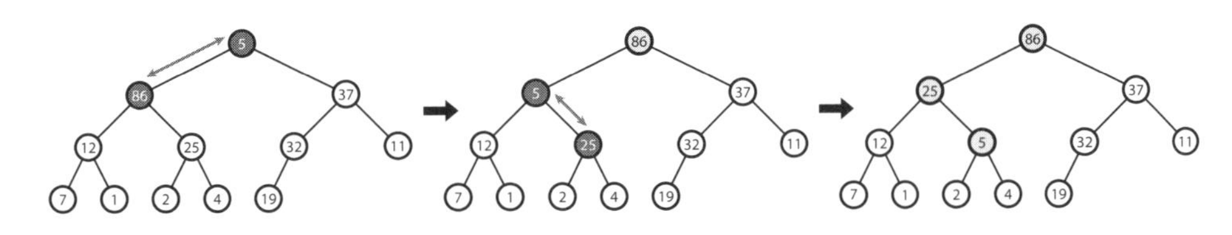

図10.3: ヒープ化

maxHeapify(A, i) はiの左の子と右の子のうち、キーが大きい方を選びそれが現在のキーよりも大きければ、交換していく処理を繰り返します。

与えられた配列をbuildMapHeapでmax-ヒープにするには、子を持つ節点の中で添え字が最大の節点sから逆順にmaxHeapify(A, i)を行います。ここで、sはH/2になります。

例えば、二分ヒープ $A = \{4, 1, 3, 2, 16, 9, 10, 14, 8, 7\}$ に対して buildMaxHeap を行うと次のようになります。

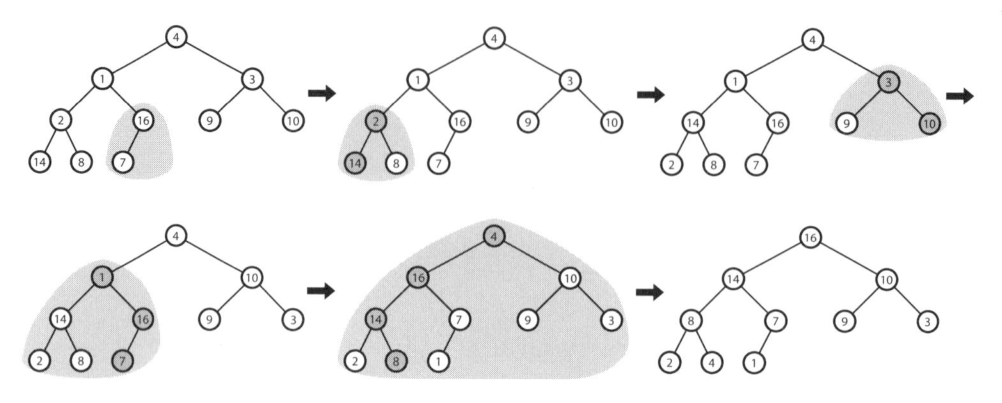

図10.4: 二分ヒープの構築

iがH/2 から1までについて、iが根となるような部分木に対して maxHeapify(A, i) が行われます。maxHeapify(A, i) が行われるとき、i の左部分木、右部分木それぞれがすでにmax-ヒープとなっているため、部分木の根であるi のキーを maxHeapify(A, i) で適切な位置に移動することができます。

考察

二分ヒープのサイズを H とすると maxHeapify の計算量は完全二分木の高さに比例するので $O(\log H)$ となります。

buildMaxHeap の計算量を考えてみましょう。要素数を H とすると、高さ1の部分木 $H/2$ 個に対して maxHeapify、高さ2の $H/4$ 個の部分木に対して maxHeapify、...、高さ $\log H$ の1個の部分木（木全体）に対して maxHeapify を行うので、計算量は

$$H \times \sum_{k=1}^{\log H} \frac{k}{2^k} = O(H)$$

となります。

また、max-ヒープを構築する別の方法として、ヒープの末尾に新しい要素を順番に追加していくアルゴリズムが考えられます。ヒープに要素を挿入するアルゴリズムについては、次の問題の解説で紹介します。

解答例

C++

```
#include<iostream>
using namespace std;
#define MAX 2000000

int H, A[MAX+1];

void maxHeapify(int i) {
  int l, r, largest;
  l = 2 * i;
  r = 2 * i + 1;

  // 左の子、自分、右の子で値が最大のノードを選ぶ
  if ( l <= H && A[l] > A[i] ) largest = l;
  else largest = i;
  if ( r <= H && A[r] > A[largest] ) largest = r;

  if ( largest != i ){
    swap(A[i], A[largest]);
    maxHeapify(largest);
  }
}

int main() {
  cin >> H;

  for ( int i = 1; i <= H; i++ ) cin >> A[i];

  for ( int i = H / 2; i >= 1; i-- ) maxHeapify(i);

  for ( int i = 1; i <= H; i++ ) {
    cout << " " << A[i];
  }
  cout << endl;

  return 0;
}
```

10.4 優先度付きキュー

ALDS1_9_C: Priority Queue

制限時間 2 sec　　メモリ制限 65536 KB　　正解率 32.35%

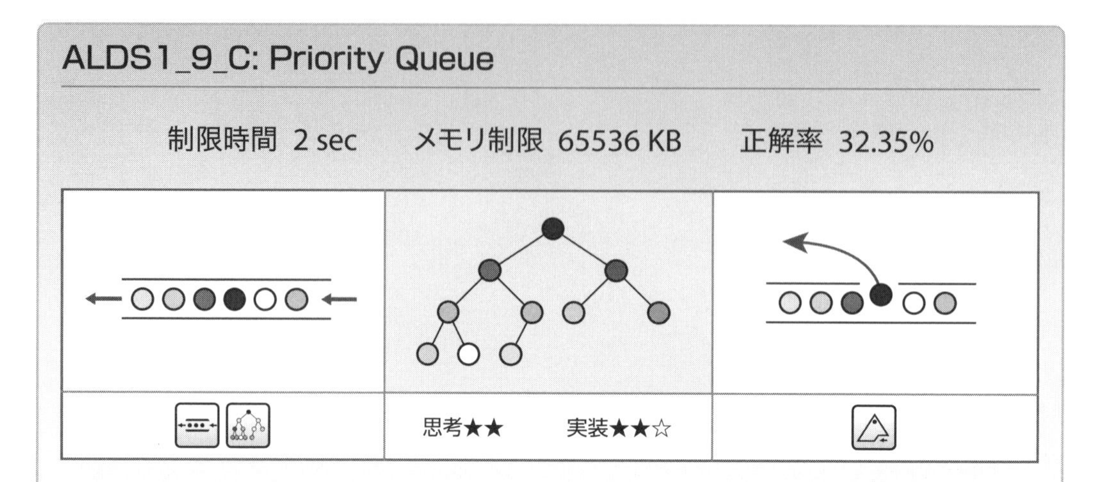

優先度付きキュー(Priority Queue) は各要素がキーを持ったデータの集合 S を保持するデータ構造で、主に次の操作を行います：

- *insert* (S, k): 集合 S に要素 k を挿入する
- *extractMax* (S): 最大のキーを持つ S の要素を S から削除してその値を返す

優先度付きキュー S に対して *insert* (S, k)、*extractMax* (S) を行うプログラムを作成してください。ここでは、キューの要素を整数とし、それ自身をキーとみなします。

入力　優先度付きキュー S への複数の命令が与えられます。各命令は、`insert k`、`extract` または`end`の形式で命令が1行に与えられます。ここで k は挿入する整数を表します。

`end` 命令が入力の終わりを示します。

出力　`extract` 命令ごとに、優先度付きキュー S から取り出される値を1行に出力してください。

制約　命令の数は2,000,000 を超えない。
$0 \le k \le 2{,}000{,}000{,}000$

入力例

```
insert 8
insert 2
extract
insert 10
extract
insert 11
extract
extract
end
```

出力例

```
8
10
11
2
```

解説

キーが大きいものを優先するmax-優先度付きキューはmax-ヒープによって実現することができます。ここでは、サイズが*H*の二分ヒープを配列*A*によって実装します。

max-優先度付きキュー*S*にkeyを追加する操作`insert(key)`は次のようなアルゴリズムになります。

Program 10.1: 優先度付きキューを表すヒープへの挿入

```
1  insert(key)
2    H++
3    A[H] = -INFTY
4    heapIncreaseKey(A, H, key) // A[H] に key を設定する
```

`heapIncreaseKey(A, i, key)`は二分ヒープの要素`i`のキー値を増加させる処理で、次のようなアルゴリズムになります。

Program 10.2: 優先度付きキューを表すヒープ要素のキーの変更

```
1  heapIncreaseKey(A, i, key)
2    if key < A[i]
3      エラー：新しいキーは現在のキーより小さい
4    A[i] = key
5    while i > 1 && A[parent(i)] < A[i]
6      A[i] と A[parent(i)] を交換
7      i = parent(i)
```

まず、新しいキーが現在のキー以上のときのみヒープの変更が行われることを保障するために、既存のキーをチェックしてからキー値A[i]を新しい値に変更します。キー値A[i]が増加するとmax-ヒープ条件が成立しなくなる場合があるため、更新されたキー値を根に向かって正しい位置へ移動する必要があります。この処理では、現在の要素を親と比較し、要素のキー値が大きい間、親の要素との交換を繰り返します。

例えば、二分ヒープ $A = \{86, 14, 37, 12, 5, 32, 11, 7, 1, 2\}$ に 25 を追加し、追加した位置に対してheapIncreaseKeyを行うと次のようになります。

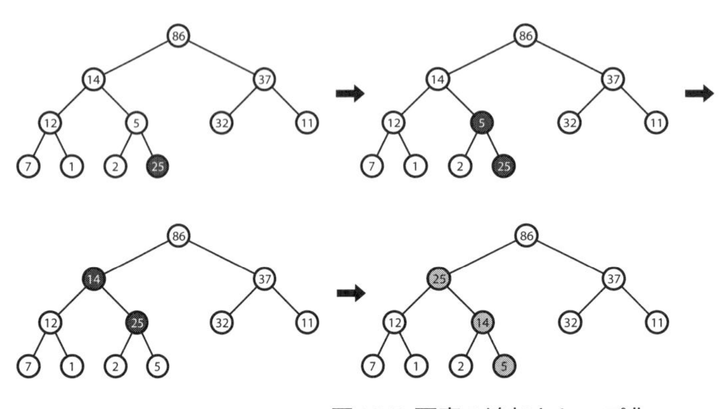

図 10.5: 要素の追加とヒープ化

max-優先度付きキュー S における最大の値は、その二分ヒープの根から得られます。max-優先度付きキュー S から最大のキーを持つ要素を S から削除しそれを取り出すアルゴリズムは次のようになります。

Program 10.3: ヒープ要素の最大の要素を取得・削除

```
1  heapExtractMax(A)
2    if H < 1
3      エラー：ヒープアンダーフロー
4    max = A[1]
5    A[1] = A[H]
6    H--
7    maxHeapify(A, 1)
8
9    return max
```

まず、一時変数maxに二分ヒープの根の値（最大の値）を保持しておきます。次に、二分ヒープの最後の値を根に移動し、ヒープサイズHを1つ減らします。ここで、更新された根の値がmax-ヒープ条件を破る可能性があるので、根からmaxHeapifyを施します。最後に、記録しておいたmaxを返します。

例えば、二分ヒープ$A = \{86, 37, 32, 12, 14, 25, 11, 7, 1, 2, 3\}$から最大値を取り出すと以下のようになります。

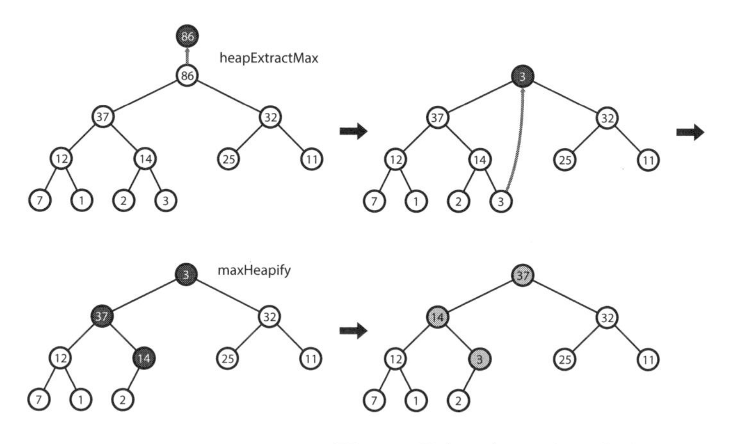

図10.6: 最大要素の取得・削除

根の値86を取り出した後、末尾の3を根に移動し、ヒープのサイズを1つ減らします。次に、根からmaxHeapifyを施し、ヒープ条件を保ちます。最後に86を返します。

考察

heapIncreaseKey、maxHeapifyともに木の高さに比例する数だけ要素の交換を行うので、要素数がnの優先度付きキューへの挿入と削除はともに$O(\log n)$のアルゴリズムとなります。

解答例

C++

```
1  #include<cstdio>
2  #include<cstring>
3  #include<algorithm>
4  using namespace std;
5  #define MAX 2000000
6  #define INFTY (1<<30)
7
```

```
8  int H, A[MAX+1];
9
10 void maxHeapify(int i) {
11
12   // ALDS1_9_B の解答例を参照してください。
13
14 }
15
16 int extract() {
17   int maxv;
18   if ( H < 1 ) return -INFTY;
19   maxv = A[1];
20   A[1] = A[H--];
21   maxHeapify(1);
22   return maxv;
23 }
24
25 void increaseKey(int i, int key) {
26   if ( key < A[i] ) return;
27   A[i] = key;
28   while ( i > 1 && A[i / 2] < A[i] ) {
29     swap(A[i], A[i / 2]);
30     i = i / 2;
31   }
32 }
33
34 void insert(int key) {
35   H++;
36   A[H] = -INFTY;
37   increaseKey(H, key);
38 }
39
40 int main() {
41   int key;
42   char com[10];
43
44   while ( 1 ) {
45     scanf("%s", com);
46     if ( com[0] == 'e' && com[1] == 'n' ) break;
47     if ( com[0] == 'i' ) {
48       scanf("%d", &key);
49       insert(key);
50     } else {
51       printf("%d\n", extract());
52     }
53   }
54
55   return 0;
56 }
```

10.5 標準ライブラリによる優先度付きキュー

STL はvector などの基本的なコンテナの他に、特殊なニーズに対応するインタフェースを備えたコンテナアダプタを提供しています。既に紹介したstack とqueue はコンテナアダプタであり、それぞれLIFO（後入れ先出し）とFIFO（先入れ先出し）に基づく管理を行うコンテナです。ここでは、STL が提供する、要素に優先度を持たせることのできるコンテナpriority_queueを紹介します。

10.5.1 priority_queue

priority_queue は優先度に従って要素の挿入・参照・削除を行うことができるキューです。これらの操作を行うためのインタフェース（関数）はqueue と同様で、push() によって１つの要素をキューに挿入、top() で先頭の要素へアクセス（読み込み）、pop() で先頭の要素の削除を行うことができます。ここで、priority_queue では先頭の要素は常に最高の優先度を持つ要素となっています。この基準はプログラマが指定することができますが、ここでは何も指定しないデフォルトの基準によって、どのようにデータが管理されるかを確認します。

次のProgram 10.4 は、priority_queue に対して整数を挿入・削除するプログラムの例です。

Program 10.4: priority_queue の使用例

```
1  #include<iostream>
2  #include<queue>
3  using namespace std;
4  
5  int main() {
6    priority_queue<int> PQ;
7  
8    PQ.push(1);
9    PQ.push(8);
10   PQ.push(3);
11   PQ.push(5);
12 
13   cout << PQ.top() << " "; // 8
14   PQ.pop();
15 
16   cout << PQ.top() << " "; // 5
17   PQ.pop();
18 
19   PQ.push(11);
20 
21   cout << PQ.top() << " "; // 11
22   PQ.pop();
23 
24   cout << PQ.top() << endl; // 3
25   PQ.pop();
26 
27   return 0;
28 }
```

OUTPUT

```
8 5 11 3
```

priority_queue では、要素の型がint の場合、デフォルトでは値が大きいものから優先的に取り出されます。

演習問題をSTLを用いて解いてみましょう。ALDS1_9_C: Priority Queueは、STLのpriority_queueを用いて次のように実装することができます。

```
1  #include<cstdio>
2  #include<string>
3  #include<queue>
4  using namespace std;
5
6  int main() {
7    char com[20];
8    // 標準ライブラリの priority_queue を使用
9    priority_queue<int> PQ;
10
11   while ( 1 ) {
12     scanf("%s", com);
13     if ( com[0] == 'i') {
14       int key ; scanf("%d", &key); // cin より高速な scanf を使用
15       PQ.push(key);
16     } else if ( com[1] == 'x' ) {
17       printf("%d\n", PQ.top());
18       PQ.pop();
19     } else if ( com[0] == 'e' ) {
20       break;
21     }
22   }
23
24   return 0;
25 }
```

11章

動的計画法

この章では、動的計画法（Dynamic Programming: DP）に関する問題を解いていきます。動的計画法は、最適な解を求めるための数学的な考え方でもあり、組み合わせ最適化問題や画像解析など、様々な応用問題を解くためのアルゴリズムで使用されています。

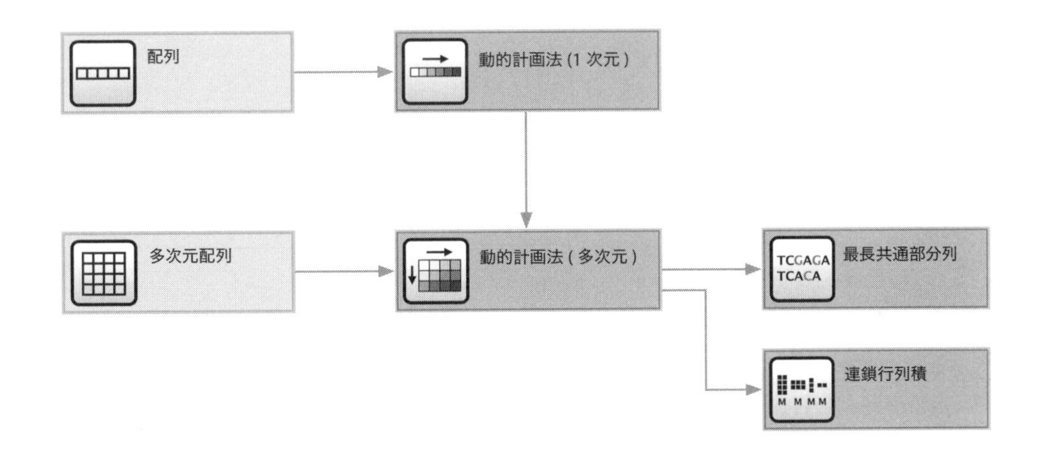

この章の問題を解くためには、多次元配列や繰り返し処理などの基礎的なプログラミングスキルが必要です。

11.1 動的計画法とは：問題にチャレンジする前に

ある計算式に対して、一度計算した結果をメモリに記録しておき、同じ計算を繰り返し行うという無駄を避けつつ、それらを再利用することにより効率化を図ることは、プログラミングやアルゴリズムの設計を行う上で有効なアプローチとなります。その手法のひとつが動的計画法です。

ここで、6章で解いたALDS1_5_A: Exhaustive Search の問題を振り返ってみましょう。この問題では、数列からいくつかの数を選んで、それらの和で m が作れるかを全探索によって求めました。効率の悪いアルゴリズムでしたが、この問題は動的計画法によって高速化することができます。一度計算したsolve(i, m) を例えばdp[i][m] に記録しておき、次回以降はdp[i][m] の値を返すようにすれば、再計算を避けることができます。このアルゴリズムは次のように実装することができます。

Program 11.1: 動的計画法の例

```
1  solve(i, m)
2    if dp[i][m]が計算済み
3      return dp[i][m]
4
5    if m == 0
6      dp[i][m] = true
7    else if i >= n
8      dp[i][m] = false
9    else if solve(i+1, m)
10     dp[i][m] = true
11   else if solve(i+1, m - A[i])
12     dp[i][m] = true
13   else
14     dp[i][m] = false
15
16   return dp[i][m]
```

この再帰を使った方法はメモ化再帰とも呼ばれます。また、動的計画法は漸化式を立て、ループによって順番に最適解を計算することもできます。

$O(nm)$ のメモリ領域が必要になりますが、$O(2^n)$ の全探索のアルゴリズムを $O(nm)$ のアルゴリズムへ改良することができました。

11.2 フィボナッチ数列

ALDS1_10_A: Fibonacci Number

制限時間 1 sec　　メモリ制限 65536 KB　　正解率 42.47%

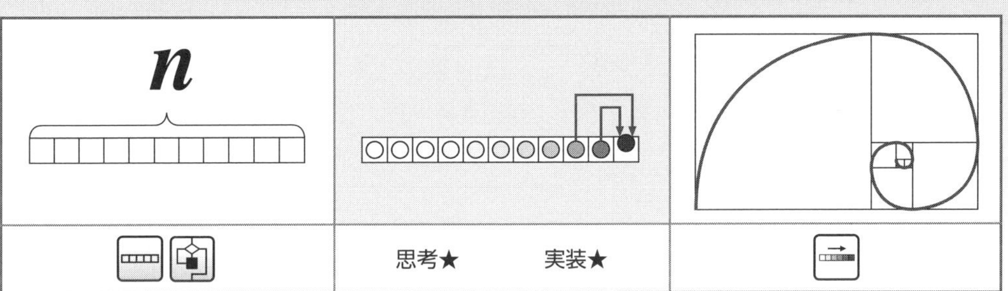

フィボナッチ数列の第n項目を出力するプログラムを作成してください。ここではフィボナッチ数列を以下の再帰的な式で定義します：

$$fib(n) = \begin{cases} 1 & (n = 0) \\ 1 & (n = 1) \\ fib(n-1) + fib(n-2) \end{cases}$$

入力　1つの整数nが与えられます。

出力　フィボナッチ数列の第n項目を1行に出力してください。

制約　$0 \le n \le 44$

入力例

```
3
```

出力例

```
3
```

解説

フィボナッチ数列は、植物の模様など自然現象として現れたり、最も美しいとされる比率を持つ黄金長方形を描くなど、とても興味深い数列です。フィボナッチ数列は再帰的な式で定義することができるため、次のようなアルゴリズムで生成することができます。

Program 11.2: 再帰によるフィボナッチ数列

```
1 fibonacci(n)
2   if n == 0 || n == 1
3     return 1
4   return fibonacci(n - 2) + fibonacci(n - 1)
```

このアルゴリズムは、フィボナッチ数列の第 *n* 項を求めることができますが、計算量の面において欠陥があります。

ここで fibonacchi() を f() と表すと、例えば次のように、f(5) を求めるためには f(4) と f(3) を求める必要がありますが、f(4) で再び f(3) を呼び出してしまいます。

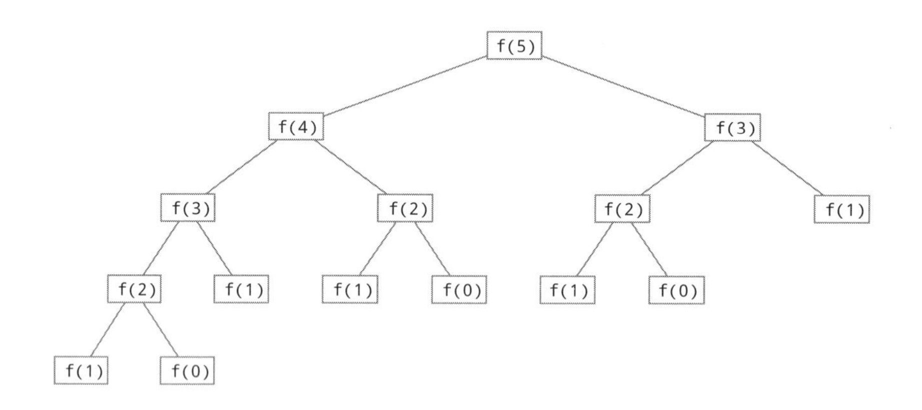

図 11.1: フィボナッチ数列の生成

f(2) や f(3) は複数回現れますが、構造が同じで毎回同じ値を返します。このように同じ計算を繰り返すことになり、f(*n*) を求めるために f(0) または f(1) を f(*n*) 回呼び出すことになります。例えば、f(44) が 1,134,903,170 であることを考慮すると、とても大きな計算量になります。

上のアルゴリズムには一度計算した値を再び計算するという無駄があるため、次の図のようにメモ化を行って改善することができます。

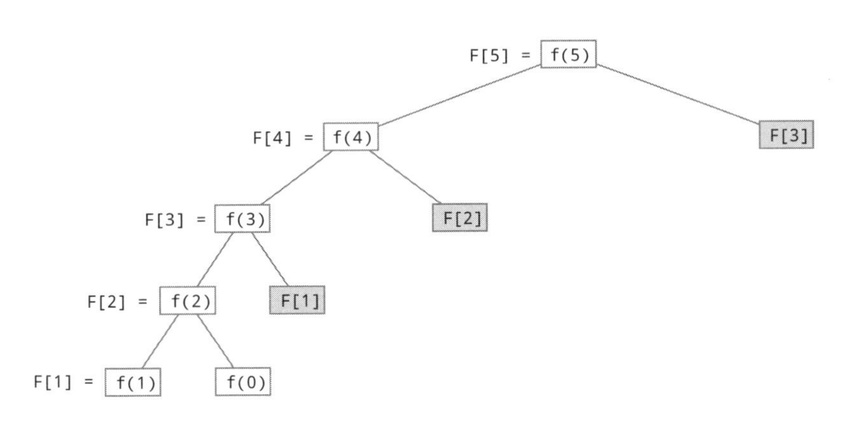

図11.2: フィボナッチ数列の生成：メモ化

これは、一度計算したf(*n*) の値を、配列の要素F[*n*] に記録しておくことによって、再計算を回避するという、動的計画法の基本構造に基づいており、次のようなアルゴリズムになります。

Program 11.3: メモ化再帰によるフィボナッチ数列

```
1  fibonacci(n)
2    if n == 0 || n == 1
3      return F[n] = 1 // F[n] に 1 をメモしてそれを返す
4    if F[n] が計算済み
5      return F[n]
6    return F[n] = fibonacci(n - 2) + fibonacci(n - 1)
```

この考え方は、次のようにループに展開したアルゴリズムとして実装することもできます。

Program 11.4: 動的計画法によるフィボナッチ数列

```
1  makeFibonacci()
2    F[0] = 1
3    F[1] = 1
4    for i が 2 から n まで
5      F[i] = F[i - 2] + F[i - 1]
```

このアルゴリズムでは、フィボナッチ数を小さい方から計算していくので、F[i]を計算するときには既にF[i-1]とF[i-2]が計算されており、それらを有効利用することができます。

　このように、小さい部分問題の解をメモリに記憶しておいて、大きい問題の解を計算するために有効利用することが、動的計画法の基本的な考え方になります。

解答例

C

```
#include<stdio.h>

int dp[50];

int fib(int n) {
  if ( n == 0 || n == 1 ) return dp[n] = 1;
  if ( dp[n] != -1 ) return dp[n];
  return dp[n] = fib(n - 1) + fib(n - 2);
}

int main() {
  int n, i;
  for ( i = 0; i < 50; i++ ) dp[i] = -1;

  scanf("%d", &n);
  printf("%d\n", fib(n));

  return 0;
}
```

C++

```
#include<iostream>
using namespace std;

int main() {
  int n; cin >> n;
  int F[50];
  F[0] = F[1] = 1;
  for ( int i = 2; i <= n; i++ ) F[i] = F[i - 1] + F[i - 2];

  cout << F[n] << endl;

  return 0;
}
```

11.3 最長共通部分列

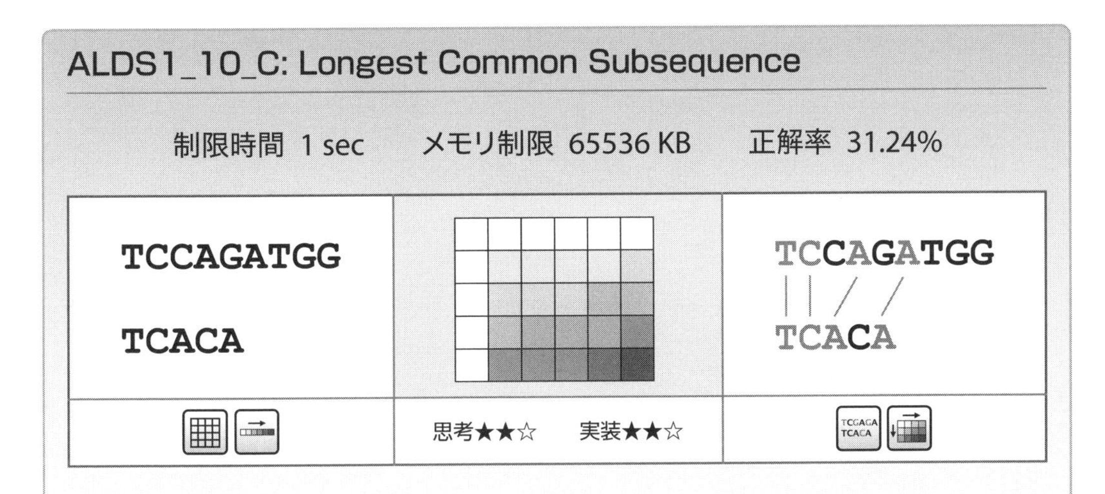

最長共通部分列問題（Longest Common Subsequence problem: LCS）は、２つの与えられた列 $X = \{x_1, x_2, ..., x_m\}$ と $Y = \{y_1, y_2, ..., y_n\}$ の最長共通部分列を求める問題です。

ある列 Z が X と Y 両方の部分列であるとき、Z を X と Y の共通部分列と言います。例えば、$X = \{a, b, c, b, d, a, b\}$, $Y = \{b, d, c, a, b, a\}$ とすると、列 $\{b, c, a\}$ は X と Y の共通部分列です。一方、列 $\{b, c, a\}$ は X と Y の最長共通部分列ではありません。なぜなら、その長さは3であり、長さ4の共通部分列 $\{b, c, b, a\}$ が存在するからです。長さが5以上の共通部分列が存在しないので、列 $\{b, c, b, a\}$ は X と Y の最長共通部分列の１つです。

与えられた２つの文字列 X、Y に対して、最長共通部分列 Z の長さを出力するプログラムを作成してください。与えられる文字列は英文字のみで構成されています。

入力　複数のデータセットが与えられます。最初の行にデータセットの数 q が与えられます。続く $2 \times q$ 行にデータセットが与えられます。各データセットでは2つの文字列 X, Y がそれぞれ1行に与えられます。

出力　各データセットについて X, Y の最長共通部分列 Z の長さを1行に出力してください。

制約　$1 \le q \le 150$
$1 \le X, Y$ の長さ $\le 1{,}000$
X または Y の長さが100を超えるデータセットが含まれる場合、q は20以下である。

入力例

```
3
abcbdab
bdcaba
abc
abc
abc
bc
```

出力例

```
4
3
2
```

解説

ここでは、説明のために$\{x_1, x_2, ..., x_i\}$をX_i、$\{y_1, y_2, ..., y_j\}$をY_jと表すことにします。サイズがそれぞれm、nの２つの列X、YのLCSはX_mとY_nのLCSを求めることで得られます。これを部分問題に分割して考えてみましょう。

まずX_mとY_nのLCSを求めるときは、以下の２つの場合を考えます：

- $x_m = y_n$の場合は、X_{m-1}とY_{n-1}のLCSに$x_m(= y_n)$を連結したものがX_mとY_nのLCSとなります。

  例えば、$X = \{a, b, c, c, d, a\}$、$Y = \{a, b, c, b, a\}$のとき$x_m = y_n$なので、X_{m-1}とY_{n-1}のLCSである$\{a, b, c\}$に$x_m(= a)$を連結したものがX_mとY_nのLCSとなります。

- $x_m \neq y_n$の場合は、X_{m-1}とY_nのLCSあるいはX_mとY_{n-1}のLCSのどちらか長い方がX_mとY_nのLCSになります。

  例えば、$X = \{a, b, c, c, d, b\}$、$Y = \{a, b, c, b, a\}$のときX_{m-1}とY_nのLCSは$\{a, b, c\}$、X_mとY_{n-1}のLCSは$\{a, b, c, b\}$なので、X_mとY_{n-1}のLCSがX_mとY_nのLCSとなります。

このアルゴリズムは、X_iとY_jについても適用することができます。このことから次のような変数を準備して、LCSの部分問題の解を求めていきます。

$c[m+1][n+1]$	$c[i][j]$をX_iとY_jのLCSの長さとする２次元配列

$c[i][j]$ の値は次の漸化式（recursive formula）で求めることができます。

$$c[i][j] = \begin{cases} 0 & if\ i = 0\ or\ j = 0 \\ c[i-1][j-1]+1 & if\ i,j > 0\ and\ x_i = y_j \\ max(c[i][j-1], c[i-1][j]) & if\ i,j > 0\ and\ x_i \neq y_j \end{cases}$$

これらの変数と式に基づき、２つの列 X と Y の LCS を動的計画法で求めるアルゴリズムは次のようになります。

Program 11.5: 動的計画法による最長共通部分列の最適解

```
1  lcs(X, Y)
2    m = X.length
3    n = Y.length
4    for i = 0 to m
5      c[i][0] = 0
6    for j = 1 to n
7      c[0][j] = 0
8    for i = 1 to m
9      for j = 1 to n
10       if X[i] == Y[j]
11         c[i][j] = c[i - 1][j - 1] + 1
12       else if c[i - 1][j] >= c[i][j - 1]
13         c[i][j] = c[i - 1][j]
14       else
15         c[i][j] = c[i][j - 1]
```

考察

n と m の２重ループから容易に見積もれるように、最長共通部分列は $O(nm)$ のアルゴリズムで求めることができます。

解答例

C++

```
1  #include<iostream>
2  #include<string>
3  #include<algorithm>
4  using namespace std;
```

```
5   static const int N = 1000;
6
7   int lcs(string X, string Y) {
8     int c[N + 1][N + 1];
9     int m = X.size();
10    int n = Y.size();
11    int maxl = 0;
12    X = ' ' + X; // X[0] に空白を挿入
13    Y = ' ' + Y; // Y[0] に空白を挿入
14    for ( int i = 0; i <= m; i++ ) c[i][0] = 0;
15    for ( int j = 1; j <= n; j++ ) c[0][j] = 0;
16
17    for ( int i = 1; i <= m; i++ ) {
18      for ( int j = 1; j <= n; j++ ) {
19        if ( X[i] == Y[j] ) {
20          c[i][j] = c[i - 1][j - 1] + 1;
21        } else {
22          c[i][j] = max(c[i - 1][j], c[i][j - 1]);
23        }
24        maxl = max(maxl, c[i][j]);
25      }
26    }
27
28    return maxl;
29  }
30
31  int main() {
32    string s1, s2;
33    int n; cin >> n;
34    for ( int i = 0; i < n; i++ ) {
35      cin >> s1 >> s2;
36      cout << lcs(s1, s2) << endl;
37    }
38    return 0;
39  }
```

11.4 連鎖行列積

ALDS1_10_B: Matrix Chain Multiplication

制限時間 1 sec　　メモリ制限 65536 KB　　正解率 52.74%

$M_1M_2M_3M_4M_5$　　$((M_1M_2)((M_3M_4)M_5))$

思考★★★　　実装★★★

n 個の行列の連鎖 $M_1, M_2, M_3, ..., M_n$ が与えられたとき、スカラー乗算の回数が最小になるように積 $M_1M_2M_3 ... M_n$ の計算順序を決定する問題を連鎖行列積問題（Matrix-Chain Multiplication problem）と言います。

n 個の行列について、行列 M_i の次元が与えられたとき、積 $M_1M_2...M_n$ の計算に必要なスカラー乗算の最小の回数を求めるプログラムを作成してください。

入力　入力の最初の行に、行列の数 n が与えられます。続く n 行で行列 $M_i(i = 1...n)$ の次元が空白区切りの2つの整数 r、c で与えられます。r は行列の行の数、c は行列の列の数を表します。

出力　最小の回数を1行に出力してください。

制約　$1 \leq n \leq 100$

$1 \leq r, c \leq 100$

入力例

```
6
30 35
35 15
15 5
5 10
10 20
20 25
```

出力例

```
15125
```

解説

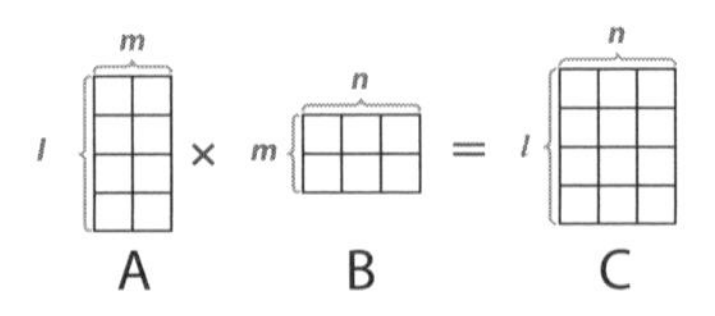

図 11.3: 行列の掛け算

図のような$l \times m$ の行列A と$m \times n$ の行列B の積は$l \times n$ の行列C となり、C の各要素c_{ij} は次の式で得られます：

$$c_{ij} = \sum_{k=1}^{m} a_{ik} b_{kj}$$

この問題ではc_{ij} の値に興味はなく、計算に必要な掛け算の数をなるべく小さくすることが目的です。この計算では、$l \times m \times n$ 回の掛け算が必要になります。では複数の行列の積（連鎖行列積）について考えてみましょう。

次の図に示す$(M_1 M_2 ... M_6)$ のように、M_i がp_{i-1} 行p_i 列の行列であるような、n個の行列の掛け算を考えます。

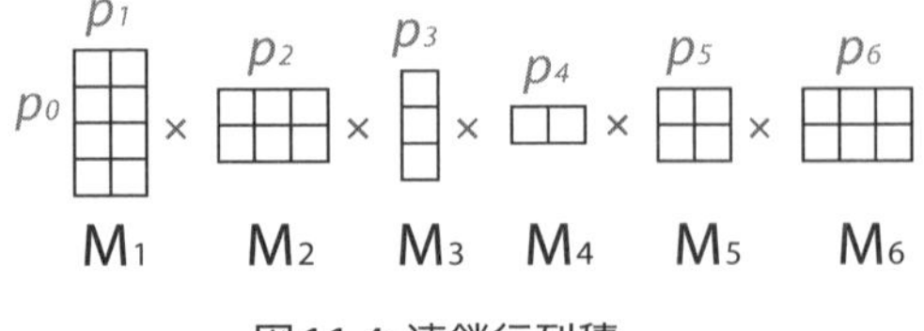

図 11.4: 連鎖行列積

これらの行列の積は様々な順番で計算することができます。例えば、単純に左から右へ向かって計算すると$(((((M_1 M_2) M_3) M_4) M_5) M_6)$ と表すことができ、右から左に向かって計算すると$(M_1(M_2(M_3(M_4(M_5 M_6)))))$ と表すことができます。さらに　$(M_1(M_2(M1_3 M_4)(M_5 M_6)))$ など、様々な順番で計算を行うことができます。掛け算の計算結果（連鎖行列積）は同じになりますが、行列同士の掛け算の順番によって、“掛け算の総回数”が異なってきます。

上の例の連鎖行列積に必要とする掛け算の総回数を、いくつかのケースについて考えてみましょう。

図 11.5 のように、左から右へ向かった順番で計算を行うと合計 84 回の掛け算が必要に

なります。一方、図11.6のような順番で計算を行うと、最も効率よく計算を行うことができ、その掛け算の合計は36回になります。

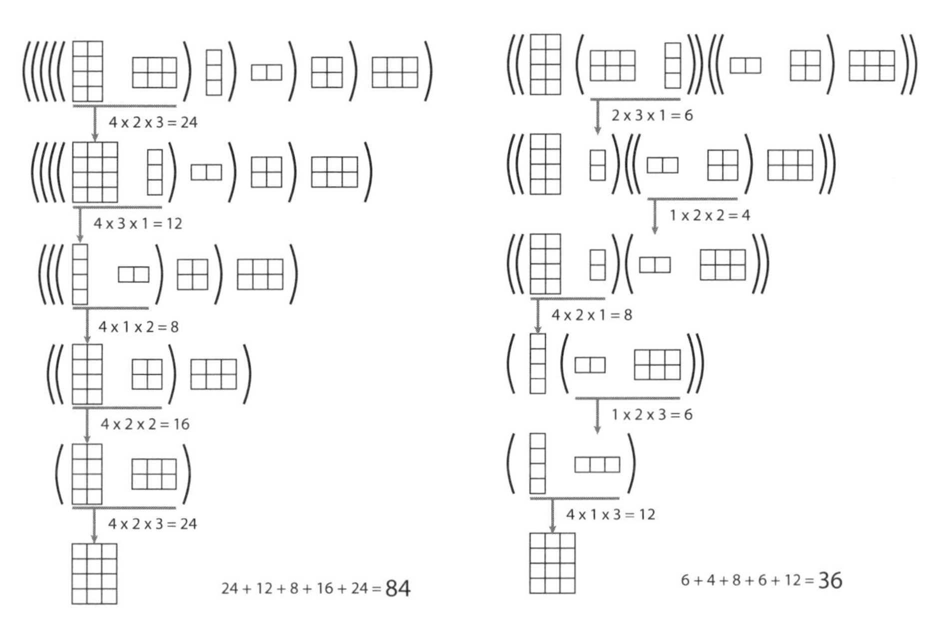

図11.5: Case 1. 左から右へ向かって: 84 回

図11.6: Case 2. 最適な順番: 36 回

連鎖行列積問題において、全ての可能な順番を調べてみる方法は$O(n!)$のアルゴリズムになります。この問題は、より小さな部分問題に分割することができるので、動的計画法を適用することができます。

まず、(M_1M_2) を計算するための方法（順番）は1通りであり、$p_0 \times p_1 \times p_2$ 回の掛け算が必要です。同様に、(M_2M_3) を計算するための方法も1通りであり、$p_1 \times p_2 \times p_3$ 回の掛け算が必要です。一般的に表すと、(M_iM_{i+1}) を計算するための方法は1通りであり、$p_{i-1} \times p_i \times p_{i+1}$ 回の掛け算が必要になります。そして、これらの掛け算の回数をコストとして表に記録しておきます。

次に、$(M_1M_2M_3)$、$(M_2M_3M_4)$、... $(M_{n-2}M_{n-1}M_n)$ を計算するための最適解を求めます。例えば、$(M_1M_2M_3)$ を計算するための最適解を求めるためには、$(M_1(M_2M_3))$ と $((M_1M_2)M_3)$ のコストを計算し、そのうち小さい方のコストを $(M_1M_2M_3)$ のコストとして表に記録します。ここで、

$(M_1(M_2M_3))$ のコスト $=$ (M_1) のコスト $+$ (M_2M_3) のコスト $+ p_0 \times p_1 \times p_3$

$((M_1M_2)M_3)$ のコスト $=$ (M_1M_2) のコスト $+$ (M_3) のコスト $+ p_0 \times p_2 \times p_3$

となります。ここで注目すべきことは、これらの計算に用いた $(M_1 M_2)$ 及び $(M_2 M_3)$ のコストは再計算する必要がなく、表から参照することができるということです。また、$1 \leq i \leq n$ について、(M_i) のコストは0であることに注意します。

一般的に、連鎖行列積 $(M_i M_{i+1} ... M_j)$ の最適解は、$i \leq k < j$ における $(M_i M_{i+1} ... M_k)(M_{k+1} ... M_j)$ の最小コストになります。

例えば、$(M_1 M_2 M_3 M_4 M_5)$ ($i = 1$、$j = 5$ の場合) の最適解は、

$(M_1)(M_2 M_3 M_4 M_5)$ のコスト $=$ (M_1) のコスト $+$ $(M_2 M_3 M_4 M_5)$ のコスト $+ p_0 \times p_1 \times p_5$ ($k = 1$ のとき)
$(M_1 M_2)(M_3 M_4 M_5)$ のコスト $=$ $(M_1 M_2)$ のコスト $+$ $(M_3 M_4 M_5)$ のコスト $+ p_0 \times p_2 \times p_5$ ($k = 2$ のとき)
$(M_1 M_2 M_3)(M_4 M_5)$ のコスト $=$ $(M_1 M_2 M_3)$ のコスト $+$ $(M_4 M_5)$ のコスト $+ p_0 \times p_3 \times p_5$ ($k = 3$ のとき)
$(M_1 M_2 M_3 M_4)(M_5)$ のコスト $=$ $(M_1 M_2 M_3 M_4)$ のコスト $+$ (M_5) のコスト $+ p_0 \times p_4 \times p_5$ ($k = 4$ のとき)

のうちの最小値となります。

このアルゴリズムの具体的な実装方法を見てみましょう。次のような変数を準備します。

$m[n+1][n+1]$	$m[i][j]$ を $(M_i M_{i+1} ... M_j)$ を計算するための最小の掛け算の回数とする2次元配列
$p[n+1]$	M_i が $p[i-1] \times p[i]$ の行列となるような1次元配列

これらの変数を用いて、$m[i][j]$ は次の式で得られます。

$$m[i][j] = \begin{cases} 0 & \text{if } i = j \\ \min_{i \leq k < j} \{m[i][k] + m[k+1][j] + p[i-1] \times p[k] \times p[j]\} & \text{if } i < j \end{cases}$$

このアルゴリズムは次のように実装することができます。

Program 11.6: 動的計画法による連鎖行列積の最適解

```
matrixChainMultiplication()
  for i = 1 to n
    m[i][i] = 0

  for l = 2 to n
    for i = 1 to n - l + 1
      j = i + l - 1
      m[i][j] = INFTY
      for k = i to j - 1
        m[i][j] = min(m[i][j], m[i][k] + m[k + 1][j] + p[i - 1] * p[k] * p[j])
```

考察

このプログラムでは、対象とする行列の数 l を 2 から n まで増やしながら、その範囲を指定する i と j を決めています。さらにその上で i から j の範囲で k の位置を決めています。全体として３重のループ構造となっていることから、$O(n^3)$ のアルゴリズムとなります。

解答例

C++

```
#include<iostream>
#include<algorithm>
using namespace std;

static const int N = 100;

int main() {
  int n, p[N + 1], m[N + 1][N + 1];
  cin >> n;
  for ( int i = 1; i <= n; i++ ) {
      cin >> p[i - 1] >> p[i];
  }

  for ( int i = 1; i <= n; i++ ) m[i][i] = 0;
  for ( int l = 2; l <= n; l++ ) {
    for ( int i = 1; i <= n - l + 1; i++ ) {
      int j = i + l - 1;
      m[i][j] = (1 << 21);
      for ( int k = i; k <= j - 1; k++ ) {
```

```
20          m[i][j] = min(m[i][j], m[i][k] + m[k + 1][j] + p[i - 1] * p[k] * p[j]);
21        }
22      }
23    }
24
25    cout << m[1][n] << endl;
26
27    return 0;
28  }
```

12章

グラフ

コンピュータで扱う多くの問題は、「対象」とそれらの「関係」を抽象的に表した“グラフ”と呼ばれるデータ構造で表すことができます。グラフは、現実世界の様々な問題をモデル化することができるので、グラフに関するアルゴリズムが数多く研究されてきました。

この章では、グラフの概念を学習し、データ構造としての実装方法、グラフの初等的なアルゴリズムに関する問題を解いていきます。

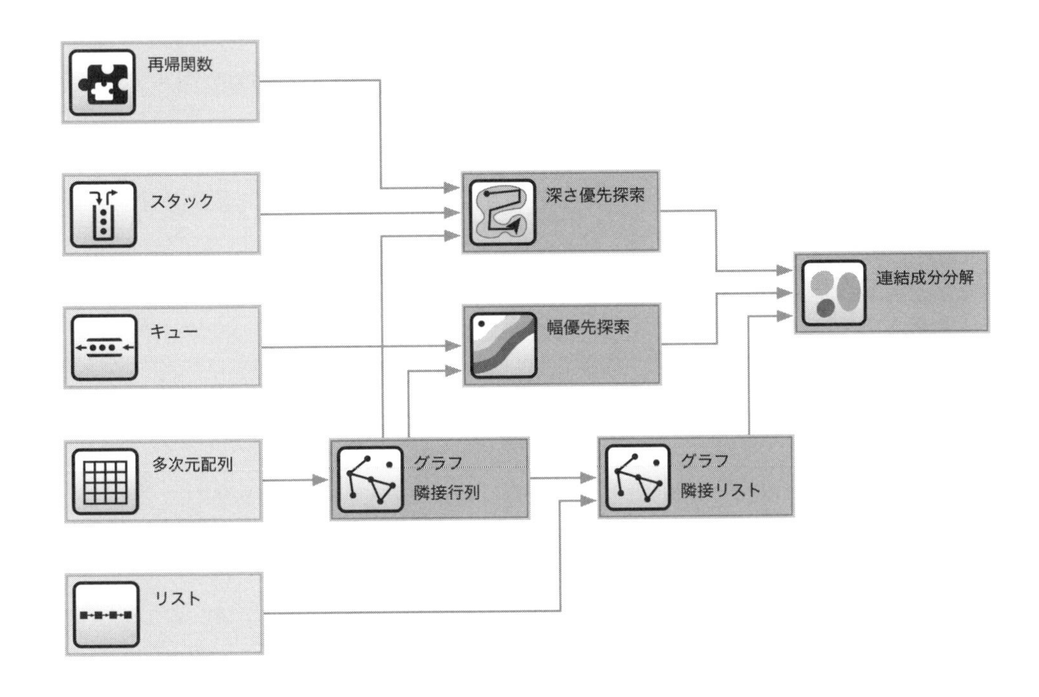

この章の問題を解くためには、再帰関数、スタックやキューなどの初等的なデータ構造を用いたプログラミングスキルが必要です。また、より効率的なデータ構造を実装するために、連結リストの知識とそれを応用するプログラミングスキルが必要です。

12.1 グラフ: 問題にチャレンジする前に

12.1.1 グラフの種類

グラフ（graph）とは、以下のような「対象の集合とそれらのつながり（関係）の集合」を表すデータ構造です。

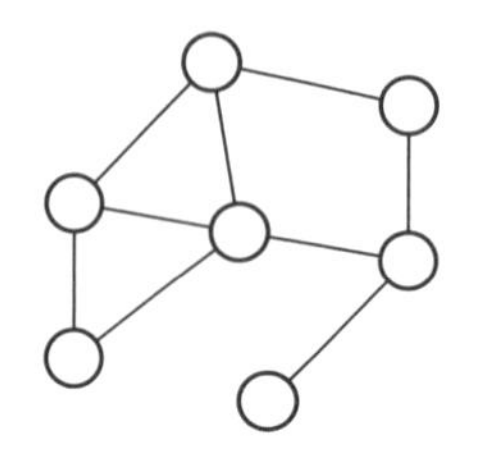
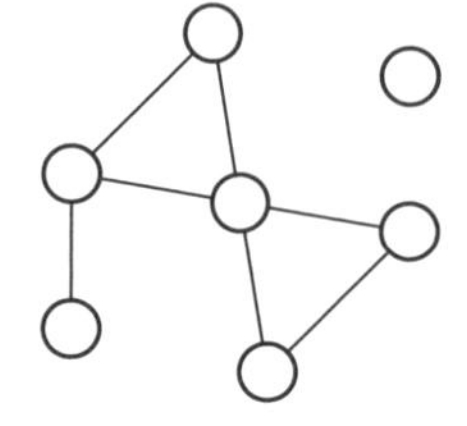
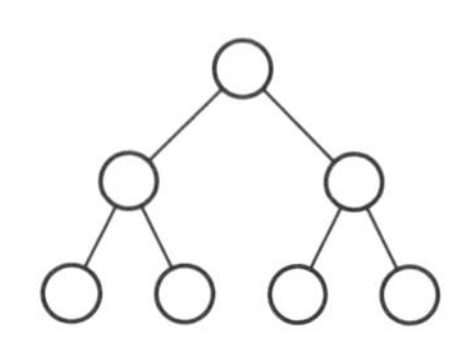

図12.1: グラフ

グラフにおける「対象」はノード(node) または頂点(vertex) と呼ばれ、一般的に円で表されます。「つながり」は頂点と頂点の関係を表し、エッジ(edge) または辺と呼ばれ、円と円を結ぶ線または矢印で表されます。

グラフには大きく分けて以下の４つの種類があり、問題に応じて使い分けます。

名前	特徴
無向グラフ	エッジに方向がないグラフ
有向グラフ	エッジに方向があるグラフ
重み付き無向グラフ	エッジに重み（値）があり、方向がないグラフ
重み付き有向グラフ	エッジに重み（値）があり、方向があるグラフ

有向グラフのエッジは２つの頂点間の繋がりの有無を表すだけではなく、繋がりに方向があり、エッジが繋ぐ始点と終点を区別します。重み付きグラフでは、各エッジに値が割り当てられます。

これらのグラフの例を見てみましょう。

無向グラフの例

例えば、ソーシャルネットワークなどの友達関係は無向グラフで表すことができます。

目に見えない友達関係をグラフとして抽象的に表すことができます。

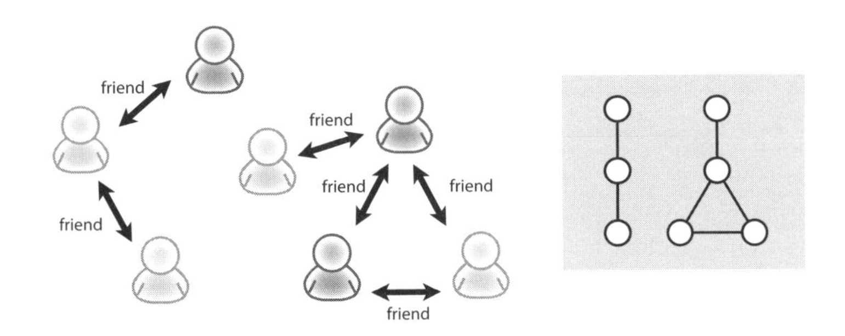

図 12.2: 無向グラフの例

例えば、「友達の友達は友達であると定義した場合、A君とB君は友達ですか？」、「いくつの友達グループがありますか？」、「A君からC君へたどり着くまで、最低何人の友達を経由する必要がありますか？」などの問題が考えられます。

有向グラフの例

物事の手順は有向グラフで表現することができます。例えば、次のグラフは本章のスキル獲得の順序の一部を表しています。

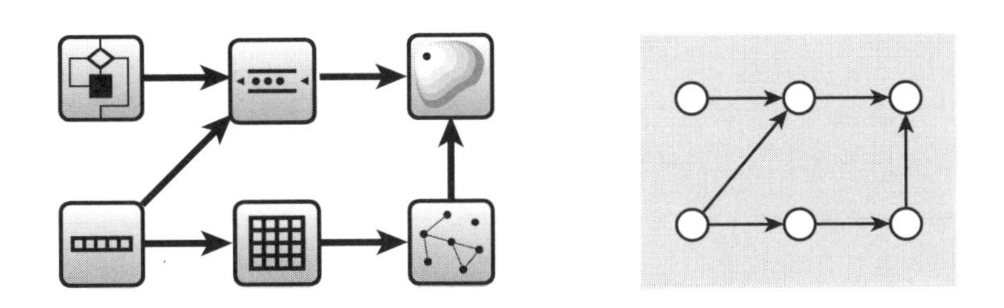

図 12.3: 有向グラフの例

あるスキルを獲得するために、前提スキルを全て習得している必要がある場合、「全てのスキルを獲得するには、どのような順番で学習すればよいか」などの問題が考えられます。

重み付き無向グラフの例

エッジに、コストなどを表す重みを持たせることで、グラフで表現できる問題の領域はさらに広がります。ここで、距離や関連の強さ、コストなどの数値の属性を包括したものを「重み」と呼びます。

例えば、頂点が温泉旅館または源泉、エッジがそれらを結ぶパイプ、エッジの重みがパイプの長さを表すとしましょう。パイプは方向に関係なくお湯を流せるとして、全ての旅館へお湯を行き渡らせるようにパイプを再構築したい場合、「どのようにパイプを構築すればパイプの長さの合計を最小にできるでしょうか？」などといった問題が考えられます。

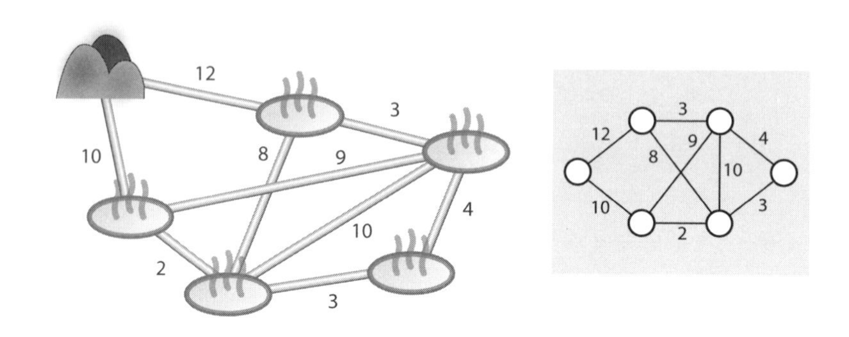

図 12.4: 重み付き無向グラフの例

重み付き有向グラフの例

重み付きグラフのエッジに方向を持たせれば、$A \rightarrow B$ の重みと $B \rightarrow A$ の重みに異なる値を設定することができます。

例えば、高速道路のインターチェンジ（IC）を頂点、それらを行き来するためにかかる時間あるいは費用をエッジとするグラフを用いて道路網を表すことができます。このようなグラフ構造を応用して、あるIC から別のIC へ行くための最短経路を計算するカーナビアプリケーションが作れるでしょう。

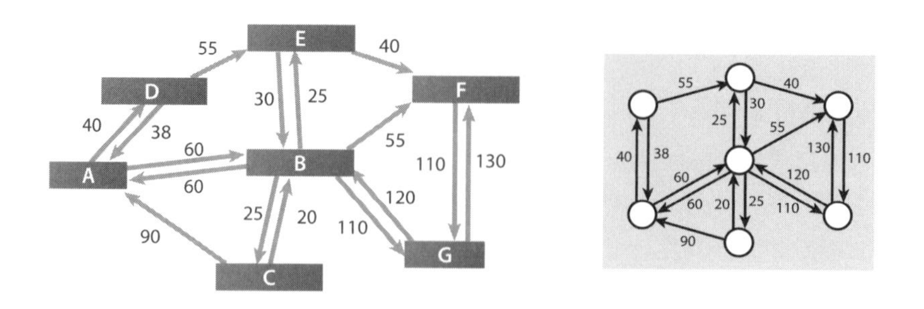

図 12.5: 重み付き有向グラフの例

12.1.2 グラフの表記と用語

ここでは、本書で用いるグラフに関する基本的な表記と用語を確認します。

頂点の集合がV、辺の集合がEであるようなグラフを$G = (V, E)$と表記します。また、$G = (V, E)$における頂点と辺の数をそれぞれ$|V|$、$|E|$と表します。

2つの頂点u, vを結ぶ辺を$e = (u, v)$と表記します。無向グラフの場合、(u, v)と(v, u)は同じ辺を示します。重み付きグラフの辺(u, v)の重みを$w(u, v)$と表します。

無向グラフに辺(u, v)があるとき、頂点uと頂点vは隣接している(adjacent)と言います。隣接している頂点の列$v_0, v_1, ..., v_k$（$i = 1, 2, ..., k$について辺(v_{i-1}, v_i)が存在する）をパス(path)と言います。始点と終点が同じようなパスを閉路(cycle)と言います。

閉路のない有向グラフをDirected Acyclic Graph (DAG) と呼びます。例えば、次の図のグラフ(a)は、1 → 2 → 3 → 1 と1 → 2 → 4 → 3 → 1 の閉路があるためDAGではありません。一方、(b)は閉路がないのでDAGになります。

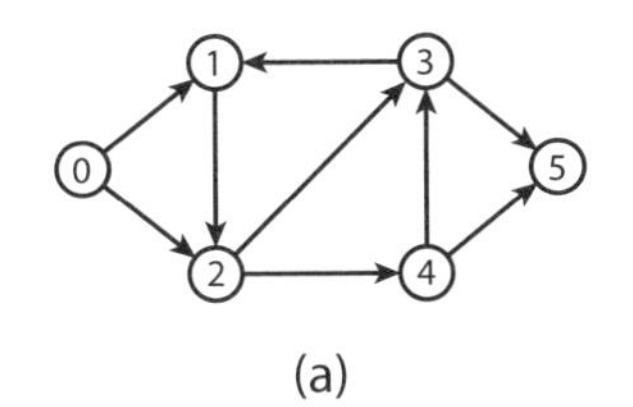

(a)

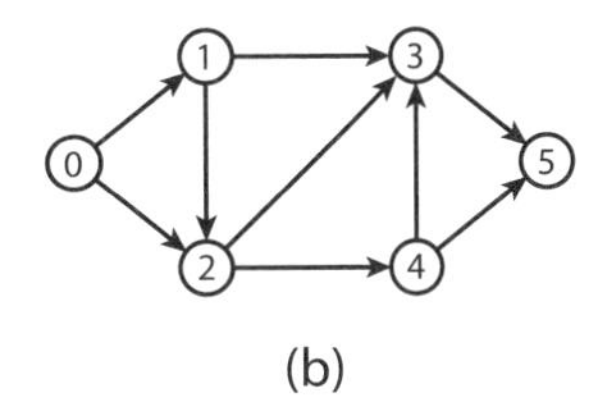

(b)

図12.6: 有向グラフとDAG

頂点uに繋がっている辺の数を頂点uの次数(degree)と言います。有向グラフにおいては、頂点uに入る辺の数を頂点uの入次数、頂点uから出る辺の数を頂点uの出次数と言います。例えば、上のグラフ(b)の頂点3の入次数は3、出次数は1です。

グラフ$G = (V, E)$の任意の2つの頂点u、vに対して、uからvへパスが存在するとき、Gを連結なグラフと言います。

２つのグラフGとG'について、G'の頂点集合と辺集合の両方がGの頂点集合と辺集合の部分集合になっているとき、G'をGの部分グラフと言います。

12.1.3　グラフの基本的なアルゴリズム

　グラフにおける最も基本的なアルゴリズムが探索です。グラフの探索とは、グラフの全ての頂点（または部分的な頂点の集合）を体系的に訪問することです。訪問の仕方によってグラフの様々な特徴を調べることができるので、多くの重要なアルゴリズムの基礎となります。

　グラフにおける代表的な探索アルゴリズムが深さ優先探索（DFS: Depth First Search）と幅優先探索（BFS: Breadth First Search）で、無向グラフと有向グラフのどちらにも適用されます。

　深さ優先探索は、「行けるところまでとことん行く」というルールに従った、グラフにおける最も自然で基本的な探索アルゴリズムです。

　一方、幅優先探索は既に探索した頂点と未探索の頂点の境界を幅一杯に渉って拡張しながら探索します。幅優先探索は最短経路を求めるアルゴリズムの１つとして応用することができます。

12.2 グラフの表現

ALDS1_11_A: Graph

制限時間 1 sec　　メモリ制限 65536 KB　　正解率 45.79%

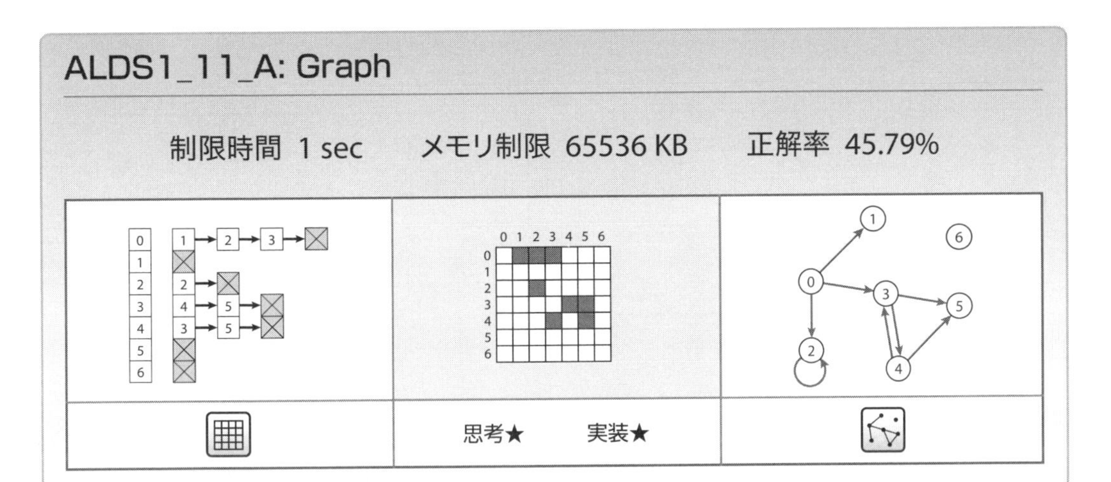

グラフ $G = (V, E)$ の表現方法には隣接リスト (adjacency list) による表現と隣接行列 (adjacency matrices) による表現があります。

隣接リスト表現では、V の各頂点に対して 1 個、合計 $|V|$ 個のリスト $Adj[|V|]$ でグラフを表します。頂点 u に対して、隣接リスト $Adj[u]$ は E に属する辺 (u, v_i) におけるすべての頂点 v_i を含んでいます。つまり、$Adj[u]$ は G において u と隣接するすべての頂点からなります。

一方、隣接行列表現では、頂点 i から頂点 j へ辺がある場合 a_{ij} が 1、ない場合 0 であるような $|V| \times |V|$ の行列 A でグラフを表します。

隣接リスト表現の形式で与えられた有向グラフ G の隣接行列を出力するプログラムを作成してください。G は n $(= |V|)$ 個の頂点を含み、それぞれ 1 から n までの番号がふられているものとします。

入力　最初の行に G の頂点数 n が与えられます。続く n 行で各頂点 u の隣接リスト $Adj[u]$ が以下の形式で与えられます：

$u\ k\ v_1\ v_2\ ...\ v_k$

u は頂点の番号、k は u の出次数、$v_1\ v_2\ ...\ v_k$ は u に隣接する頂点の番号を示します。

出力 出力例に従い、G の隣接行列を出力してください。a_{ij} の間に1つの空白を入れてください。

制約 $1 \leq n \leq 100$

入力例

```
4
1 2 2 4
2 1 4
3 0
4 1 3
```

出力例

```
0 1 0 1
0 0 0 1
0 0 0 0
0 0 1 0
```

解説

グラフ構造の情報をメモリに記録するにはいくつかの方法があります。問題に応じたグラフ構造を効率的に表現し操作することができるプログラムを実装しなければなりません。ここでは、隣接行列について解説します。

隣接行列表現では行列という名の通り、グラフを二次元配列で表現します。配列のインデックスが各頂点の番号に対応します。例えば、この二次元配列をM とすると、M[i][j] が頂点i と頂点 j の関係を表します。

無向グラフの隣接行列では、頂点i と頂点j の間に辺がある場合、M[i][j] とM[j][i] の値を1(true) とします。辺がない場合は0 (false) とします。隣接行列は右上と左下が対照になります。

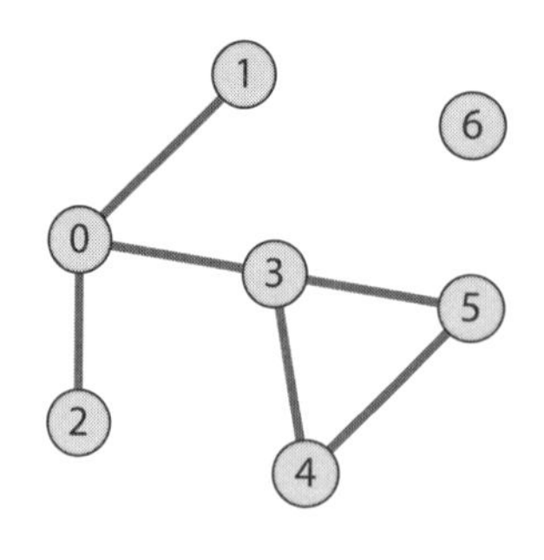

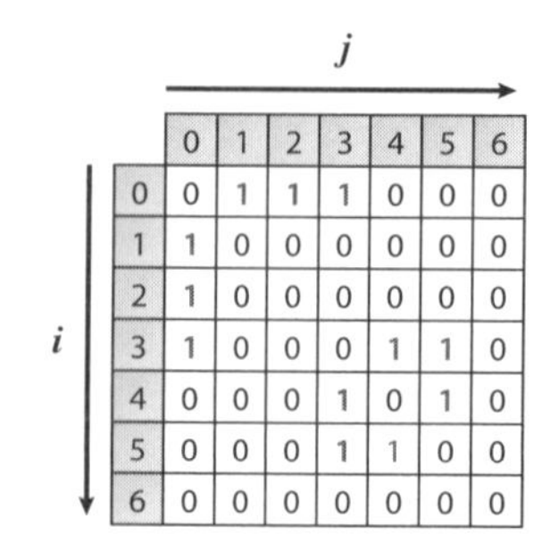

	0	1	2	3	4	5	6
0	0	1	1	1	0	0	0
1	1	0	0	0	0	0	0
2	1	0	0	0	0	0	0
3	1	0	0	0	1	1	0
4	0	0	0	1	0	1	0
5	0	0	0	1	1	0	0
6	0	0	0	0	0	0	0

図12.7: 無向グラフの隣接行列

有向グラフの隣接行列では、頂点i から頂点j へ向かって辺がある場合、M[i][j] の値を1（true）とします。辺がない場合は0 (false) とします。

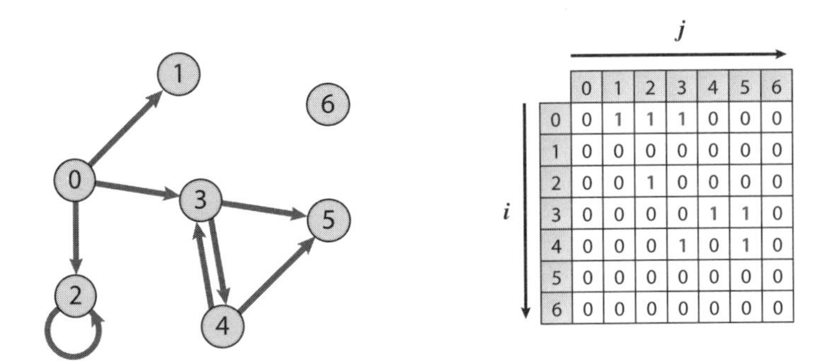

i \ j	0	1	2	3	4	5	6
0	0	1	1	1	0	0	0
1	0	0	0	0	0	0	0
2	0	0	1	0	0	0	0
3	0	0	0	0	1	1	0
4	0	0	0	1	0	1	0
5	0	0	0	0	0	0	0
6	0	0	0	0	0	0	0

図12.8: 有向グラフの隣接行列

考察

グラフの隣接行列による表現には、以下の特徴があります。

隣接行列表現の長所

- M[u][v] で辺(u, v) を参照できるので、頂点u と頂点v の関係を定数時間（$O(1)$）で確認することができます。
- M[u][v] を変更することで辺の追加や削除を簡単かつ効率的に行うことができます ($O(1)$)。

隣接行列表現の短所

- 頂点の数の2 乗に比例するメモリを消費します。辺の数が少ないグラフ（疎なグラフ）の場合は、メモリを無駄にすることになります。
- 1 つの隣接行列では、頂点u から頂点v への関係を1 つしか記録できません（基本型の1 つの二次元配列では、ある頂点のペアに対して2 つ以上の辺を引くことができません)。

解答例

C++

```
#include<iostream>
using namespace std;
static const int N = 100;

int main() {
  int M[N][N]; // 0 オリジンの隣接行列
  int n, u, k, v;

  cin >> n;

  for ( int i = 0; i < n; i++ ) {
    for ( int j = 0; j < n; j++ ) M[i][j] = 0;
  }

  for ( int i = 0; i < n; i++ ) {
    cin >> u >> k;
    u--; // 0 オリジンへ変換
    for ( int j = 0; j < k; j++ ) {
      cin >> v;
      v--; // 0 オリジンへ変換
      M[u][v] = 1; // u と v の間に辺を張る
    }
  }

  for ( int i = 0; i < n; i++ ) {
    for ( int j = 0; j < n; j++ ) {
      if ( j ) cout << " ";
      cout << M[i][j];
    }
    cout << endl;
  }

  return 0;
}
```

12.3 深さ優先探索

ALDS1_11_B: Depth First Search

制限時間 1 sec　　メモリ制限 65536 KB　　正解率 48.68%

思考★★　　実装★★

深さ優先探索（Depth First Search: DFS）は、可能な限り隣接する頂点を訪問する、という戦略に基づくグラフの探索アルゴリズムです。未探索の接続辺が残されている頂点の中で最後に発見した頂点 *v* の接続辺を再帰的に探索します。*v* の辺をすべて探索し終えると、*v* を発見したときに通ってきた辺を後戻りして探索を続行します。

探索は元の始点から到達可能なすべての頂点を発見するまで続き、未発見の頂点が残っていれば、その中の番号が一番小さい１つを新たな始点として探索を続けます。

深さ優先探索では、各頂点に以下のタイムスタンプを押します：

- タイムスタンプ $d[v]$: v を最初に訪問した発見時刻を記録します。
- タイムスタンプ $f[v]$: v の隣接リストを調べ終えた完了時刻を記録します。

以下の仕様に基づき、与えられた有向グラフ $G = (V, E)$ に対する深さ優先探索の動作を示すプログラムを作成してください：

- G は隣接リスト表現の形式で与えられます。各頂点には 1 から n までの番号がふられています。
- 各隣接リストの頂点は番号が小さい順に並べられています。
- プログラムは各頂点の発見時刻と完了時刻を報告します。
- 深さ優先探索の過程において、訪問する頂点の候補が複数ある場合は頂点番号が小さいものから選択します。
- 最初に訪問する頂点の開始時刻を 1 とします。

入力 最初の行にGの頂点数nが与えられます。続くn行で各頂点uの隣接リストが以下の形式で与えられます：

$u\ k\ v_1\ v_2\ ...\ v_k$

uは頂点の番号、kはuの出次数、$v_1\ v_2\ ...\ v_k$　はuに隣接する頂点の番号を示します。

出力 各頂点についてid、d、fを空白区切りで1行に出力してください。idは頂点の番号、dはその頂点の発見時刻、fはその頂点の完了時刻です。頂点の番号順で出力してください。

制約 $1 \leq n \leq 100$

入力例

```
6
1 2 2 3
2 2 3 4
3 1 5
4 1 6
5 1 6
6 0
```

出力例

```
1 1 12
2 2 11
3 3 8
4 9 10
5 4 7
6 5 6
```

解説

　深さ優先探索では、スタックを用いて「まだ探索中の頂点」を一時的に保持しておきます。スタックを用いた深さ優先探索は次のようなアルゴリズムになります。

深さ優先探索

1. 一番最初に訪問する頂点をスタックに入れておきます。
2. スタックに頂点が積まれている限り、以下の処理を繰り返します。
   - ▶ スタックのトップにある頂点uを訪問します。
   - ▶ 現在訪問中の頂点uから次の頂点vへ移動するときに、vをスタックに積みます。

     ただし、現在訪問中の頂点uに未訪問の隣接する頂点がなければuをスタックから削除します。

次の図は、グラフに対して深さ優先探索を行った例です。

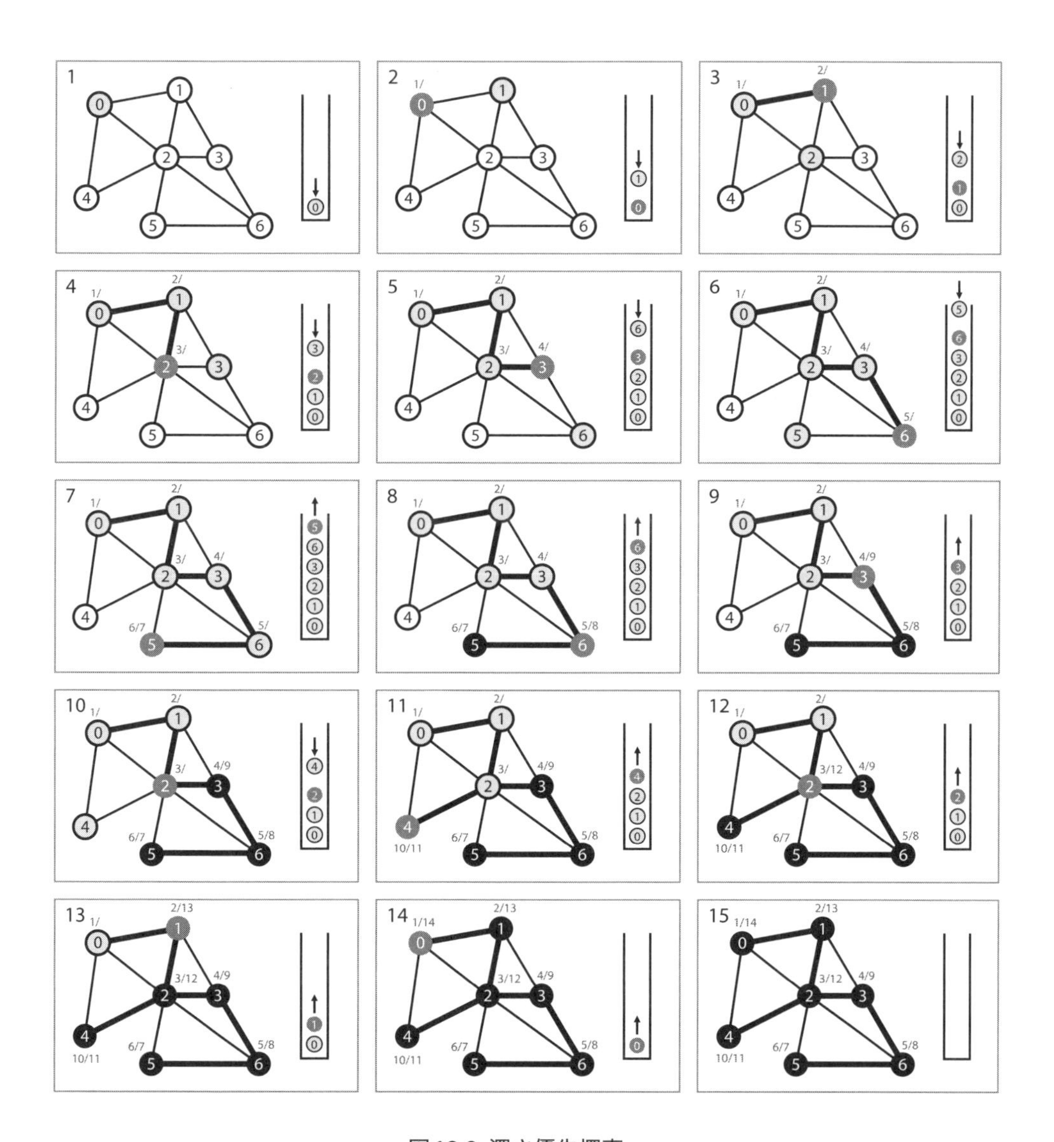

図12.9: 深さ優先探索

この図では、探索の各ステップでの頂点の状態を色で区別しています。白が「未訪問の頂点」、濃い灰色が「現在訪問中の頂点」、灰色が「訪問した頂点」、黒が「訪問を完了した頂点」を表しています。灰色が表す「訪問した頂点」は、訪問済みですが未だ訪問していない頂点への辺を持っている可能性があります（スタックに積まれています）。一方、黒が表す「訪問が完了した頂点」は、未訪問の頂点への辺を持っていません。この図では、各頂点の上部に「発見時刻/完了時刻」が書かれています。

各ステップを確認します。

1. 最初に訪問する頂点を0として、スタックに積みます。
2. スタックのトップの0を訪問します。0に隣接しかつ未訪問の1をスタックに積みます。
3. スタックのトップの1を訪問します。1に隣接しかつ未訪問の2をスタックに積みます。

4. 5. 6. 同様に、スタックのトップの頂点を訪問し、それに隣接しかつ未訪問の頂点をスタックに積みます。

7. スタックのトップの5を訪問します。5に隣接しかつ未訪問の頂点はないため、5をスタックから削除します。ここで頂点5の訪問が「完了」します。
8. スタックのトップの6へ戻ります。6に隣接しかつ未訪問の頂点はないため、6をスタックから削除します。
9. スタックのトップの3へ戻ります。3に隣接しかつ未訪問の頂点はないため、3をスタックから削除します。
10. スタックのトップの2へ戻ります。2に隣接しかつ未訪問の4をスタックに積みます。
11. スタックのトップの4を訪問します。4に隣接しかつ未訪問の頂点はないため、4をスタックから削除します。
12. スタックのトップの2へ戻ります。2に隣接しかつ未訪問の頂点はないため、2をスタックから削除します。

13. 14. 同様に、スタックのトップの頂点へ戻ります。戻った先の頂点に隣接しかつ未訪問の頂点はないため、その頂点をスタックから削除します。

15. スタックが空となり、すべての頂点の訪問が「完了」します。

スタックを用いた深さ優先探索に必要な主な変数は次のようになります。

color[n]	頂点 i の訪問状態をWHITE、GRAY、BLACKのいずれかで表します。
M[n][n]	頂点 i から頂点 j に辺がある場合M[i][j]がtrueとなるような隣接行列です。
Stack S	訪問途中の頂点を退避しておくスタックです。

これらの変数を用いた深さ優先探索は次のようなアルゴリズムになります。

Program 12.1: スタックによる深さ優先探索

```
dfs_init()  // 頂点番号は 0-オリジン
  全ての頂点の color を WHITE に設定
  dfs(0)    // 頂点 0 を始点として深さ優先探索

dfs(u)
  S.push(u) // 始点 u をスタックに追加
  color[u] = GRAY
  d[u] = ++time

  while S が空でない
    u = S.top()
    v = next(u) // u に隣接している頂点を順番に取得
    if v != NIL
      if color[v] == WHITE
        color[v] = GRAY
        d[v] = ++time
        S.push(v)
    else
      S.pop()
      color[u] = BLACK
      f[u] = ++time
```

頂点を番号順に訪問する必要がある場合、スタックを用いた実装では頂点uに隣接する頂点の訪問状態を何らかのかたちで保持しておく必要があります。この疑似コードでは、next(u)でuに隣接している頂点を番号順に取得しています。

一方、深さ優先探索は以下の再帰的なアルゴリズムでより簡単に実装することができます。

Program 12.2: 再帰による深さ優先探索

```
dfs_init() // 頂点番号は 0-オリジン
  全ての頂点の color を WHITE に設定
  dfs(0)

dfs(u)
  color[u] = GRAY
  d[u] = ++time
  for 頂点 v が 0 から |V|-1 まで
    if M[u][v] && color[v] == WHITE
```

```
10      dfs(v)
11    color[u] = BLACK
12    f[u] = ++time
```

再帰関数dfs(u) が頂点uを訪問します。この関数の中でuに隣接しかつ未訪問の頂点vを順番に探し、dfs(v) を再帰的に呼び出します。隣接する頂点を再帰的に全て訪問した後、頂点uの訪問が「完了」します。この再帰を用いたアルゴリズムは、スタックを用いたものと同じ動作をします。

考察

隣接行列を用いた深さ優先探索は、各頂点について全ての頂点に隣接しているかどうかを調べるので、$O(|V|^2)$ のアルゴリズムとなり、大きなグラフに対しては適当ではありません。後の章で、隣接リストを使ったより高速な実装方法を学習します。

また、大きなグラフに対する再帰を用いた深さ優先探索は、言語や環境によってはスタックオーバーフローを起こす可能性があるので、注意が必要です。

解答例

C（再帰による深さ優先探索）

```
1  #include<stdio.h>
2  #define N 100
3  #define WHITE 0
4  #define GRAY 1
5  #define BLACK 2
6
7  int n, M[N][N];
8  int color[N], d[N], f[N], tt;
9
10 // 再帰関数による深さ優先探索
11 void dfs_visit(int u) {
12   int v;
13   color[u] = GRAY;
14   d[u] = ++tt; // 最初の訪問
15   for ( v = 0; v < n; v++ ) {
16     if ( M[u][v] == 0 ) continue;
17     if ( color[v] == WHITE ) {
18       dfs_visit(v);
```

```
19      }
20    }
21    color[u] = BLACK;
22    f[u] = ++tt; // 訪問の完了
23  }
24
25  void dfs() {
26    int u;
27    // 初期化
28    for ( u = 0; u < n; u++ ) color[u] = WHITE;
29    tt = 0;
30
31    for ( u = 0; u < n; u++ ) {
32      // 未訪問の u を始点として深さ優先探索
33      if ( color[u] == WHITE ) dfs_visit(u);
34    }
35    for ( u = 0; u < n; u++ ) {
36      printf("%d %d %d\n", u + 1, d[u], f[u]);
37    }
38  }
39
40
41  int main() {
42    int u, v, k, i, j;
43
44    scanf("%d", &n);
45    for ( i = 0; i < n; i++ ) {
46      for ( j = 0; j < n; j++ ) M[i][j] = 0;
47    }
48
49    for ( i = 0; i < n; i++ ) {
50      scanf("%d %d", &u, &k);
51      u--;
52      for ( j = 0; j < k; j++ ) {
53        scanf("%d", &v);
54        v--;
55        M[u][v] = 1;
56      }
57    }
58
59    dfs();
60
61    return 0;
62  }
```

C++（スタックによる深さ優先探索）

```
#include<iostream>
#include<stack>
using namespace std;
static const int N = 100;
static const int WHITE = 0;
static const int GRAY = 1;
static const int BLACK = 2;

int n, M[N][N];
int color[N], d[N], f[N], tt;
int nt[N];

// u に隣接する v を番号順に取得
int next(int u) {
  for ( int v = nt[u]; v < n; v++ ) {
    nt[u] = v + 1;
    if ( M[u][v] ) return v;
  }
  return -1;
}

// スタックを用いた深さ優先探索
void dfs_visit(int r) {
  for ( int i = 0; i < n; i++ ) nt[i] = 0;

  stack<int> S;
  S.push(r);
  color[r] = GRAY;
  d[r] = ++tt;

  while ( !S.empty() ) {
    int u = S.top();
    int v = next(u);
    if ( v != -1 ) {
      if ( color[v] == WHITE ) {
        color[v] = GRAY;
        d[v] = ++tt;
        S.push(v);
      }
    } else {
      S.pop();
      color[u] = BLACK;
      f[u] = ++tt;
    }
```

```
45   }
46 }
47 
48 void dfs() {
49   // 初期化
50   for ( int i = 0; i < n; i++ ) {
51     color[i] = WHITE;
52     nt[i] = 0;
53   }
54   tt = 0;
55 
56   // 未訪問の u を始点として深さ優先探索
57   for ( int u = 0; u < n; u++ ) {
58     if ( color[u] == WHITE ) dfs_visit(u);
59   }
60   for ( int i = 0; i < n; i++ ) {
61     cout << i+1 << " " << d[i] << " " << f[i] << endl;
62   }
63 }
64 
65 
66 int main() {
67   int u, k, v;
68 
69   cin >> n;
70   for ( int i = 0; i < n; i++ ) {
71     for ( int j = 0; j < n; j++ ) M[i][j] = 0;
72   }
73 
74   for ( int i = 0; i < n; i++ ) {
75     cin >> u >> k;
76     u--;
77     for ( int j = 0; j < k; j++ ) {
78       cin >> v;
79       v--;
80       M[u][v] = 1;
81     }
82   }
83 
84   dfs();
85 
86   return 0;
87 }
```

12.4 幅優先探索

ALDS1_11_C: Breadth First Search

制限時間 1 sec　　メモリ制限 65536 KB　　正解率 45.17%

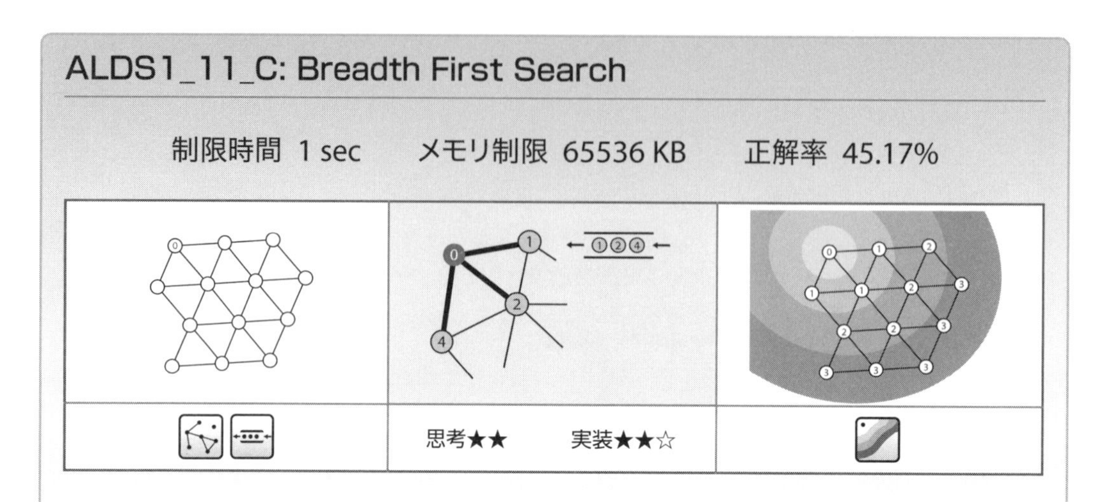

与えられた有向グラフ$G = (V, E)$について、頂点1から各頂点への最短距離d（パス上の辺の数の最小値）を求めるプログラムを作成してください。各頂点には1からnまでの番号がふられているものとします。頂点1からたどり着けない頂点については、距離として-1を出力してください。

入力　最初の行にGの頂点数nが与えられます。続くn行で各頂点uの隣接リストが以下の形式で与えられます：

$u\ k\ v_1\ v_2\ ...\ v_k$

uは頂点の番号、kはuの出次数、$v_1\ v_2\ ...\ v_k$　はuに隣接する頂点の番号を示します。

出力　各頂点についてid、dを1行に出力してください。idは頂点の番号、dは頂点1からその頂点までの距離を示します。頂点番号順に出力してください。

制約　$1 \leq n \leq 100$

入力例

```
4
1 2 2 4
2 1 4
3 0
4 1 3
```

出力例

```
1 0
2 1
3 2
4 1
```

解説

幅優先探索は、始点sから$k + 1$の距離にある頂点を発見する前に、距離kの頂点を全て発見するので、始点から各頂点までの最短距離を順番に求めることができます。

幅優先探索は以下のアルゴリズムに従い、各頂点vについてsからの距離を$d[v]$に記録します。

幅優先探索

1. 始点sをキューQに入れる（訪問する）。
2. Qが空でない限り以下の処理を繰り返す：
   - Qから頂点uを取り出し訪問する（訪問完了）。
   - uに隣接し未訪問の頂点vについて$d[v]$を$d[u] + 1$と更新し、vをQに入れる。

具体的に、幅優先探索がどのように動作するかを次の例で見てみましょう。

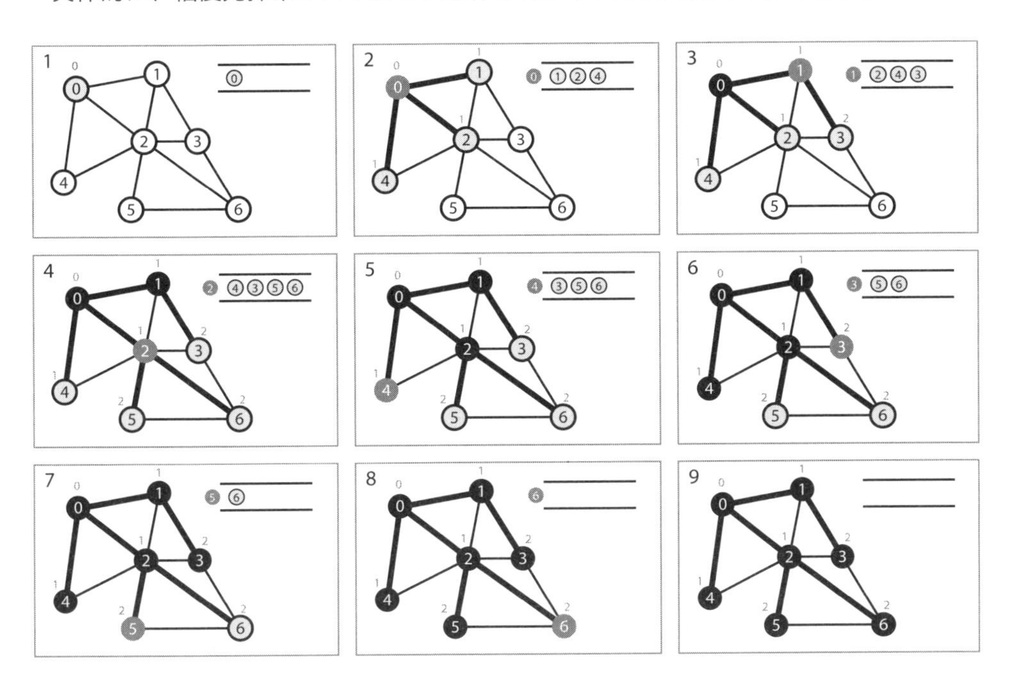

図12.10: 幅優先探索

この図では、アルゴリズムの各ステップでの頂点の状態を色で区別しています。白が

「未訪問の頂点」、濃い灰色が「現在訪問中の頂点」、灰色が「キューに入っている頂点」、黒が「訪問を完了した頂点」を表します。この図では、各頂点の上部に、始点0からの最短距離が書かれています。

図の例を詳しく見てみましょう。

1. 始点の0をキューに入れます。始点0からの距離を0とします。
2. キューの先頭から0を取り出し、訪問します。訪問した0に隣接してかつ未訪問の頂点1, 2, 4をキューに入れます。頂点1, 2, 4への距離は頂点0までの距離＋1となります。
3. キューの先頭から1を取り出し、訪問します。訪問した1に隣接してかつ未訪問の頂点3をキューに入れます。頂点3への距離は、頂点1までの距離＋1となります。
4. キューの先頭から2を取り出し、訪問します。訪問した2に隣接してかつ未訪問の頂点5, 6をキューに入れます。頂点5, 6への距離は、頂点2までの距離＋1となります。

5.-8. キューの先頭から頂点を取り出し訪問します。それらに隣接してかつ未訪問の頂点はありません。

9. キューが空となり、すべての頂点の訪問が完了します。

幅優先探索に必要な主な変数は次のようになります。

color[n]	頂点 *i* の訪問状態をWHITE、GRAY、BLACKのいずれかで表します。
M[n][n]	頂点 *i* から頂点 *j* に辺がある場合M[i][j]がtrueとなるような隣接行列です。
Queue Q	次に訪問すべき頂点を記録しておくキューです。
d[n]	始点 *s* から各頂点 *i* までの最短距離をd[i]に記録します。 *s* から *i* へ到達不可能な場合はd[i]をINFTY（大きな値）とします。

これらの変数を用いた幅優先探索は次のようなアルゴリズムになります。

Program 12.3: 幅優先探索

```
1  bfs() // 頂点番号は 0-オリジン
2    全ての頂点について、color[u] を WHITE に設定
3    全ての頂点について、d[u] を INFTY に設定
4
5    color[s] = GRAY
6    d[s] = 0
7    Q.enqueue(s)
```

```
8
9   while Q が空でない
10    u = Q.dequeue()
11    for v が 0 から |V|-1 まで
12      if M[u][v] && color[v] == WHITE
13        color[v] = GRAY
14        d[v] = d[u] + 1
15        Q.enqueue(v)
16    color[u] = BLACK
```

考察

隣接行列を用いた幅優先探索は、各頂点について全ての頂点に隣接しているかどうかを調べるので、$O(|V|^2)$ のアルゴリズムとなり、大きなグラフに対しては適当ではありません。次の章でより大きなグラフを扱う問題を解きます。

解答例

C++

```
1  #include<iostream>
2  #include<queue>
3
4  using namespace std;
5  static const int N = 100;
6  static const int INFTY = (1<<21);
7
8  int n, M[N][N];
9  int d[N]; // 距離で訪問状態（color）を管理する
10
11 void bfs(int s) {
12   queue<int> q; // 標準ライブラリの queue を使用
13   q.push(s);
14   for ( int i = 0; i < n; i++ ) d[i] = INFTY;
15   d[s] = 0;
16   int u;
17   while ( !q.empty() ) {
18     u = q.front(); q.pop();
19     for ( int v = 0; v < n; v++ ) {
20       if ( M[u][v] == 0 ) continue;
21       if ( d[v] != INFTY ) continue;
22       d[v] = d[u] + 1;
23       q.push(v);
```

```
24        }
25    }
26    for ( int i = 0; i < n; i++ ) {
27      cout << i+1 << " " << ( (d[i] == INFTY) ? (-1) : d[i] ) << endl;
28    }
29  }
30
31  int main() {
32    int u, k, v;
33
34    cin >> n;
35    for ( int i = 0; i < n; i++ ) {
36      for ( int j = 0; j < n; j++ ) M[i][j] = 0;
37    }
38
39    for ( int i = 0; i < n; i++ ) {
40      cin >> u >> k;
41      u--;
42      for ( int j = 0; j < k; j++ ) {
43        cin >> v;
44        v--;
45        M[u][v] = 1;
46      }
47    }
48
49    bfs(0);
50
51    return 0;
52  }
```

12.5 連結成分

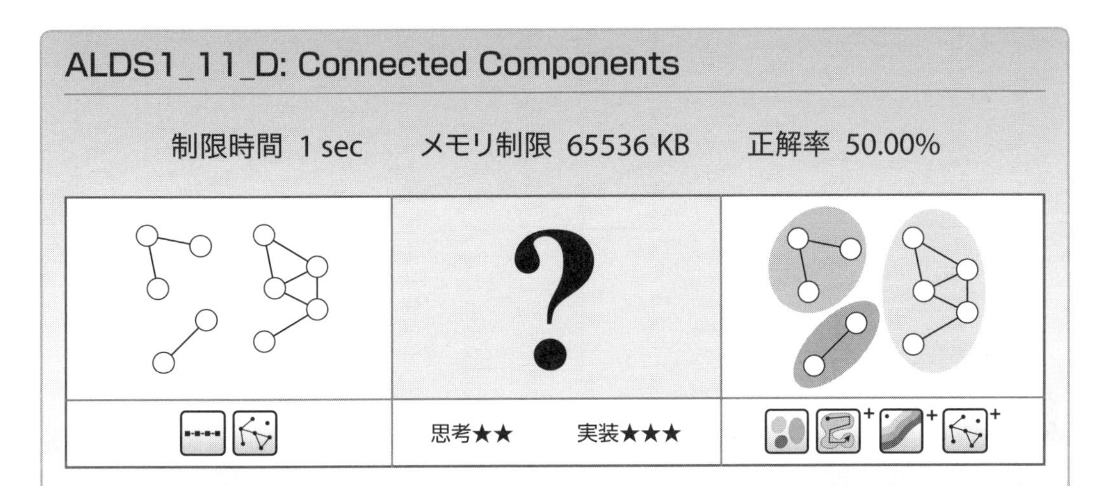

ALDS1_11_D: Connected Components
制限時間 1 sec　メモリ制限 65536 KB　正解率 50.00%
?
思考★★　実装★★★

SNS の友達関係を入力し、双方向の友達リンクを経由してある人からある人へたどりつけるかどうかを判定するプログラムを作成してください。

入力　1行目にSNS のユーザ数を表す整数 n と友達関係の数 m が空白区切りで与えられます。SNS の各ユーザには0 から $n-1$ までのID が割り当てられています。

続く m 行に1つの友達関係が各行に与えられます。1つの友達関係は空白で区切られた2つの整数 s、t で与えられ、s と t が友達であることを示します。

続く1行に、質問の数 q が与えられます。続く q 行に質問が与えられます。

各質問は空白で区切られた2つの整数 s、t で与えられ、「s から t へたどり着けますか?」という質問を意味します。

出力　各質問に対して s から t にたどり着ける場合はyes と、たどり着けない場合はno と1行に出力してください。

制約　$2 \le n \le 100{,}000$
$0 \le m \le 100{,}000$
$1 \le q \le 10{,}000$

入力例

```
10 9
0 1
0 2
3 4
5 7
5 6
6 7
6 8
7 8
8 9
3
0 1
5 9
1 3
```

出力例

```
yes
yes
no
```

解説

この問題は、グラフの連結成分（Connected Components）を求める問題です。必ずしも連結でないグラフGに対して、その極大で連結な部分グラフをGの連結成分と言います。ここで、G'がGの極大な連結部分グラフであるとは、G'を部分グラフとして持つようなGの連結部分グラフがG'以外にないことを言います。

連結成分は、深さ優先探索や幅優先探索で見つけることができます。この問題では、頂点数とエッジ数が多い大きなグラフに対して、深さ優先探索または幅優先探索を行う必要があるため、$O(n^2)$ のメモリを必要とする隣接行列を用いることができません。そこで隣接リストによってグラフを表現します。

エッジの数が少ない疎なグラフでは、隣接リストによる表現が適しています。次の図のように、重み無し有向グラフを表す隣接リストでは、各頂点がその頂点に隣接する頂点の番号のリストを持ちます。

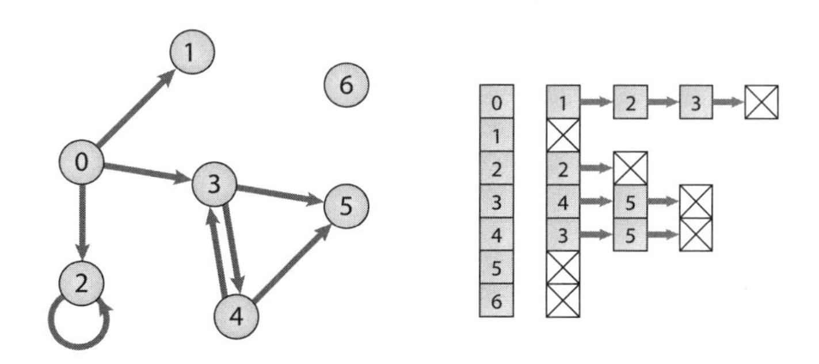

図12.11: 有向グラフの隣接リスト

無向グラフの場合は、uのリストにvが含まれているとき、vのリストにuが含まれるように隣接リストを作ります。

次のように、C++言語の標準ライブラリのvectorを使用すると比較的簡単に隣接リストによるグラフを実装することができます。

Program 12.4: vectorによる隣接リスト

```
vector<int> G[100]; // 頂点数が 100 のグラフを表す隣接リスト
: :
G[u].push_back(v); // 頂点 u から頂点 v へ向かって辺を張る
: :
// 頂点 u に隣接する頂点 v を探索
for ( int i = 0; i < G[u].size(); i++ ) {
  int v = G[u][i];
  : :
}
```

グラフの連結成分を求めるには、未訪問の頂点を始点として深さ優先探索（または幅優先探索）を行うことを繰り返します。この際、各探索ごとに異なる番号（色）を頂点に割り振ることで、指定されたふたつの頂点が同じグループ（色）に属するかを$O(1)$で調べることができます。

考察

隣接リストを用いた深さ優先探索と幅優先探索は、各頂点を一度ずつ訪問し、隣接リスト内の頂点（辺）を一度ずつ調べるので、$O(|V| + |E|)$ のアルゴリズムとなります。

グラフの隣接リストによる表現には、以下の特徴があります。

隣接リスト表現の長所

- 辺の数に比例したメモリしか必要としません。

隣接リスト表現の短所

- 頂点 u と頂点 v の関係を調べるには、u に隣接する頂点の数を n とすると、$O(n)$ でリストを探索しなければなりません。ただし、DFS や BFS のように、多くのアルゴリズムではある頂点に隣接する頂点を一度ずつ順番にたどれば十分な場合が多いため、あまり問題にはなりません。
- 辺の削除の操作を効率的に行うことが難しくなります。

解答例

C++

```
1  #include<iostream>
2  #include<vector>
3  #include<stack>
4  using namespace std;
5  static const int MAX = 100000;
6  static const int NIL = -1;
7
8  int n;
9  vector<int> G[MAX];
10 int color[MAX];
11
12 void dfs(int r, int c) {
13   stack<int> S;
14   S.push(r);
15   color[r] = c;
16   while ( !S.empty() ) {
17     int u = S.top(); S.pop();
18     for ( int i = 0; i < G[u].size(); i++ ) {
19       int v = G[u][i];
```

```
20      if ( color[v] == NIL ) {
21        color[v] = c;
22        S.push(v);
23      }
24    }
25  }
26 }
27
28 void assignColor() {
29   int id = 1;
30   for ( int i = 0; i < n; i++ )  color[i] = NIL;
31   for ( int u = 0; u < n; u++ ) {
32     if ( color[u] == NIL ) dfs(u, id++);
33   }
34 }
35
36 int main() {
37   int s, t, m, q;
38
39   cin >> n >> m;
40
41   for ( int i = 0; i < m; i++ ) {
42     cin >> s >> t;
43     G[s].push_back(t);
44     G[t].push_back(s);
45   }
46
47   assignColor();
48
49   cin >> q;
50
51   for ( int i = 0; i < q; i++ ) {
52     cin >> s >> t;
53     if ( color[s] == color[t] ) {
54       cout << "yes" << endl;
55     } else {
56       cout << "no" << endl;
57     }
58   }
59
60   return 0;
61 }
```

13章

重み付きグラフ

前章では、グラフの表現方法を確認したうえで基本的な探索アルゴリズムに関する問題を解きました。

この章では、グラフの辺に重み（値）が設定された重み付きグラフに関する問題を解いていきます。

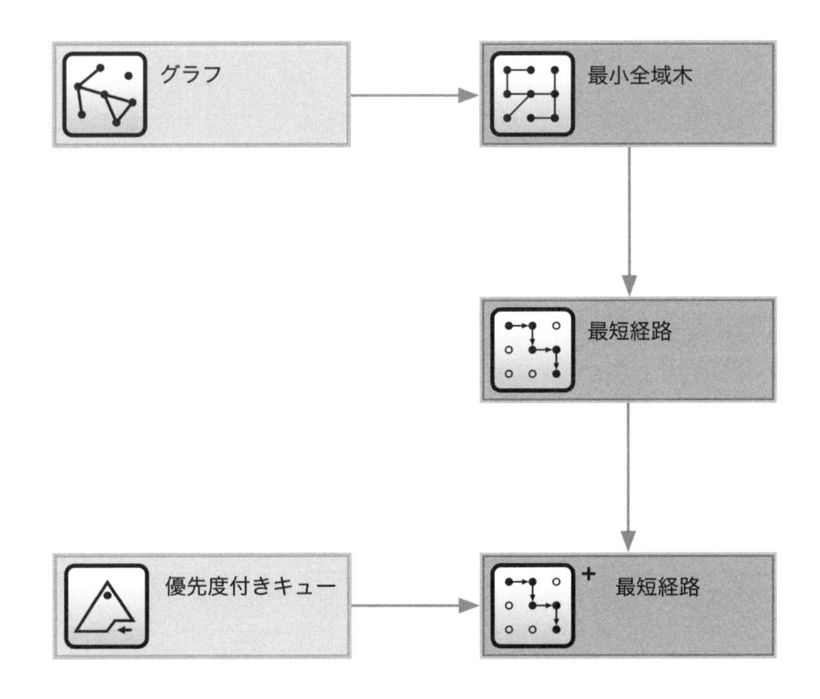

この章の問題を解くためには、グラフのデータ構造を実装することができるプログラミングスキルが必要です。また、より効率のよいアルゴリズムを実装するために、優先度付きキューの知識とそれを応用するプログラミングスキルが必要です。

13.1 重み付きグラフ：問題にチャレンジする前に

最小全域木

復習になりますが、木(tree) とは、閉路を持たないグラフです。次の図(a) のグラフは閉路を持つので、木ではありません。一方、(b) と (c) は閉路を持たないグラフなので木です。木では、ある頂点 r から頂点 v まで、必ず 1 通りの経路があります。

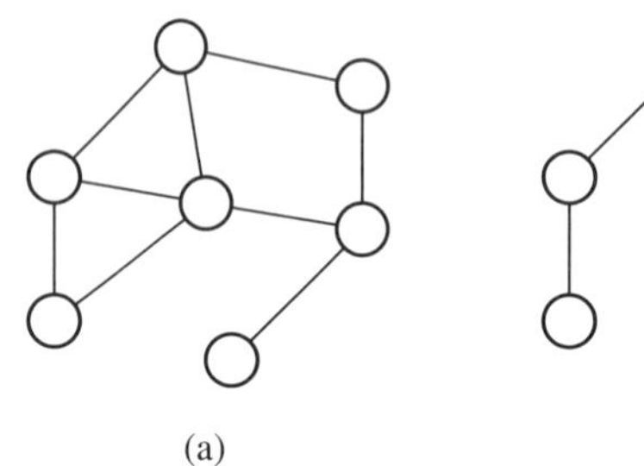
(a)

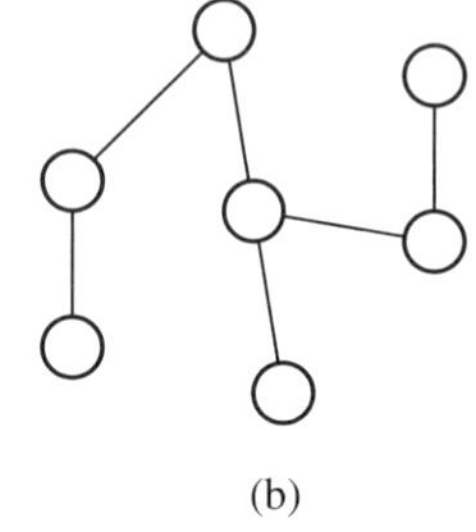
(b)

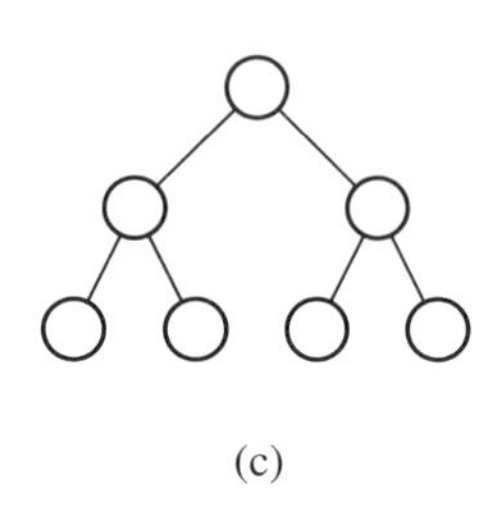
(c)

図 13.1: グラフと木

グラフ $G = (V, E)$ の全域木（spanning tree）$G = (V', E')$ とは、グラフの全ての頂点 V を含む部分グラフであって($V = V'$)、木である限りできるだけ多くの辺を持つものを言います。グラフの全域木は、深さ優先探索または幅優先探索で求めることができますが、グラフの全域木は 1 つとは限りません。例えば、次の図の (a) のグラフは、図の (b) や (c) のようないくつかの全域木を持ちます。

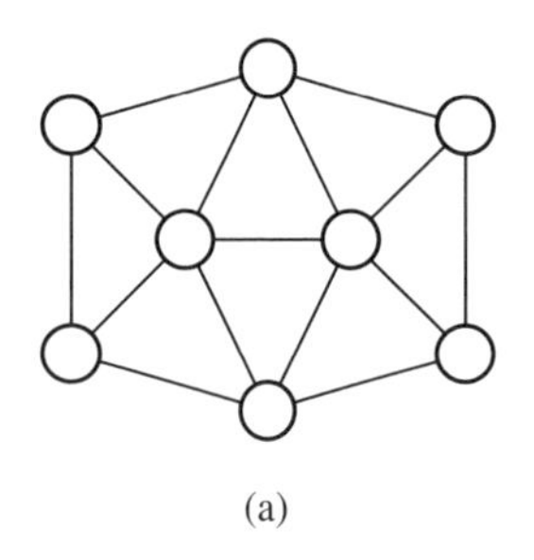
(a)

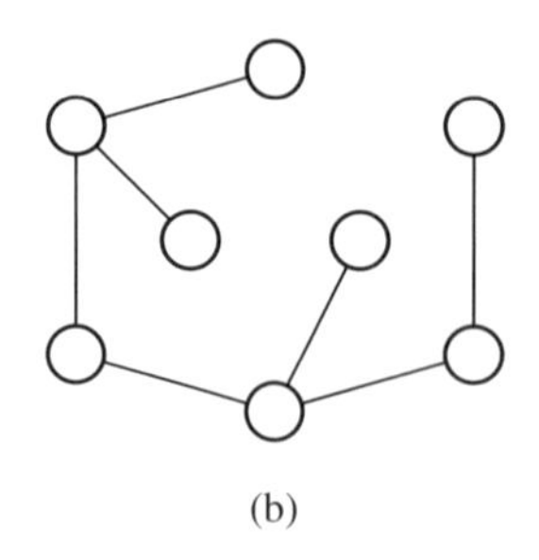
(b)

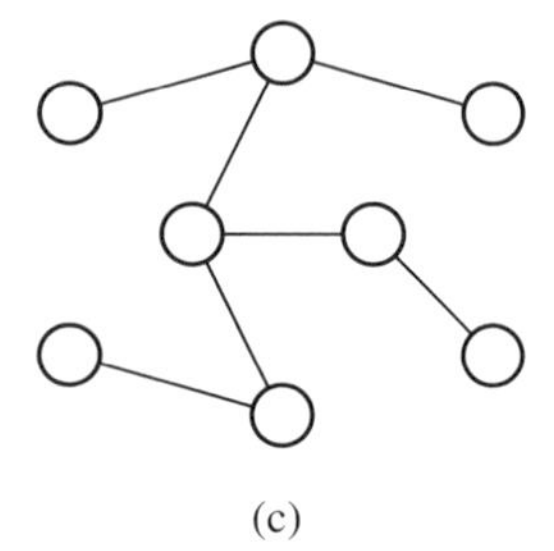
(c)

図 13.2: 全域木

最小全域木(Minimum Spanning Tree) とは、グラフの全域木の中で、辺の重みの総和が最小のものを言います。例えば、次の図の左の重み付きグラフの最小全域木は右のようになります。

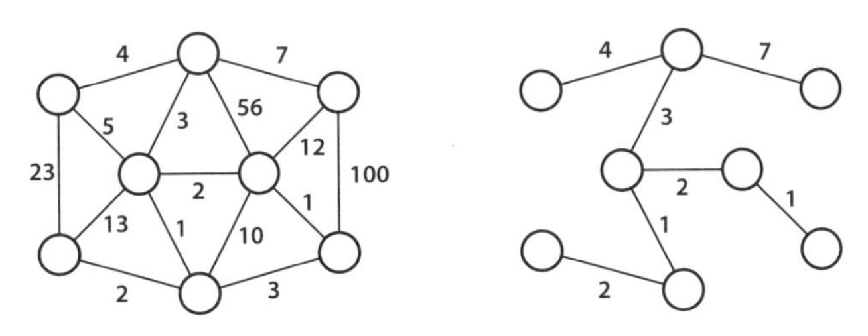

図13.3: 最小全域木

最短経路

最短経路問題（Shortest Path Problem）とは、重みつきグラフ $G=(V,E)$ において、ある与えられた頂点の組 s, d を接続する経路の中で、辺の重みの総和が最小であるパスを求める問題です。この問題は、主に以下の２つに分類されます：

- 単一始点最短経路（Single Source Shortest Path: SSSP）. グラフ G において、与えられた１つの頂点 s から、他の全ての頂点 d_i への最短経路を求める問題です。
- 全点対間最短経路（All Pairs Shortest Path: APSP）. グラフ G において、全ての“頂点のペア”間の最短経路を求める問題です。

次の図のように、辺のコストが非負である重みつきグラフ $G=(V,E)$ について、頂点 s から G の全ての頂点に対してパスがあるとき、s を根とし、s から G の全ての頂点への最短経路を包含する G の全域木 T が存在します。このような木を最短経路木(shortest path spanning tree) と言います。

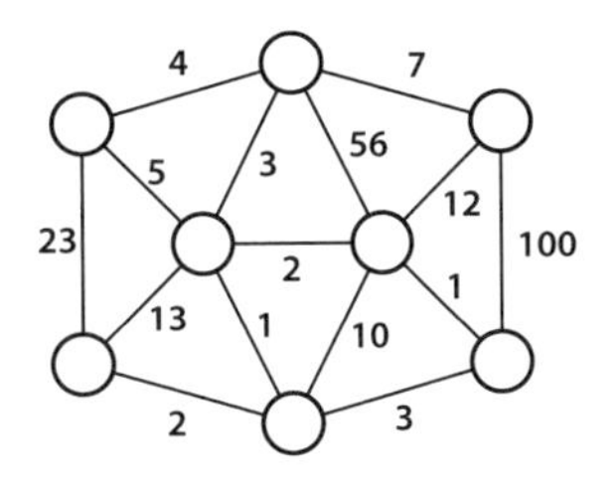

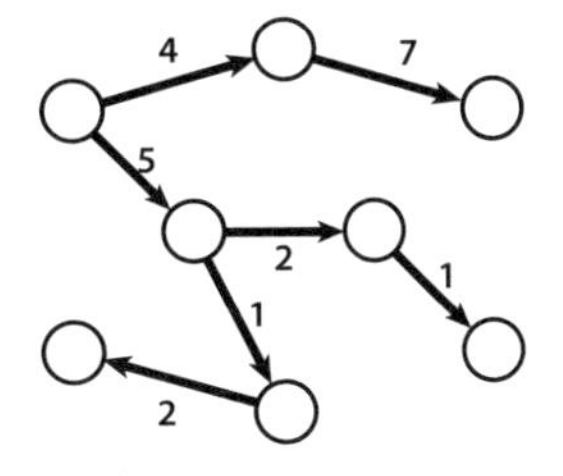

図13.4: 最短経路木

13.2 最小全域木

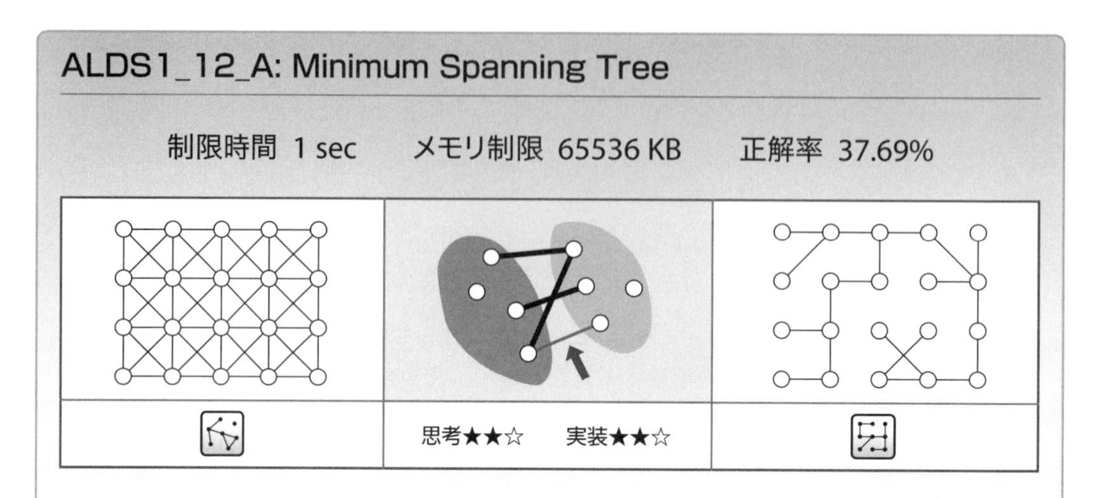

与えられた重み付きグラフ $G = (V, E)$ に対する最小全域木の辺の重みの総和を計算するプログラムを作成してください。

入力 最初の行に G の頂点数 n が与えられます。続く n 行で G を表す $n \times n$ の隣接行列 A が与えられます。A の要素 a_{ij} は、頂点 i と頂点 j を結ぶ辺の重みを表します。ただし、辺がなければ-1 で示されます。

出力 G の最小全域木の辺の重みの総和を1行に出力してください。

制約 $1 \leq n \leq 100$

$0 \leq a_{ij} \leq 2{,}000$（$a_{ij} \neq -1$ のとき）

$a_{ij} = a_{ji}$

グラフ G は連結である。

入力例

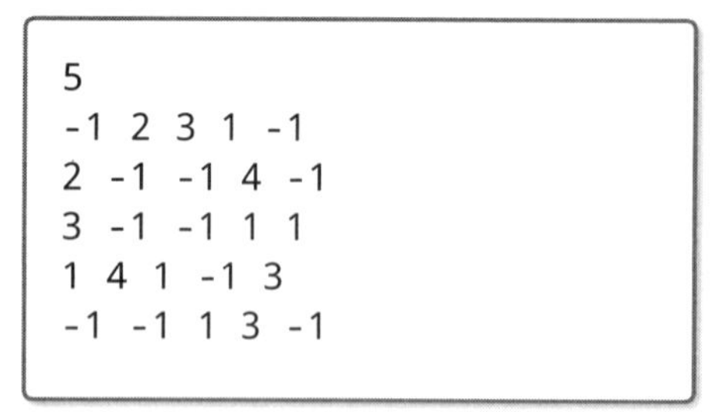

```
5
-1 2 3 1 -1
2 -1 -1 4 -1
3 -1 -1 1 1
1 4 1 -1 3
-1 -1 1 3 -1
```

出力例

```
5
```

解説

次の図のように、重み付き無向グラフの隣接行列では、頂点i と頂点j の間に重さw の辺がある場合、M[i][j] とM[j][i] の値をw とします。多くのアルゴリズムの実装で、辺が無い状態として非常に大きな値に設定しておくと都合が良くなります。

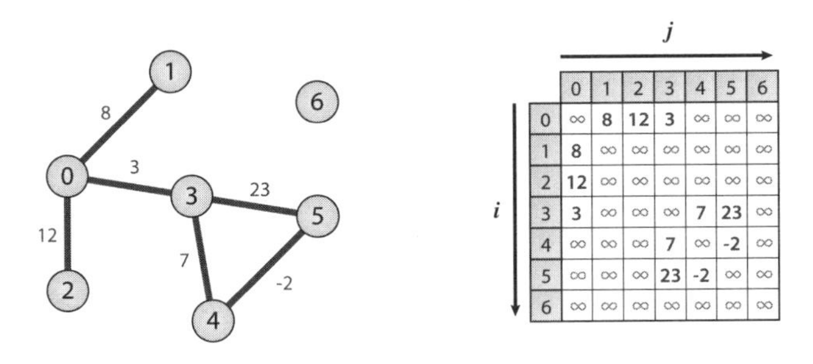

	0	1	2	3	4	5	6
0	∞	8	12	3	∞	∞	∞
1	8	∞	∞	∞	∞	∞	∞
2	12	∞	∞	∞	∞	∞	∞
3	3	∞	∞	∞	7	23	∞
4	∞	∞	∞	7	∞	-2	∞
5	∞	∞	∞	23	-2	∞	∞
6	∞	∞	∞	∞	∞	∞	∞

図 13.5: 重み付き無向グラフの隣接行列

グラフ $G=(V, E)$ の最小全域木 (MST) を求める代表的なアルゴリズムの1つがプリムのアルゴリズム (Prim's Algorithm) です。プリムのアルゴリズムの基本的な考え方は以下のようになります。

プリムのアルゴリズム

グラフ $G=(V, E)$ の頂点全体の集合を V、MST に属する頂点の集合を T とします。

1. G から任意の頂点 r を選び、それをMST のルートとして、T に追加します。
2. 次の処理を $T=V$ になるまで繰り返します。
   - T に属する頂点と $V-T$ に属する頂点をつなぐ辺の中で、重みが最小のものである辺 (p_u, u) を選び、それをMST の辺とし、u を T に追加します。

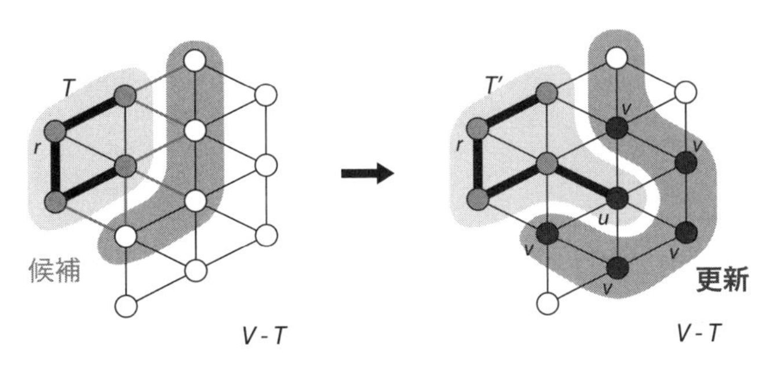

図 13.6: 最小全域木の生成

このアルゴリズムを実装するポイントは、辺の選択ステップで“どのように最小の重みをもつ辺を保存しておくか”です。隣接行列を用いたプリムのアルゴリズムは以下のような変数を準備して実装します。ここで、$n = |V|$ とします。

color[n]	color[v] に v の訪問状態 WHITE、GRAY、BLACK を記録します。
M[n][n]	M[u][v] に u から v への辺の重みを記録した隣接行列。
d[n]	d[v] に T に属する頂点と $V - T$ に属する頂点をつなぐ辺の中で、重みが最小の辺の重みを記録します。
p[n]	p[v] に MST における頂点 v の親を記録していきます。

これらの変数を用いたプリムのアルゴリズムは次のように実装することができます。

Program 13.1: プリムのアルゴリズム

```
1  prim()
2    全ての頂点 u について color[u] を WHITE とし、d[u] を INFTY へ初期化
3    d[0] = 0
4    p[0] = -1
5
6    while true
7      mincost = INFTY
8      for i が 0 から n-1 まで
9        if color[i] != BLACK && d[i] < mincost
10         mincost = d[i]
11         u = i
12
13     if mincost == INFTY
14       break
15
16     color[u] = BLACK
17
18     for v が 0 から n-1 まで
19       if color[v] != BLACK かつ u と v の間に辺がある
20         if M[u][v] < d[v]
21           d[v] = M[u][v]
22           p[v] = u
23           color[v] = GRAY
```

各ステップで、頂点 u を選択するという操作は、「T に属する頂点と $V - T$ に属する頂点をつなぐ辺の中で、重みが最小のもの」を選ぶ操作に相当します。また、u が選ばれた時点で、辺 $(p[u], u)$ が MST を構成する辺となることが決定します。

例えば、重み付きグラフにプリムのアルゴリズムを適用すると次のようになります。

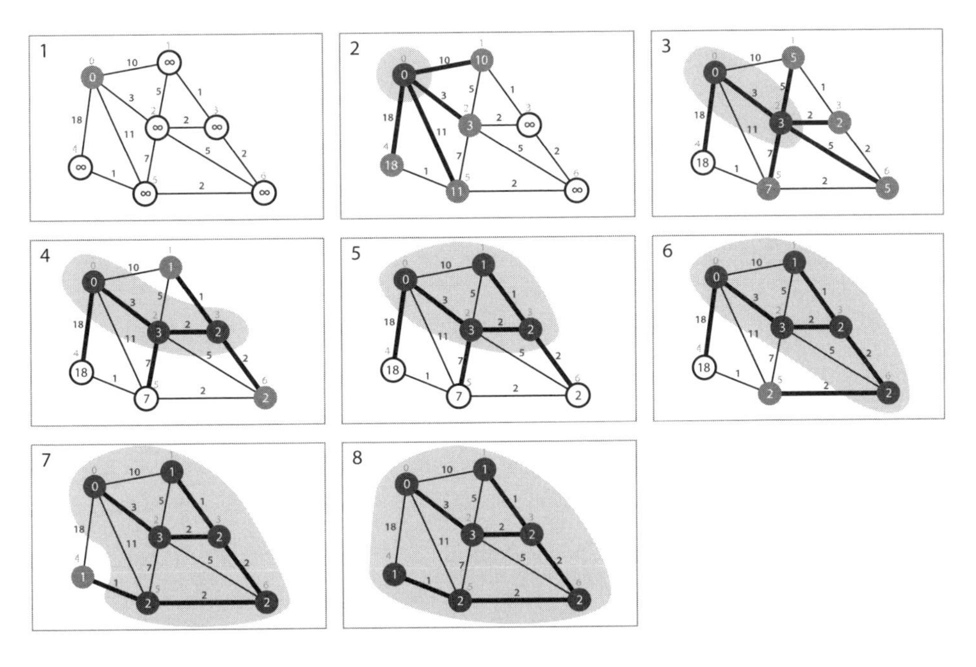

図13.7: プリムのアルゴリズム

この図では、頂点iの上に頂点番号i、頂点iの中に$d[i]$が書かれています。また、灰色の背景に含まれる頂点がMSTに属している頂点です。MSTを構成するエッジ($p[u], u$)が太線で示されていますが、灰色の背景に含まれているものは確定したもの、それ以外は暫定的なものになります。

考察

隣接行列を用いたプリムのアルゴリズムは、dが最小である頂点uを探すために、グラフの頂点の数だけ調べる必要があります。この探索を頂点の数だけ行うので、$O(|V|^2)$のアルゴリズムとなります。

プリムのアルゴリズムは、二分ヒープ（優先度付きキュー）を使って頂点を決定するようにすれば、高速化を行うことができます。この方法は、以降の最短経路問題に関する問題の解法に応用します。

解答例

C++

```
#include<iostream>
using namespace std;
static const int MAX = 100;
static const int INFTY = (1<<21);
static const int WHITE = 0;
static const int GRAY = 1;
static const int BLACK = 2;

int n, M[MAX][MAX];

int prim() {
  int u, minv;
  int d[MAX], p[MAX], color[MAX];

  for ( int i = 0; i < n; i++ ) {
    d[i] = INFTY;
    p[i] = -1;
    color[i] = WHITE;
  }

  d[0] = 0;

  while ( 1 ) {
    minv = INFTY;
    u = -1;
    for ( int i = 0; i < n; i++ ) {
      if ( minv > d[i] && color[i] != BLACK ) {
        u = i;
        minv = d[i];
      }
    }
    if ( u == -1 ) break;
    color[u] = BLACK;
    for ( int v = 0; v < n; v++ ) {
      if ( color[v] != BLACK && M[u][v] != INFTY ) {
        if ( d[v] > M[u][v] ) {
          d[v] = M[u][v];
          p[v] = u;
          color[v] = GRAY;
        }
      }
```

```
42      }
43    }
44    int sum = 0;
45    for ( int i = 0; i < n; i++ ) {
46      if ( p[i] != -1 ) sum += M[i][p[i]];
47    }
48
49    return sum;
50  }
51
52  int main() {
53    cin >> n;
54
55    for ( int i = 0; i < n; i++ ) {
56      for ( int j = 0; j < n; j++ ) {
57        int e; cin >> e;
58        M[i][j] = (e == -1) ? INFTY : e;
59      }
60    }
61
62    cout << prim() << endl;
63
64    return 0;
65  }
```

13.3 単一始点最短経路

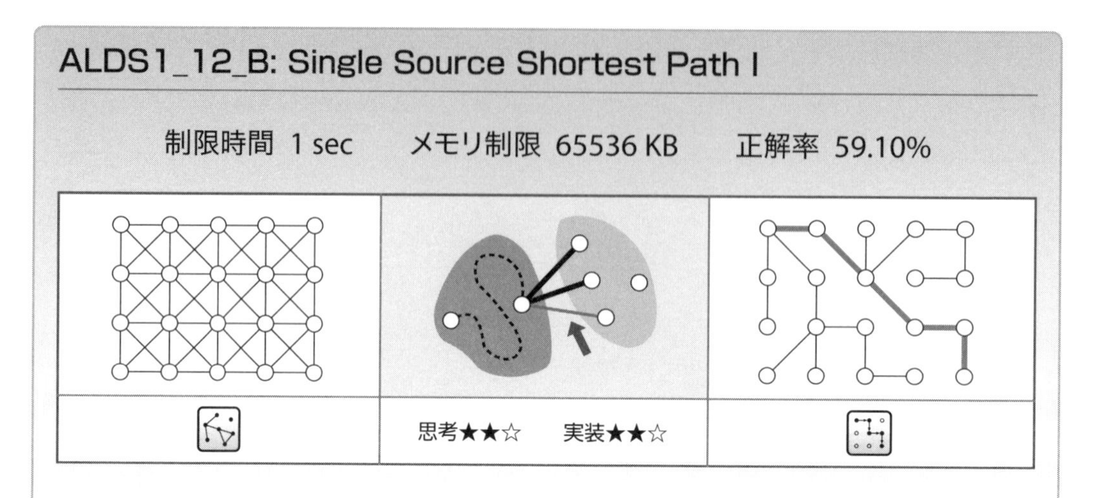

ALDS1_12_B: Single Source Shortest Path I
制限時間 1 sec
メモリ制限 65536 KB
正解率 59.10%
思考★★☆
実装★★☆

与えられた重み付き有向グラフ $G = (V, E)$ について、単一始点最短経路のコストを求めるプログラムを作成してください。G の頂点0 を始点とし、0 から各頂点 v について、最短経路上の辺の重みの総和 $d[v]$ を出力してください。

入力 最初の行に G の頂点数 n が与えられます。続く n 行で各頂点 u の隣接リストが以下の形式で与えられます：

$u\ k\ v_1\ c_1\ v_2\ c_2\ ...\ v_k\ c_k$

G の各頂点には0 から $n-1$ の番号がふられています。u は頂点の番号であり、k は u の出次数を示します。$v_i (i = 1, 2, ...k)$ は u に隣接する頂点の番号であり、c_i は u と v_i をつなぐ有向辺の重みを示します。

出力 各頂点の番号 v と距離 $d[v]$ を1つの空白区切りで順番に出力してください。

制約 $1 \leq n \leq 100$
$0 \leq c_i \leq 100{,}000$
0 から各頂点へは必ず経路が存在する

入力例

```
5
0 3 2 3 3 1 1 2
1 2 0 2 3 4
2 3 0 3 3 1 4 1
3 4 2 1 0 1 1 4 4 3
4 2 2 1 3 3
```

出力例

```
0 0
1 2
2 2
3 1
4 3
```

解説

重み付き有向グラフの隣接行列では、頂点i から頂点j へ向かって重さw の辺がある場合、M[i][j] の値をw とします。辺がない場合は、問題に応じて∞（大きい値）などに設定します。

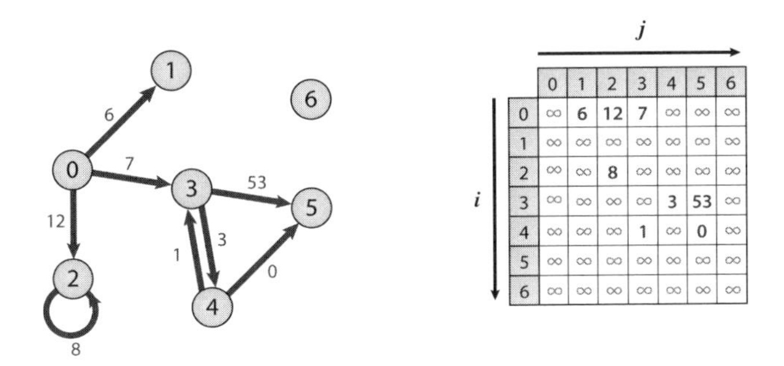

図13.8: 重み付き有向グラフの隣接行列

グラフ $G = (V, E)$ における単一始点最短経路を求めるためのアルゴリズムの１つが、ダイクストラによって考案されたダイクストラのアルゴリズム（Dijkstra's Algorithm）です。

ダイクストラのアルゴリズム

グラフ$G=(V, E)$の頂点全体の集合をV、始点をs、最短経路木に含まれる頂点の集合をSとします。各計算ステップで、最短経路木の辺と頂点を選びSへ追加していきます。

各頂点iについて、S内の頂点のみを経由したsからiへの最短経路のコストを$d[i]$、最短経路木におけるiの親を$p[i]$とします。

1. 初期状態で、Sを空にします。
   sに対して$d[s]=0$,
   s以外のVに属する全ての頂点iに対して$d[i]=\infty$
   と初期化します。
2. 以下の処理を$S=V$となるまで繰り返します。
   - $V-S$の中から、$d[u]$が最小である頂点uを選択します（図13.9）。
   - uをSに追加すると同時に、uに隣接しかつ$V-S$に属する全ての頂点vに対する値を以下のように更新します(図13.10)。

     if $d[u]+w(u, v) < d[v]$
       $d[v]=d[u]+w(u, v)$
       $p[v]=u$

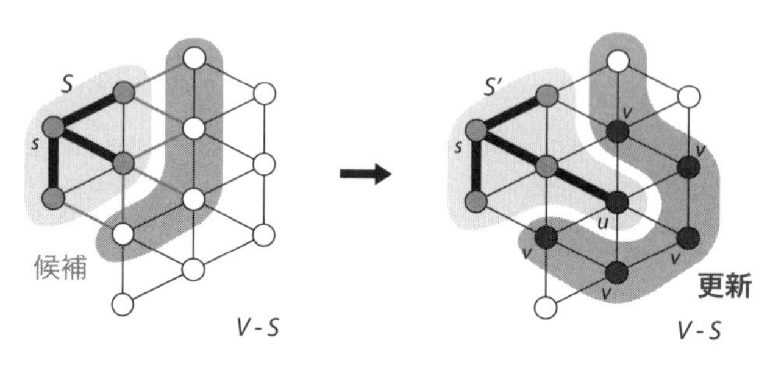

図13.9: 最短経路木の生成

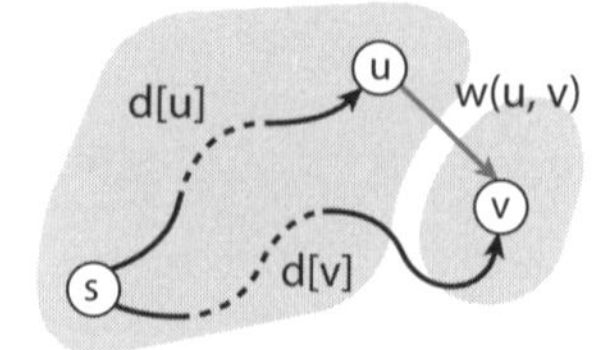

図13.10: 最短コストの更新

2. の各計算ステップ直後（つまり次に u を選ぶ直前）において、$d[v]$ には、s から S 内の頂点のみを経由した v までの最短コストが記録されています。すなわち、全ての処理が終了した時点で、V に属する全ての頂点について $d[v]$ には、s から v までの最短コスト（距離）が記録されています。

隣接行列を用いたダイクストラのアルゴリズムは、以下のような変数を準備して実装します。ここで、$n = |V|$ とします。

color[n]	color[v] に v の訪問状態 WHITE、GRAY、BLACK のいずれかを記録します。
M[n][n]	M[u][v] に u から v への辺の重みを記録した隣接行列。
d[n]	d[v] に始点 s から v までの最短コストを記録します。
p[n]	p[v] に最短経路木における頂点 v の親を記録していきます。

これらの変数を用いたダイクストラのアルゴリズムは、次のように実装することができます。

Program 13.2: ダイクストラのアルゴリズム

```
1   dijkstra(s)
2     全ての頂点 u ついて color[u] を WHITE とし、d[u] を INFTY へ初期化
3     d[s] = 0
4     p[s] = -1
5
6     while true
7       mincost = INFTY
8       for i が 0 から n-1 まで
9         if color[i] != BLACK && d[i] < mincost
10          mincost = d[i]
11          u = i
12
13      if mincost == INFTY
14        break
15
16      color[u] = BLACK
17
18      for v が 0 から n-1 まで
19        if color[v] != BLACK かつ u と v の間に辺がある
20          if d[u] + M[u][v] < d[v]
21            d[v] = d[u] + M[u][v]
22            p[v] = u
23            color[v] = GRAY
```

例えば、重み付きグラフにダイクストラのアルゴリズムを適用すると次のようになります。

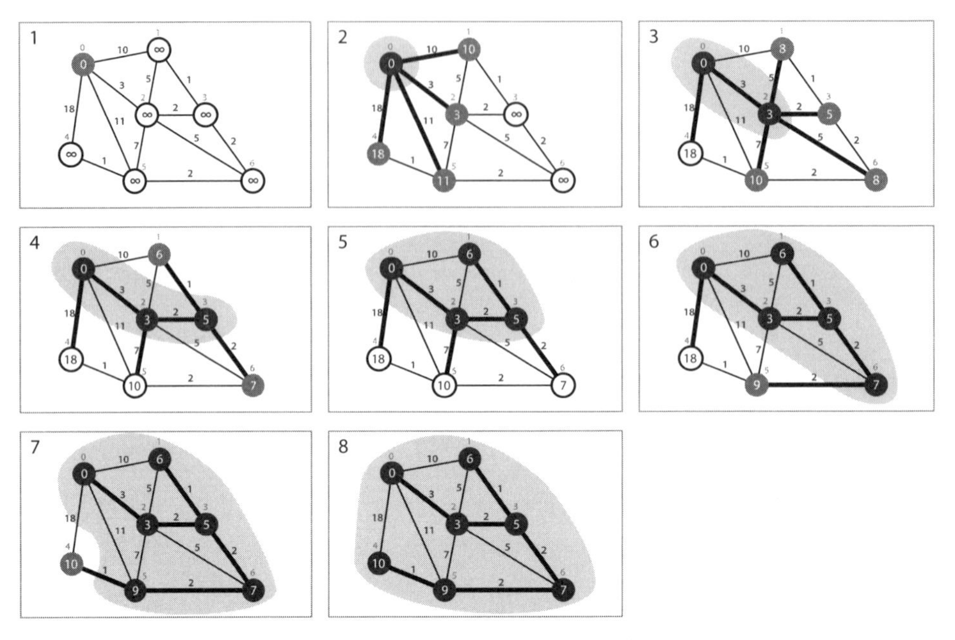

図13.11: ダイクストラのアルゴリズム

この図では、頂点 i の上に頂点番号 i、頂点 i の中に $d[i]$ が書かれています。また、灰色の背景に含まれる頂点と辺が、その時点で決定された最短経路木 S に属している頂点と辺です。

考察

ここで紹介したダイクストラのアルゴリズムの実装は、d の値が最小である頂点 u を $O(|V|)$ で求めます。また、隣接行列を用いた場合は、頂点 u に隣接する頂点を $O(|V|)$ で調べます。これらの処理を $|V|$ 回行うので、$O(|V|^2)$ のアルゴリズムとなります。

ダイクストラのアルゴリズムは負の重みの辺を含むグラフには適用できないことに注意が必要です。負の重みを持つグラフに対してはベルマンフォード（Bellman Ford）のアルゴリズムやワーシャルフロイド（Warshall Floyd）のアルゴリズムを適用することができます。

解答例

C++

```
#include<iostream>
using namespace std;
static const int MAX = 100;
static const int INFTY = (1<<21);
static const int WHITE = 0;
static const int GRAY = 1;
static const int BLACK = 2;

int n, M[MAX][MAX];

void dijkstra() {
  int minv;
  int d[MAX], color[MAX];

  for ( int i = 0; i < n; i++ ) {
    d[i] = INFTY;
    color[i] = WHITE;
  }

  d[0] = 0;
  color[0] = GRAY;
  while ( 1 ) {
    minv = INFTY;
    int u = -1;
    for ( int i = 0; i < n; i++ ) {
      if ( minv > d[i] && color[i] != BLACK ) {
        u = i;
        minv = d[i];
      }
    }
    if ( u == -1 ) break;
    color[u] = BLACK;
    for ( int v = 0; v < n; v++ ) {
      if ( color[v] != BLACK && M[u][v] != INFTY ) {
        if ( d[v] > d[u] + M[u][v] ) {
          d[v] = d[u] + M[u][v];
          color[v] = GRAY;
        }
      }
    }
  }
```

```
42
43   for ( int i = 0; i < n; i++ ) {
44     cout << i << " " << ( d[i] == INFTY ? -1 : d[i] ) << endl;
45   }
46 }
47
48 int main() {
49   cin >> n;
50   for ( int i = 0; i < n; i++ ) {
51     for ( int j = 0; j < n; j++ ) {
52       M[i][j] = INFTY;
53     }
54   }
55
56   int k, c, u, v;
57   for ( int i = 0; i < n; i++ ) {
58     cin >> u >> k;
59     for ( int j = 0; j < k; j++ ) {
60       cin >> v >> c;
61       M[u][v] = c;
62     }
63   }
64
65   dijkstra();
66
67   return 0;
68 }
```

ALDS1_12_C: Single Source Shortest Path II

制限時間 1 sec　　メモリ制限 131072 KB　　正解率 19.57%

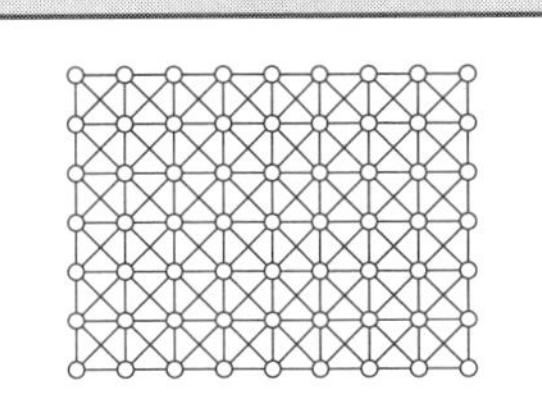	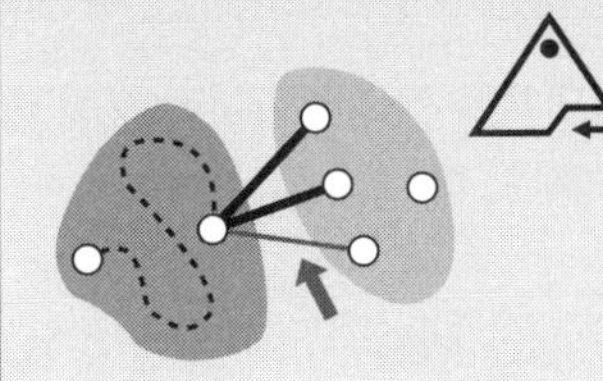	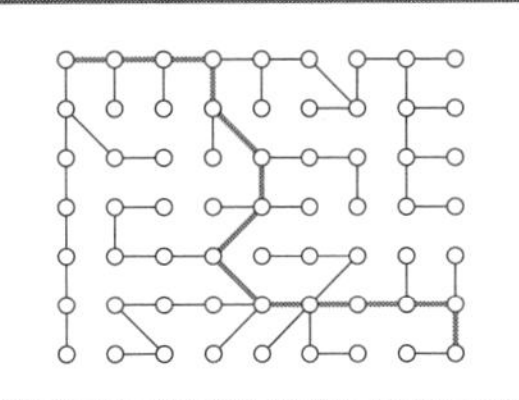
	思考★★★　実装★★★	

与えられた重み付き有向グラフ $G = (V, E)$ について、単一始点最短経路のコストを求めるプログラムを作成してください。G の頂点0 を始点とし、0 から各頂点 v について、最短経路上の辺の重みの総和 $d[v]$ を出力してください。

入力　最初の行に G の頂点数 n が与えられます。続く n 行で各頂点 u の隣接リストが以下の形式で与えられます：

$u\ k\ v_1\ c_1\ v_2\ c_2\ ...\ v_k\ c_k$

G の各頂点には0から $n-1$ の番号がふられています。u は頂点の番号であり、k は u の出次数を示します。$v_i (i = 1, 2, ...k)$ は u に隣接する頂点の番号であり、c_i は u と v_i をつなぐ有向辺の重みを示します。

出力　各頂点の番号 v と距離 $d[v]$ を1つの空白区切りで順番に出力してください。

制約　$1 \le n \le 10{,}000$

$0 \le c_i \le 100{,}000$

$|E| < 500{,}000$

0 から各頂点へは必ず経路が存在する

入力例

```
5
0 3 2 3 3 1 1 2
1 2 0 2 3 4
2 3 0 3 3 1 4 1
3 4 2 1 0 1 1 4 4 3
4 2 2 1 3 3
```

出力例

```
0 0
1 2
2 2
3 1
4 3
```

解説

前問で紹介した一般的なダイクストラのアルゴリズムは、隣接行列を用いているため、頂点 u に隣接する各頂点 v を特定するための処理に $O(|V|)$ の計算が必要です。さらに、最短経路木 S に追加する頂点 u を選択するためのループ（$|V|$ 回）を $|V|$ 回行っていることから、$O(|V|^2)$ のアルゴリズムとなります。このオーダーは、グラフを隣接行列で表現しても、隣接リストで表現しても同じになります。

ダイクストラのアルゴリズムは、隣接リストによる表現と、二分ヒープ(優先度付きキュー)を応用することによって、飛躍的に高速化することができます。

重みつきグラフの隣接リストでは、次のように番号だけではなく重みもリストの要素に追加します。

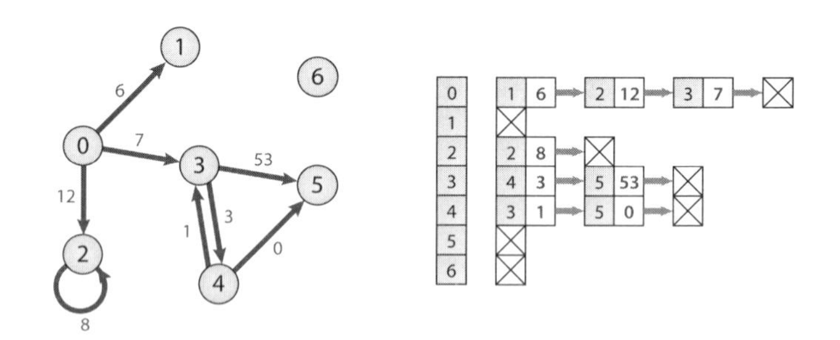

図13.12: 重み付き有向グラフの隣接リスト

二分ヒープ（優先度付きキュー）を応用したダイクストラのアルゴリズムは次のようになります。

ダイクストラのアルゴリズム（優先度付きキュー）

グラフ$G = (V, E)$の頂点全体の集合をV、始点をs、最短経路木に含まれる頂点の集合をSとします。各計算ステップで、最短経路木の辺と頂点を選びSへ追加していきます。

各頂点iについて、S内の頂点のみを経由したsからiへの最短経路のコストを$d[i]$、最短経路木におけるiの親を$p[i]$とします。

1. 初期状態で、Sを空とします。
   sに対して$d[s] = 0$
   s以外のVに属する全ての頂点iに対して$d[i] = \infty$
   と初期化します。
   $d[i]$をキーとして、Vの頂点をmin-ヒープHとして構築します。
2. 次の処理を$S = V$となるまで繰り返します。
   - Hから$d[u]$が最小である頂点uを取り出します。
   - uをSに追加すると同時に、uに隣接しかつ$V - S$に属する全ての頂点vに対する値を以下のように更新します。

     if $d[u] + w(u, v) < d[v]$
       $d[v] = d[u] + w(u,v)$
       $p[v] = u$
       vを起点にヒープHを更新する

このアルゴリズムは次のように実装することができます。

Program 13.3: ヒープによるダイクストラのアルゴリズム

```
1  dijkstra(s)
2    全ての頂点 u ついて color[u] を WHITE とし、d[u] を INFTY へ初期化
3    d[s] = 0
4
5    Heap heap = Heap( n, d )
6    heap.construct()
7
8    while heap.size >= 1
9      u = heap.extractMin()
10
```

13章 重み付きグラフ

```
11      color[u] = BLACK
12
13      // u に隣接する頂点 v が存在する限り
14      while ( v = next( u ) ) != NIL
15        if color[v] != BLACK
16          if d[u] + M[u][v] < d[v]
17            d[v] = d[u] + M[u][v]
18            color[v] = GRAY
19            heap.update( v )
```

二分ヒープと連携した実装はやや複雑になります。一方、次のように二分ヒープの代わりに優先度付きキューに候補となる頂点を挿入していく、より直観的なアルゴリズムを実装することができます（STL の priority_queue を用いて比較的簡単に実装することができます）。

Program 13.4: 優先度付きキューによるダイクストラのアルゴリズム

```
1   dijkstra(s)
2     全ての頂点 u ついて color[u] を WHITE とし、d[u] を INFTY へ初期化
3     d[s] = 0
4
5     PQ.push( Node( s, 0 ) ) // 優先度付きキューに始点を挿入
6     // 最初に s が u として選ばれる
7
8     while PQ が空でない
9       u = PQ.extractMin()
10
11      color[u] = BLACK
12
13      if  d[u] < u のコスト // 最小値を取り出し、それが最短でなければ無視
14        continue
15
16      // u に隣接する頂点 v が存在する限り
17      while ( v = next( u ) ) != NIL
18        if color[v] != BLACK
19          if d[u] + M[u][v] < d[v]
20            d[v] = d[u] + M[u][v]
21            color[v] = GRAY
22            PQ.push( Node( v, d[v] ) )
```

考察

隣接リストと二分ヒープを用いたダイクストラのアルゴリズムの計算量は、頂点 u を二分ヒープから取り出すために $O(|V|\log|V|)$、$d[v]$ を更新するために $O(|E|\log|V|)$ の計算が必要になるため、$O((|V|+|E|)\log|V|)$ となります。

また、隣接リストと優先度付きキューを用いた実装は、$|V|$ の数だけキューから頂点が取り出され、$|E|$ の数だけキューに挿入されるので、同じく $O((|V|+|E|)\log|V|)$ のアルゴリズムとなります。

解答例

C++

```
#include<iostream>
#include<algorithm>
#include<queue>
using namespace std;
static const int MAX = 10000;
static const int INFTY = (1<<20);
static const int WHITE = 0;
static const int GRAY = 1;
static const int BLACK = 2;

int n;
vector<pair<int, int> > adj[MAX]; // 重み付き有向グラフの隣接リスト表現

void dijkstra() {
  priority_queue<pair<int, int> > PQ;
  int color[MAX];
  int d[MAX];
  for ( int i = 0; i < n; i++ ) {
    d[i] = INFTY;
    color[i] = WHITE;
  }

  d[0] = 0;
  PQ.push(make_pair(0, 0));
  color[0] = GRAY;

  while ( !PQ.empty() ) {
    pair<int, int> f = PQ.top(); PQ.pop();
    int u = f.second;
```

```
30
31     color[u] = BLACK;
32
33     // 最小値を取り出し、それが最短でなければ無視
34     if ( d[u] < f.first * (-1) ) continue;
35
36     for ( int j = 0; j < adj[u].size(); j++ ) {
37       int v = adj[u][j].first;
38       if ( color[v] == BLACK ) continue;
39       if ( d[v] > d[u] + adj[u][j].second ) {
40         d[v] = d[u] + adj[u][j].second;
41         // priority_queue はデフォルトで大きい値を優先するため-1 を掛ける
42         PQ.push(make_pair(d[v] * (-1), v));
43         color[v] = GRAY;
44       }
45     }
46   }
47
48   for ( int i = 0; i < n; i++ ) {
49     cout << i << " " << ( d[i] == INFTY ? -1 : d[i] ) << endl;
50   }
51 }
52
53 int main() {
54   int k, u, v, c;
55
56   cin >> n;
57   for ( int i = 0; i < n; i++ ) {
58     cin >> u >> k;
59     for ( int j = 0; j < k; j++ ) {
60       cin >> v >> c;
61       adj[u].push_back(make_pair(v, c));
62     }
63   }
64
65   dijkstra();
66
67   return 0;
68 }
```

Part 3

[応用編]

プロコン必携ライブラリ

多くのプログラミングコンテストでは、STLなどの標準ライブラリ以外のライブラリファイルをインクルードして使用することができません。そこで、その場で書くことが難しいアルゴリズムや典型問題の解法などは、自らあらかじめライブラリとして準備しておき、有効活用します（持ち込みが禁止されているコンテストもあります）。

レベルの高いコンテストや発想力を重視するコンテストでは、ライブラリの利用頻度はそれほど高くはありません。しかし、多くのコンテストでライブラリを利用できるチャンスがあり、備えておけば間違いのない信頼性のあるコードを用いて、より早く問題を解ける可能性が高くなります。その他にも、ライブラリの整備には以下の意義があります：

- 幅広いアルゴリズムとデータ構造、典型問題を学習するきっかけとなります。
- 典型問題などの共通のテーマについて、他の人の実装を参考にし、自分のコードを洗練することができます。
- アルゴリズムをコレクションしていく楽しみがあります。

14章

高度なデータ構造

C++ 言語のSTLのように、多くのプログラミング言語では汎用的なデータ構造やアルゴリズムが提供されています。ここまでは、それらの実装の基本的な仕組みを確認し、関連する問題を解いてきました。

一方で、標準ライブラリでサポートされていなくとも、目的に応じた様々なデータ構造が考案されてきました。この章では、基礎的な構造を応用して実装することができる高等的なデータ構造に関する問題を解いていきます。これらはさらに、高等的なアルゴリズムの実装にも応用することができます。

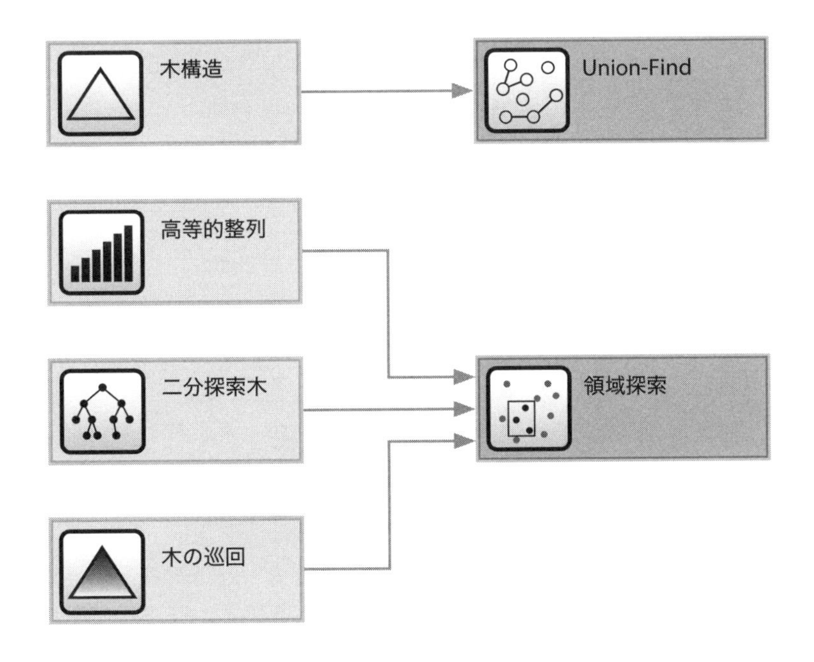

この章の問題を解くためには、木構造、高等的なソートアルゴリズム、二分探索木を実装する、あるいはこれらに関連するライブラリを使用することができるプログラミングスキルが必要です。

14.1 互いに素な集合

DSL_1_A: Disjoint Set: Union Find Tree

制限時間 3 sec　　メモリ制限 65536 KB　　正解率 63.71%

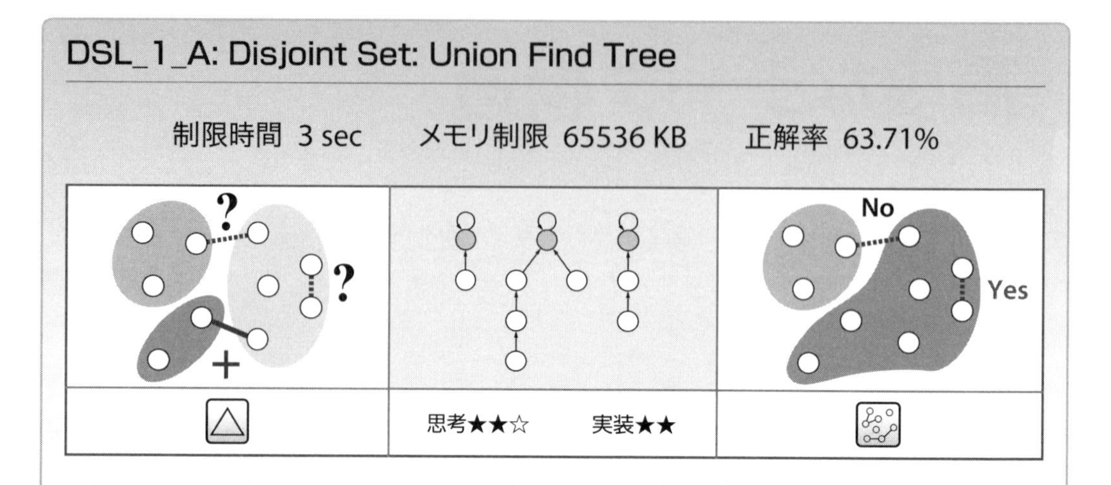

互いに素な動的集合 $S = \{S_1, S_2, ..., S_k\}$ を管理するプログラムを作成してください。

まず、整数 n を読み込み、0, 1, ... $n-1$ をそれぞれ唯一の要素とする n 個の互いに素な集合を作成します。

次に、整数 q を読み込み、q 個のクエリに応じて集合を操作します。クエリは以下の 2 種類を含みます：

- **unite(x,y)**: x を含む集合 S_x と y を含む集合 S_y を合併する。
- **same(x,y)**: x と y が同じ集合に属しているかを判定する。

入力 $n\ q$
$com_1\ x_1\ y_1$
$com_2\ x_2\ y_2$
...
$com_q\ x_q\ y_q$

1 行目に n, q が与えられます。続く q 行にクエリが与えられます。com_i は、クエリの種類を示し、'0' が *unite*、'1' が *same* を表します。

出力 各 *same* クエリについて、x と y が同じ集合に属する場合 1 を、そうでない場合 0 を 1 行に出力してください。

制約 $1 \leq n \leq 10{,}000$
$1 \leq q \leq 100{,}000$

入力例

```
5 12
0 1 4
0 2 3
1 1 2
1 3 4
1 1 4
1 3 2
0 1 3
1 2 4
1 3 0
0 0 4
1 0 2
1 3 0
```

出力例

```
0
0
1
1
1
0
1
1
```

解説

Disjoint Sets は、データを互いに素な集合（1つの要素が複数の集合に属することがない集合）に分類して管理するためのデータ構造です。このデータ構造は、動的に以下の操作を効率的に処理します。

- *makeSet*(*x*): 要素が *x* ただ1つである新しい集合を作る
- *findSet*(*x*): 要素 *x* が属する集合の"代表"の要素を求める
- *unite*(*x*, *y*): 指定された2つの要素 *x*, *y* を合併する

findSet(*x*) によって、要素 *x* がどの集合に属するかを調べることができます。Disjoint Sets に対して、「指定された2つの要素 *x*, *y* が、同じ集合に属するか？」どうかを調べる操作を Union Find と言います。

ここでは Disjoint Sets Forests と呼ばれる森の構造を用いて Disjoint Sets を実装します。ここで、木の集合を森と呼びます。森を構成する木が各集合を表し、木の各ノードが集合内の各要素を表します。

各木の根を集合を区別するための代表（representative）とします。従って、*findSet*(*x*) は、要素 *x* が属する木（集合）の根を値として返します。根を特定するために、各ノードはそれ自身から代表まで到達できるように、親へのポインタを持ちます。ただし、代表はそれ自身へのポインタを持つようにします。例えば、次の図の Disjoint Sets で *findSet*(5) の結果は1、*findSet*(0) の結果も1なので、5と0が同じ集合に属すると判断することができます。

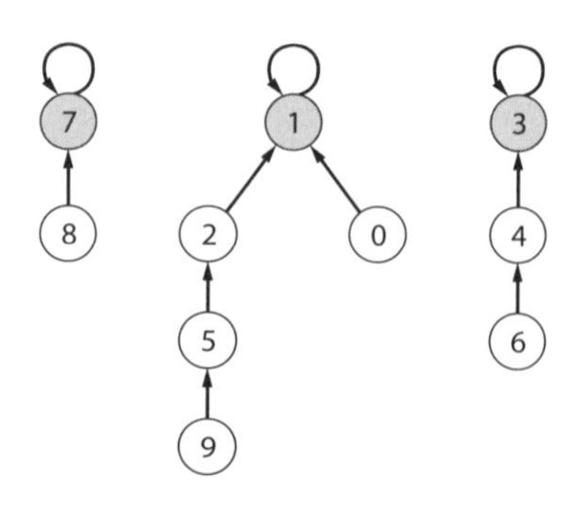

図 14.1: 互いに素な集合

findSet(*x*) の計算量は、各ノードから代表までの間にたどるポインタの数＝木の高さになります。ここで、*findSet*(*x*) は、代表を求めるだけではなく、以降に実行される *findSet*(*x*) の効率を高めるために、経路圧縮（path compression）を行います。ある要素の代表を求めるとき、その要素から代表に至る経路上の全てのノードについて、ポインタが直接代表を指すように変更することにより経路圧縮を行います。次の図は経路圧縮の例です。

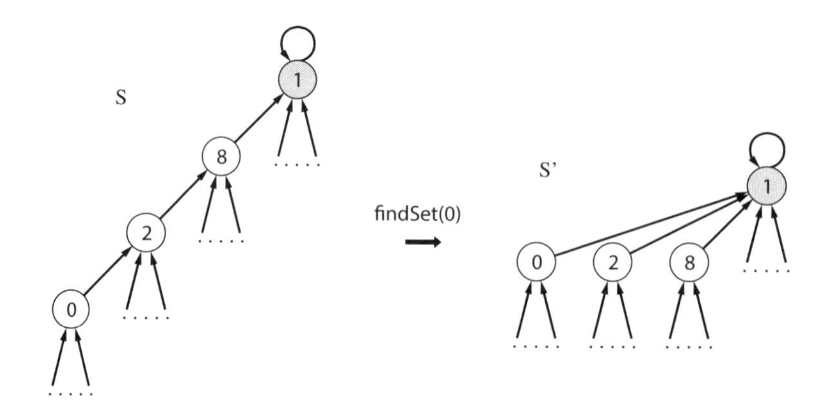

図 14.2: 経路圧縮

S において、各ノードは親へのポインタをもち、要素 0 の代表は、0 → 2 → 8 → 1 とたどることによって 1 と求められます。ここでは *findSet*(0) は 1 を返しますが、同時にその経路上のノードのポインタを直接 1 を指すように処理し新しい木 *S*′ を生成します。

この工夫によって、高さの低い木が生成され、*S*′ に属する要素 *x* に対する *findSet*(*x*) の操作は極少ない計算量で行われるようになります。

指定された2つの要素*x*, *y*を合併する操作 *unite*(*x*, *y*)は、*x*の代表と*y*の代表の、どちらか一方を新しい代表として選び、代表にならなかったほうのポインタを新しい代表を指すように更新します。例えば、次の図はある互いに素な集合*S*に対して*unite*(2, 4)を実行した結果です。

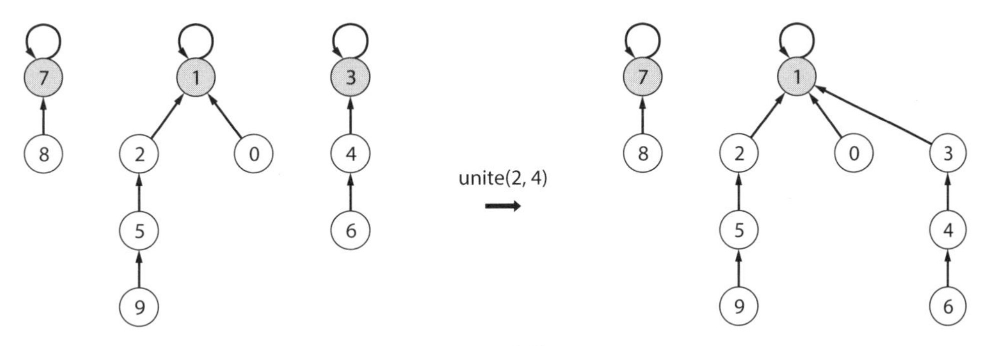

図14.3: 合併

ここでは、"どちらの代表を新しい代表として選ぶか"がポイントになりますが、それらの集合を表す木の高さで判断します。そこで、各ノード*x* を根としたときの木の高さをrank[x] という変数に記録します。１つの要素が１つの集合を成している初期状態では、rank[x] は全て0 としておきます。

次のように、合併する集合の木の高さが異なる場合は、低い方の木を高い方の木に合併します（新しい木の高さが高くなることはないため)。

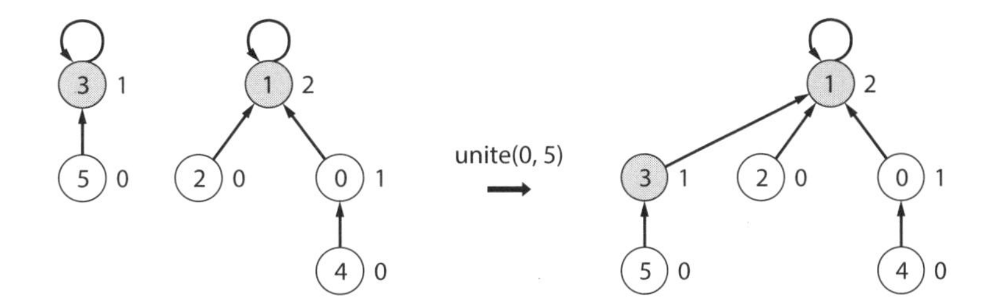

図14.4: 合併: 異なる高さの木

次のように、同じ高さの木を合併するときには合併後の代表のrankを1つ増やします。

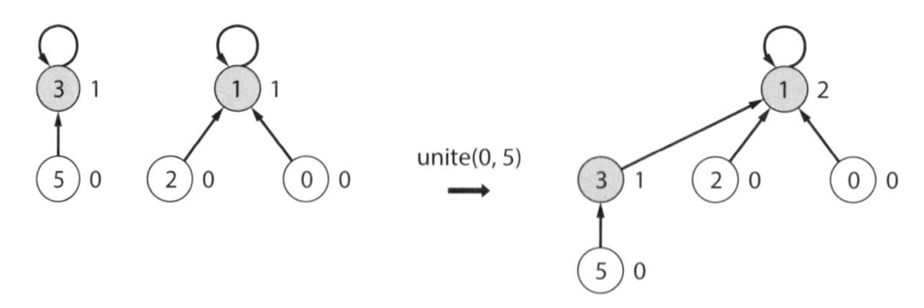

図14.5: 合併: 同じ高さの木

考察

この経路圧縮とrankを用いた実装は、その解析は難しいですが*O*(log*n*) より高速になることが知られています。この実装では、経路圧縮における rank の更新は行いません。実際、ノード *x* の高さは rank[x] 以下となります。

解答例

C++

```
#include<iostream>
#include<vector>

using namespace std;

class DisjointSet {
  public:
    vector<int> rank, p;

    DisjointSet() {}
    DisjointSet(int size) {
      rank.resize(size, 0);
      p.resize(size, 0);
      for(int i=0; i < size; i++) makeSet(i);
    }

    void makeSet(int x) {
      p[x] = x;
      rank[x] = 0;
    }

```

```
22     bool same(int x, int y) {
23       return findSet(x) == findSet(y);
24     }
25 
26     void unite(int x, int y) {
27       link(findSet(x), findSet(y));
28     }
29 
30     void link(int x, int y) {
31       if ( rank[x] > rank[y] ) {
32         p[y] = x;
33       } else {
34         p[x] = y;
35         if ( rank[x] == rank[y] ) {
36           rank[y]++;
37         }
38       }
39     }
40 
41     int findSet(int x) {
42       if ( x != p[x] ) {
43         p[x] = findSet(p[x]);
44       }
45       return p[x];
46     }
47 };
48 
49 int main() {
50   int n, a, b, q;
51   int t;
52 
53   cin >> n >> q;
54   DisjointSet ds = DisjointSet(n);
55 
56   for ( int i = 0; i < q; i++ ) {
57     cin >> t >> a >> b;
58     if ( t == 0 ) ds.unite(a, b);
59     else if ( t == 1 ) {
60       if ( ds.same(a, b) ) cout << 1 << endl;
61       else cout << 0 << endl;
62     }
63   }
64 
65   return 0;
66 }
```

14.2 領域探索

DSL_2_C: Range Search (kD Tree)

制限時間 3 sec　　メモリ制限 65536 KB　　正解率 8.62%

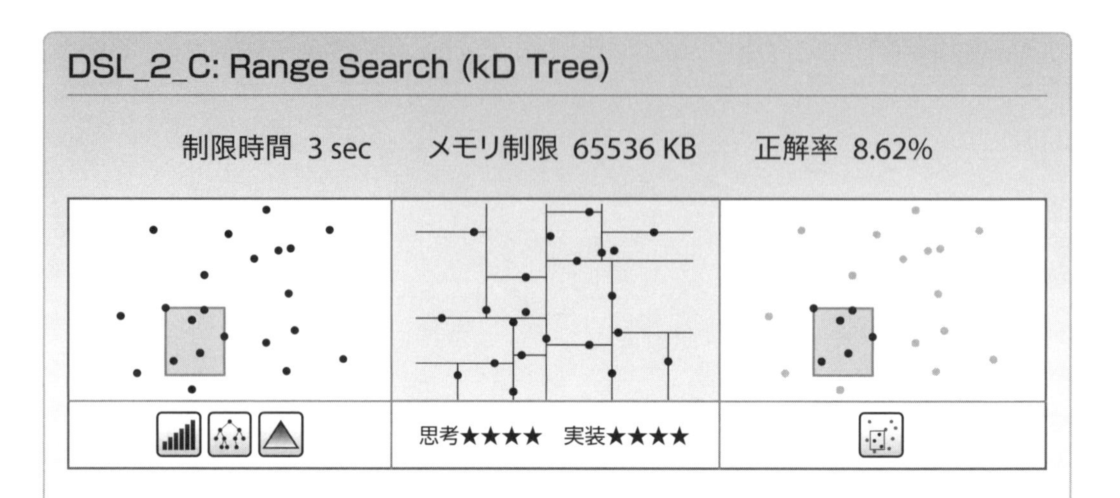

いくつかの属性を持つレコードの集合（データベース）から、特定の属性の値が指定された領域に入るものを見つける問題を領域探索と呼びます。

２次元の平面上の点の集合に対し、与えられた領域に含まれる点を列挙してください。ただし、与えられた点の集合に対して、点の追加・削除は行われません。

入力

n
$x_0\ y_0$
$x_1\ y_1$
:
$x_{n-1}\ y_{n-1}$
q
$sx_0\ tx_0\ sy_0\ ty_0$
$sx_1\ tx_1\ sy_1\ ty_1$
:
$sx_{q-1}\ tx_{q-1}\ sy_{q-1}\ ty_{q-1}$

1 行目の n は集合に含まれる点の数を表します。続く n 行に i 番目の点の座標が2つの整数 x_i, y_i で与えられます。

続く1行にクエリの数 q が与えられます。続く q 行に各クエリが4つの整数 sx_i, tx_i, sy_i, ty_i で与えられます。

出力 各クエリについて、点集合の中で $sx_i \le x \le tx_i$ かつ $sy_i \le y \le ty_i$ を満たす点の番号を、番号の昇順に出力してください。１つの点の番号を１行に出力し、各クエリに対する出力の最後に1つの空行を出力してください（条件を満たす点がない場合は1つの空行になります）。

制約 $0 \leq n \leq 500{,}000$

$0 \leq q \leq 20{,}000$

$-1{,}000{,}000{,}000 \leq x, y, sx, tx, sy, ty \leq 1{,}000{,}000{,}000$

$sx \leq tx$

$sy \leq ty$

各クエリについて、与えられた領域内に含まれる点の数は100を超えない。

入力例

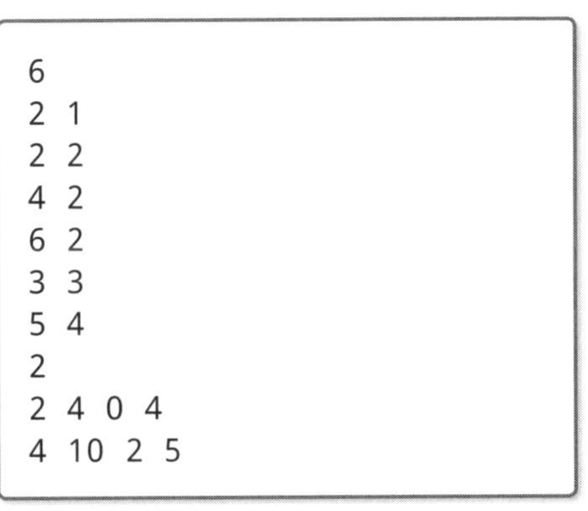

```
6
2 1
2 2
4 2
6 2
3 3
5 4
2
2 4 0 4
4 10 2 5
```

出力例

```
0
1
2
4

2
3
5

```

不正解時のチェックポイント

- C++言語の場合はcinではなくscanfを使うなど、高速な入出力方法を使用してください。

解説

この問題では、入力として点の集合が与えられた後は、点の挿入や削除は行われないため、クエリに応える処理の前に、静的なデータの集合が得られています。一般的には、挿入や削除などの操作にも対応する必要がありますが、この問題は領域探索の簡易的な問題となっています。

まず、問題を単純化して、1次元のx軸に配置された点の集合から与えられた領域（範囲）に含まれる点を列挙する1次元の領域探索問題を考えてみましょう。

まず、次のようなアルゴリズムで、与えられた点の集合Pから二分探索木Tを作ります。

Program 14.2: 1D Tree: Make

```
np = 0                          // ノード番号の初期化
make1DTree(0, n)

make1DTree(l, r)
  if !(l < r)
    return NIL

  P について、l から r まで（r を含まない）の範囲を x について昇順に整列する

  mid = (l + r ) / 2

  t = np++                      // 二分木のノード番号を設定
  T[t].location = mid           // P における位置
  T[t].l = make1DTree(l, mid)   // 前半で部分木を生成
  T[t].r = make1DTree(mid + 1, r) // 後半で部分木を生成

  return t
```

このアルゴリズムは再帰関数`make1DTree(l, r)`に基づいており、点の集合Pの指定された範囲`l`から`r`までの要素（`r`を含まない）における部分木を生成します。まず最初に`make1DTree(0, n)`を呼び出すことによって点の集合全体を対象に二分木を作ります。

`make1DTree(l, r)`は二分木の１つのノードを決定し、その番号`t`を返します。まず指定された範囲内で点をxの昇順に整列します。次に中央値の添え字`mid`を計算して、範囲内の点の集合を`mid`を境に２つに分けます。ここで、`mid`の値はノード`t`のP内での位置になります。

`make1DTree(l, mid)`と`make1DTree(mid + 1, r)`によりそれぞれ左部分木と右部分木を生成し、それらの戻り値をもとにノード`t`の左の子`l`と右の子`r`を設定します。

例えば、x の値が{1, 3, 5, 6, 10, 13, 14, 16, 19, 21} である点の集合からmake1DTree によって次のような二分探索木が得られます。

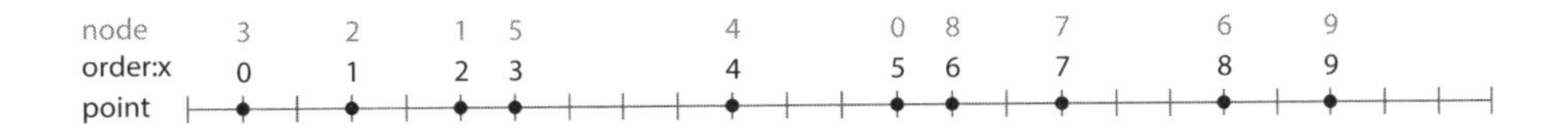

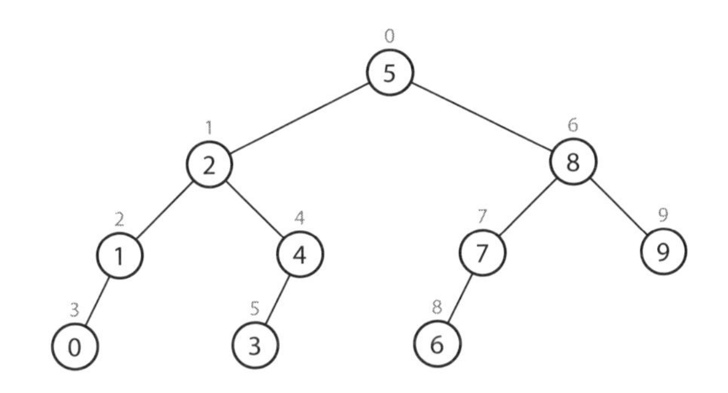

図14.6: 二分探索木の構築：１次元

ここでは、黒い数字がx を基準にした順番、灰色の数字が二分探索木のノードの番号を示しています。それぞれInorder巡回、Preorder巡回の順番になっています。

このような二分探索木に対して指定された範囲内の点を列挙するアルゴリズムは次のようになります。

Program 14.3: 1D Tree: Find

```
1  find(v, sx, tx)
2    x = P[T[v].location].x
3    if sx <= x && x <= tx
4      print P[T[v].location]
5
6    if T[v].l != NIL && sx <= x
7      find(T[v].l, sx, tx)
8
9    if T[v].r != NIL && x <= tx
10     find(T[v].r, sx, tx)
```

二分探索木の根から探索を始め、訪問中のノードに関連付けられた点が指定された範囲sx とtxに含まれるかどうかを調べ、含まれるならばその点（節点番号や座標など）を出力します。さらに、その点が下限*sx* 以上の場合は左部分木を再帰的に探索し、さらにその点が上限*tx* 以下の場合は右部分木を再帰的に探索します。例えば、上で生成した二分探索木に対して*x* が6 から15 の範囲にある点を探すと次のようになります。

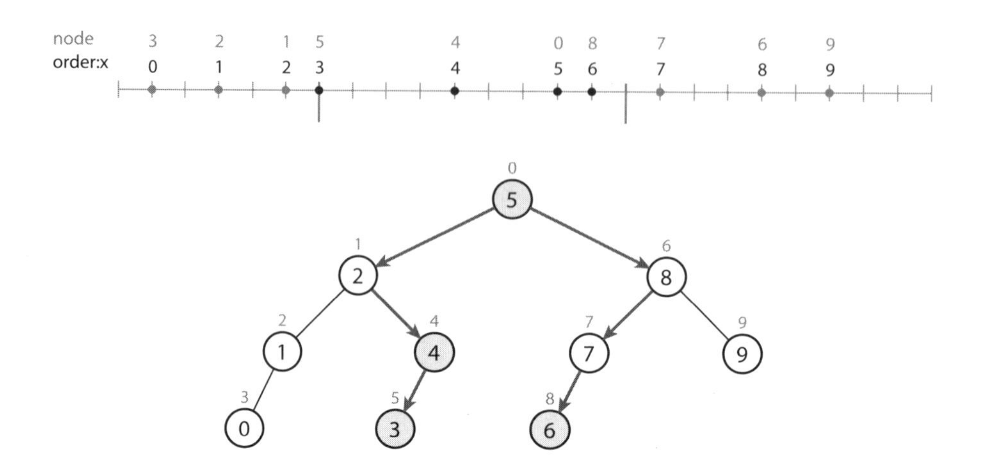

図14.7: 二分探索木からの点の探索： 1 次元

このアルゴリズムは、k次元の空間に拡張することができ、kD木と呼ばれるデータ構造を構築し、領域内の点の探索を行うことができます。それでは次に、2 次元の平面に配置された点集合から領域探索を行うアルゴリズムを考えてみましょう。

kD木には様々な構築方法がありますが、ここでは2次元の平面に対応する基本的な方法を紹介します。点をソートして中央値をノードとして木を構築していく基本的なアイデアは1 次元のアルゴリズムと同様ですが、k次元の場合は、ソートする基準を構築する木の深さによって変えていきます。

1 次元の*x* 軸に配置された点は*x*の値のみでソートしていましたが、2 次元の平面上の点に対しては*x* 軸あるいは*y* 軸に対するソートが必要です。どちらの軸に対してソートを行うかは、木の深さによって循環するように決めます。例えば、深さが偶数の場合は*x* 軸、奇数の場合は*y* 軸のように、交互に切り換えるようにします。

この方法で二分探索木を構築し領域を探索するアルゴリズムは次のようになります。

Program 14.4: 2D Tree: Make & Find

```
1  make2DTree(l, r, depth)
2    if !(l < r)
3      return NIL
4
5    mid = ( l + r ) / 2
6    t = np++
7
8    if depth % 2 == 0
9      P の l から r まで (r を含まない) の範囲を、x について昇順に整列する
10   else
11     P の l から r まで (r を含まない) の範囲を、y について昇順に整列する
12
13   T[t].location = mid
14   T[t].l = make2DTree(l, mid, depth + 1)
15   T[t].r = make2DTree(mid+1, r, depth + 1)
16
17   return t
18
19
20 find(v, sx, tx, sy, ty, depth)
21   x = P[T[v].location].x;
22   y = P[T[v].location].y;
23
24   if sx <= x && x <= tx && sy <= y && y <= ty
25     print P[T[v].location]
26
27   if depth % 2 == 0
28     if T[v].l != NIL && sx <= x
29       find(T[v].l, sx, tx, sy, ty, depth + 1)
30     if T[v].r != NIL && x <= tx
31       find(T[v].r, sx, tx, sy, ty, depth + 1)
32   else
33     if T[v].l != NIL && sy <= y
34       find(T[v].l, sx, tx, sy, ty, depth + 1)
35     if T[v].r != NIL && y <= ty
36       find(T[v].r, sx, tx, sy, ty, depth + 1)
```

make2DTreeはmake1DTreeを二次元に拡張したもので、訪問ノードの深さdepthを持たせ、それが偶数か奇数かによってソートの基準となる軸を変更しています。findも同様にdepthによって場合分けを行い探索を行います。

次の例は、2次元平面上に配置された点から二分探索木を構築する様子を示しています。

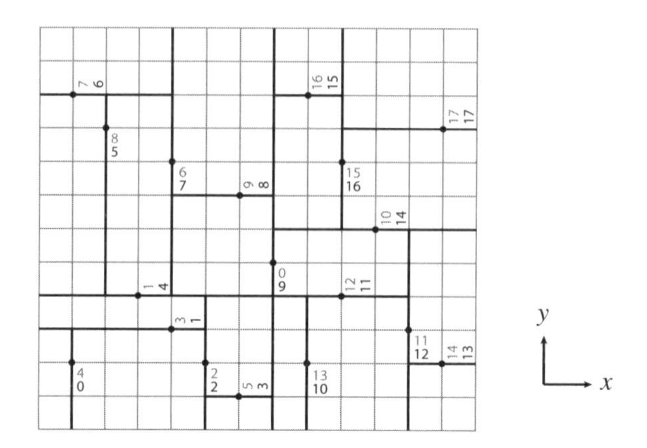

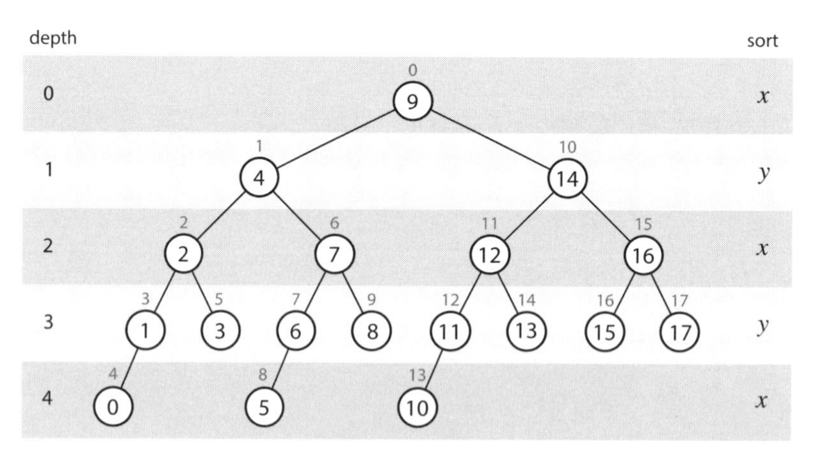

図14.8: 二分探索木の構築：2次元

ここで、各ノードに書かれている黒い数字が座標を基準にした順番、灰色の数字が二分探索木におけるノードの番号を示しています。

まずmake2DTree(0, n)で木の根0が決定し、これは点全体をxを基準にソートした真ん中に位置する点（灰色の0を通る縦の線で分割）に関連付けられます。次にノード0より左側（x軸の負の方向）にある点の集合について、今度はyを基準にソートした中央値にある点をノード1とし、その点（横の線で分割）を分割点として範囲内の上下（y軸の正と負の方向それぞれ）に対してさらに再帰的にmake2DTreeを行います。

次の例は、構築された二分探索木に対して x が2から8、y が2から7の領域を指定し、点を探索している様子を示しています。

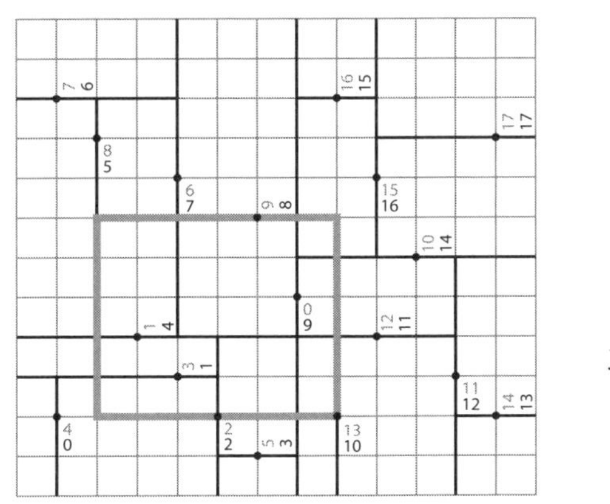

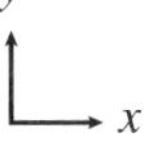

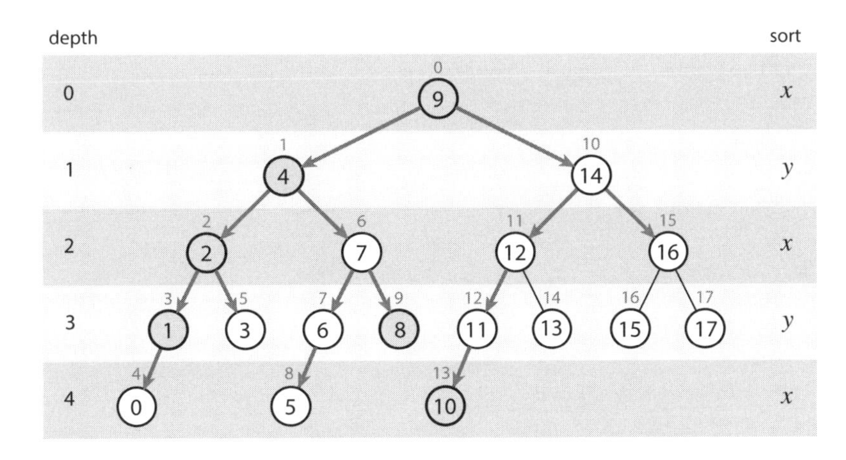

図14.9: 二分探索木からの点の探索：２次元

基本的な原理は1次元の場合と同じです。探索では、make2DTreeを構築したアルゴリズムに従って、深さが偶数のときは x 軸について比較し、奇数の場合は y 軸について比較して二分木を探索していきます。

考察

点の数を n とすると、木の構築については $O(n\log n)$ のソートを木の高さ $\log n$ 回だけ行うので、$O(n\log^2 n)$ のアルゴリズムになります。

また、領域探索は、指定された領域内に含まれる点の数を k、kD 木の次元を d とすると、$O(n^{1-\frac{1}{d}}+k)$ のアルゴリズムになることが知られています。

解答例

C++

```
1  #include<cstdio>
2  #include<algorithm>
3  #include<vector>
4  using namespace std;
5  
6  class Node {
7  public:
8    int location;
9    int p, l, r;
10   Node() {}
11 };
12 
13 class Point {
14 public:
15   int id, x, y;
16   Point() {}
17   Point(int id, int x, int y): id(id), x(x), y(y) {}
18   bool operator < ( const Point &p) const {
19     return id < p.id;
20   }
21 
22   void print() {
23     printf("%d\n", id); // cout より高速なprintf 関数を使用
24   }
25 };
26 
27 static const int MAX = 1000000;
28 static const int NIL = -1;
29 
30 int N;
31 Point P[MAX];
```

```
32 Node T[MAX];
33 int np;
34 
35 bool lessX(const Point &p1, const Point &p2) { return p1.x < p2.x; }
36 bool lessY(const Point &p1, const Point &p2) { return p1.y < p2.y; }
37 
38 int makeKDTree(int l, int r, int depth) {
39   if ( !(l < r) ) return NIL;
40   int mid = ( l + r ) / 2;
41   int t = np++;
42   if ( depth % 2 == 0 ){
43     sort(P + l, P + r, lessX);
44   } else {
45     sort(P + l, P + r, lessY);
46   }
47   T[t].location = mid;
48   T[t].l = makeKDTree(l, mid, depth + 1);
49   T[t].r = makeKDTree(mid + 1, r, depth + 1);
50 
51   return t;
52 }
53 
54 void find(int v, int sx, int tx, int sy, int ty, int depth, vector<Point> &ans ) {
55   int x = P[T[v].location].x;
56   int y = P[T[v].location].y;
57 
58   if ( sx <= x && x <= tx && sy <= y && y <= ty ) {
59     ans.push_back(P[T[v].location]);
60   }
61 
62   if ( depth % 2 == 0 ) {
63     if ( T[v].l != NIL ) {
64       if ( sx <= x ) find(T[v].l, sx, tx, sy, ty, depth + 1, ans);
65     }
66     if ( T[v].r != NIL ) {
67       if ( x <= tx ) find(T[v].r, sx, tx, sy, ty, depth + 1, ans);
68     }
69   } else {
70     if ( T[v].l != NIL ) {
71       if ( sy <= y) find(T[v].l, sx, tx, sy, ty, depth + 1, ans);
72     }
73     if ( T[v].r != NIL ) {
74       if ( y <= ty) find(T[v].r, sx, tx, sy, ty, depth + 1, ans);
75     }
76   }
77 }
```

```
78
79  int main() {
80    int x, y;
81    scanf("%d", &N);
82    for ( int i = 0; i < N; i++ ) {
83      scanf("%d %d", &x, &y); // cin より高速な scanf 関数を使用
84      P[i] = Point(i, x, y);
85      T[i].l = T[i].r = T[i].p = NIL;
86    }
87
88    np = 0;
89
90    int root = makeKDTree(0, N, 0);
91
92    int q;
93    scanf("%d", &q);
94    int sx, tx, sy, ty;
95    vector<Point> ans;
96    for ( int i = 0; i < q; i++ ) {
97      scanf("%d %d %d %d", &sx, &tx, &sy, &ty);
98      ans.clear();
99      find(root, sx, tx, sy, ty, 0, ans);
100     sort(ans.begin(), ans.end());
101     for ( int j = 0; j < ans.size(); j++ ) {
102       ans[j].print();
103     }
104     printf("\n");
105   }
106
107   return 0;
108 }
```

14.3 その他の問題

本書で取り上げられなかった、高度なデータ構造に関する問題をいくつか紹介します。

▶ DSL_2_A: Range Minimum Query

要素の値が動的に変化する数列に対して、指定された範囲内の最小の要素を高速に求める問題です。区間木（セグメントツリー）と呼ばれるデータ構造を応用します。

▶ DSL_2_B: Range Sum Query

要素の値が動的に変化する数列に対して、指定された範囲内の要素の和を高速に求める問題です。区間木（セグメントツリー）と呼ばれるデータ構造を応用します。

15章

高度なグラフアルゴリズム

この章では、これまで獲得したアルゴリズムとデータ構造を応用して、いくつかの高等的なグラフアルゴリズムに関する問題を解いていきます。

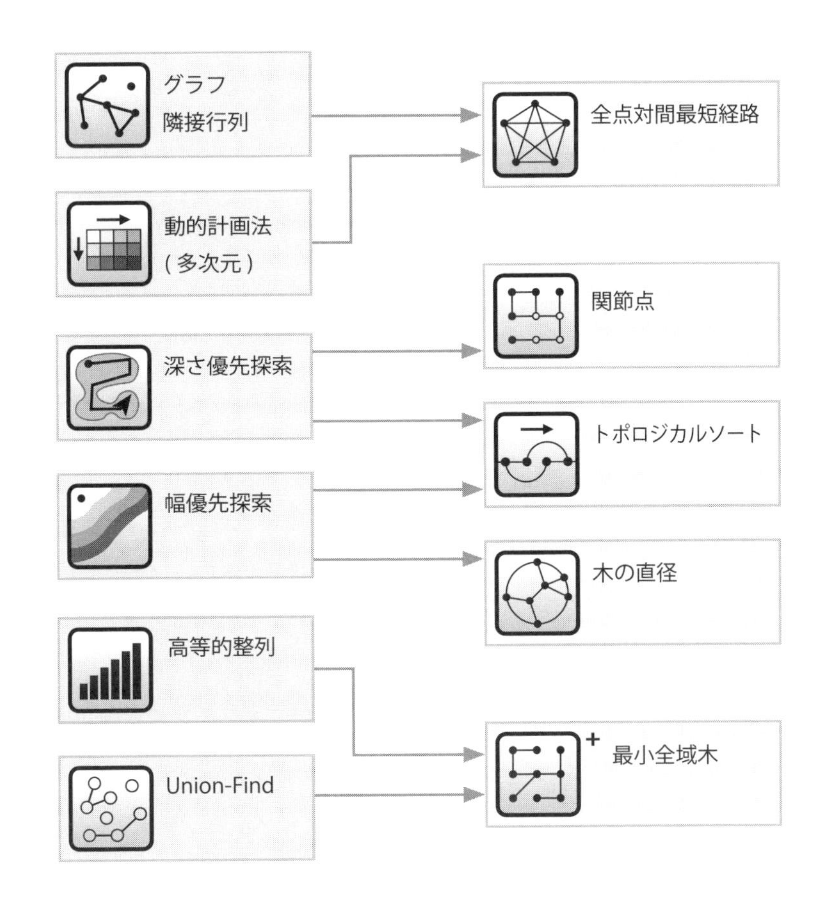

この章の問題を解くためには、グラフの表現、グラフの探索アルゴリズム、Union-Findに関する知識とそれらを実装するプログラミングスキルが必要です。

15.1 全点対間最短経路

GRL_1_C: All Pairs Shortest Path

制限時間 1 sec　　メモリ制限 65536 KB　　正解率 25.69%

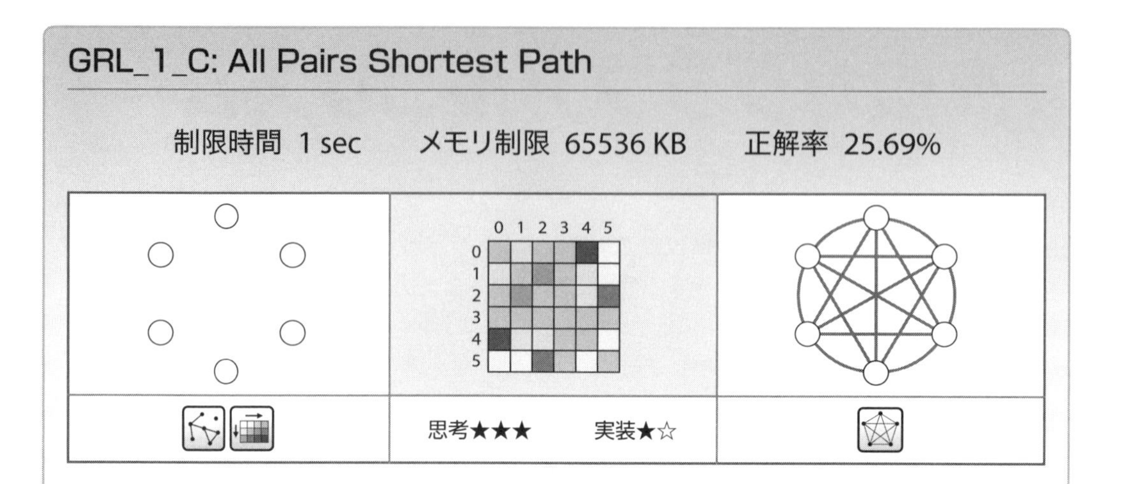

重み付き有向グラフ $G = (V, E)$ の全点対間最短経路の距離を列挙してください。

入力 入力は以下の形式で与えられます。

$|V|\ |E|$
$s_0\ t_0\ d_0$
$s_1\ t_1\ d_1$
:
$s_{|E|-1}\ t_{|E|-1}\ d_{|E|-1}$

$|V|, |E|$ はそれぞれグラフ G の頂点の数と辺の数を示します。グラフ G の頂点はそれぞれ $0, 1, ..., |V|-1$ の番号が付けられているものとします。

s_i, t_i, d_i はグラフ G の i 番目の辺が結ぶ（有向）2つの頂点の番号とその重みを表します。

出力 グラフ G が負の閉路（辺の重みの和が負になるような閉路）を持つ場合は

```
NEGATIVE CYCLE
```

と1行に出力してください。それ以外の場合以下の形式で距離を出力してください。

$D_{0,0}\ D_{0,1}\ ...\ D_{0,|V|-1}$
$D_{1,0}\ D_{1,1}\ ...\ D_{1,|V|-1}$
:
$D_{|V|-1,0}\ D_{|V|-1,1}\ ...\ D_{|V|-1,|V|-1}$

出力は $|V|$ 行からなります。i 行目に頂点 i から各頂点 j への最短経路の距離を順番

に出力してください。i から j への経路がない場合は "INF" と出力してください。距離の間に1つの空白を出力してください。

制約 $1 \le |V| \le 100$

$0 \le |E| \le 9{,}900$

$-2 \times 10^7 \le d_i \le 2 \times 10^7$

グラフ G に多重辺はない

グラフ G に自己ループはない

入力例 1

```
4 6
0 1 1
0 2 5
1 2 2
1 3 4
2 3 1
3 2 7
```

出力例 1

```
0 1 3 4
INF 0 2 3
INF INF 0 1
INF INF 7 0
```

入力例 2

```
4 6
0 1 1
0 2 -5
1 2 2
1 3 4
2 3 1
3 2 7
```

出力例 2

```
0 1 -5 -4
INF 0 2 3
INF INF 0 1
INF INF 7 0
```

入力例 3

```
4 6
0 1 1
0 2 5
1 2 2
1 3 4
2 3 1
3 2 -7
```

出力例 3

```
NEGATIVE CYCLE
```

解説

全点対間最短経路問題（All Pairs Shortest Path: APSP）は、グラフG=(V, E) に対して、Gに含まれる頂点の全ての組の最短経路（距離）を求める問題です。この問題はGに負の重みのある辺がなければ、各頂点を始点としてダイクストラのアルゴリズムを$|V|$回行うことによって解くことができます。このアルゴリズムの計算量は$O(|V|^3)$、または優先度付きキューを用いた実装では$O(|V|(|E|+|V|)\log|V|)$となります。

APSP 問題を$O(|V|^3)$で解く方法としてワーシャルフロイドのアルゴリズム(Warshall-Floyd's Algorithm) が知られています。ワーシャルフロイドのアルゴリズムは、Gに負の閉路がない限り、Gに負の重みを持つ辺が存在しても正しく動作します。負の閉路とは、その閉路を成す辺の重みの合計が負となっている閉路で、そのような閉路が存在すると無限にコストを小さくすることができるため、最短経路を定義することができなくなります。

ワーシャルフロイドのアルゴリズムは、最短経路だけではなくGに負の閉路が存在するか否かを判定することができます。アルゴリズムが終了した時点で、Gのある頂点vから頂点v（それ自身）への最短距離が負になっていれば、Gに負の閉路が存在すると判断することができます。

ワーシャルフロイドのアルゴリズムは、頂点の各組$[i, j]$に対する最短コストを２次元配列の要素$A[i, j]$に対応させ、これらを動的計画法によって求めていきます。ここでは説明のために、$G=(V, E)$の頂点を$\{1, 2, 3, ...|V|\}$とします。

$A^k[i, j]$を頂点$V^k = \{1, 2, 3, ...k\}$のみを経由する頂点iと頂点jの最短コスト、その時の経路の１つを$P^k[i, j]$とします。ワーシャルフロイドのアルゴリズムはA^{k-1}を利用したA^kの計算をkが1, 2, 3, ...$|V|$に対して行い、$A^{|V|}$つまり$A[i, j]$を求めます。

まず、$A^0[i, j]$は、iとj以外に経由する頂点が存在しないので、単にiとjを繋ぐ辺の重みになります。つまり、入力されたグラフの隣接行列に対応させ、iからjに向かって重みdのエッジがあれば$A[i, j] = d$とし、エッジがなければ$A[i, j] = \infty$とします。ただし$A[i, i] = 0$とします。この時点で、$A^0[i, j]$がiからjへの最短コストであることは明らかです。

次に、kが1, 2, 3, ...$|V|$について、A^{k-1}に基づいてA^kを求めます。ここでは、$P^k[i, j]$が頂点kを「経由しない場合」と「経由する場合」を考えます。

$P^k[i, j]$ が k を経由しない場合、$P^k[i, j]$ は端点である i と j 以外では $V^{k-1} = \{1, 2, 3, ...k-1\}$ に属する頂点しか通らないので、$P^{k-1}[i, j]$ と等しくなります。よって、この場合は $A^k[i, j] = A^{k-1}[i, j]$ となります。

$P^k[i, j]$ が k を経由する場合、$P^k[i, j]$ は k によって $i \rightarrow k$ と $k \rightarrow j$ の２つの部分路に分けられます。この２つの部分路はどちらも $V^{k-1} = \{1, 2, 3, ...k-1\}$ に属する頂点しか経由しません。従って k を経由する最短経路の部分路は $P^{k-1}[i, k]$ と $P^{k-1}[k, j]$ となります。つまり、$A^k[i, j] = A^{k-1}[i, k]+A^{k-1}[k, j]$ となります。

以上のことから、i, j の全ての対に対して、

$$A^k[i, j] = min(A^{k-1}[i, j], A^{k-1}[i, k] + A^{k-1}[k, j])$$

となります。

このアルゴリズムは、$A^k[i, j]$ を求めるために、一見 $A[i, j, k]$ のような $O(|V|^3)$ のメモリ空間が必要に見えるかもしれません。$A^k[i, j]$ の計算中に $A^{k-1}[i, j]$ の値が変化してしまうのではないかと考えてしまうかもしれません。しかし、$A^k[k, k] = 0$ より、

$$A^k[i, k] = min(A^{k-1}[i, k], A^{k-1}[i, k] + A^{k-1}[k, k]) = A^{k-1}[i, k]$$
$$A^k[k, j] = min(A^{k-1}[k, j], A^{k-1}[k, k] + A^{k-1}[k, j]) = A^{k-1}[k, j]$$

となるので、頂点の全ての組 $[i, j]$ について $A^{k-1}[i, j]$ を $A^k[i, j]$ に上書きしても不都合はないため、$A^k[i, j]$ は２次元配列で保持することができます。

ワーシャルフロイドのアルゴリズムは次のように実装することができます。

Program 15.1: ワーシャルフロイド

```
1  warshallFloyd() // 1-オリジンの配列
2    for k = 1 to |V|
3      for i = 1 to |V|
4        for j = 1 to |V|
5          A[i][j] = min( A[i][j], A[i][k] + A[k][j])
```

考察

この実装では A の初期値と $A[i][k] + A[k][j]$ のオーバーフローに気を付ける必要があります。$|V|$ の３重ループになっていることから、ワーシャルフロイドは $O(|V|^3)$ のアルゴリズムとなります。

解答例

C++

```
1  #include<iostream>
2  #include<algorithm>
3  #include<vector>
4  #include<climits>
5  using namespace std;
6  
7  static const int MAX = 100;
8  static const long long INFTY = (1LL<<32);
9  
10 int n;
11 long long d[MAX][MAX];
12 
13 void floyd() {
14   for ( int k = 0; k < n; k++ ) {
15     for ( int i = 0; i < n; i++ ) {
16       if ( d[i][k] == INFTY ) continue;
17       for ( int j = 0; j < n; j++ ) {
18         if ( d[k][j] == INFTY ) continue;
19         d[i][j] = min(d[i][j], d[i][k] + d[k][j]);
20       }
21     }
22   }
23 }
24 
25 int main() {
26   int e, u, v, c;
27   cin >> n >> e;
28 
29   for ( int i = 0; i < n; i++ ) {
30     for( int j = 0; j < n; j++ ) {
31       d[i][j] = ( (i == j) ? 0 : INFTY );
32     }
33   }
```

```
34
35    for ( int i = 0; i < e; i++ ) {
36      cin >> u >> v >> c;
37      d[u][v] = c;
38    }
39
40    floyd();
41
42    bool negative = false;
43    for ( int i = 0; i < n; i++ ) if ( d[i][i] < 0 ) negative = true;
44
45    if ( negative ) {
46      cout << "NEGATIVE CYCLE" << endl;
47    } else {
48      for ( int i = 0; i < n; i++ ) {
49        for ( int j = 0; j < n; j++ ) {
50          if ( j ) cout << " ";
51          if ( d[i][j] == INFTY ) cout << "INF";
52          else cout << d[i][j];
53        }
54        cout << endl;
55      }
56    }
57
58    return 0;
59  }
```

15.2 トポロジカルソート

GRL_4_B: Topological Sort

制限時間 1 sec　　メモリ制限 65536 KB　　正解率 50.00%

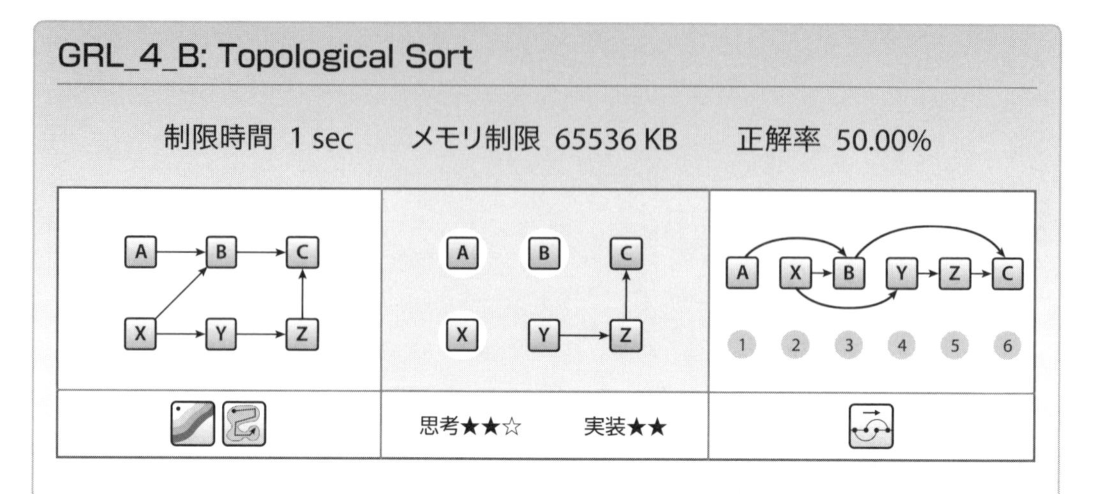

閉路のない有向グラフDAGは物事の手順を表すデータ構造として応用することができます。例えば、各仕事を頂点、仕事の順序を有向辺で表すことができます。上の図では、仕事Bに着手するためには、仕事Aと仕事Xの両方が完了している必要があります。このような関係を表すDAGに対して、トポロジカルソートを行うと、着手すべき順番に仕事を列挙することができます。DAGの各辺(u, v)について、uがvよりも先に位置するように並べることを、トポロジカルソートと言います。

与えられたDAG Gに対して、トポロジカルソートを行った頂点の並びを出力してください。

入力　入力は以下の形式で与えられます。

$|V|$ $|E|$
s_0 t_0
s_1 t_1
:
$s_{|E|-1}$ $t_{|E|-1}$

$|V|$, $|E|$はそれぞれグラフGの頂点の数と辺の数を示します。グラフGの頂点はそれぞれ$0, 1, ..., |V|-1$の番号が付けられているものとします。

s_i, t_iはグラフGのi番目の有向辺が結ぶ2つの頂点の番号を表します。

出力　グラフGの頂点番号をトポロジカル順序で出力してください。各頂点の番号を1行に出力してください。

この問題では、1つの入力に対して複数の解答があります。条件を満たす出力は全て正解となります。

制約 $1 \le |V| \le 10{,}000$
$0 \le |E| \le 100{,}000$
グラフ G は DAG である
グラフ G に多重辺はない
グラフ G に自己ループはない

入力例

```
6 6
0 1
1 2
3 1
3 4
4 5
5 2
```

出力例

```
0
3
1
4
5
2
```

解説

グラフのトポロジカルソートとは、グラフの全ての有向辺が左から右へ向かうように、すべての頂点を水平線上に並べることです。例えば、問題の図のように、DAG で表された仕事の手順は一直線上に並べることができます。並べられた仕事を左から順番にこなしていけば、現在の仕事に必要な仕事（存在する場合）はすべて終了しています。

トポロジカルソートは、幅優先探索あるいは深さ優先探索を応用することで比較的簡単に実装することができます。

幅優先探索でトポロジカルソートを行うアルゴリズムは次のようになります。

Program 15.2: 幅優先探索によるトポロジカルソート

```
1  topologicalSort(){
2    全てのノードについて、color[u] を WHITE に設定
3    全てのノードについて、u の入次数 indeg[u] を設定する
4
5    for u が 0 から |V|-1 まで
6      if indeg[u] == 0 && color[u] == WHITE
```

```
7       bfs(u)
8
9   bfs(s)
10    Q.push(s)
11    color[s] = GRAY
12    while Q が空でない
13      u = Q.dequeue()
14
15      out.push_back(u) // 次数が 0 の頂点を連結リストに追加
16
17      for u に隣接するノード v
18        indeg[v]--
19        if indeg[v] == 0 && color[v] == WHITE
20          color[v] = GRAY
21          Q.enqueue(v)
```

このアルゴリズムは、幅優先探索によって入次数が0の頂点を順番に訪問し連結リストの末尾に追加していきます。

訪問した頂点uを「完了」とし、そこから出ている辺の先にある頂点vの入次数を1つ減らします。これはその辺を削除することに対応します。辺を削除したことでvの入次数が0になったとき、vに訪問することができるようになるので、vをキューに追加します。

再帰を用いた深さ優先探索でトポロジカルソートを行うアルゴリズムは次のようになります。

Program 15.3: 深さ優先探索によるトポロジカルソート

```
1   topologicalSort()
2     全てのノードについて、color[u] を WHITE に設定
3
4     for s が 0 から |V|-1 まで
5       if color[s] == WHITE
6         dfs(s)
7
8   dfs(u)
9     color[u] = GRAY
10    for u に隣接するノード v
11      if color[v] == WHITE
12        dfs(v)
13
14    out.push_front(u) // 訪問が完了した頂点を逆向きに連結リストに追加
```

このアルゴリズムは、深さ優先探索における訪問が「完了」した頂点を、連結リストの先頭に追加していきます。トポロジカル順が逆向きに決定していくので、リストの「先頭」に追加していきます。

考察

深さ優先探索、幅優先探索を用いたトポロジカルソートは$O(|V| + |E|)$のアルゴリズムです。大きなグラフに対してはスタックオーバーフローを考慮して、再帰を用いない幅優先探索が適しています。

解答例

C++（幅優先探索によるトポロジカルソート）

```
1  #include<iostream>
2  #include<vector>
3  #include<algorithm>
4  #include<queue>
5  #include<list>
6  using namespace std;
7  static const int MAX = 100000;
8  static const int INFTY = (1<<29);
9  
10 vector<int> G[MAX];
11 list<int> out;
12 bool V[MAX];
13 int N;
14 int indeg[MAX];
15 
16 void bfs(int s) {
17   queue<int> q;
18   q.push(s);
19   V[s] = true;
20   while ( !q.empty() ) {
21     int u = q.front(); q.pop();
22     out.push_back(u);
23     for ( int i = 0; i < G[u].size(); i++ ) {
24       int v = G[u][i];
25       indeg[v]--;
26       if ( indeg[v] == 0 && !V[v]) {
27         V[v] = true;
28         q.push(v);
```

```
29          }
30        }
31      }
32  }
33
34  void tsort() {
35    for ( int i = 0; i < N; i++ ) {
36      indeg[i] = 0;
37    }
38
39    for ( int u = 0; u < N; u++ ) {
40      for ( int i = 0; i < G[u].size(); i++ ) {
41        int v = G[u][i];
42        indeg[v]++;
43      }
44    }
45
46    for ( int u = 0; u < N; u++ )
47      if ( indeg[u] == 0 && !V[u] ) bfs(u);
48
49    for ( list<int>::iterator it = out.begin(); it != out.end(); it++ ) {
50      cout << *it << endl;
51    }
52  }
53
54  int main() {
55    int s, t, M;
56
57    cin >> N >> M;
58
59    for ( int i = 0; i < N; i++ ) V[i] = false;
60
61    for ( int i = 0; i < M; i++ ) {
62      cin >> s >> t;
63      G[s].push_back(t);
64    }
65
66    tsort();
67
68    return 0;
69  }
```

C++（深さ優先探索によるトポロジカルソート）

```
#include<iostream>
#include<vector>
#include<algorithm>
#include<list>
using namespace std;
static const int MAX = 100000;

vector<int> G[MAX];
list<int> out;
bool V[MAX];
int N;

void dfs(int u) {
  V[u] = true;
  for ( int i = 0; i < G[u].size(); i++ ) {
    int v = G[u][i];
    if ( !V[v] ) dfs(v);
  }
  out.push_front(u);
}

int main() {
  int s, t, M;

  cin >> N >> M;

  for ( int i = 0; i < N; i++ ) V[i] = false;

  for ( int i = 0; i < M; i++ ) {
    cin >> s >> t;
    G[s].push_back(t);
  }

  for ( int i = 0; i < N; i++ ) {
    if ( !V[i] ) dfs(i);
  }

  for ( list<int>::iterator it = out.begin(); it != out.end(); it++ )
    cout << *it << endl;

  return 0;
}
```

15.3 関節点

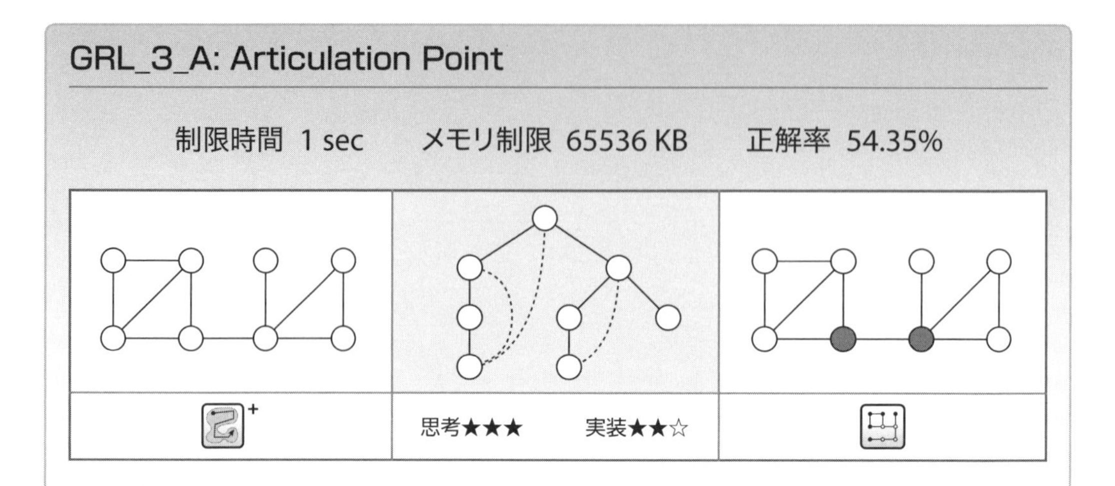

GRL_3_A: Articulation Point
制限時間 1 sec
メモリ制限 65536 KB
正解率 54.35%
思考★★★
実装★★☆

無向グラフ $G=(V, E)$ の関節点を列挙してください。

連結グラフ G において、頂点 u と、u から出ている全てのエッジを削除して得られる部分グラフが、非連結になるとき、頂点 u をグラフ G の関節点（Articulation Point）または切断点と言います。例えば上の図のグラフでは、灰色の頂点が関節点になります。

入力 入力は以下の形式で与えられます。

$|V|\ |E|$
$s_0\ t_0$
$s_1\ t_1$
:
$s_{|E|-1}\ t_{|E|-1}$

$|V|$, $|E|$ はそれぞれグラフ G の頂点の数と辺の数を示します。グラフ G の頂点はそれぞれ $0, 1, ..., |V|-1$ の番号が付けられているものとします。

s_i, t_i はグラフ G の i 番目の辺が結ぶ（無向）2つの頂点の番号を表します。

出力 グラフ G の関節点の頂点番号を昇順に出力してください。各頂点の番号を1行に出力してください。

制約 $1 \le |V| \le 100{,}000$
$0 \le |E| \le 100{,}000$
グラフ G は連結である
グラフ G に多重辺はない
グラフ G に自己ループはない

入力例

```
4 4
0 1
0 2
1 2
2 3
```

出力例

```
2
```

解説

各頂点について、それを削除したグラフの連結性を探索で調べるアルゴリズムが考えられますが、毎回深さ優先探索（DFS）などを行う必要があり、効率的ではありません。

以下に示す深さ優先探索（DFS）の応用によって、連結グラフ*G*の全ての関節点を効率よく検出することができます。

一度の深さ優先探索で、以下の変数の値を求めます。

- *prenum*[*u*]: *G* の任意の頂点を始点としてDFSを行い、各頂点 *u* の訪問（発見）の順番を *prenum*[*u*] に記録します。
- *parent*[*u*]: DFSによって生成される木（DFS Tree）における *u* の親を *parent*[*u*] に記録します。ここで、このDFS Treeを *T* とします。
- *lowest*[*u*]: 各頂点 *u* に対して、以下のうちの最小値として *lowest*[*u*] を計算します。
    1. *prenum*[*u*]
    2. *G* の *Backedge*(*u*, *v*) が存在するとき、頂点 *v* における *prenum*[*v*]
       (*Backedge*(*u*, *v*)とは、頂点 *u* から *T* に属する頂点 *v* に向かう *T* に属さない *G* のエッジです)
    3. *T* に属する頂点 *u* のすべての子 *x* に対する *lowest*[*x*]

これらの変数を基に、関節点は以下のように決定されます。

1. *T* のルート *r* が2つ以上の子供をもつとき（必要十分条件）、*r* は関節点です。
2. 各頂点 *u* において、*u* の親 *parent*[*u*] を *p* とすると、*prenum*[*p*] ≤ *lowest*[*u*] ならば（必要十分条件）、*p* は関節点です（*p* がルートの場合は(1)を適用します）。これは頂点 *u*、*T* における *u* の子孫から頂点 *p* の祖先へのエッジがないことを示します。

具体的な例を考えてみましょう。

Example 1

以下の図はグラフGと、Gにおいて頂点0からDFSを行って得られるDFS Tree Tを表しています。TにおけるBack edgesは点線で表され、各頂点uの左側にそれぞれ$prenum[u]$: $lowest[u]$ が示されています。$prenum[u]$ はDFS において各頂点u が訪問される順番（preorder）: 0 → 1 → 2 → 3 → 4 → 5 → 6 → 7という順番で記録されます。$lowest[u]$ はDFS において各頂点u の訪問が"完了"する順番（postorder）: 4 → 7 → 6 → 5 → 3 → 2 → 1 → 0 という順番で"決定"されます。

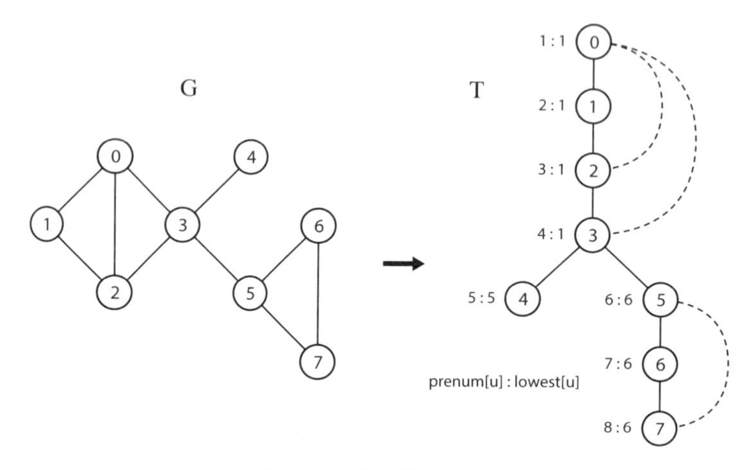

図15.2: DFS による関節点の検出(1)

1. より、Tのルートである頂点0 の子供の数は1 つなので、頂点0 は関節点ではありません。

2. より、各頂点u の親をp とすると$prenum[p] \leq lowest[u]$ を満たすかをチェックします。

case 1. 頂点5（親が頂点3）に注目します

$prenum[3] \leq lowest[5] (4 \leq 6)$ を満たすので、頂点3 は関節点になります。これは、頂点5 または頂点5 からTの頂点を任意の数だけ下にたどった頂点5 の子孫から、頂点3 の祖先へのエッジがないことを示しています。

case 2. 頂点2（親が頂点1）に注目します

$prenum[1] \leq lowest[2]$ を満たさないので、頂点1 は関節点ではありません。これは、頂点2または頂点2の子孫から、頂点1の祖先へのエッジが存在していることを示しています。

次へ進む前に、次の例を利用して実際に関節点を調べてみましょう。

Example 2

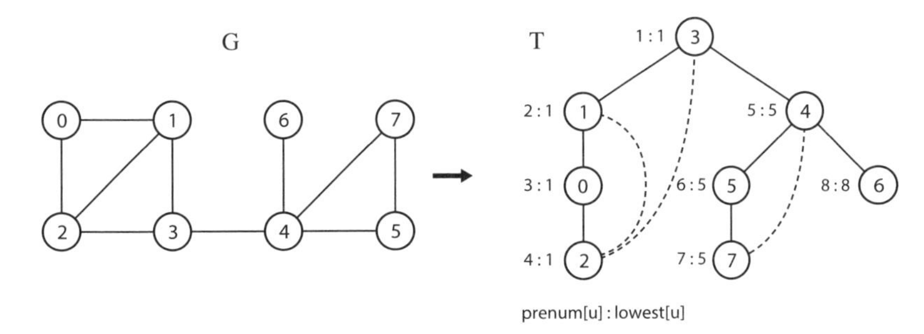

図 15.3: DFS による関節点の検出 (2)

解答例

C++

```
#include<iostream>
#include<vector>
#include<set>
using namespace std;

#define MAX 100000

vector<int> G[MAX];
int N;
bool visited[MAX];
int prenum[MAX], parent[MAX], lowest[MAX], timer;

void dfs( int current, int prev ) {
  // ノード current を訪問した直後の処理
  prenum[current] = lowest[current] = timer;
  timer++;

  visited[current] = true;

  int next;

  for ( int i = 0; i < G[current].size(); i++ ) {
    next = G[current][i];
    if ( !visited[next] ) {
      // ノード current からノード next へ訪問する直前の処理
      parent[next] = current;

      dfs( next, current );
```

```
29
30        // ノード next の探索が終了した直後の処理
31        lowest[current] = min( lowest[current], lowest[next] );
32      } else if ( next != prev ) {
33        // エッジ current --> next が Back-edge の場合の処理
34        lowest[current] = min( lowest[current], prenum[next] );
35      }
36    }
37    // ノード current の探索が終了した直後の処理
38  }
39
40  void art_points() {
41    for ( int i = 0; i < N; i++ ) visited[i] = false;
42    timer = 1;
43    // lowest の計算
44    dfs(0, -1); // 0 == root
45
46    set<int> ap;
47    int np = 0;
48    for ( int i = 1; i < N; i++ ) {
49      int p = parent[i];
50      if ( p == 0 ) np++;
51      else if ( prenum[p] <= lowest[i] ) ap.insert(p);
52    }
53    if ( np > 1 ) ap.insert(0);
54    for ( set<int>::iterator it = ap.begin(); it != ap.end(); it++ )
55      cout << *it << endl;
56  }
57
58  int main() {
59    int m;
60    cin >> N >> m;
61
62    for ( int i = 0; i < m; i++ ) {
63      int s, t;
64      cin >> s >> t;
65      G[s].push_back(t);
66      G[t].push_back(s);
67    }
68    art_points();
69
70    return 0;
71  }
```

15.4 木の直径

GRL_5_A: Diameter of a Tree

制限時間 1 sec　　メモリ制限 65536 KB　　正解率 64.80%

	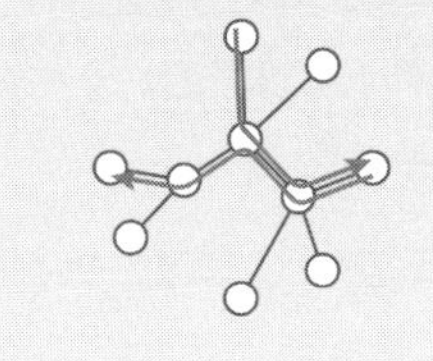	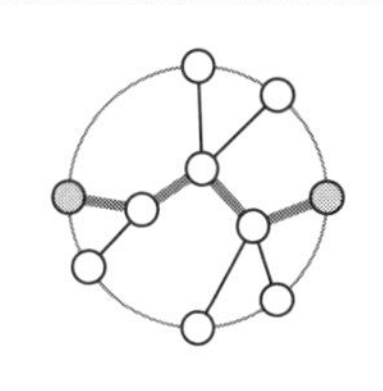
	思考★★★★　実装★★	

非負の重みをもつ無向の木Tの直径を求めてください。木の最遠節点間の距離を木の直径と言います。

入力　入力は以下の形式で与えられます。

n
$s_1\ t_1\ w_1$
$s_2\ t_2\ w_2$
:
$s_{n-1}\ t_{n-1}\ w_{n-1}$

1行目に木の節点数を表す整数nが与えられます。木の節点には、それぞれ0から$n-1$の番号が付けられているものとします。

続く$n-1$行に、木の辺が与えられます。s_i、t_iはi番目の辺の端点を表し、w_iはi番目の辺の重み（距離）を表します。

出力　直径を1行に出力してください。

制約　$1 \le n \le 100{,}000$
$0 \le w_i \le 1{,}000$

入力例 1

```
4
0 1 2
1 2 1
1 3 3
```

出力例 1

```
5
```

入力例2

```
4
0 1 1
1 2 2
2 3 4
```

出力例2

```
7
```

木の直径は次のアルゴリズムで比較的簡単に求めることができます。

1. 適当な節点 s から最も遠い節点 x を求める。
2. 節点 x から最も遠い節点 y を求める。
3. 節点 x と節点 y の距離を木の直径として報告する。

このアルゴリズムが正しいことを確認してみましょう。厳密な証明は大変なので、ここでは正当性を確認するひとつの方法を示します。ここでは、節点 a と節点 b の距離を $d(a, b)$ と表します。

まず、木の性質から以下の点を考慮します：

- x, y は葉である。距離が直径となるような２つの節点はいずれも葉である。
- ある節点から別の節点へただ１つの経路がある。
- 辺の重みは非負である。

とある２つの節点 u と v の距離 $d(u, v)$ が木の直径であると仮定し、上記のアルゴリズムを適用した $d(x, y)$ が木の直径となることを示します。

まず、u、v、s、x、y の位置関係には以下のようなパターンが考えられます。ここで、w, z はそれぞれ u、v と x、y を分岐する経由点で、$s = w$、$s = z$、またはそれら両方を満たすこともあるものとします。

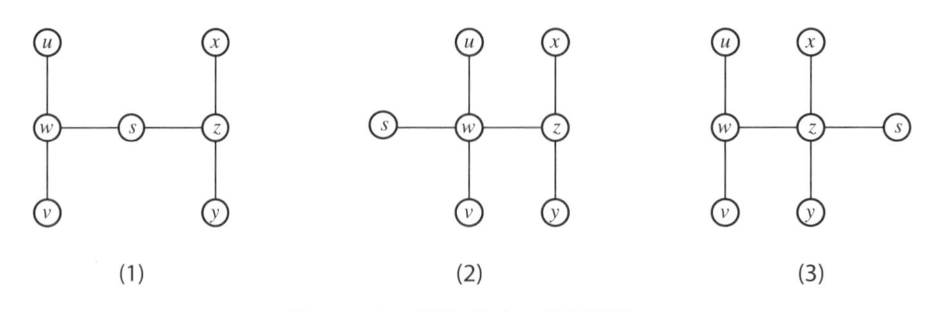

図15.4: 木の直径: 節点の位置関係

ここでは、(1) のパターンについてのみ、アルゴリズムの正当性を示します。他の位置関係についても同様の方法で示すことができます。

以下の式から、$d(u, v) = d(x, y)$ となることを示します。

1. 仮定より $d(u, v)$ が木の直径であるから、$d(v, u) \ge d(v, x)$、つまり $d(w, u) \ge d(w, x)$.
2. 仮定より $d(u, v)$ が木の直径であるから、$d(u, v) \ge d(u, y)$、つまり $d(w, v) \ge d(w, y)$.
3. アルゴリズムのステップ1. で節点 x を選んでいるので、$d(s, z) + d(z, x) \ge d(s,w) + d(w, u)$.
4. アルゴリズムのステップ2. で節点 y を選んでいるので、$d(z, y) \ge d(v,w) + d(w, z)$.

式1. 2. より、

$$d(u, v) = d(w, u) + d(w, v) \ge d(w, x) + d(w, y) = 2d(w, z) + d(x, y) \ge d(x, y)$$

$$d(u, v) \ge d(x, y) \qquad (1)$$

式3. 4. より、

$$d(s, z) + d(z, x) + d(z, y) \ge d(s, w) + d(w, u) + d(v, w) + d(w, z)$$

両辺から $d(s, z)$ の値だけ引くと

$$d(z, x) + d(z, y) \ge 2d(s,w) + d(w, u) + d(v, w)$$

$$d(x, y) = d(z, x) + d(z, y) \ge 2d(s, w) + d(u, v) \ge d(u, v)$$

$$d(x, y) \ge d(u, v) \qquad (2)$$

(1)(2) より

$d(u, v) \ge d(x, y)$ かつ $d(x, y) \ge d(u, v)$ なので、$d(u, v) = d(x, y)$

解答例

C++

```
#include<iostream>
#include<queue>
#include<vector>
using namespace std;
#define MAX 100000
#define INFTY (1 << 30)

class Edge {
public:
  int t, w;
  Edge(){}
  Edge(int t, int w): t(t), w(w) {}
};

vector<Edge> G[MAX];
int n, d[MAX];

bool vis[MAX];
int cnt;

void bfs(int s) {
  for ( int i = 0; i < n; i++ ) d[i] = INFTY;
  queue<int> Q;
  Q.push(s);
  d[s] = 0;
  int u;
  while ( !Q.empty() ) {
    u = Q.front(); Q.pop();
    for ( int i = 0; i < G[u].size(); i++ ) {
      Edge e = G[u][i];
      if ( d[e.t] == INFTY ) {
        d[e.t] = d[u] + e.w;
        Q.push(e.t);
      }
    }
  }
}

void solve() {
  // 適当な視点 s から最も遠い節点 tgt を求める
  bfs(0);
```

```
42   int maxv = 0;
43   int tgt = 0;
44   for ( int i = 0; i < n; i++ ) {
45     if ( d[i] == INFTY ) continue;
46     if ( maxv < d[i] ) {
47       maxv = d[i];
48       tgt = i;
49     }
50   }
51 
52   // tgt から最も遠い節点の距離 maxv を求める
53   bfs(tgt);
54   maxv = 0;
55   for ( int i = 0; i < n; i++ ) {
56     if ( d[i] == INFTY ) continue;
57     maxv = max(maxv, d[i]);
58   }
59 
60   cout << maxv << endl;
61 }
62 
63 main() {
64   int s, t, w;
65   cin >> n;
66 
67   for ( int i = 0; i < n-1; i++ ) {
68     cin >> s >> t >> w;
69 
70     G[s].push_back(Edge(t, w));
71     G[t].push_back(Edge(s, w));
72   }
73   solve();
74 }
```

15.5 最小全域木

GRL_2_A: Minimum Spanning Tree

制限時間 1 sec　　メモリ制限 65536KB　　正解率 52.21%

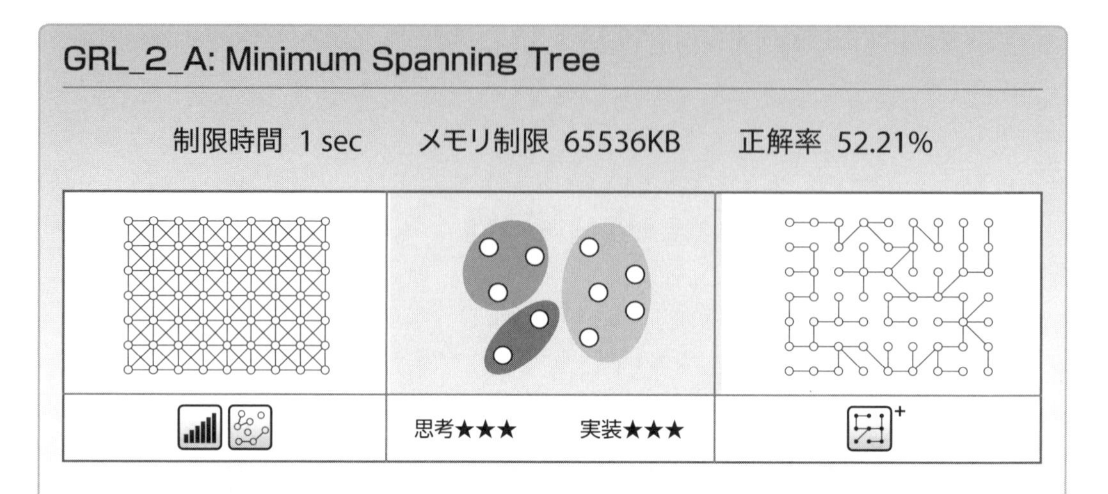

与えられた重み付きグラフ $G = (V, E)$ に対する最小全域木の辺の重みの総和を計算するプログラムを作成してください。

入力 $|V|\ |E|$
$s_0\ t_0\ w_0$
$s_1\ t_1\ w_1$
:
$s_{|E|-1}\ t_{|E|-1}\ w_{|E|-1}$

$|V|, |E|$ はそれぞれグラフ G の頂点の数と辺の数を示します。グラフ G の頂点にはそれぞれ $0, 1, ..., |V|-1$ の番号が付けられています。

s_i, t_i はグラフ G の i 番目の辺が結ぶ2つの頂点を表します（無向）。w_i は i 番目の辺の重みです。

出力 最小全域木の辺の重みの総和を1行に出力してください。

制約 $1 \leq |V| \leq 10{,}000$
$0 \leq |E| \leq 100{,}000$
$0 \leq w_i \leq 10{,}000$
グラフ G は連結である
グラフ G に多重辺はない
グラフ G に自己ループはない

入力例 1

```
6 9
0 1 1
0 2 3
1 2 1
1 3 7
2 4 1
1 4 3
3 4 1
3 5 1
4 5 6
```

出力例 1

```
5
```

解説

13章では、プリムのアルゴリズムによって最小全域木の辺の重みの総和を求めました。このアルゴリズムは$O(|V|^2)$ のアルゴリズムでしたが、プリムのアルゴリズムはダイクストラのアルゴリズムと同様に、隣接リストを用い、さらに最小の重みを管理するデータ構造として優先度付きキューを用いることにより$O(|E|\log|V|)$ のアルゴリズムとして実装することができます。

ここでは、別のデータ構造を応用したアルゴリズムで最小全域木問題を解きます。

グラフの最小全域木は、次のクラスカルのアルゴリズム(Kruskal's Algorithm)を用いて求めることができます。

クラスカルのアルゴリズム

1. グラフ$G=(V, E)$ の辺e_i を、重みの昇順（非減少順）に整列する。
2. 最小全域木の辺の集合をKとし、それを空に初期化する。
3. $i = 1, 2, ..., |E|$ の順番に、$|K|$ が$|V| - 1$ になるまで、$K \cup \{e_i\}$ が閉路を作らないようなe_i をK に追加する。

閉路を作らずに、効率よく辺を追加していくために、互いに素な集合(Union-Find)を応用することができます。クラスカルのアルゴリズムは次のように実装することができます。

Program 15.5: クラスカルのアルゴリズム

```
1  kruskal(V, E)
2    E の要素を整列// e1,e2,...
3    V に対応した互いに素な集合 S を生成する
4    辺の集合 K を空にする
5
6    for i = 1 to |E|
7      if S.findSet( e[i].source ) != S.findSet( e[i].target ) // not same(a, b)
8        S.unite( e[i].source, e[i].target )
9        K.push(e[i])
10
11   return K
```

クラスカルのアルゴリズムでは、異なる木を連結するような辺を追加していくので、K に閉路はできません。また、E の全ての辺を候補として、K の２つの部分を連結する辺を全て選ぶので、Kは連結になります。よって、K はG の全域木となります。

次にK が最小全域木になることを確認しましょう。ここでは、背理法を用いて正当性を示します。クラスカルのアルゴリズムで得られたGの全域木の辺の集合をK とします。K の辺を選ばれた順に$\{e_1, e_2, ..., e_{|V|-1}\}$ とします。また、Gの最小全域木（１つ以上存在）のうちKの辺を最も多く含むものの辺の集合をM_0 とし、$K \neq M_0$ と仮定します。

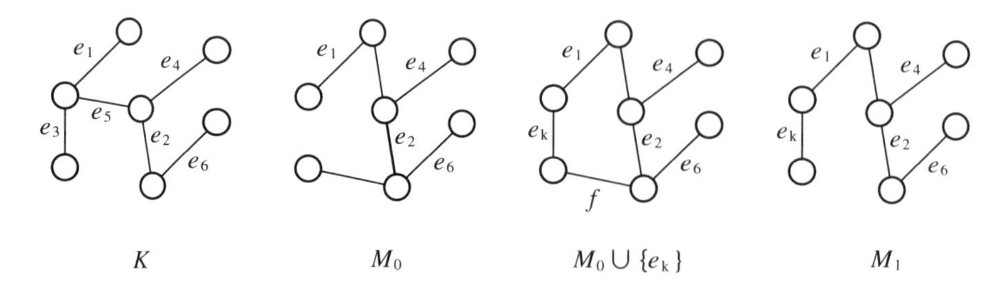

図15.5: クラスカルのアルゴリズムの正当性

$\{e_1, e_2, ..., e_{|V|-1}\}$ の中でM_0に含まれない最初の辺をe_k とします。ここで、M_0 にe_k を追加した$M_0 \cup \{e_k\}$ には閉路ができます。K は木であり、この閉路の全ての辺がK の辺であることはないので、この閉路にはK に含まれない辺が存在します。この中から任意の辺を１つ選んでfとします。

$\{e_1, e_2, ...e_{k-1}\} \cup f$ は閉路を含まず、常に重みの小さい辺を選んでいくクラスカルのアルゴリズムの性質から、$w(e_k) \leq w(f)$ となります。

$M_1 = M_0 \cup \{e_k\} - \{f\}$ とすると、M_1 は連結で $|V| - 1$ 本の辺を含み、かつ $w(e_k) \leq w(f)$ であるから、M_1 も最小全域木となります。しかし、M_1 は M_0 よりも K の辺を 1 本多く含むので、先の M_0 の定義に矛盾します。よって $K = M_0$ となり K は最小全域木となります。

考察

クラスカルのアルゴリズムでは、辺の整列に最も時間を要するので $O(|E|\log|E|)$ のアルゴリズムとなります。

解答例

C++

```
1  #include<iostream>
2  #include<algorithm>
3  #include<vector>
4
5  using namespace std;
6
7  #define MAX 10000
8  #define INFTY (1 << 29)
9
10 class DisjointSet {
11   // DSL_1_A の解答例を参照してください。
12 };
13
14 class Edge {
15   public:
16   int source, target, cost;
17   Edge(int source = 0, int target = 0, int cost = 0):
18   source(source), target(target), cost(cost) {}
19   bool operator < ( const Edge &e ) const {
20     return cost < e.cost;
21   }
22 };
23
24 int kruskal(int N, vector<Edge> edges) {
25   int totalCost = 0;
26   sort(edges.begin(), edges.end());
27
```

15章 高度なグラフアルゴリズム

```
28    DisjointSet dset = DisjointSet(N + 1);
29
30    for ( int i = 0; i < N; i++ ) dset.makeSet(i);
31
32    int source, target;
33    for ( int i = 0; i < edges.size(); i++ ) {
34      Edge e = edges[i];
35      if ( !dset.same( e.source, e.target ) ) {
36        //MST.push_back( e );
37        totalCost += e.cost;
38        dset.unite( e.source, e.target );
39      }
40    }
41    return totalCost;
42  }
43
44
45  int main() {
46    int N, M, cost;
47    int source, target;
48
49    cin >> N >> M;
50
51    vector<Edge> edges;
52    for ( int i = 0; i < M; i++ ) {
53      cin >> source >> target >> cost;
54      edges.push_back(Edge(source, target, cost));
55    }
56
57    cout << kruskal(N, edges) << endl;
58
59    return 0;
60  }
```

15.6 その他の問題

本書で取り上げられなかった、グラフに関する問題をいくつか紹介します。

▶ GRL_1_B: Single Source Shortest Path (Negative Edges)

重み付きグラフの単一始点最短経路を求める問題です。ただし、負の重みを持つエッジを含むのでダイクストラのアルゴリズムを適用することができません。ベルマンフォード(Bellman Ford)のアルゴリズムを用いて、負の重みをもつ辺を含むグラフにおける最短経路を、O(|V||E|) で求めることができます。

▶ GRL_3_B: Bridge

グラフの関節点のように、それを削除したらグラフが連結でなくなる辺をBridge（橋）と呼びます。関節点と同様に深さ優先探索を応用して検出することができます。

▶ GRL_3_C: Strongly Connected Components

有向グラフにおいて、すべての頂点対 u, v について u と v は互いに到達可能であるような連結成分を、強連結成分と言います。有向グラフの強連結成分は深さ優先探索を応用して作成することができます。

▶ GRL_2_B: Minimum-Cost Arborescence

重み付き有向グラフに対して、指定された頂点を根とする最小有向木を求める問題です。強連結成分分解を応用したアルゴリズムが知られています。

▶ GRL_6_A: Maximum Flow

辺に容量が設定されており、フローが流れる有向グラフをフローネットワークとよびます。フローネットワークにおいて、始点から終点へ流れる最大の流用を求める問題を最大フロー問題と言います。最大フローはエドモンズ・カープ（Edmonds-Karp）のアルゴリズムやディニッツ（Dinic) のアルゴリズムで求めることができます。

▶ GRL_7_A: Bipartite Matching

グラフ $G = (V, E)$ において、M が E の部分集合でかつ M のどの２辺も共通の端点をもたないとき、M を G のマッチングと言い、辺の本数が最大であるマッチングを最大マッチング（maximum matching）と言います。最大マッチングは、最大フローのアルゴリズムを応用して求めることができます。

16章

計算幾何学

計算幾何学は、幾何学的な問題をコンピュータで解くための効率的なアルゴリズムとデータ構造を研究するための学問です。コンピュータグラフィックスや地理情報システムなど多くの応用分野を持ち、プログラミングコンテストでも重要テーマのひとつとして出題されます。

この章では、計算幾何学に関する基本的な部品の作り方を紹介し、それらを応用する典型的な問題を解いていきます。この章では、計算幾何学に関するアルゴリズムの部品の実装例として、C++言語によるプログラムを紹介します。

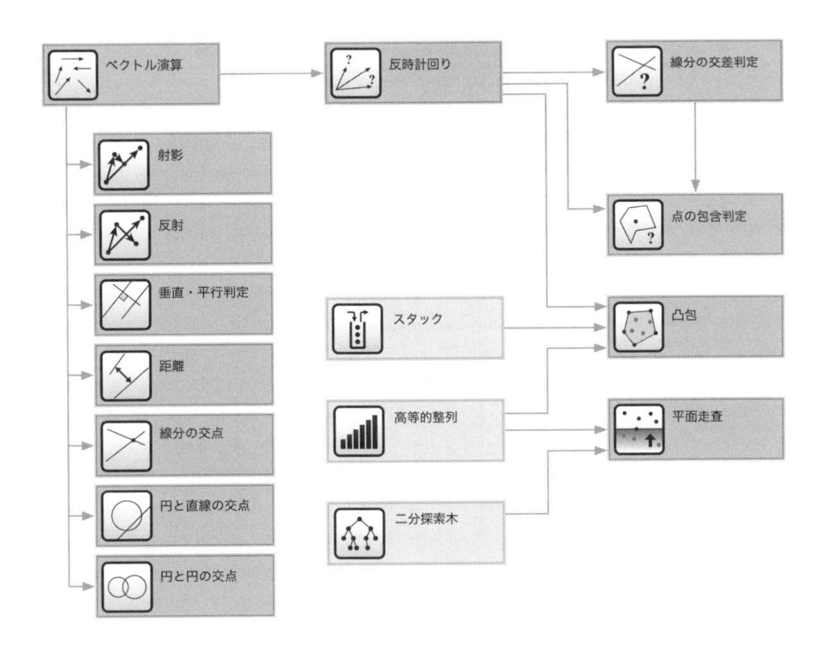

この章では、まずベクトル演算について学習します。三角関数などの基礎的な数学の知識を持っていることが望ましいです。また。後半の問題を解くためには、スタック、ソートアルゴリズム、二分探索木を応用することができるプログラミングスキルが必要です。

16.1 幾何学的オブジェクトの基本要素と表現

幾何学のアルゴリズムをプログラムとして実装するためには、数学の知識が不可欠となります。特に平面幾何における問題をプログラミングで解くためには、図形、ベクトル、三角関数等の高校数学の知識が必要になります。

問題を解くためのアルゴリズムを実装するためには、幾何学的なオブジェクト（点や線分など）に対する基本的な操作を行うための細かい部品を集めた、いわゆるライブラリを用意する必要があります。この章では、ライブラリの部品として利用することのできる基本要素を紹介します。

16.1.1 点とベクトル

幾何学的なオブジェクトをプログラムのデータ構造としてどう表すかを考えます。その１つの方法がベクトルという量を使うことです。

大きさと同時に向きを持つ量を「ベクトル」と言います。これに対して大きさのみを持つ量を「スカラー」と言います。ベクトルをプログラムのデータ構造として表すために、次のように、１つのベクトルを原点O(0, 0) から対象となる点$P(x, y)$ への有向な線分と考えます。

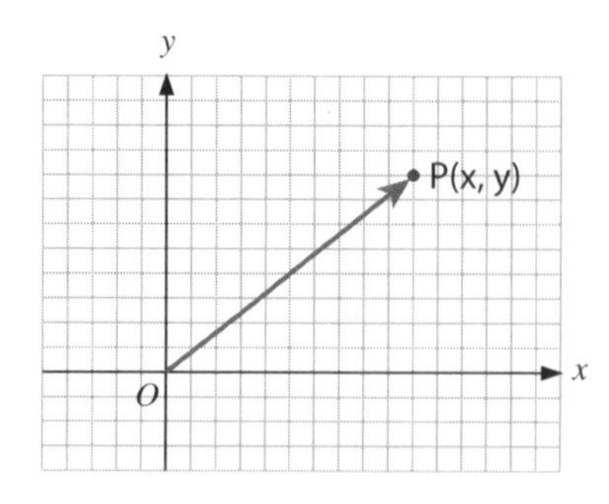

図16.1: ベクトル

ベクトルを図で表すと、それが平面上の線分を表しているように見えますが、１つのベクトルは大きさと向きを持つだけであり、両端の2 点で決定できる線分(segment) を表すためには別に始点を持つ必要があることに注意してください。

平面幾何の最も基本的な要素である点(x, y)は構造体あるいはクラスとして次のように実装することができます。

Program 16.1: 点を表す構造体

```
struct Point { double x, y; };
```

ベクトルもただ1つの点のみで定義することができるので、次のように、点と同じデータ構造で表すことにします。ここでtypedefは、C/C++言語で既存のデータ型に新しい名前を付けるためのキーワードです。PointとVectorが全く同じデータ構造を示しますが、関数や変数の意味など状況に応じて使い分けることにします。

Program 16.2: ベクトルを表す構造体

```
typedef Point Vector;
```

16.1.2 線分と直線

線分は始点$p1$と終点$p2$の２つの点を持った構造体あるいはクラスとして、次のように表すことにします。

Program 16.3: 線分を表す構造体

```
struct Segment {
  Point p1, p2;
};
```

ここで線分と直線の区別をしておく必要があります。次の図のように、線分は２つの端点とそれらの距離で定義された長さを持つ線であり、直線（line）は２点を通る長さが定義されていない線です。つまり、直線は異なる２点によって定義され端点を持ちません。

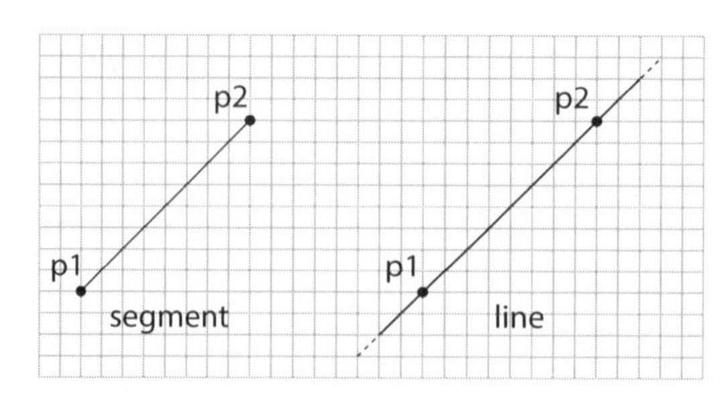

図16.2: 線分と直線

直線も線分と同じように実装することができるので、次のように線分と同じデータ構造で表すことにします。

Program 16.4: 直線を表す構造体

```
1  typedef Segment Line;
```

16.1.3 円

円はその中心*c* と半径*r* をもった構造体あるいはクラスとして、次のように表すことにします。

Program 16.5: 円を表すクラス

```
1  class Circle {
2  public:
3    Point c;
4    double r;
5    Circle(Point c = Point(), double r = 0.0): c(c), r(r) {}
6  };
```

16.1.4 多角形

多角形は、点の列として次のように表すことにします。

Program 16.6: 多角形の表現

```
typedef vector<Point> Polygon;
```

16.1.5 ベクトルの基本演算

ベクトルに対するいくつかの基本演算を確認します。２つのベクトルの和（sum）$a + b$、２つのベクトルの差（difference）$a - b$、１つのベクトルのスカラー倍（scalar multiplication）ka はそれぞれ次のように定義されています。

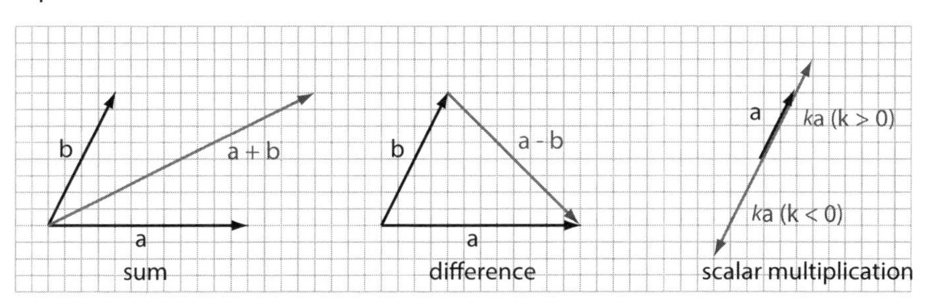

図 16.3: ベクトルの基本演算

ベクトル a と同じ向きで大きさの比率が k であるようなベクトルを ka と表し、これをベクトル a のスカラー倍と言います。

これらのベクトルの演算は関数として定義しておくことができますが、点の構造体またはクラスのオペレータ（演算子）として定義しておくと、点オブジェクトに対する操作を直感的に記述することができるようになります。C++ 言語では、演算子の定義（オーバーロード）を行うことができ、例えば次のように書くことができます。

Program 16.7: 点・ベクトルに対する演算子の定義

```
1  double x, y;
2  Point operator + ( Point &p ) {
3    return Point(x + p.x, y + p.y);
4  }
5
6  Point operator - ( Point &p ) {
7    return Point(x - p.x, y - p.y);
8  }
9
10 Point operator * ( double k ) {
11   return Point(x * k, y * k);
12 }
```

x、y が当該クラスが持つ点であり、p が対象となる点になります。

演算子を定義しておくことによって、ベクトル同士の演算は例えば次のように記述できるようになります。

Program 16.8: ベクトルに対する演算の例

```
1  Vector a, b, c, d;
2  c = a - b;    // ベクトルの差
3  d = a * 2.0;  // ベクトルのスカラー倍
```

16.1.6　ベクトルの大きさ

ベクトル $a = (a_x, a_y)$ の大きさ $|a|$（a の絶対値: absolute）は、原点からベクトルを表す点までの距離になります。さらに、大きさの２乗を表す関数としてノルム(norm) を定義しておきます。

ベクトルを引数としてその大きさとノルムを返す関数は次のように実装することができます。

Program 16.9: ベクトルのノルムと大きさ

```
1  double norm(Vector a) {
2    return a.x * a.x + a.y * a.y;
3  }
4
5  double abs(Vector a) {
6    return sqrt(norm(a));
7  }
```

ここで本書では、ベクトルの大きさを表す関数をabs という名前で定義しますが、与えられた数値の絶対値を返すC/C++ 言語のabs 関数とは異なるものであることに留意し、関数に渡される引数によって区別してください。

abs や norm など、ベクトルに対する基本的な演算は、必要に応じてクラスのメンバ関数にも実装しておくとよいでしょう。

16.1.7 Point・Vector クラス

次のプログラムは、上記の演算子等を含めたPoint クラス(Vector クラス)の実装例です。

Program 16.10: Point クラス

```
#define EPS (1e - 10)
#define equals(a, b) (fabs((a) - (b)) < EPS )

class Point {
  public:
  double x, y;

  Point(double x = 0, double y = 0): x(x), y(y) {}

  Point operator + (Point p) { return Point(x + p.x, y + p.y); }
  Point operator - (Point p) { return Point(x - p.x, y - p.y); }
  Point operator * (double a) { return Point(a * x, a * y); }
  Point operator / (double a) { return Point(x / a, y / a); }

  double abs() { return sqrt(norm());}
  double norm() { return x * x + y * y; }

  bool operator < (const Point &p) const {
    return x != p.x ? x < p.x : y < p.y;
  }

  bool operator == (const Point &p) const {
    return fabs(x - p.x) < EPS && fabs(y - p.y) < EPS;
  }
};

typedef Point Vector;
```

点の大小関係を調べるために、関係演算子<や等価演算子==も定義しておきます。ここで注意しなければならないのは、浮動小数点数に対する比較演算です。浮動小数点数は近似されるため、計算結果を別な計算に用いる場合（誤差を許容して）などは精度を保てますが、比較を行い真偽を判断する場合は注意が必要です。例えば、*x*と*p.x*が等しいかを調べるために、厳密な等価演算`x == p.x`を行ってしまうと、等しいと評価されるべき値が、誤差により不等と判断されてしまうことがあります。この問題を避けるため、等価演算では２つの値について、それらの差の絶対値が非常に小さい値EPS 以下のときに等価と判定するようにします。また、汎用的な`equals(a, b)`関数を`fabs((a) - (b)) < EPS`として定義しておきます。

16.1.8 ベクトルの内積

ベクトルの内積・外積の幾何学的な性質を用いることによって、計算幾何学に関する問題を解くための多くの部品（プログラム）を作ることができます。

ベクトルa, b の内積(dot product) $a \cdot b$ は、a, b がなす角を$\theta (0 \leq \theta \leq 180)$ とすると、$a \cdot b = |a||b| cos\theta$ と定義されています。

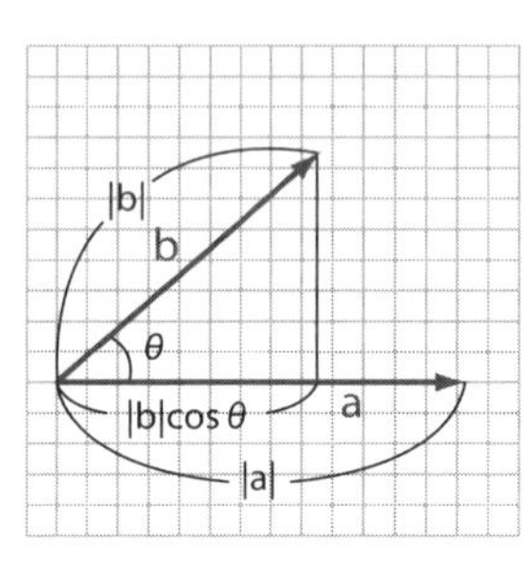

図 16.4: ベクトルの内積

２つのベクトルを$a = (a_x, a_y), b = (b_x, b_y)$ のように成分表示し、余弦定理を用いると

$$cos\theta = \frac{|a|^2+|b|^2-|b-a|^2}{2|a||b|}$$ より

$$a \cdot b = \frac{|a|^2+|b|^2-|b-a|^2}{2} = a_x \times b_x + a_y \times b_y$$

とも定義することができます。つまり、２次元平面上の２つのベクトルa, b の内積は

$$a \cdot b = |a||b| cos\theta = a_x \times b_x + a_y \times b_y$$

と表すことができます。

次のプログラムは、ベクトルa、b の内積を求めるプログラムです。内積dot( )の返り値は実数値となります。

Program 16.11: ベクトルa とb の内積

```
double dot(Vector a, Vector b) {
  return a.x * b.x + a.y * b.y;
}
```

16.1.9 ベクトルの外積

ベクトルa, bの外積(cross product) $a \times b$の大きさはa, bがなす角をθとすると、

$$|a \times b| = |a||b|sin\theta$$

と定義されています。

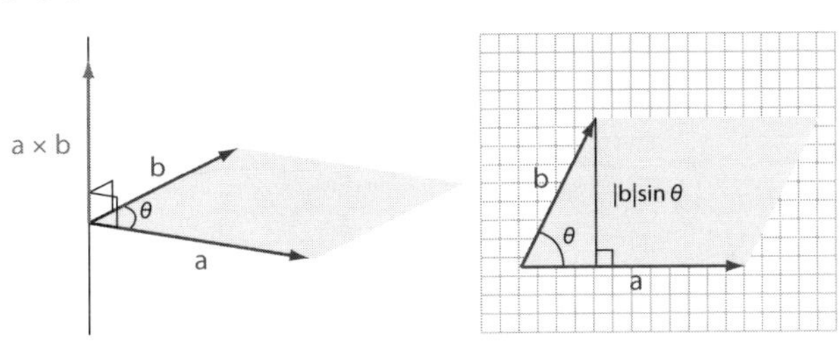

図16.5: ベクトルの外積

２つのベクトルa, bの外積は、大きさと向きを持つベクトルになります。図に示すように、外積の向きはa, bを含む平面に垂直で、aをその始点を固定しθだけ回転させてbに重ねたときの、右ねじが進む向きになります。また、外積の大きさは、２つのベクトルが作る平行四辺形の面積となります。

２つのベクトルを$a = (a_x, a_y, a_z), b = (b_x, b_y, b_z)$のように成分表示すると$a$と$b$の外積は

$$|a \times b| = (a_y \times b_z - a_z \times b_y, a_z \times b_x - a_x \times b_z, a_x \times b_y - a_y \times b_x)$$

とも定義することができます。（行列式を用いて導き出すことができます。）

z軸の値に0を代入すると、２次元平面上の２つのベクトルa, bの外積の大きさは

$$|a \times b| = |a||b|sin\theta = a_x \times b_y - a_y \times b_x$$

と表すことができます。

次のプログラムは、ベクトルa、bの外積の大きさを求めるプログラムです。ここでは外積`cross( )`の返り値をベクトルの大きさを示す実数としています。

Program 16.12: ベクトルaとbの外積

```
1  double cross(Vector a, Vector b) {
2    return a.x*b.y - a.y*b.x;
3  }
```

16.2 直線の直交・平行判定

CGL_2_A: Parallel/Orthogonal

制限時間 1 sec　　メモリ制限 65536 KB　　正解率 75.44%

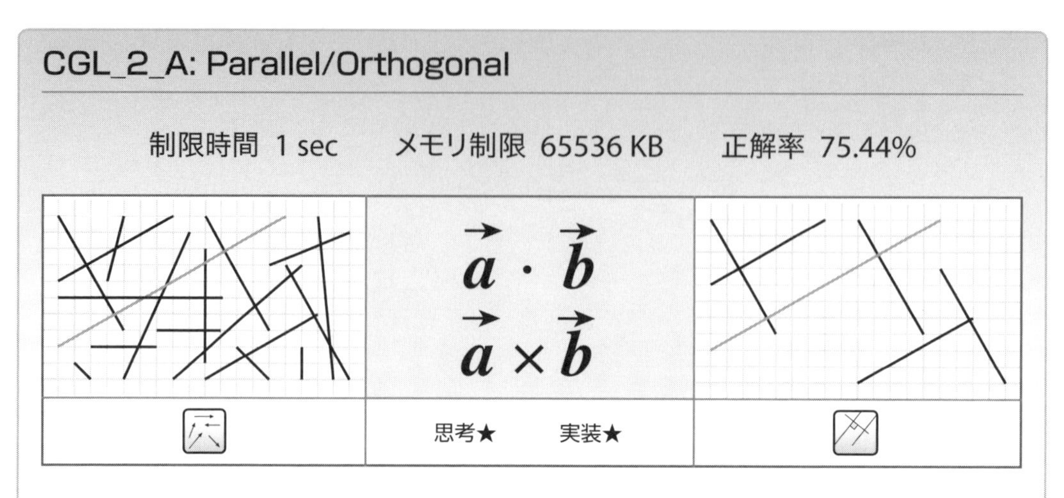

直線 $s1, s2$ について、それらが平行な場合"2"、直交する場合"1"、それ以外の場合"0"と出力してください。$s1$ は点 $p0, p1$ を通り、$s2$ は点 $p2, p3$ を通ります。

入力　1 行目にクエリの数 q が与えられます。続く q 行に q 個のクエリが与えられます。各クエリでは点 $p0, p1, p2, p3$ の座標が以下の形式で与えられます。入力はすべて整数で与えられます。

$x_{p0}\ y_{p0}\ x_{p1}\ y_{p1}\ x_{p2}\ y_{p2}\ x_{p3}\ y_{p3}$

出力　各クエリについて、"2"、"1" または "0" を 1 行に出力してください。

制約　$1 \le q \le 1{,}000$
$-10{,}000 \le x_{pi}, y_{pi} \le 10{,}000$
$p0, p1$ は同一でない。
$p2, p3$ は同一でない。

入力例

```
3
0 0 3 0 0 2 3 2
0 0 3 0 1 1 1 4
0 0 3 0 1 1 2 2
```

出力例

```
2
1
0
```

解説

ベクトルの内積の幾何学的な意味を確認します。$cos\theta$ は θ が 90 度または -90 度のときに 0 となることから、

2つのベクトルa, bが直交している ⇔ ベクトルa, bの内積が0である

ということが分かります。つまり、内積は2つのベクトルの直交判定に応用することができます。次のプログラムはベクトルa、bの直交判定を行うプログラムの例です。

Program 16.13: ベクトルaとbの直交判定

```
bool isOrthogonal(Vector a, Vector b) {
  return equals(dot(a, b), 0.0);
}

bool isOrthogonal(Point a1, Point a2, Point b1, Point b2) {
  return isOrthogonal(a1 - a2, b1 - b2);
}

bool isOrthogonal(Segment s1, Segment s2) {
  return equals(dot(s1.p2 - s1.p1, s2.p2 - s2.p1), 0.0);
}
```

次に、ベクトルの外積の幾何学的な意味を確認します。$sin\theta$はθが0度または180度のときに0となることから、

2つのベクトルa, bが平行⇔ ベクトルa, bの外積の大きさが0である

ということが分かります。つまり外積の大きさは2つのベクトルの平行判定に応用することができます。次のプログラムは、ベクトルa、bの平行判定を行うプログラムです。

Program 16.14: ベクトルaとbの平行判定

```
bool isParallel(Vector a, Vector b) {
  return equals(cross(a, b), 0.0);
}

bool isParallel(Point a1, Point a2, Point b1, Point b2) {
  return isParallel(a1 - a2, b1 - b2);
}

bool isParallel(Segment s1, Segment s2) {
  return equals(cross(s1.p2 - s1.p1, s2.p2 - s2.p1), 0.0);
}
```

16.3 射影

CGL_1_A: Projection

制限時間 1 sec　　メモリ制限 65536 KB　　正解率 59.14%

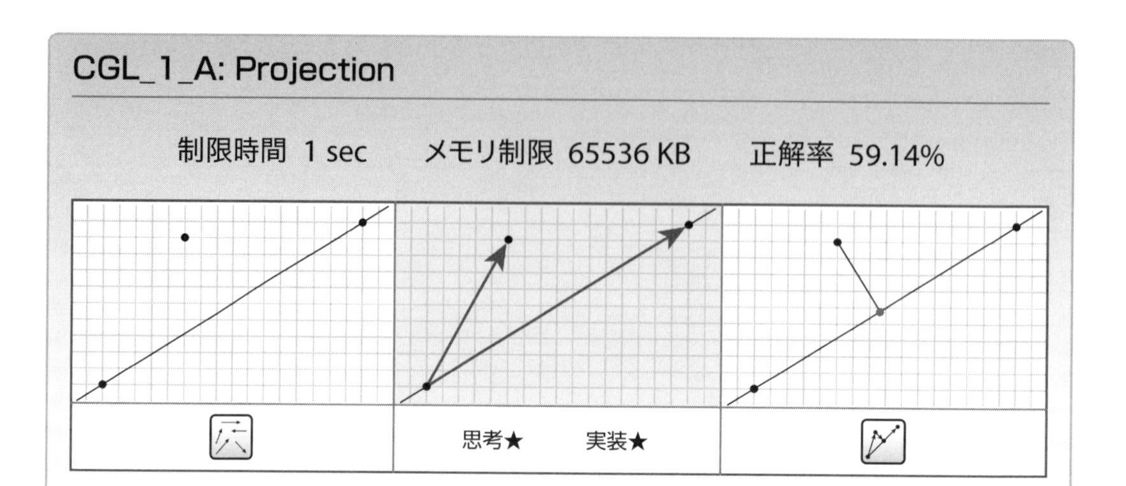

3点$p1, p2, p$について、点$p1$と点$p2$を通る直線にpから垂線を引いた交点xを求めてください。（直線$p1p2$に対する点pの射影）

入力　入力は次の形式で与えられます。入力はすべて整数で与えられます。

x_{p1} y_{p1} x_{p2} y_{p2}
q
x_{p_0} y_{p_0}
x_{p_1} y_{p_1}
...
$x_{p_{q-1}}$ $y_{p_{q-1}}$

1行目に$p1, p2$の座標が与えられます。pの座標として、q個のクエリが与えられます。

出力　各クエリについて、交点xの座標を1行に出力してください。出力は0.00000001以下の誤差を含んでもよいものとします。

制約　$1 \le q \le 1{,}000$
$-10{,}000 \le x_i, y_i \le 10{,}000$
$p1, p2$は同一でない。

入力例 1

```
0 0 3 4
1
2 5
```

出力例 1

```
3.1200000000 4.1600000000
```

解説

点pから線分（または直線）$s = p1p2$に垂線を引いたときの交点xを点pの射影（projection）と言います。

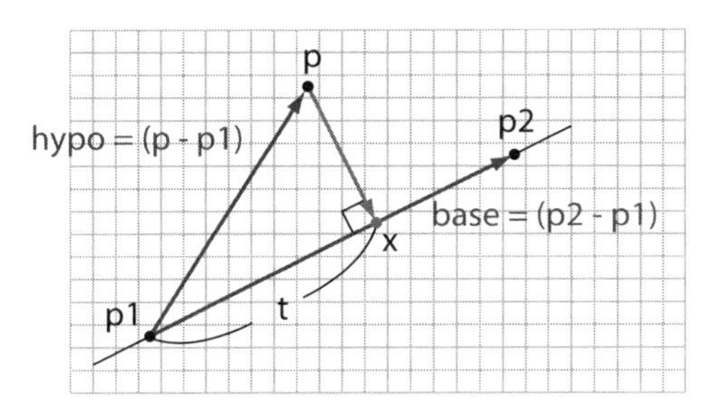

図 16.6: 射影

図のように、$s.p2 - s.p1$ をベクトル$base$、$p - s.p1$ をベクトル$hypo$とし、点$s.p1$と点xの距離をtとします。ここで、$hypo$と$base$が成す角をθとすると、

$t = |hypo| \cos\theta$、$hypo \cdot base = |hypo||base| \cos\theta$

より、$t = \dfrac{hypo \cdot base}{|base|}$

となります。tと$|base|$の比率$r = \dfrac{t}{|base|}$ を使ってxを表すと、

$$x = s.p1 + base \frac{t}{|base|} = s.p1 + base \frac{hypo \cdot base}{|base|^2}$$

と導くことができます。

次のプログラムは線分（直線）sに対する点pの射影を求めるプログラムです。

Program 16.15: 線分sに対する点pの射影

```
1  Point project(Segment s, Point p) {
2    Vector base = s.p2 - s.p1;
3    double r = dot(p - s.p1, base) / norm(base);
4    return s.p1 + base * r;
5  }
```

16.4 反射

CGL_1_B: Reflection

制限時間 1 sec　　メモリ制限 65536 KB　　正解率 87.04%

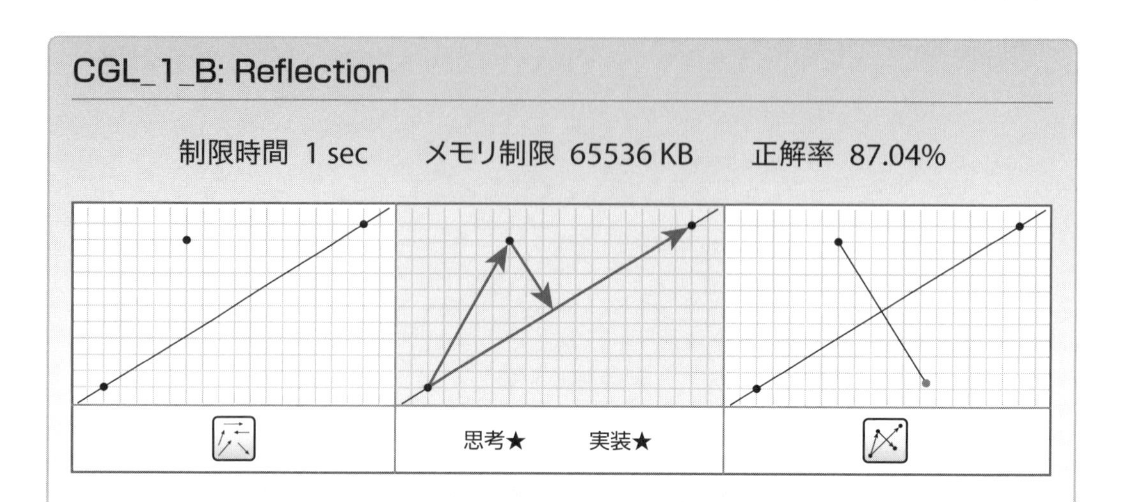

3 点 $p1, p2, p$ について、点 $p1$ と点 $p2$ を通る直線を対称軸として点 p と線対称の位置にある点 x を求めてください。（直線 $p1p2$ に対する点 p の反射）

入力　入力は次の形式で与えられます。入力はすべて整数で与えられます。

$x_{p1}\ y_{p1}\ x_{p2}\ y_{p2}$
q
$x_{p_0}\ y_{p_0}$
$x_{p_1}\ y_{p_1}$
...
$x_{p_{q-1}}\ y_{p_{q-1}}$

1 行目に $p1, p2$ の座標が与えられます。p の座標として、q 個のクエリが与えられます。

出力　クエリについて、点 x の座標を 1 行に出力してください。出力は 0.00000001 以下の誤差を含んでもよいものとします。

制約　$1 \leq q \leq 1{,}000$

$-10{,}000 \leq x_i, y_i \leq 10{,}000$

$p1, p2$ は同一でない。

入力例 1

```
0 0 3 4
3
2 5
1 4
0 3
```

出力例 1

```
4.2400000000 3.3200000000
3.5600000000 2.0800000000
2.8800000000 0.8400000000
```

解説

線分（または直線）$s = p1p2$ を対称軸として点pと線対称の位置にある点xをpの反射（reflection）と言います。

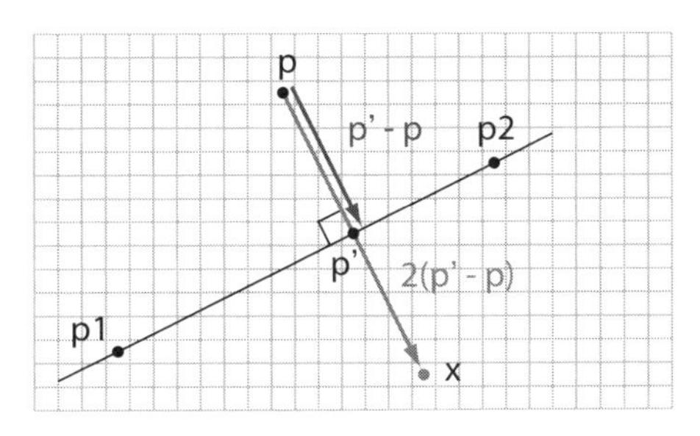

図 16.7: 反射

まず、点pから線分$p1p2$へ射影した点p'を求めます。次にpからp'へのベクトル$(p' - p)$をスカラー2倍します。最後に、始点pにこのベクトルを足して、xを求めます。

次のプログラムは線分sを対象軸とした点pの線対称の点xを求めるプログラムです。

Program 16.16: 線分sを対称軸とした点pの線対称の点

```
1  Point reflect(Segment s, Point p) {
2    return p + (project(s, p) - p) * 2.0;
3  }
```

16.5 距離

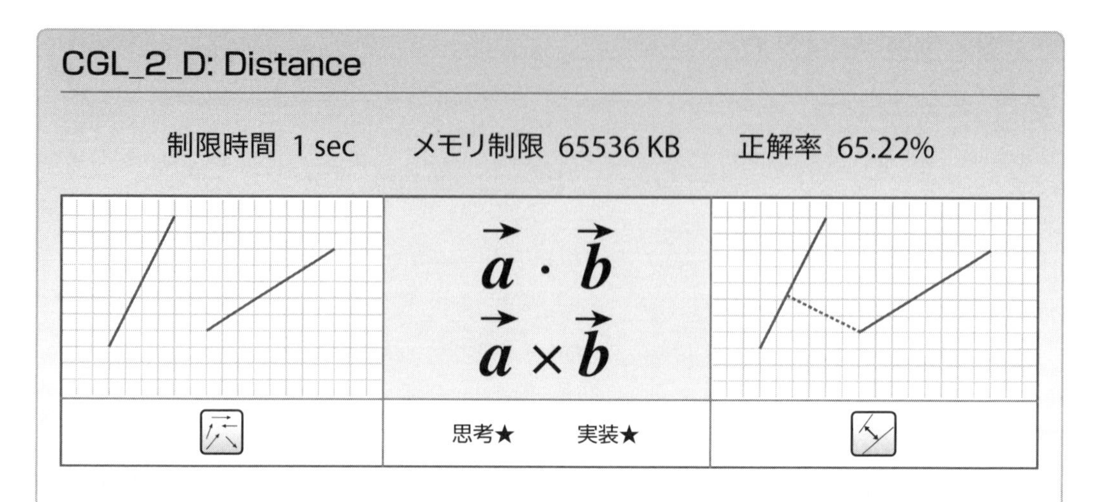

CGL_2_D: Distance
制限時間 1 sec
メモリ制限 65536 KB
正解率 65.22%
思考★
実装★

線分 $s1$, $s2$ について、それらの距離を出力してください。$s1$ の端点を $p0$, $p1$、$s2$ の端点を $p2$, $p3$ とします。

入力 1行目にクエリの数 q が与えられます。続く q 行に q 個のクエリが与えられます。各クエリでは線分 $s1$、$s2$ の端点の座標が以下の形式で与えられます。入力はすべて整数で与えられます。

$x_{p0}\ y_{p0}\ x_{p1}\ y_{p1}\ x_{p2}\ y_{p2}\ x_{p3}\ y_{p3}$

出力 各クエリについて、距離を1行に出力してください。出力は0.00000001 以下の誤差を含んでもよいものとします。

制約 $1 \le q \le 1{,}000$

$-10{,}000 \le x_{p_i}, y_{p_i} \le 10{,}000$

$p0$, $p1$ は同一でない。

$p2$, $p3$ は同一でない。

入力例

```
3
0 0 1 0 0 1 1 1
0 0 1 0 2 1 1 2
-1 0 1 0 0 1 0 -1
```

出力例

```
1.0000000000
1.4142135624
0.0000000000
```

解説

ここでは、点や線分に関する距離について解説します。

16.5.1　2点間の距離

点aと点b間の距離はベクトル$a-b$または$b-a$の絶対値になります。次のプログラムは、点aと点bの距離を求めるプログラムです。

Program 16.17: 点aと点bの距離

```
double getDistance(Point a, Point b) {
  return abs(a - b);
}
```

16.5.2　点と直線の距離

点pと直線$p1p2$の距離dは、直線$p1p2$上のベクトルを$a=p2-p1$、pと$p1$が成すベクトルを$b=p-p1$とすると、ベクトルa,bが成す平行四辺形の高さが距離dになります。aとbの外積の大きさ（平行四辺形の面積）をaの大きさ$|a|$で割ると高さdが求まるので

$$d=\frac{|a\times b|}{|a|}=\frac{|(p2-p1)\times(p-p1)|}{|p2-p1|}$$

となります。

次のプログラムは直線lと点pの距離を求めるプログラムです

Program 16.18: 直線lと点pの距離

```
double getDistanceLP(Line l, Point p) {
  return abs(cross(l.p2 - l.p1, p - l.p1) / abs(l.p2 - l.p1));
}
```

16.5.3 点と線分の距離

点pと線分$p1p2$の距離dを求めるためには、以下のような場合分けを行います。

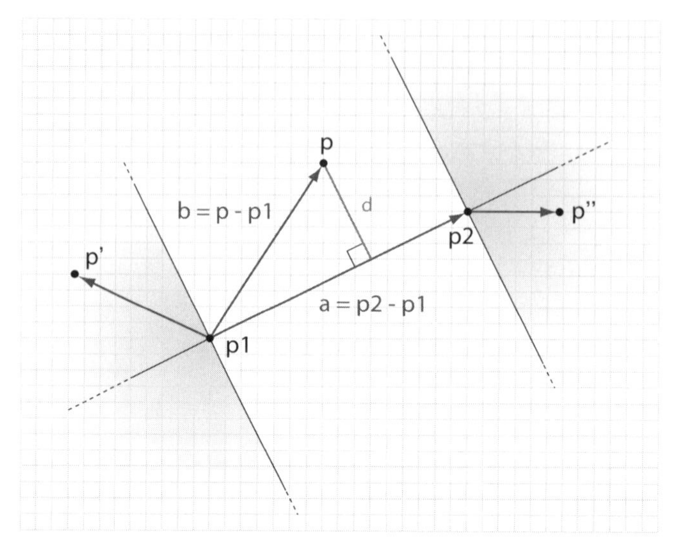

図16.8: 点と線分の距離

1. ベクトル$p2 - p1$とベクトル$p - p1$が成す角θが90度より大きい場合（または-90度より小さい場合）、dは点pと点$p1$の距離となります（図における点p'）。
2. ベクトル$p1 - p2$とベクトル$p - p2$が成す角θが90度より大きい場合（または-90度より小さい場合）、dは点pと点$p2$の距離となります（図における点p''）。
3. それ以外の位置にある場合、dは点pと直線$p1p2$の距離となります。

θが90度より大きいときに$cos\theta < 0$となることから、1. 2. の判定では２つのベクトルの内積が負であるかどうかを調べます。

次のプログラムは、線分sと点pの距離を求めるプログラムです。

Program 16.19: 線分sと点pの距離

```
1  double getDistanceSP(Segment s, Point p) {
2    if ( dot(s.p2 - s.p1, p - s.p1) < 0.0 ) return abs(p - s.p1);
3    if ( dot(s.p1 - s.p2, p - s.p2) < 0.0 ) return abs(p - s.p2);
4    return getDistanceLP(s, p);
5  }
```

16.5.4 線分と線分の距離

線分 $s1$ と線分 $s2$ の距離は、以下の４つの距離で最短のものになります：

1. 線分 $s1$ と線分 $s2$ の端点 $s2.p1$ の距離
2. 線分 $s1$ と線分 $s2$ の端点 $s2.p2$ の距離
3. 線分 $s2$ と線分 $s1$ の端点 $s1.p1$ の距離
4. 線分 $s2$ と線分 $s1$ の端点 $s1.p2$ の距離

ただし、２つの線分が交差する場合、距離は 0 となります。

次のプログラムは線分 $s1$ と線分 $s2$ の距離を求めるプログラムです。

Program 16.20: 線分 $s1$ と線分 $s2$ の距離

```
1  double getDistance(Segment s1, Segment s2) {
2    if ( intersect(s1, s2) ) return 0.0;
3    return min(min(getDistanceSP(s1, s2.p1), getDistanceSP(s1, s2.p2)),
4               min(getDistanceSP(s2, s1.p1), getDistanceSP(s2, s1.p2)));
5  }
```

ここで、２つの線分の交差判定を行う intersect は、16.7 節で詳しく確認します。

16.6 反時計回り

CGL_1_C: Counter-Clockwise

制限時間 1 sec　　メモリ制限 65536 KB　　正解率 55.56%

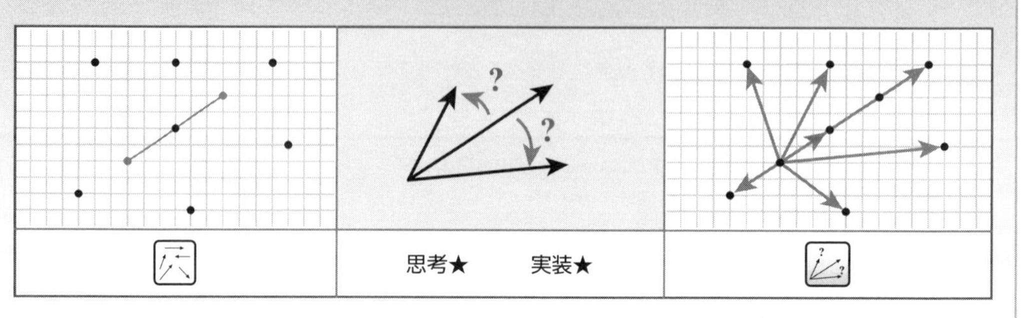

3 点 $p0, p1, p2$ について、

$p0, p1, p2$ が反時計回りになる場合 (1)	COUNTER_CLOCKWISE
$p0, p1, p2$ が時計回りになる場合 (2)	CLOCKWISE
$p2, p0, p1$ がこの順で同一直線上にある場合 (3)	ONLINE_BACK
$p0, p1, p2$ がこの順で同一直線上にある場合 (4)	ONLINE_FRONT
$p2$ が線分 $p0\,p1$ 上にある場合 (5)	ON_SEGMENT

と出力してください。

入力　x_{p0} y_{p0} x_{p1} y_{p1}
q
x_{p2_0} y_{p2_0}
x_{p2_1} y_{p2_1}
...
$x_{p2_{q-1}}$ $y_{p2_{q-1}}$

1 行目に $p0, p1$ の座標が与えられます。$p2$ の座標として、q 個のクエリが与えられます。入力はすべて整数で与えられます。

出力 各クエリについて、上記の状態のいずれかを1行に出力してください。

制約 $1 \leq q \leq 1{,}000$
$-10{,}000 \leq x_i, y_i \leq 10{,}000$
$p0, p1$ は同一でない。

入力例 1

```
0 0 2 0
5
-1 1
-1 -1
-1 0
0 0
3 0
```

出力例 1

```
COUNTER_CLOCKWISE
CLOCKWISE
ONLINE_BACK
ON_SEGMENT
ONLINE_FRONT
```

解説

ベクトル a, b の外積の向きが a, b を含む平面に垂直で、a をその始点の周りに θ だけ回転させて b に重ねたときの、右ねじが進む方向になることを利用し、ベクトル a, b の位置関係を調べることができます。

線分 $p0\,p1$ に対しての点 $p2$ の位置は次のように分類することができます：

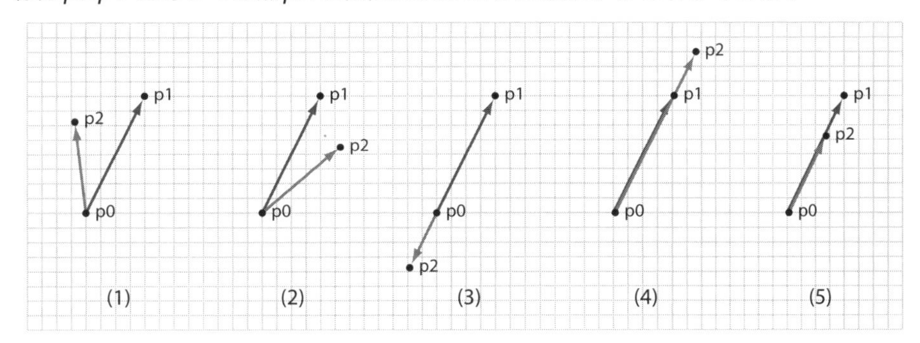

図16.9: ベクトルと点の位置関係

(1) $p0 \rightarrow p1$ 反時計回りの方向に $p2$
(2) $p0 \rightarrow p1$ 時計回りの方向に $p2$
(3) $p2 \rightarrow p0 \rightarrow p1$ の順で直線上に $p2$
(4) $p0 \rightarrow p1 \rightarrow p2$ の順で直線上に $p2$
(5) $p0 \rightarrow p2 \rightarrow p1$ の順で線分 $p0p1$ 上に $p2$

$p0$ から $p1$ へ向かうベクトルを a、$p0$ から $p2$ へ向かうベクトルを b とすると、それぞれの判定方法は以下のようになります：

(1) : 外積の大きさ $cross(a, b)$ の値が正のとき、b は a から反時計回りの位置にあると判定できます。

(2) : 外積の大きさ $cross(a, b)$ の値が負のとき、b は a から時計回りの位置にあると判定できます。

(3): (1)(2) に該当しない場合、$p2$ は直線 $p0p1$ 上（線分 $p0p1$ 上とは限らない）にあります。$\cos\theta$ は θ が 90 度より大きいときと -90 度より小さいとき負となります。従って、a と b の内積 $dot(a, b)$ が負のとき、$p2$ は線分 $p0p1$ の後ろ側、$p2 \rightarrow p0 \rightarrow p1$ の位置にあると判定することができます。

(4): (3) に該当しない場合は、$p2$ は $p0 \rightarrow p1 \rightarrow p2$ または $p0 \rightarrow p2 \rightarrow p1$ の位置にあります。従って、b の大きさが a の大きさより大きいときに $p0 \rightarrow p1 \rightarrow p2$ の位置にあると判定することができます。

(5): (4) に該当しない場合は $p2$ は線分 $p0p1$ 上にあると判定することができます。

次のプログラムは、３点 $p0, p1, p2$ を引数として、$p0$ から $p1$ へ向かうベクトルに対しての点 $p2$ の位置を返します。位置については図16.9に示した分類に従っています。

Program 16.21: 反時計回り CCW

```
1  static const int COUNTER_CLOCKWISE = 1;
2  static const int CLOCKWISE = -1;
3  static const int ONLINE_BACK = 2;
4  static const int ONLINE_FRONT = -2;
5  static const int ON_SEGMENT = 0;
6
7  int ccw(Point p0, Point p1, Point p2) {
8    Vector a = p1 - p0;
9    Vector b = p2 - p0;
10   if ( cross(a, b) > EPS ) return COUNTER_CLOCKWISE;
11   if ( cross(a, b) < -EPS ) return CLOCKWISE;
12   if ( dot(a, b) < -EPS ) return ONLINE_BACK;
13   if ( a.norm() < b.norm() ) return ONLINE_FRONT;
14
15   return ON_SEGMENT;
16 }
```

16.7 線分の交差判定

CGL_2_B: Intersection

制限時間 1 sec　　メモリ制限 65536 KB　　正解率 38.89%

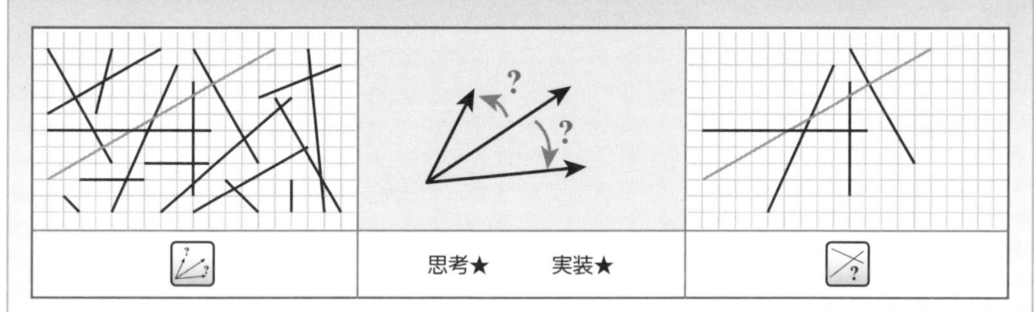

線分 $s1, s2$ について、それらが交差する場合"1"、しない場合"0"と出力してください。

$s1$ の端点を $(p0, p1)$、$s2$ の端点を $(p2, p3)$ とします。

入力　1行目にクエリの数 q が与えられます。続く q 行に q 個のクエリが与えられます。各クエリでは線分 $s1$、$s2$ の端点の座標が以下の形式で与えられます。入力はすべて整数で与えられます。

$x_{p0}\ y_{p0}\ x_{p1}\ y_{p1}\ x_{p2}\ y_{p2}\ x_{p3}\ y_{p3}$

出力　各クエリについて、"1" または "0" を1行に出力してください。

制約　$1 \le q \le 1{,}000$

$-10{,}000 \le x_{p_i}, y_{p_i} \le 10{,}000$

$p0, p1$ は同一でない。

$p2, p3$ は同一でない。

入力例

```
3
0 0 3 0 1 1 2 -1
0 0 3 0 3 1 3 -1
0 0 3 0 3 -2 5 0
```

出力例

```
1
1
0
```

16章 計算幾何学

解説

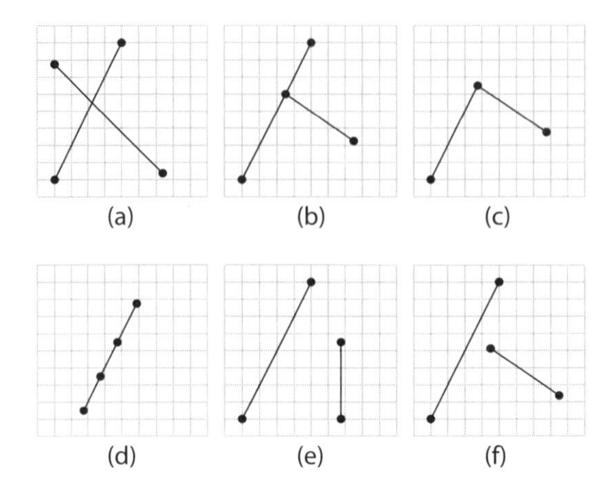

図16.10: 線分の交差判定

図16.10の(a)(b)(c)(d) は２つの線分が交差している例を示し、一方の線分の端点が他方の線分上にある場合(b)、２線分の端点が１点で交わる場合(c)、線分が平行に重なる場合(d) も交差していると見なします。(e)(f) は２つの線分が交差しない例を示しています。

点と線分の位置関係を調べるccw を用いて、２つの線分の交差判定を簡単に行うことができます。

２つの線分それぞれについて、他方の線分の端点がそれぞれ反時計回りの位置と時計回りの位置にあれば、２つの線分が交差していると判断することができます。例えば、次の図16.11のように、線分*p1p2* に対して*p3*, *p4*が異なる側にあり、線分*p3p4* に対して*p1*, *p2*が異なる側にあるとき、線分*p1p2* と線分*p3p4*が交差していると判断することができます。

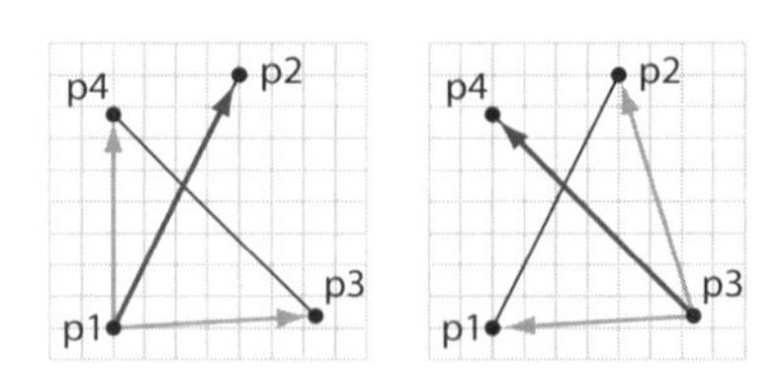

図16.11: 線分が交差する条件

線分 $p1p2$ と線分 $p3p4$ の交差判定を行うプログラムは次のようになります。

Program 16.22: 線分 $p1p2$ と線分 $p3p4$ の交差判定

```
bool intersect(Point p1, Point p2, Point p3, Point p4) {
  return ( ccw(p1, p2, p3) * ccw(p1, p2, p4) <= 0 &&
           ccw(p3, p4, p1) * ccw(p3, p4, p2) <= 0 );
}

bool intersect(Segment s1, Segment s2) {
  return intersect(s1.p1, s1.p2, s2.p1, s2.p2);
}
```

このプログラムは４つの点 $p1, p2, p3, p4$ を引数とし、線分 $p1p2$ と線分 $p3p4$ の交差判定を行い、交差する場合に true を返します。

ccw(p1, p2, p3) * ccw(p1, p2, p4) では、線分 $p1p2$ に対して点 $p3, p4$ がそれぞれどちら側にあるかを調べ、結果の積を求めます。ccw の戻り値として

```
COUNTER_CLOCKWISE = 1;
CLOCKWISE = -1;
ON_SEGMENT = 0;
```

と定義しておくと、ccw(p1, p2, p3) * ccw(p1, p2, p4) の値は、$p3$ と $p4$ が異なる側にある場合は -1, $p3$ または $p4$ が線分 $p1p2$ 上にある場合は 0 となります。線分 $p3p4$ に対する点 $p1, p2$ についても同様に計算します。そして、これらの線分 $p1p2$、線分 $p3p4$ に対する判定が共に 0 以下の場合、線分 $p1p2$ と線分 $p3p4$ が交差していると判断できます。

16.8 線分の交点

CGL_2_C: Cross Point

制限時間 1 sec　メモリ制限 65536 KB　正解率 82.61%

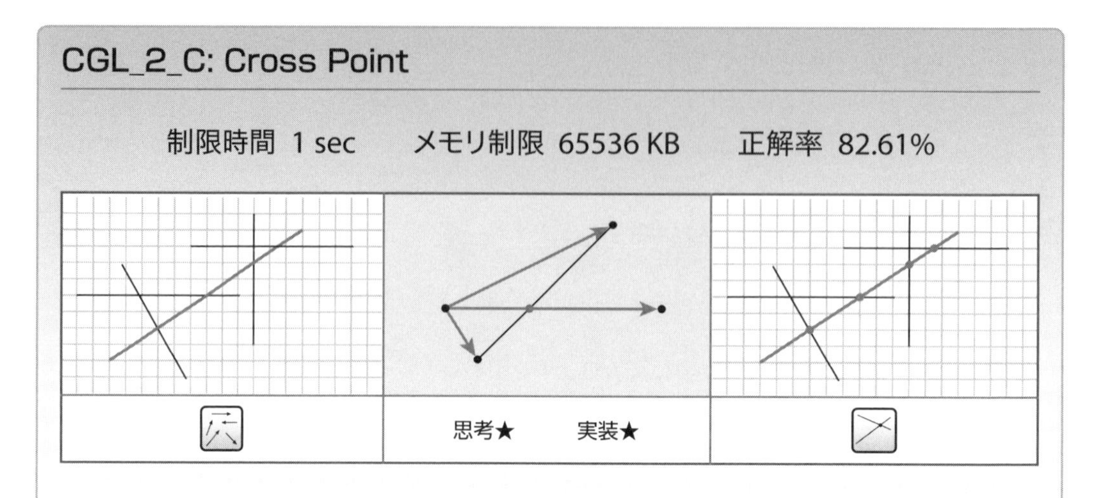

線分 $s1, s2$ について、それらの交点の座標を出力してください。

$s1$ の端点を $(p0, p1)$、$s2$ の端点を $(p2, p3)$ とします。

入力 1 行目にクエリの数 q が与えられます。続く q 行に q 個のクエリが与えられます。各クエリでは線分 $s1$、$s2$ の端点の座標が次の形式で与えられます。入力はすべて整数で与えられます。

$x_{p0}\ y_{p0}\ x_{p1}\ y_{p1}\ x_{p2}\ y_{p2}\ x_{p3}\ y_{p3}$

出力 各クエリについて、交点の座標 (x, y) を 1 行に出力してください。出力は 0.00000001 以下の誤差を含んでもよいものとします。

制約 $1 \leq q \leq 1{,}000$
$-10{,}000 \leq x_{p_i}, y_{p_i} \leq 10{,}000$
$p0, p1$ は同一でない。
$p2, p3$ は同一でない。
$s1, s2$ は交点を持ち、線分で重なることはない。

入力例

```
3
0 0 2 0 1 1 1 -1
0 0 1 1 0 1 1 0
0 0 1 1 1 0 0 1
```

出力例

```
1.0000000000 0.0000000000
0.5000000000 0.5000000000
0.5000000000 0.5000000000
```

解説

外積の大きさを利用して２つの線分 $s1, s2$ の交点 x を求めることができます。

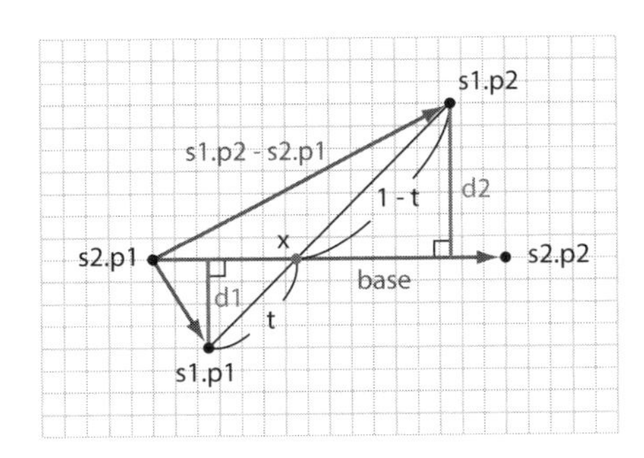

図16.12: 線分の交点

図16.12に示すように、線分 $s2$ をベクトル $s2.p2$ - $s2.p1$ = $base$ と表します。次に、$s2.p1$ と $s2.p2$ を通る直線と線分 $s1$ のそれぞれの端点の距離 $d1, d2$ を求めます。例えば、$s1.p1 - s2.p1$ をベクトル $hypo$ とすると、$base$ と $hypo$ が成す平行四辺形の面積はそれらの外積 $base \times hypo$ の大きさとなります。従って $d1$ はこの面積を $base$ の大きさで割ると求まるので、

$$d1 = \frac{|base \times hypo|}{|base|}$$

となります。$d2$ も同様に求めます。

$$d1 = \frac{|base \times (s1.p1 - s2.p1)|}{|base|}$$

$$d2 = \frac{|base \times (s1.p2 - s2.p1)|}{|base|}$$

さらに、線分 $s1$ の長さに対する点 $s1.p1$ から交点 x までの距離の割合を t とすると、

$d1 : d2 = t : (1 - t)$ 　　より
$t = d1 / (d1 + d2)$

従って、交点 x は

$$x = s1.p1 + (s1.p2 - s1.p1) \times t$$

となります。

線分 *s1* と線分 *s2* の交点を求めるプログラムは次のようになります。

Program 16.23: 線分 *s1* と線分 *s2* の交点

```
1  Point getCrossPoint(Segment s1, Segment s2) {
2    Vector base = s2.p2 - s2.p1;
3    double d1 = abs(cross(base, s1.p1 - s2.p1));
4    double d2 = abs(cross(base, s1.p2 - s2.p1));
5    double t = d1 / (d1 + d2);
6    return s1.p1 + (s1.p2 - s1.p1) * t;
7  }
```

このプログラムでは、$d1$, $d2$ の計算における $|base|$ は t の計算における約分により消されています。

16.9 円と直線の交点

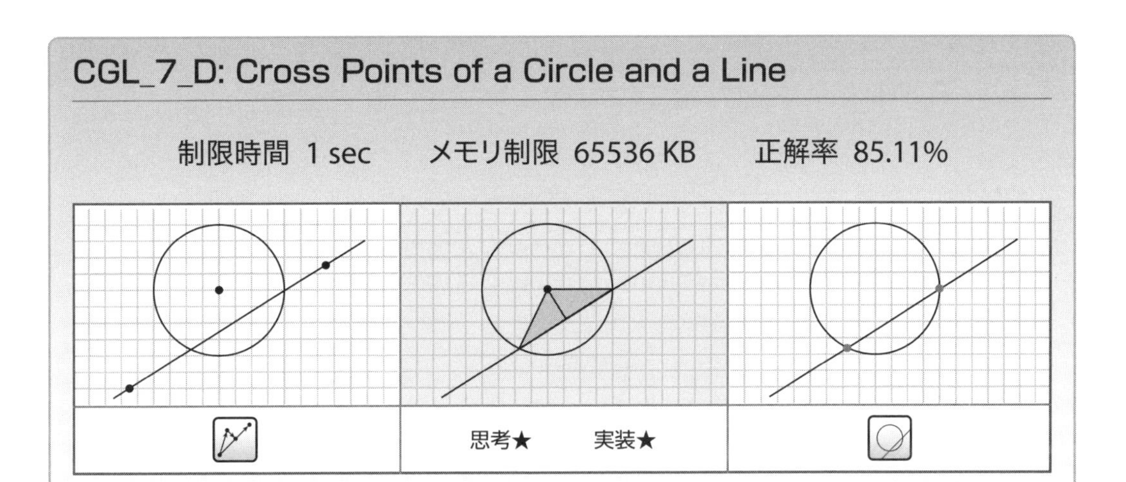

CGL_7_D: Cross Points of a Circle and a Line
制限時間 1 sec
メモリ制限 65536 KB
正解率 85.11%
思考★
実装★

円 c と直線 l の交点を求めてください。

入力 入力は以下の形式で与えられます。

$cx\ cy\ r$
q
$Line_1$
$Line_2$
:
$Line_q$

1行目に円の中心の座標 cx, cy, 半径 r が与えられます。2行目にクエリの数 q が与えられます。

続く q 行に、クエリとして q 個の直線 $Line_i$ が次の形式で与えられます。

$x_1\ y_1\ x_2\ y_2$

各直線はそれが通る2点 $p1$、$p2$ で表され、x_1, y_1 が $p1$ の座標、x_2, y_2 が $p2$ の座標を表します。入力はすべて整数で与えられます。

出力 各クエリごとに交点の座標を出力してください。

2つの交点の座標を以下の規則に従い空白区切りで出力してください。

- ただ1つの交点を持つ場合も同じ座標を2つ出力する。
- x 座標が小さいものを先に出力する。x 座標が同じ場合は y 座標が小さいものを先に出力する。

出力は0.000001 以下の誤差を含んでもよいものとします。

制約 $p1$ と $p2$ は異なる。
円と直線は必ず交点を持つ。
$1 \le q \le 1{,}000$
$-10{,}000 \le cx, cy, x_1, y_1, x_2, y_2 \le 10{,}000$
$1 \le r \le 10{,}000$

入力例

```
2 1 1
2
0 1 4 1
3 0 3 3
```

出力例

```
1.000000 1.000000 3.000000 1.000000
3.000000 1.000000 3.000000 1.000000
```

解説

まずはじめに、問題の制約に示されている「円と直線が交点を持つ」条件を考えてみましょう。これは、円の中心と直線の距離が r 以内かどうかを調べて判定することができます（この問題には必要ありませんが、入力の正当性を保障する処理として追加することができます）。

円と直線の交点は様々な方法で求めることができます。ここでは、次の図に示すベクトルを用いた方法を紹介します。

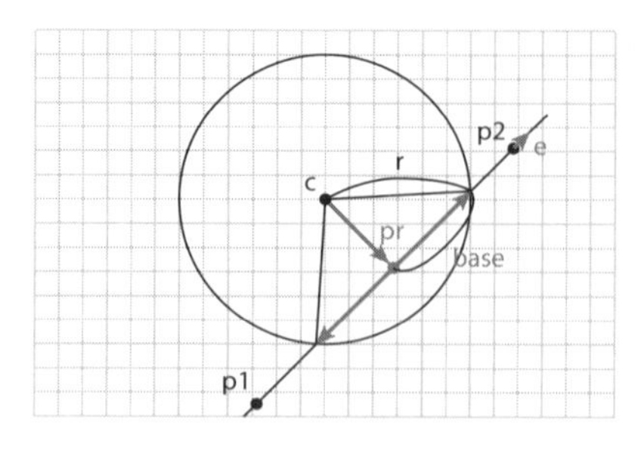

図16.13: 円と直線の交点

まず、円の中心cを直線lに射影した点prを求めます。次に、直線l上の単位ベクトル（大きさが１のベクトル）eを求めます。eは次のようにベクトルをその大きさで割ることで得られます。

$$e = \frac{(p2-p1)}{|p2-p1|}$$

次に、半径r、prの大きさより、円に含まれる直線の長さの半分$base$を求めます。先ほど求めた単位ベクトルeにこの長さ$base$を掛けると、$base$と同じ大きさ（長さ）で直線l上のベクトルを表すことができます。このベクトルを、正の方向、負の方向それぞれについて、起点とする射影点prに足すと、円と直線の交点（の座標）が求まります。

円cと線分lの交点を求めるプログラムは次のようになります。

Program 16.24: 円cと線分lの交点

```
1  pair<Point, Point> getCrossPoints(Circle c, Line l) {
2    assert(intersect(c, l));
3    Vector pr = project(l, c.c);
4    Vector e = (l.p2 - l.p1) / abs(l.p2 - l.p1);
5    double base = sqrt(c.r * c.r - norm(pr - c.c));
6    return make_pair(pr + e * base, pr - e * base);
7  }
```

16.10 円と円の交点

CGL_7_E: Cross Points of Circles

制限時間 1 sec　　メモリ制限 65536 KB　　正解率 50.00%

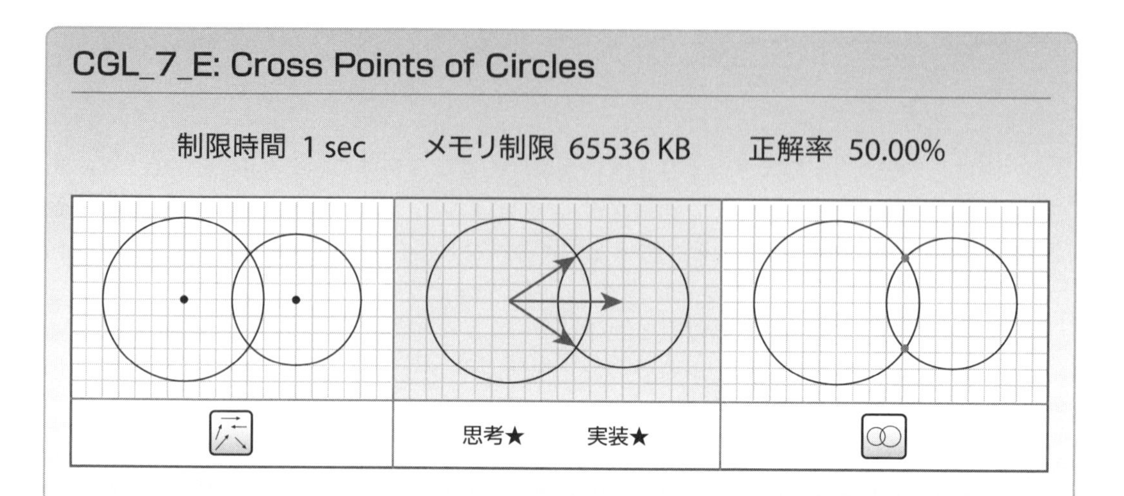

2つの円 $c1, c2$ の交点を求めてください。

入力 入力は以下の形式で与えられます。

$c1x$ $c1y$ $c1r$
$c2x$ $c2y$ $c2r$

$c1x, c1y, c1r$ は1つ目の円の x 座標, y 座標, 半径を表します。同様に $c2x, c2y, c2r$ は2つ目の円の座標と半径を表します。入力はすべて整数で与えられます。

出力 交点 $p1$、$p2$ の座標 $(x1, y1)$、$(x2, y2)$ を以下の規則に従い空白区切りで出力してください。

- ただ1つの交点を持つ場合も同じ座標を2つ出力する。
- x 座標が小さいものを先に出力する。x 座標が同じ場合は y 座標が小さいものを先に出力する。

出力は0.000001 以下の誤差を含んでもよいものとします。

制約 2つの円は交点を持ち、中心の座標は異なる。

$-10{,}000 \le c1x, c1y, c2x, c2y \le 10{,}000$

$1 \le c1r, c2r \le 10{,}000$

入力例 1

```
0 0 2
2 0 2
```

出力例 1

```
1.0000000 -1.7320508 1.0000000 1.7320508
```

解説

円と円の交点を求める方法には様々なものがありますが、ここではベクトル演算と余弦定理を用いたアルゴリズムを紹介します。まず、下図のように、2つの円 $c1$, $c2$ の中心間の距離 d を求めます。これは $c1.c$ から $c2.c$ へ向かう(逆でもよい)ベクトルの大きさになります。

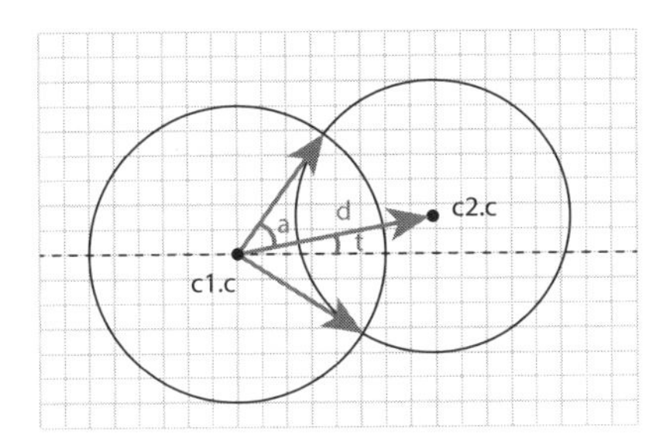

図16.14: 円と円の交点

ここまでで、2つの円の中心と交点の一方が作る三角形の3辺の長さがそれぞれ $c1.r$、$c2.r$、d となることが分かっているので、余弦定理を用いてベクトル $c2.c - c1.c$ と $c1.c$ からいずれかの交点に向かうベクトルの角度 a を求めます。さらにベクトル $c2.c - c1.c$ と x 軸がなす角度 t を求めておきます。

求めたい交点は、中心 $c1.c$ を始点とする大きさが $c1.r$ で角度がそれぞれ $t+a$ と $t-a$ の2つのベクトルになります。

円 $c1$ と円 $c2$ の交点を求めるプログラムは次のようになります。

Program 16.25: 円 $c1$ と円 $c2$ の交点

```
1  double arg(Vector p) { return atan2(p.y, p.x); }
2  Vector polar(double a, double r) { return Point(cos(r) * a, sin(r) * a); }
3
4  pair<Point, Point> getCrossPoints(Circle c1, Circle c2) {
5    assert(intersect(c1, c2));
6    double d = abs(c1.c - c2.c);
7    double a = acos((c1.r * c1.r + d * d - c2.r * c2.r) / (2 * c1.r * d));
8    double t = arg(c2.c - c1.c);
9    return make_pair(c1.c + polar(c1.r, t + a), c1.c + polar(c1.r, t - a));
10 }
```

16.11 点の内包

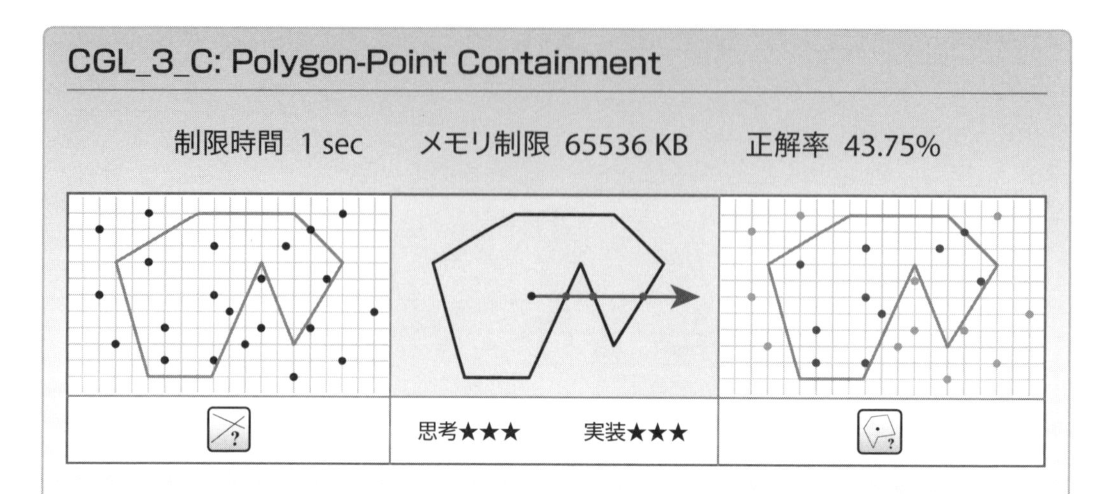

多角形 g と点 p について、p が g に含まれる場合“2”、p が g の辺上にある場合“1”、それ以外の場合“0”と出力してください。

多角形 g は隣合う点 p_i と p_{i+1} $(1 \le i \le n-1)$ を結ぶ線が多角形 g の辺になるような点の列 $p_1, p_2, ..., p_n$ で表されます。点 p_n と p_1 を結ぶ線も多角形 g の辺となります。

g は凸多角形とは限らないことに注意してください。

入力　入力は以下の形式で与えられます。

g（多角形をなす点の列）
q（クエリの数）
1st query
2nd query
:
qth query

g は点の列 $p_1, ..., p_n$ として以下の形式で与えられます。

n
x_1 y_1
x_2 y_2
:
x_n y_n

1行目の n は点の数を表します。点 p_i の座標は2つの整数 x_i, y_i で与えられます。点は、多角形の隣り合った点を反時計回りに訪問するような順番で与えられます。

各クエリについて1つの点pの座標が与えられます。座標は2つの整数xとyで与えられます。

出力 各クエリについて、"2"、"1" または"0" を1行に出力してください。

制約 $3 \leq n \leq 100$

$1 \leq q \leq 1,000$

$-10,000 \leq x_i, y_i, x, y \leq 10,000$

多角形の点の座標はすべて異なる

多角形の辺は共有する端点のみで交差する

入力例

```
4
0 0
3 1
2 3
0 3
3
2 1
0 2
3 2
```

出力例

```
2
1
0
```


解説

与えられた点pを始点としたx軸に平行で正の方向に無限に伸びる半直線と、多角形gの辺が交差する回数によって内包状態を判定することができます。半直線は実際に生成する必要はなく、次のようなアルゴリズムで判定を行います。

多角形の各辺を成す線分$g_i g_{i+1}$について、$g_i - p$と$g_{i+1} - p$をそれぞれベクトルaとbとします。$g_i g_{i+1}$上に点pがあるかどうかはccwと同様の方法で調べることができます。aとbが同一直線上にあり、aとbが逆向きかどうか調べます。つまり、aとbの外積の大きさが0で、かつaとbの内積が0以下かどうかを調べます。

半直線と線分$g_i g_{i+1}$が（内含状態を更新するように）交差するかどうかは、aとbが作る平行四辺形の面積の符号、つまりaとbの外積の大きさによって判定を行います。まず、2つのベクトルaとbについて、それらのyの値が小さい方がaとなるように調整します。この状態で、aとbの外積の大きさが正で（aからbへ反時計回り）かつ、aとb（の終点）が半直線をまたいで異なる側にあるとき、交差していると判断できます。ここでは、g_ig_{i+1} の端点との交差を考慮しないように、境界の条件に注意する必要があります。

交差した回数が奇数の場合に「含まれる」、偶数の場合に「含まれない」と判定します。ただし、各線分の交差判定の際に、線分上と判断された場合は、ただちに「線分上」を返します。

多角形による点の内包関係を調べるプログラムは次のようになります。

Program 16.26: 点の内包

```
1  /*
2    IN 2
3    ON 1
4    OUT 0
5    */
6  int contains(Polygon g, Point p) {
7    int n = g.size();
8    bool x = false;
9    for ( int i = 0; i < n; i++ ) {
10     Point a = g[i] - p, b = g[(i + 1) % n] - p;
11     if ( abs(cross(a, b)) < EPS && dot(a, b) < EPS ) return 1;
12     if ( a.y > b.y ) swap(a, b);
13     if ( a.y < EPS && EPS < b.y && cross(a, b) > EPS ) x = !x;
14   }
15   return ( x ? 2 : 0 );
16 }
```

16.12 凸包

CGL_4_A: Convex Hull

制限時間 1 sec　　メモリ制限 65536 KB　　正解率 33.90%

思考★★☆　　実装★★★

2次元平面における点の集合 P に対する凸包（Convex Hull）を求めてください。凸包とは点集合 P の全ての点を含む最小の凸多角形です。P の凸包を示す凸多角形の辺及び点上にあるすべての点を列挙してください。

入力　1行目に点の数 n が与えられます。続く n 行に i 番目の点 p_i の座標が2つの整数 x_i, y_i で与えられます。

出力　1行目に凸包を表す凸多角形の頂点の数を出力してください。続く行に凸多角形の頂点の座標 (x, y) を出力してください。凸多角形の頂点で最も下にあるものの中で最も左にある頂点から順に、反時計周りで頂点の座標を出力してください。

制約　$3 \le n \le 100{,}000$
$-10{,}000 \le x_i, y_i \le 10{,}000$
点の座標はすべて異なる

入力例 1

```
7
2 1
0 0
1 2
2 2
4 2
1 3
3 3
```

出力例 1

```
5
0 0
2 1
4 2
3 3
1 3
```

解説

凸包は、板に打たれたたくさんの釘を輪ゴムで囲んだときに得られる多角形に相当します。計算幾何学の分野においては、凸包を求めるためのアルゴリズムがいくつか考案されてきました。ここでは、その中でも習得が容易なアンドリューのアルゴリズム（Andrew's Algorithm）を紹介します。

アンドリューのアルゴリズム

1. 与えられた点の集合を x 軸について昇順に整列します。x が同じ場合は y が小さいものを優先して整列します。
2. 凸包の上部を次の手順で作ります。
   - 整列された点を x が小さい順に凸包 U に含めていきます。ただし、点を含めると U が凸でなくなってしまう場合は、これまでに U に含めてきた点を U が凸になるまで逆順に取り除いていきます。
3. 凸包の下部を次の手順で作ります。
   - 整列された点を x が大きい順に凸包 L に含めていきます。ただし、点を含めると L が凸でなくなってしまう場合は、これまでに L に含めてきた点を L が凸になるまで逆順に取り除いていきます。

図16.15はアンドリューのアルゴリズムで凸包の上部を求める計算ステップを表しています。各点には整列した後のインデックスが付加されています。

ここでは、入力として与えられる点の集合を S 、S の i 番目の点を S_i、凸包の上部の点の集合を U とします。図では U が表す凸包を太線で表しています。

ステップ1で、最初の２点を凸包 U に含めます。現在の凸包に点を含める操作をpush_backと呼ぶことにします。ステップ２以降で S の点をインデックスの順番に凸包 U にpush_backしていきます。ただし、点 S_i を凸包に含める前に、次の処理を繰り返します：

- 現在までの凸包 U について、後ろから２番目の点と後ろから１番目の点が成すベクトルに対して、現在含めようとしている点 S_i が反時計回りの位置にあるかぎり、U の後ろから１番目の点を凸包 U から取り除きます。ここで、点を取り除く操作をpop_backと呼ぶことにします。

例えば図16.15のステップ8、9、10に注目します。ステップ8では S_6 を凸包 U に含めようとしていますが、直前の２点 S_3S_5 が成すベクトルよりも S_6 が反時計回りの位置にあるので S_5 を U から取り除く必要があります。取り除く点を四角で表しています。さらに、ステップ9では、UからS_3を取り除く必要があります。ステップ10では、凸包の条件を満たしているので取り除く処理（pop_back）は行われません。

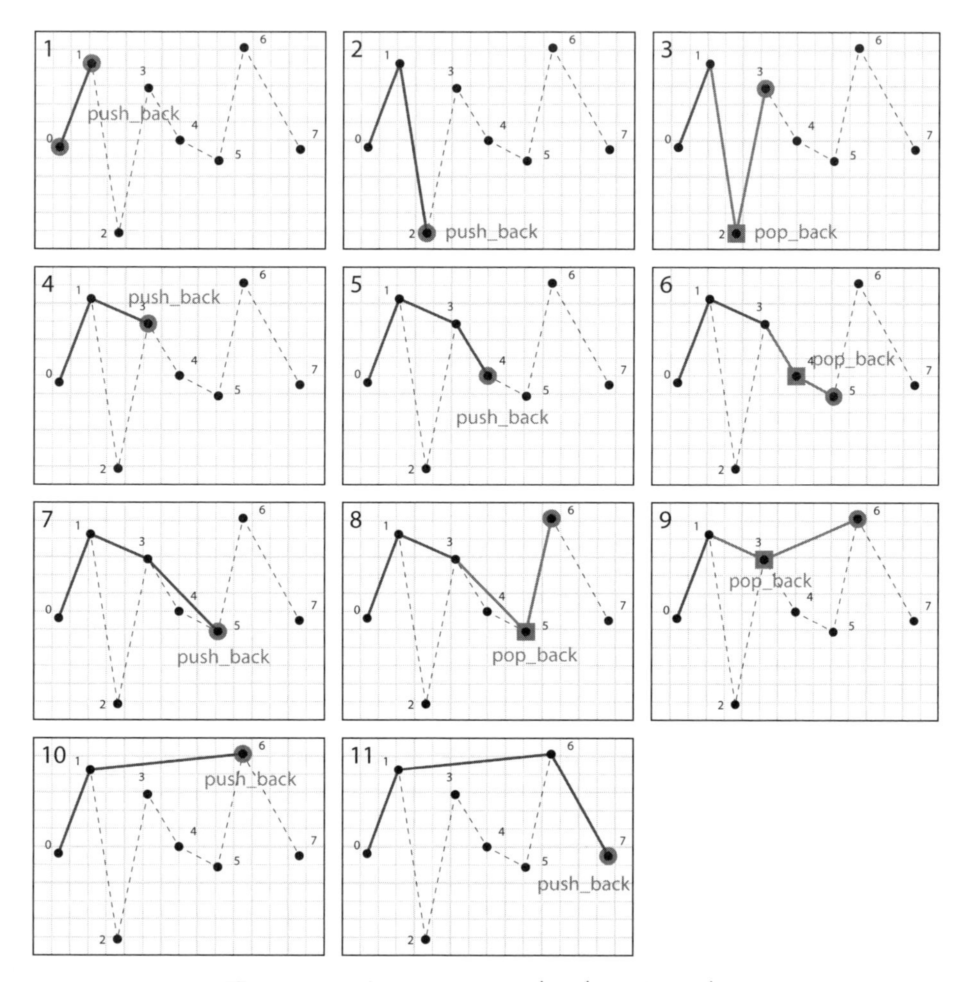

図16.15: アンドリューのアルゴリズムによる凸包

考察

アンドリューのアルゴリズムは、スタックの操作を用いて凸包を生成する処理が$O(n)$のアルゴリズムとなりますが、点の集合Sを整列する処理に一番時間がかかるため、$O(n\log n)$のアルゴリズムとなります。

解答例

次のプログラムはC++ によるアンドリューのアルゴリズムの実装例です。

Program 16.27: アンドリューのアルゴリズム

```
Polygon andrewScan( Polygon s ) {
  Polygon u, l;
  if ( s.size() < 3 ) return s;
  sort(s.begin(), s.end()); // x, y を基準に昇順にソート
  // x が小さいものから2つ u に追加
  u.push_back(s[0]);
  u.push_back(s[1]);
  // x が大きいものから2つ l に追加
  l.push_back(s[s.size() - 1]);
  l.push_back(s[s.size() - 2]);

  // 凸包の上部を生成
  for ( int i = 2; i < s.size(); i++ ) {
    for ( int n = u.size(); n >= 2 && ccw(u[n-2], u[n-1], s[i]) != CLOCKWISE; n--) {
      u.pop_back();
    }
    u.push_back(s[i]);
  }

  // 凸包の下部を生成
  for ( int i = s.size() - 3; i >= 0; i-- ) {
    for ( int n = l.size(); n >= 2 && ccw(l[n-2], l[n-1], s[i]) != CLOCKWISE; n--) {
      l.pop_back();
    }
    l.push_back(s[i]);
  }

  // 時計回りになるように凸包の点の列を生成
  reverse(l.begin(), l.end());
  for ( int i = u.size() - 2; i >= 1; i-- ) l.push_back(u[i]);

  return l;
}
```

補足：凸包の辺上の点も含める場合は14、22行目の != CLOCKWISE を == COUNTER_CLOCKWISE に置き換えます。

16.13 線分交差問題

CGL_6_A: Segment Intersections: Manhattan Geometry

制限時間 1 sec　　メモリ制限 65536 KB　　正解率 33.90%

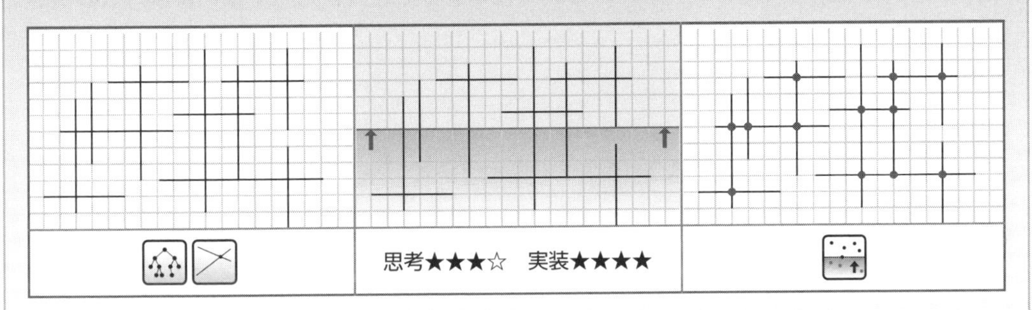

x 軸または y 軸に平行な n 本の線分が与えられるので、それらの交点の数を出力してください。

入力 1行目に線分の数 n が与えられます。続く n 行に n 本の線分が与えられます。各線分は次の形式で与えられます。

x_1 y_1 x_2 y_2

これらは線分の端点のそれぞれの座標です。入力はすべて整数で与えられます。

出力 交点の数を1行に出力してください。

制約 $1 \le n \le 100{,}000$
互いに平行な2つ以上の線分が、線分あるいは点で重なることはない。
交点の数は1,000,000を超えない。
$-1{,}000{,}000{,}000 \leqq x_1, y_1, x_2, y_2 \leqq 1{,}000{,}000{,}000$

入力例

```
6
2 2 2 5
1 3 5 3
4 1 4 4
5 2 7 2
6 1 6 3
6 5 6 7
```

出力例

```
3
```

解説

n本の線分の交点は、2本選ぶ組み合わせを全て試す$O(n^2)$のアルゴリズムで列挙する（数える）ことができますが、大きいnに対しては数秒で出力を得ることはできません。

線分が軸に平行な線分交差問題（マンハッタン幾何）は、平面走査（sweep）という手法を用いて高速に解くことができます。平面走査はx軸（またはy軸）に平行な直線を上へ（右へ）向かって平行移動させながら、交点を見つけていくアルゴリズムです。この直線を走査線と呼びます。

走査線は一定の間隔で細かく刻んで動かすのではなく、平面上の線分の端点に出会う度に停めて、その位置で線分の交点を検出していきます。この処理を行うために、入力の線分の端点をそれらのyの値で整列しておき、走査線をyの正の方向へ動かします。

走査線を移動していく過程で、走査線に触れている垂直線分（y軸に平行）を保持しておき、走査線と水平線分（x軸に平行）が重なったところで、その水平線分の範囲中に垂直線分が存在する点を交点として出力していきます。この処理を高速に行うために、走査線に触れている垂直線分を保持しておくデータ構造として二分探索木を応用することができます。線分交差問題における平面走査のアルゴリズムは以下のようになります。

平面走査

1. 入力された線分の端点をy座標を基準に昇順に並びかえ、リストEPに入れる。
2. 二分探索木Tを空にする。
3. EPの端点を順番に取り出し（走査線を下から上へ移動することに対応）、以下の処理を行う：
   - 取り出した端点が垂直線分の上端点ならば、その線分のx座標の値をTから削除する。
   - 取り出した端点が垂直線分の下端点ならば、その線分のx座標の値をTに挿入する。
   - 取り出した端点が水平線分の左端点ならば（走査線が水平線分に重なるとき）、その水平線分の両端のx座標を探索の範囲として、Tに含まれる値（つまり垂直線分のx座標）を出力する。

例えば、7本の線分a, b, c, d, e, f, gに対して、平面走査を行った様子を図16.16に示します。

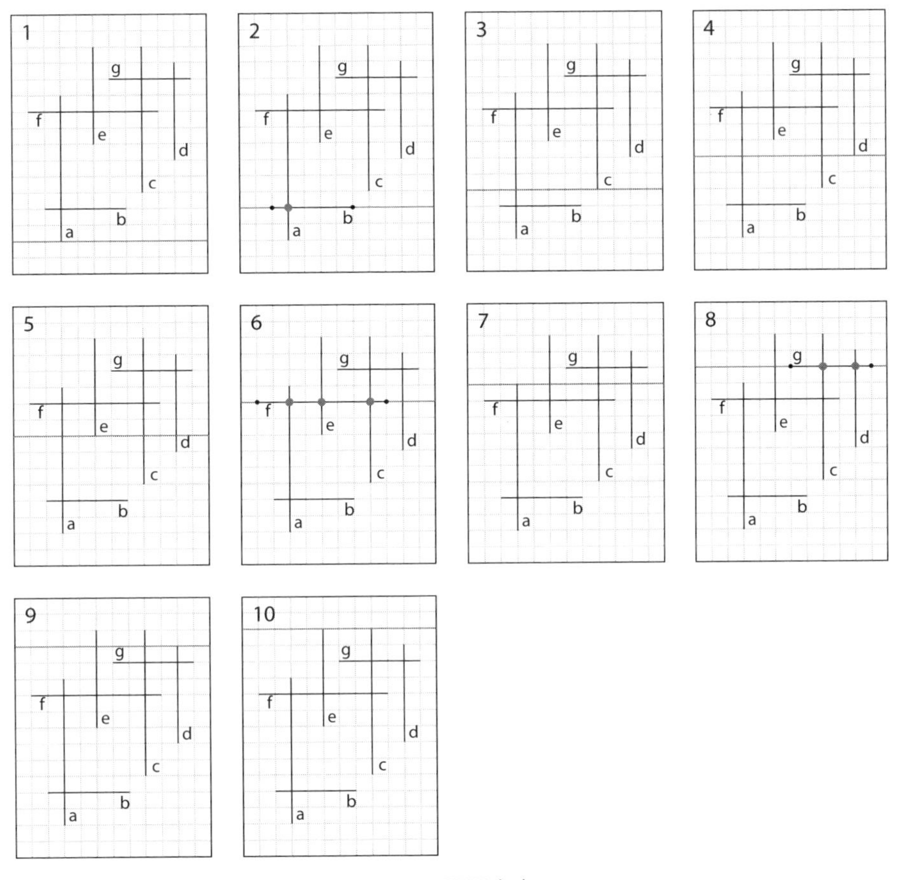

図16.16: 平面走査

走査線は線分 a の下端点を始点として上に向かって移動します。

1. 最初に a の下端点に出会ったときに二分探索木 T に a の x 座標の値を挿入します（線分 a を挿入すると考えてもよいです)。
2. 次に走査線は線分 b に重なります。このとき、線分 b の両端点を範囲として二分探索木 T から値を探します。ここでは線分 b と垂直線分 a の交点が検出されます。

3.-5. 続く3ステップでは、線分 c の下端点、線分 d の下端点、線分 e の下端点に出会い、これらの x 座標が二分探索木 T に挿入されます。

6. 次に走査線は線分 f に重なります。このとき、線分 f の両端点を範囲として二分探索木 T から値を探します。ここでは線分 f と垂直線分 a, e, c の交点が検出されます。
7. 次に走査線は線分 a の上端に出会うので、二分探索木 T から線分 a の x 座標の値を削除します。

以降同様に平面走査の処理が続きます。

考察

平衡な二分探索木を用いれば、1回の探索操作は$O(\log n)$で行うことができ、これは$2n$より少ないので、二分木における計算量は$O(n\log n)$となります。全体の計算量は交点の数kにも依存するので、ここで紹介した平面走査は$O(n\log n + k)$のアルゴリズムとなります。

また、この問題は区間木（セグメントツリー）を応用して効率的に解くこともできます。

解答例

平面走査で線分の交差を検出するプログラムは次のようになります。

Program 16.28: 平面走査

```
// 端点の種類
#define BOTTOM 0
#define LEFT 1
#define RIGHT 2
#define TOP 3

class EndPoint {
public:
  Point p;
  int seg, st; // 入力線分のID, 端点の種類
  EndPoint() {}
  EndPoint(Point p, int seg, int st): p(p), seg(seg), st(st) {}

  bool operator < (const EndPoint &ep) const {
    // y 座標が小さい順に整列
    if ( p.y == ep.p.y ) {
      return st < ep.st; // y が同一の場合は、下端点、左端点、右端点、上端点の順に並べる
    } else return p.y < ep.p.y;
  }
};

EndPoint EP[2 * 100000]; // 端点のリスト

// 線分交差問題：マンハッタン幾何
```

```
25 int manhattanIntersection(vector&lt;Segment&gt; S) {
26   int n = S.size();
27
28   for ( int i = 0, k = 0; i < n; i++ ) {
29     // 端点 p1, p2 が左下を基準に並ぶように調整
30     if ( S[i].p1.y == S[i].p2.y ) {
31       if ( S[i].p1.x > S[i].p2.x ) swap(S[i].p1, S[i].p2);
32     } else if ( S[i].p1.y > S[i].p2.y ) swap(S[i].p1, S[i].p2);
33
34     if ( S[i].p1.y == S[i].p2.y ) { // 水平線分を端点リストに追加
35       EP[k++] = EndPoint(S[i].p1, i, LEFT);
36       EP[k++] = EndPoint(S[i].p2, i, RIGHT);
37     } else {                        // 垂直線分を端点リストに追加
38       EP[k++] = EndPoint(S[i].p1, i, BOTTOM);
39       EP[k++] = EndPoint(S[i].p2, i, TOP);
40     }
41   }
42
43   sort(EP, EP + (2 * n)); // 端点の y 座標に関して昇順に整列
44
45   set<int> BT;            // 二分探索木
46   BT.insert(1000000001);  // 番兵を設置
47   int cnt = 0;
48
49   for ( int i = 0; i < 2 * n; i++ ) {
50     if ( EP[i].st == TOP ) {
51       BT.erase(EP[i].p.x);  // 上端点を削除
52     } else if ( EP[i].st == BOTTOM ) {
53       BT.insert(EP[i].p.x); // 下端点を追加
54     } else if ( EP[i].st == LEFT ) {
55       set<int>::iterator b = BT.lower_bound(S[EP[i].seg].p1.x); // O(log n)
56       set<int>::iterator e = BT.upper_bound(S[EP[i].seg].p2.x); // O(log n)
57       cnt += distance(b, e); // b と e の距離（点の数）を加算, O(k)
58     }
59   }
60
61   return cnt;
62 }
```


この平面走査アルゴリズムの実装では、ある走査線上で複数の処理が同時に行われる場合、交点を見逃さないように処理の順番に気を付ける必要があります。上のプログラムでは、ある走査線上で線分（x 座標の値）の削除、挿入、そして検索が同時に行われる場合は、端点のソート基準を下端点、左端点、右端点、上端点の優先度にすることによって、この問題を回避しています。

16.14 その他の問題

本書で取り上げられなかった、計算幾何学に関する問題をいくつか紹介します。

▶ CGL_5_A: Closest Pair

平面上の n 個の点について、最も近い２点の距離を求める問題です。分割統治法を応用することで高速に求めることができます。

▶ CGL_4_B: Diameter of a Convex Polygon

凸多角形の直径を求める問題です。凸多角形の最遠頂点対間距離を直径と言います。凸多角形の直径はキャリパー法と呼ばれるアルゴリズムで高速に求めることができます。

▶ CGL_4_C: Convex Cut

凸多角形を与えられた直線で切断する問題です。ccw（反時計回り）や直線の交点検出などを応用して比較的簡単に解くことができます。

17章

動的計画法

11章では、動的計画法の基本的な考え方といくつかの代表的な問題を解きました。動的計画法は特定の問題を解くためのアルゴリズムではなく、汎用性のあるプログラミングテクニック（設計技法）の1つなので、プログラミングコンテストでも様々な形で頻繁に出題されます。この章では、動的計画法に関連する典型的な問題を解いていきます。

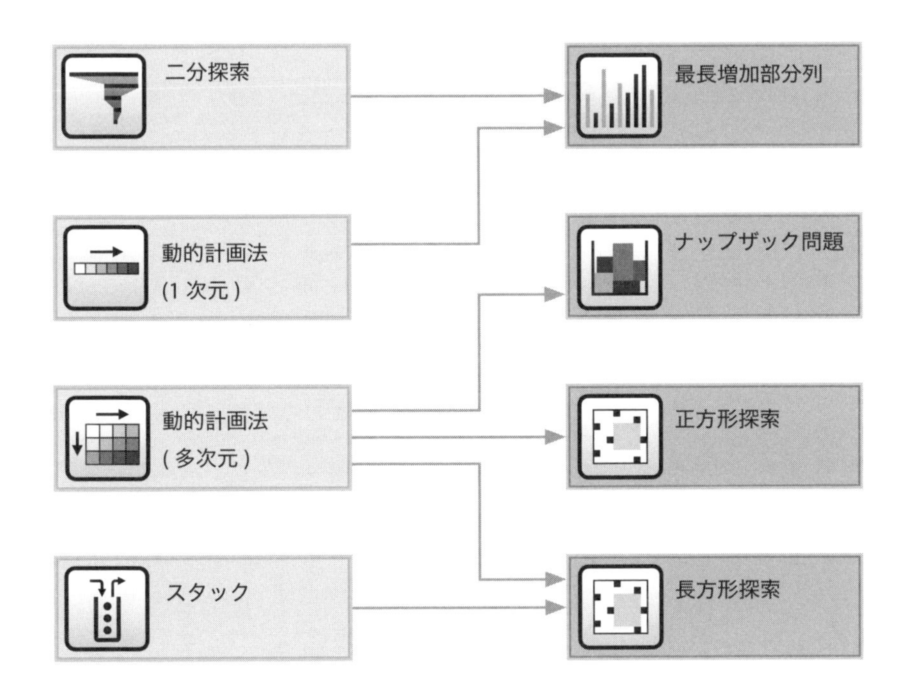

この章の問題を解くためには、基本的な動的計画法のアイデアに加え、二分探索やスタックなどのアルゴリズムとデータ構造を応用できるプログラミングスキルが必要です。

17.1 コイン問題

DPL_1_A: Coin Changing Problem

制限時間 1 sec　　メモリ制限 65536 KB　　正解率 30.26%

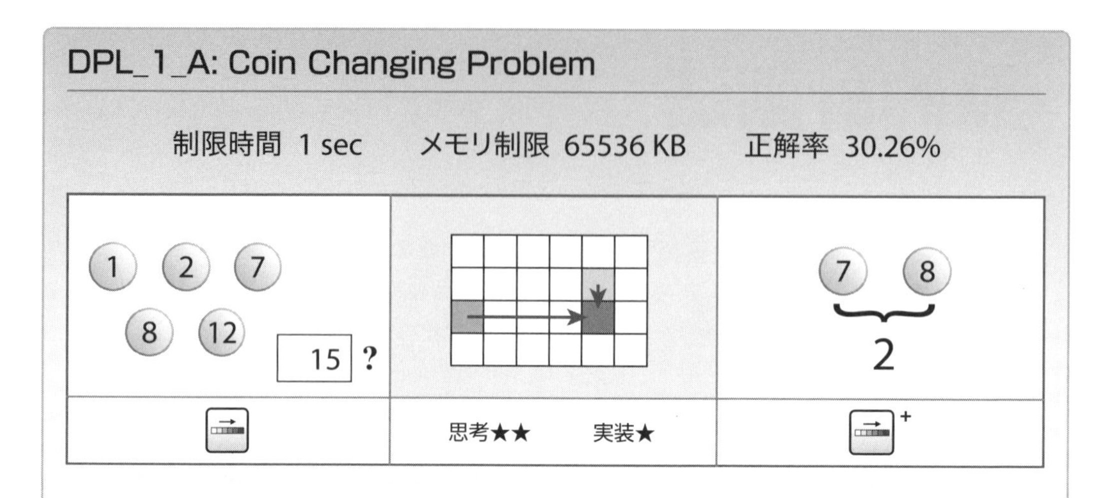

額面が $c_1, c_2, ..., c_m$ 円の m 種類のコインを使って、n 円を支払うときの、コインの最小の枚数を求めてください。各額面のコインは何度でも使用することができます。

入力 $n\ m$
$c_1\ c_2\ ...\ c_m$

1行目に整数 n と整数 m が1つの空白区切りで与えられます。2行目に各コインの額面が1つの空白区切りで与えられます。

出力 コインの最小枚数を1行に出力してください。

制約 $1 \leq n \leq 50{,}000$
$1 \leq m \leq 20$
$1 \leq$ 額面 $\leq 10{,}000$
額面はすべて異なり、必ず1を含む。

入力例

```
15 6
1 2 7 8 12 50
```

出力例

```
2
```

解説

仮にコインの額面が日本円のように1, 5, 10, 50, 100, 500 と決められていれば、与えられた額n円に対して、額面の大きいものから引いて（割って）いけば、最小の枚数を求めることができます。このように、その時点で最適の解（方法）を選んでいくアルゴリズムを貪欲法（greedy method）と言います。

一方、一般的なコイン問題は、使用できる額面によっては貪欲法では正しく解を求めることができません。例えば、額面が1, 2, 7, 8, 12, 50 について、15 円を支払いたい場合、上記の貪欲法では12, 2, 1 の3 枚を選んでしまいますが、最適な解は8, 7 の2 枚となります。

この問題は動的計画法で最適解を求めることができます。まず、以下のような変数を用意します。

$C[m]$	$C[i]$ をi 番目のコインの額面とする配列
$T[m][n+1]$	$T[i][j]$ をi 番目までのコインを使ってj 円支払うときのコインの最小枚数とする2次元配列

コインの枚数i、各iにおける支払う金額jを増やしていき、$T[i][j]$を更新していきます。$T[i][j]$ は、i番目のコインを使わない場合と使う場合の枚数を比べ、小さい方を選べばよいので、次の漸化式で求めることができます。

$$T[i][j] = min(T[i-1][j], T[i][j-C[i]]+1)$$

i 枚目のコインを使わない場合は、ここまで計算したj 円を払う最適解 $T[i\text{-}1][j]$となり、使った場合は、現在の金額 jからC$[i]$を引いた金額を払う最適解に 1 枚足した値となります。

具体的な例を見てみましょう。$C = \{1, 2, 7, 8, 12\}$、$n = 15$ に対する$T[i][j]$ は次のようになります。

i	C	T \ j: 0	1	2	3	4	5	6	7	8	9	10	11	12	13	14	15
		0	INF	INF	INF	INF	INF	INF	INF	INF	INF	INF	INF	INF	INF	INF	INF
0	1	0	1	2	3	4	5	6	7	8	9	10	11	12	13	14	15
1	2	0	1	1	2	2	3	3	4	4	5	5	6	6	7	7	8
2	7	0	1	1	2	2	3	3	1	2	2	3	3	4	4	2	3
3	8	0	1	1	2	2	3	3	1	1	2	2	3	3	4	2	2
4	12	0	1	1	2	2	3	3	1	1	2	2	3	1	2	2	2

例えば、3枚目のコイン（額面8）までを使って15円払う最適解は、$min(T[2][15], T[3][15-8]+1)$ より、2枚となります。これは3枚目のコインまでを使って7円払う最適解に1（枚）足したものになります。

表からわかるように、コインの額面ごとに最適枚数を記録しておく必要はないので、j 円を支払うときのコインの最小の枚数は1次元配列の要素 $T[j]$ として、次のように求めることができます。

$$T[j] = min(T[j], T[j - C[i]] + 1)$$

コイン問題を動的計画法で求めるアルゴリズムは次のようになります。

Program 17.1: 動的計画法によるコイン問題の解法

```
1  getTheNumberOfCoin()
2    for j = 0 to n
3      T[j] = INF
4    T[0] = 0
5
6    for i = 0 to m - 1
7      for j = C[i] to n
8        T[j] = min(T[j], T[j - C[i]] + 1)
9
10   return T[n]
```

考察

2重ループから分かるように、コイン問題は動的計画法を用いて $O(nm)$ のアルゴリズムで解くことができます。

解答例

C++

```
#include<iostream>
#include<algorithm>

using namespace std;

static const int MMAX = 20;
static const int NMAX = 50000;
static const int INFTY = (1 << 29);

main() {
  int n, m;
  int C[MMAX + 1];
  int T[NMAX + 1];

  cin >> n >> m;

  for ( int i = 1; i <= m; i++ ) {
    cin >> C[i];
  }

  for ( int i = 0; i <= NMAX; i++ ) T[i] = INFTY;
  T[0] = 0;
  for ( int i = 1; i <= m; i++ ) {
    for ( int j = 0; j + C[i] <= n; j++ ) {
      T[j + C[i]] = min(T[j + C[i]], T[j] + 1 );
    }
  }

  cout << T[n] << endl;

  return 0;
}
```

17.2 ナップザック問題

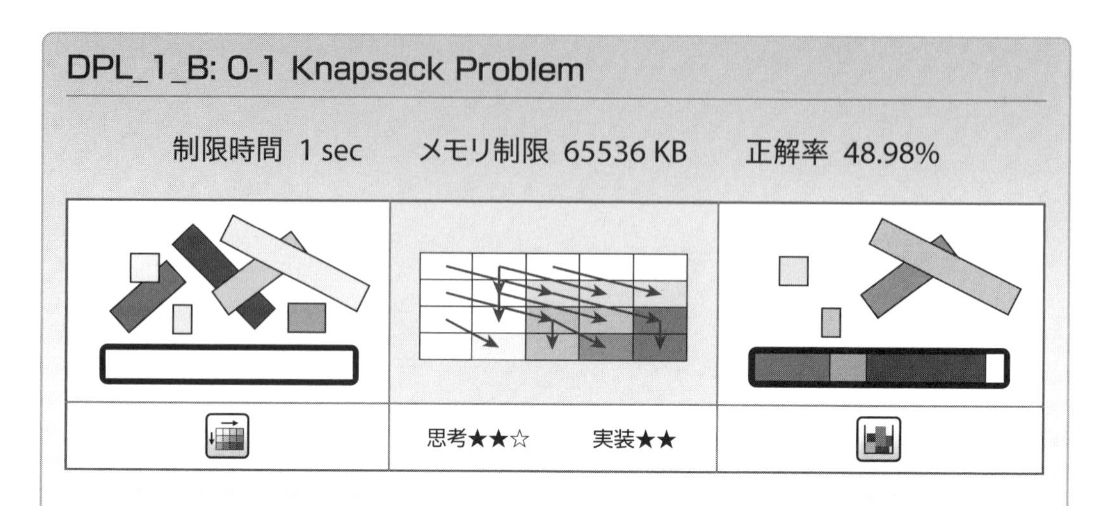

DPL_1_B: 0-1 Knapsack Problem
制限時間 1 sec
メモリ制限 65536 KB
正解率 48.98%
思考★★☆
実装★★

価値が v_i 重さが w_i であるような N 個の品物と、容量が W のナップザックがあります。次の条件を満たすように、品物を選んでナップザックに入れます：

- 選んだ品物の価値の合計をできるだけ高くする。
- 選んだ品物の重さの総和は W を超えない。

入力 1行目に2つの整数 N、W が空白区切りで1行に与えられます。続く N 行で i 番目の品物の価値 v_i と重さ w_i が空白区切りで与えられます。

出力 価値の合計の最大値を1行に出力してください。

制約 $1 \leq N \leq 100$
$1 \leq v_i \leq 1{,}000$
$1 \leq w_i \leq 1{,}000$
$1 \leq W \leq 10{,}000$

入力例

```
4 5
4 2
5 2
2 1
8 3
```

出力例

```
13
```

解説

この問題は、各品物を「選択する」か「選択しない」かの組み合わせなので、0-1 ナップザック問題と言われます。N 個の各品物について「選択する」か「選択しないか」の組み合わせを全て調べるアルゴリズムの計算効率は $O(2^N)$ となってしまいます。

品物の大きさ w、ナップザックの大きさ W がともに整数であれば、0-1 ナップザック問題は動的計画法により $O(NW)$ の効率で厳密解を求めることができます。

次のような変数を準備します。

items [*N*+1]	*items*[*i*].v、*items*[*i*].w に *i* 番目の品物の価値と重さが記録されている1次元配列
C [*N* + 1][*W* + 1]	*i* 個目までの品物を考慮して大きさ *w* のナップザックに入れる場合の価値の合計の最大値を *C* [*i*][*w*] とする2次元配列

考慮する品物の数 i、各 i におけるナップザックの重さ w を増やしていき、$C[i][w]$ を更新していきます。$C[i][w]$ の値は、

1. $C[i-1][w-$品物iの重さ$]+$品物iの価値、または
2. $C[i-1][w]$

の大きい方となります。ここで、1. はこの時点で品物 i を選択する、2. はこの時点で品物 i を選択しない、という処理に対応します。ただし、1. の場合は、品物 i の重さが w を超えない場合に限ります。

入力例の具体的な処理の流れを見てみましょう。

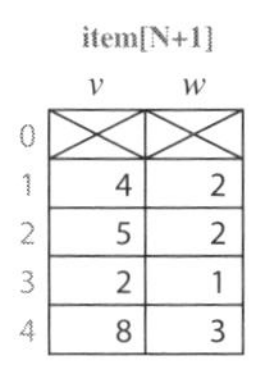
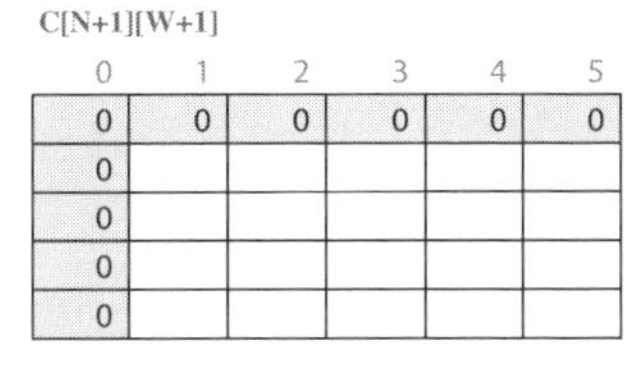

ナップザックの大きさ w が0、または品物の数 i が0個の場合は、価値の合計が0なので、$w=0$ と $i=0$ における C の要素を0に初期化します。

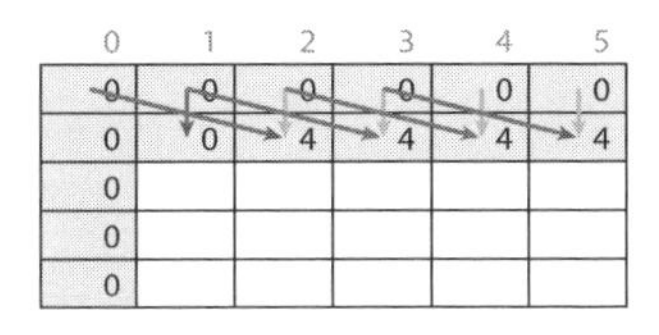

大きさが1のナップザックに、品物1は入れられないので、$C[1][1]$ は0 となります。大きさが2のナップザックに、品物1を入れることができます。ここでは選択した場合は $0+4=4$（幅が $w=2$ の斜めの矢印）、選択

しない場合は0（縦の矢印）であり、大きい方の4を$C[1][2]$に記録します。大きさが3, 4, 5についても同様です。

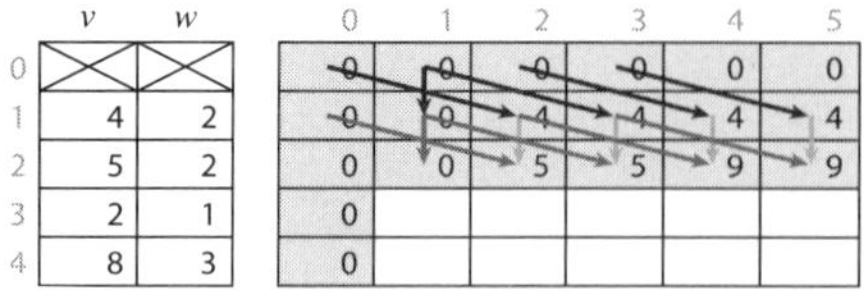

v w
0 1 2 3 4 5
0 | 0 0 0 0 0 0
1 4 2 | 0 0 4 4 4 4
2 5 2 | 0 0 5 5 9 9
3 2 1 | 0
4 8 3 | 0

大きさが1のナップザックに、品物2は入れられないので、$C[2][1]$は0となります。大きさが2, 3, 4, 5のナップザックに、品物2を入れることができます。$C[2][4]$では$C[1][2]$+品物2の価値(=4+5)または$C[1][4]$(=4)のいずれか大きいほうを選びます。

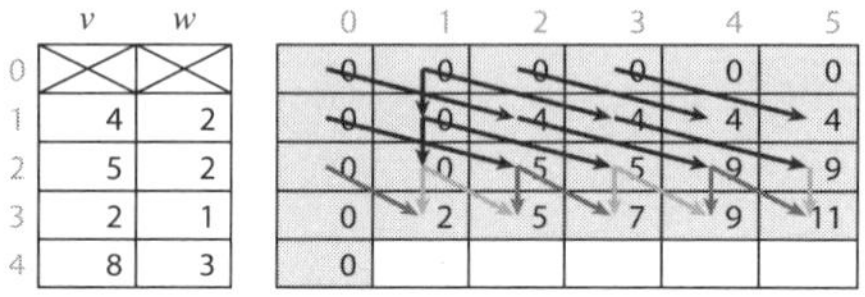

v w
0 1 2 3 4 5
0 | 0 0 0 0 0 0
1 4 2 | 0 0 4 4 4 4
2 5 2 | 0 0 5 5 9 9
3 2 1 | 0 2 5 7 9 11
4 8 3 | 0

大きさが1から5のナップザックに、品物3を入れることができます。同様に品物を選択する場合と選択しない場合のどちらか最適な方を選んでいきます。

v w
0 1 2 3 4 5
0 | 0 0 0 0 0 0
1 4 2 | 0 0 4 4 4 4
2 5 2 | 0 0 5 5 9 9
3 2 1 | 0 2 5 7 9 11
4 8 3 | 0 2 5 8 10 13

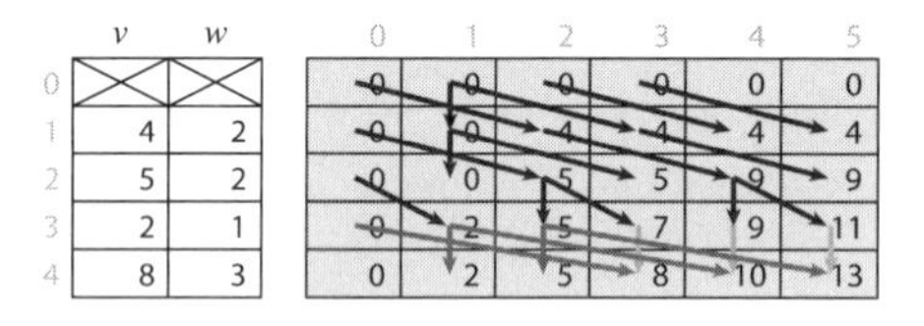

大きさが1, 2のナップザックに、品物4を入れることはできません。容量を超えるとは、斜めの矢印が配列からはみ出してしまうことに相当します。大きさが3, 4, 5のナップザックに、品物4を入れることができるので、上記と同様最適な選択を行います。

v w
0 1 2 3 4 5
0 | 0 0 0 0 0 0
1 4 2 | 0 0 4 4 4 4
2 5 2 | 0 0 5 5 9 9
3 2 1 | 0 2 5 7 9 11
4 8 3 | 0 2 5 8 10 13

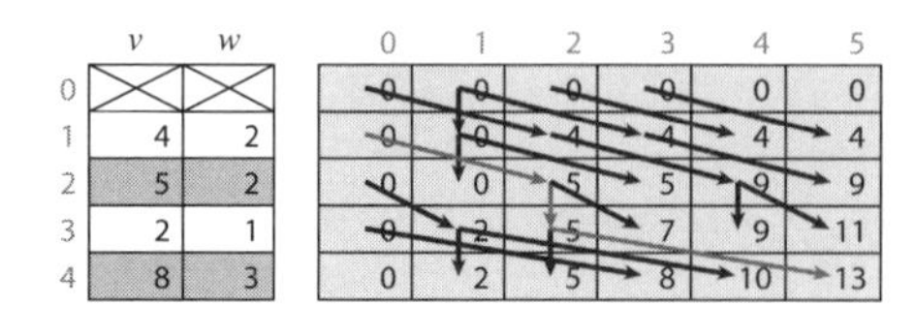

$C[N][W]$が価値の最大値となります。ここから、矢印を逆にたどっていくと、選ぶべき品物を特定することができます。斜めの矢印が品物の選択を表しています。

品物の選択状況を配列$G[i][w]$に記録することで、最適解における品物の組み合わせを復元することができます。例えば、$G[i][w]$には、品物iが選択されたときDIAGONAL、選択されなかったときTOPと記録することで、矢印をたどる過程で選択する品物を出力することができます。

動的計画法によりナップザック問題を解くアルゴリズムは次のようになります。

Program 17.2: 動的計画法による01 ナップザック問題の解法

```
knapsack()
  // C と G の初期化

  for i = 1 to N
    for w = 1 to W
      if items[i].w <= w
        if items[i].v + C[i-1][w - items[i].w] > C[i-1][w]
            C[i][w] = items[i].v + C[i-1][w - items[i].w]
            G[i][w] = DIAGONAL    // 品物 i を選ぶ
        else
          C[i][w] = C[i-1][w]
          G[i][w] = TOP        // 品物 i を選ばない
      else
        C[i][w] = C[i-1][w]
        G[i][w] = TOP    // 品物 i を選べない
```

解答例

C++

```
#include<iostream>
#include<vector>
#include<algorithm>
#define NMAX 105
#define WMAX 10005
#define DIAGONAL 1
#define TOP 0

using namespace std;

struct Item {
  int value, weight;
};

int N, W;
Item items[NMAX + 1];
int C[NMAX + 1][WMAX + 1], G[NMAX + 1][WMAX + 1];

void compute(int &maxValue, vector<int> &selection) {
  for ( int w = 0; w <= W; w++ ) {
    C[0][w] = 0;
    G[0][w] = DIAGONAL;
  }

```

```
25   for ( int i = 1; i <= N; i++ ) C[i][0] = 0;
26
27   for ( int i = 1; i <= N; i++ ) {
28     for ( int w = 1; w <= W; w++ ) {
29       C[i][w] = C[i - 1][w];
30       G[i][w] = TOP;
31       if ( items[i].weight > w ) continue;
32       if ( items[i].value + C[i - 1][w - items[i].weight] > C[i - 1][w] ) {
33         C[i][w] = items[i].value + C[i - 1][w - items[i].weight];
34         G[i][w] = DIAGONAL;
35       }
36     }
37   }
38
39   maxValue = C[N][W];
40   selection.clear();
41   for ( int i = N, w = W; i >=1; i-- ) {
42     if ( G[i][w] == DIAGONAL ) {
43       selection.push_back(i);
44       w -= items[i].weight;
45     }
46   }
47
48   reverse(selection.begin(), selection.end());
49 }
50
51 void input() {
52   cin >> N >> W;
53   for ( int i = 1; i <= N; i++ ) {
54     cin >> items[i].value >> items[i].weight;
55   }
56 }
57
58 int main() {
59   int maxValue;
60   vector<int> selection;
61   input();
62   compute(maxValue, selection);
63
64   cout << maxValue << endl;
65
66   return 0;
67 }
```

17.3 最長増加部分列

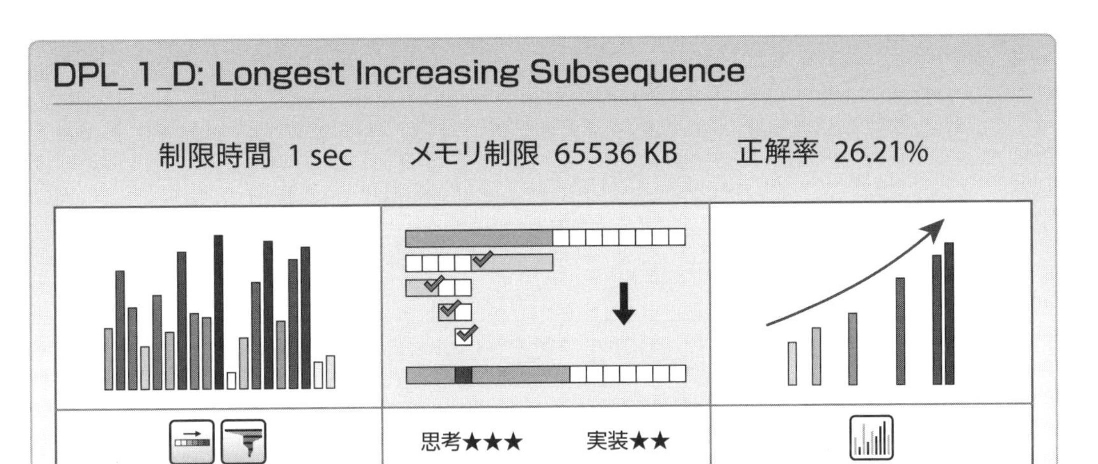

DPL_1_D: Longest Increasing Subsequence
制限時間 1 sec
メモリ制限 65536 KB
正解率 26.21%
思考★★★
実装★★

数列 $A = a_0, a_1, ..., a_{n-1}$ の最長増加部分列（LIS: Longest Increasing Subsequence）の長さを求めてください。数列 A の増加部分列は $0 \leq i_0 < i_1 < ... < i_k < n$ かつ $a_{i_0} < a_{i_1} < ... < a_{i_k}$ を満たす部分列 $a_{i_0}, a_{i_1}, ..., a_{i_k}$ です。最長増加部分列はその中で最も k が大きいものです。

入力 1行目に数列 A の長さを示す整数 n が与えられます。続く n 行で数列の各要素 a_i が与えられます。

出力 最長増加部分列の長さを1行に出力してください。

制約 $1 \leq n \leq 100,000$
$0 \leq a_i \leq 10^9$

入力例

```
5
5
1
3
2
4
```

出力例

```
3
```

解説

長さnの数列Aの部分列の組み合わせは2^n通りありますが、最長増加部分列(LIS)は動的計画法で効率よく求めることができます。ここでは2つのアルゴリズムを紹介します。

次の変数を用いた動的計画法を考えます。ここでは、入力数列の最初の要素を$A[1]$とします。

$L[n+1]$	$L[i]$を$A[1]$から$A[i]$までの要素を使い$A[i]$を最後に選んだときのLISの長さとする配列
$P[n+1]$	$P[i]$を$A[1]$から$A[i]$までの要素を使い$A[i]$を最後に選んだときのLISの最後から2番目の要素の位置とする配列（得られる最長増加部分列における各要素の1つ前の要素の場所を記録）

この変数を用いた動的計画法でLISを求めるアルゴリズムは次のようになります。

Program 17.3: 動的計画法で最長増加部分列を求めるアルゴリズム

```
1  LIS()
2    L[0] = 0
3    A[0] = 0     // A[1] から A[n] のどの値よりも小さい値に初期化
4    P[0] = -1
5    for i = 1 to n
6      k = 0
7      for j = 0 to i - 1
8        if A[j] < A[i] && L[j] > L[k]
9          k = j
10     L[i] = L[k] + 1  // A[j] < A[i] を満たし L[j] が最大である j が k になる
11     P[i] = k         // LIS における A[i] の1つ前の要素が A[k]
```

例えば、入力$A = \{4, 1, 6, 2, 8, 5, 7, 3\}$に対する$L$の値は次のようになります。

	0	1	2	3	4	5	6	7	8
A	-1	4	1	6	2	8	5	7	3
L	0	1	1	2	2	3	3	4	3
P	-1	0	0	1	2	3	4	6	4

例えば、$L[6]$は$A[j](j = 1, 2, ..., 5)$の中で$A[j] < A[6](= 5)$を満たす$L[j]$の最大値$L[4]$ $(= 2)$に1を足した値になります。これは、LISが$A[6](= 5)$を含む場合、そのLISにおける5の1つ前が$A[4] = 2$であることを示します。この要素の位置4はLISを生成するために$P[6]$に記録します。

この動的計画法は$O(n^2)$のアルゴリズムとなり、$n = 100{,}000$に対する問題を制限時間内に解くことはできません。そこで、より効率の良い方法を考えましょう。

最長増加部分列は動的計画法と二分探索を組み合わせて、より効率的に求めることができます。このアルゴリズムでは次の変数を用います。

$L[n]$	$L[i]$ を長さが $i+1$ であるような増加部分列の最後の要素の最小値とする配列
$length_i$	i 番目の要素までを使った最長増加部分列の長さを表す整数

例えば、入力$A = \{4, 1, 6, 2, 8, 5, 7, 3\}$に対する$L$の値は次のようになります（ここでは、$A$の最初の要素が$A[0]$から始まることに注意してください）。

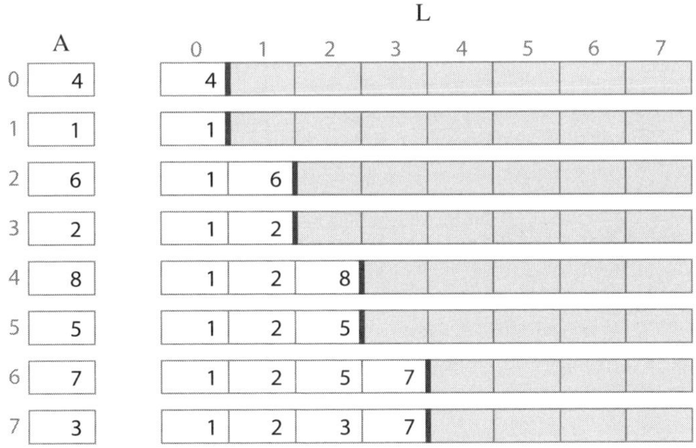

	A	L 0	1	2	3	4	5	6	7
0	4	4							
1	1	1							
2	6	1	6						
3	2	1	2						
4	8	1	2	8					
5	5	1	2	5					
6	7	1	2	5	7				
7	3	1	2	3	7				

最初の要素$A[0](= 4)$のみを考慮したLISの長さは1であり、$L[0]$の値は4になります。次の要素$A[1](= 1)$を考慮すると、LISの長さは1のままですが、その最後の要素の値をより小さい1に更新することができます。

次の要素$A[2](= 6)$は、現在のLISの最後の要素よりも大きいので、LISの最後の要素を$A[2](= 6)$とし$L[1]$が6となり、LISの長さ$length$が1つ増えます。

最終的な$length$の値が最長増加部分列の長さになります。$L[j]$には値が昇順に記録されていくので、$L[j]$（$j = 0$から$length - 1$）の中で$A[i]$以上となる最初のjは、二分探索で求めることができます。この二分探索と動的計画法を用いたアルゴリズムの計算量は$O(n\log n)$となり、次のように実装することができます。

Program 17.4: 動的計画法と二分探索で最長増加部分列を求めるアルゴリズム

```
1  LIS()
2    L[0] = A[0]
3    length = 1
4    for i = 1 to n-1
5      if L[length] < A[i]
6        L[length++] = A[i]
7      else
8        L[j] (j = 0, 1, ..., length-1)の中でA[i]以上となる最初のjの位置 = A[i]
```

解答例

C++

```
1  #include<iostream>
2  #include<algorithm>
3  #define MAX 100000
4  using namespace std;
5
6  int n, A[MAX+1], L[MAX];
7
8  int lis() {
9    L[0] = A[0];
10   int length = 1;
11
12   for ( int i = 1; i < n; i++ ) {
13     if ( L[length-1] < A[i] ) {
14       L[length++] = A[i];
15     } else {
16       *lower_bound(L, L + length, A[i]) = A[i];
17     }
18   }
19
20   return length;
21 }
22
23 int main() {
24   cin >> n;
25   for ( int i = 0; i < n; i++ ) {
26     cin >> A[i];
27   }
28
29   cout << lis() << endl;
30
31   return 0;
32 }
```

17.4 最大正方形

DPL_3_A: Largest Square

制限時間 1 sec　メモリ制限 65536 KB　正解率 50.00%

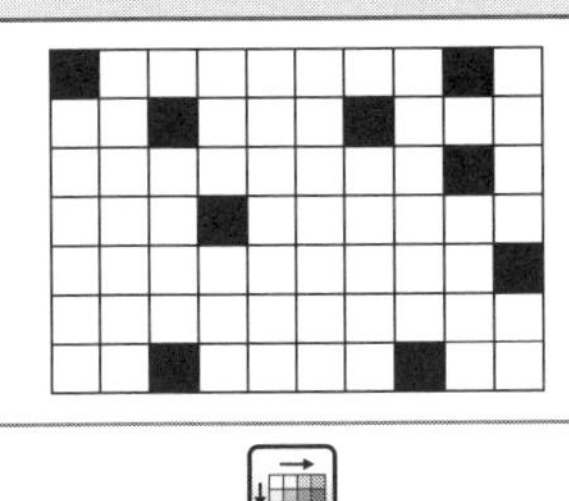

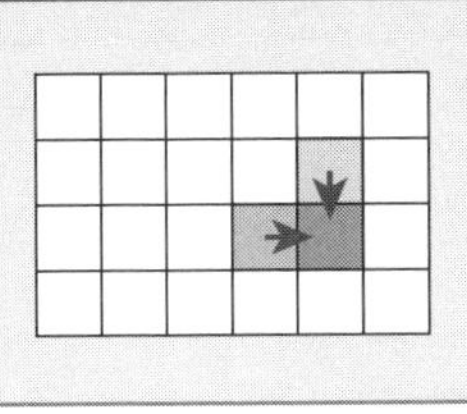

思考★★☆　実装★☆

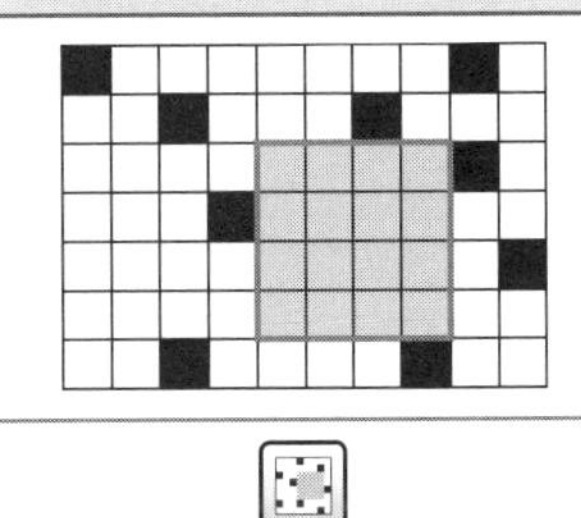

図のように、一辺が1cm のタイルが、$H \times W$ 個並べられています。タイルは汚れているもの、綺麗なもののいずれかです。

綺麗なタイルのみを使ってできる正方形の面積の最大値を求めてください。

入力 H W

$c_{1,1}$ $c_{1,2}$ ..., $c_{1,W}$
$c_{2,1}$ $c_{2,2}$ ..., $c_{2,W}$
:
$c_{H,1}$ $c_{H,2}$ ..., $c_{H,W}$

1行目に2つの整数 H、W が空白区切りで与えられます。続く H 行でタイルを表す $H \times W$ 個の整数 c_{ij} が与えられます。c_{ij} が1のとき汚れたタイル、0 のとき綺麗なタイルを表します。

出力 面積の最大値を1行に出力してください。

制約 $1 \leq H, W \leq 1{,}400$

入力例

```
4 5
0 0 1 0 0
1 0 0 0 0
0 0 0 1 0
0 0 0 1 0
```

出力例

```
4
```

解説

まず考えられるのが、全ての正方形について、その内部に1が含まれないかを調べるアルゴリズムです。例えば、正方形の左上を決め($O(HW)$)、それに対して幅を 1 から可能な範囲まで決め、内部の判定を行う方法は、$O(HW \times min(H,W)^3)$ のアルゴリズムになります。

この問題は次のような動的計画法によって$O(HW)$で解くことができます。小さな部分問題の解を記録するための記憶領域（変数）を dp[H][W] とし、dp[i][j] にタイル(i, j) から左上に向かってできる最大の正方形の辺の長さ（タイルの数）を記録していきます。例えば次のような局面を考えてみましょう。

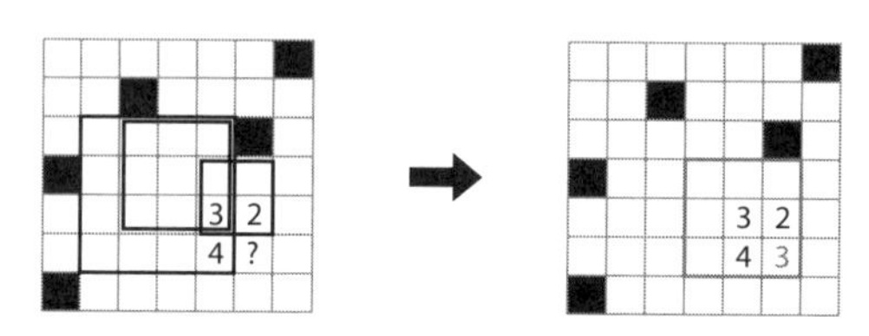

図 17.1: 最大正方形の検出

この時点で、辺の長さがそれぞれ3、2、4 の正方形が発見され dp に記録されています。これらの記録を使って？の値を求めます。

dp[i][j] の値はその左上、上、左の要素の中で最も小さい値に1 を加えたものになります。図の例では、現在の位置(i, j) を右下とした正方形の辺の長さは2 + 1 より大きくすることはできないことを示しています。

次のように、各行を左から右へ見ていく処理を、上から下へ順番に行えば dp[i][j] を計算するとき左上、上、左の要素の値はすでに計算済みなので、これらの解を有効に利用することができます。

Program 17.5: 動的計画法で最大正方形を求めるアルゴリズム

```
1  for i = 1 to H-1
2    for j = 1 to W-1
3    if G[i][j] が汚れている
4      dp[i][j] = 0
5    else
6      dp[i][j] = min(dp[i-1][j-1], min(dp[i-1][j], dp[i][j-1])) + 1
7      maxWidth = max( maxWidth, dp[i][j] )
```

解答例

C++

```
#include<cstdio>
#include<algorithm>
using namespace std;
#define MAX 1400

int dp[MAX][MAX], G[MAX][MAX];

int getLargestSquare( int H, int W ) {
  int maxWidth = 0;
  for ( int i = 0; i < H; i++ ) {
    for ( int j = 0; j < W; j++ ) {
      dp[i][j] = (G[i][j] + 1) % 2;
      maxWidth |= dp[i][j];
    }
  }

  for ( int i = 1; i < H; i++ ) {
    for ( int j = 1; j < W; j++ ) {
      if ( G[i][j] ) {
        dp[i][j] = 0;
      } else {
        dp[i][j] = min(dp[i - 1][j - 1], min(dp[i - 1][j], dp[i][j - 1])) + 1;
        maxWidth = max(maxWidth, dp[i][j]);
      }
    }
  }

  return maxWidth * maxWidth;
}

int main(void) {
  int H, W;
  scanf("%d %d", &H, &W);

  for ( int i = 0; i < H; i++ ) {
    for ( int j = 0; j < W; j++ ) scanf("%d", &G[i][j]);
  }

  printf("%d\n", getLargestSquare(H, W));

  return 0;
}
```

17.5 最大長方形

DPL_3_B: Largest Rectangle

制限時間 1 sec　　メモリ制限 65536 KB　　正解率 50.00%

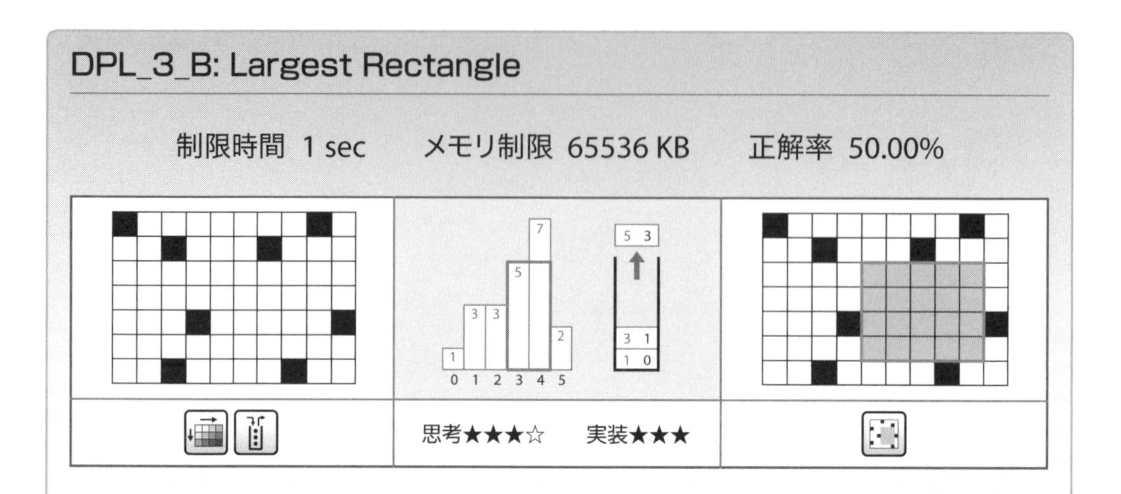

図のように、一辺が1cm のタイルが、$H \times W$ 個並べられています。タイルは汚れているもの、綺麗なもののいずれかです。

綺麗なタイルのみを使ってできる長方形の面積の最大値を求めてください。

入力 H W

$c_{1,1}$ $c_{1,2}$ ..., $c_{1,W}$
$c_{2,1}$ $c_{2,2}$ ..., $c_{2,W}$
:
$c_{H,1}$ $c_{H,2}$ ..., $c_{H,W}$

1行目に2つの整数H、W が空白区切りで与えられます。続くH 行でタイルを表す$H \times W$ 個の整数c_{ij} が与えられます。c_{ij} が1 のとき汚れたタイル、0 のとき綺麗なタイルを表します。

出力 面積の最大値を1行に出力してください。

制約 $1 \leq H, W \leq 1{,}400$

入力例

```
4 5
0 0 1 0 0
1 0 0 0 0
0 0 0 1 0
0 0 0 1 0
```

出力例

```
6
```

解説

問題のサイズH、Wが大きいので、全探索のアルゴリズムでは時間内に答えを求めることはできません。また、正方形を探すために用いたアルゴリズムも適用することができないため、別の方法を考える必要があります。

まず次の図のように各要素について上に向かって綺麗なタイルが何個連続しているかをテーブルTに記録します。これは各列に対する簡単な動的計画法で計算することができます。

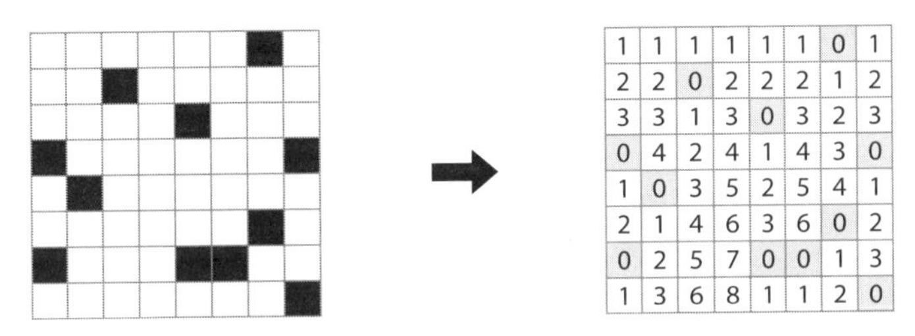

図 17.2: 最大長方形の検出：前処理

このテーブルの各行を１つのヒストグラムとみなせば、この問題はヒストグラムに含まれる最大の長方形を求める問題に帰着することができます。そこで、ヒストグラムの中にできる長方形の最大の面積を求めるアルゴリズムを考えます。まず、ヒストグラムの端点を全探索し、その範囲の最小値を高さとする長方形の面積の最大値を見つけるアルゴリズムが考えられます。しかし、もとの問題に適用すると$O(HW^2)$ または $O(H^2W)$のアルゴリズムになってしまうので、さらに工夫が必要です。

この問題では、部分問題の解を単なる配列ではなく、スタックに記憶していく方法で、効率的に最適解を求めることができます[1]。スタックには、「まだ拡張される可能性のある長方形の情報（これを*rect*とします）」を記録します。*rect*にはその長方形の高さ*height*とその左端の位置*pos* の情報を持たせます。まずスタックを空にし、ヒストグラムの各値h_i ($i = 0, 1, ..., W$-1) について、その値 h_i を高さ、そのインデックス i を左端の位置とする長方形 *rect*を作り、順番に以下の処理を行います。

1. スタックが空の場合：
   スタックに*rect* を追加する
2. スタックのトップにある長方形の高さが*rect* の高さより低い場合：
   スタックに*rect* を追加する

1　この点で、本章のテーマである動的計画法よりも「データ構造の応用」がより重要なポイントになります。

3. スタックのトップにある長方形の高さが *rect* の高さと等しい場合：
   何もしない

4. スタックのトップにある長方形の高さが *rect* の高さより高い場合：
   - スタックが空でなく、スタックの頂点にある長方形の高さが *rect* の高さ以上である限り、スタックから長方形を取り出し、その面積を計算し最大値を更新する。長方形の横の長さは現在の位置 *i* と記録されている左端の位置 *pos* から計算できる。
   - スタックに *rect* を追加する。ただし、rect の左端の位置 *pos* は最後にスタックから取り出した長方形の *pos* の値とする。

例えば、ヒストグラムが{1, 3, 3, 5, 7, 2} の場合は次のようになります。

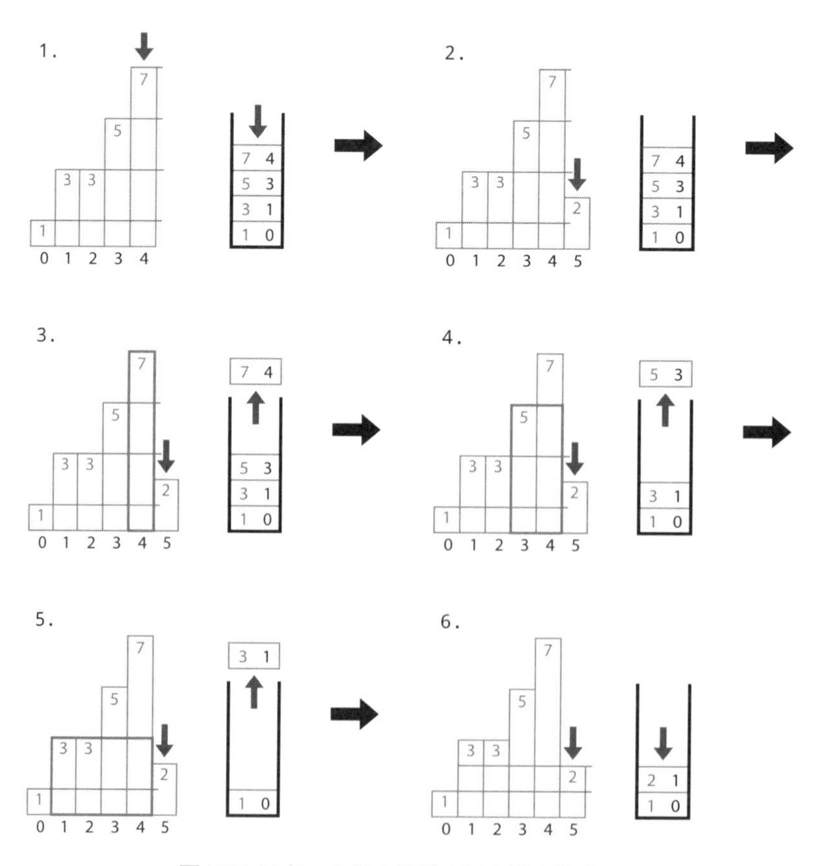

図17.3: スタックによる最大長方形の検出

1. が示すように、ヒストグラムの 0 〜 4 番目までを調べると、4 つの長方形（*rect*）ができ、これらがスタックに積まれます。これらの（未完成の）長方形の高さと左端の位置はスタックに記録されていますが、右端の位置は ($i = 4$) となっています。

続く 2. で、5番目のデータ(i=5)である高さ2の長方形を追加しますが、ここでいくつかの長方形が「完成」します。続く3.から5.で、2よりも高い長方形をスタックから順番に取り出しそれらの面積を計算します。最後に取り出された高さ3の長方形の左端の位置は1なので、この現在追加しようとしている高さ2の長方形の左端の位置を1とします。この時点でスタックには高さ1と2の未完成の長方形が記録されています。

考察

各ヒストグラムについて、スタックに長方形を追加・削除する操作は$O(W)$になります。長方形探索問題では、この処理を各行に行い、$O(HW)$のアルゴリズムで解くことができます。

解答例

C++

```
#include<stdio.h>
#include<iostream>
#include<stack>
#include<algorithm>
#define MAX 1400

using namespace std;

struct Rectangle { int height; int pos; };

int getLargestRectangle(int size, int buffer[]) {
  stack<Rectangle> S;
  int maxv = 0;
  buffer[size] = 0;

  for ( int i = 0; i <= size; i++ ) {
    Rectangle rect;
    rect.height = buffer[i];
    rect.pos = i;
    if ( S.empty() ) {
      S.push(rect);
    } else {
      if ( S.top().height < rect.height ) {
        S.push(rect);
      } else if ( S.top().height > rect.height ) {
        int target = i;
        while ( !S.empty() && S.top().height >= rect.height ) {
```

```
28          Rectangle pre = S.top(); S.pop();
29          int area = pre.height * (i - pre.pos);
30          maxv = max(maxv, area);
31          target = pre.pos;
32        }
33        rect.pos = target;
34        S.push(rect);
35      }
36    }
37  }
38  return maxv;
39 }
40
41 int H, W;
42 int buffer[MAX][MAX];
43 int T[MAX][MAX];
44
45 int getLargestRectangle() {
46   for ( int j = 0; j < W; j++ ) {
47     for ( int i = 0; i < H; i++ ) {
48       if ( buffer[i][j] ) {
49         T[i][j] = 0;
50       } else {
51         T[i][j] = (i > 0) ? T[i - 1][j] + 1 : 1;
52       }
53     }
54   }
55
56   int maxv = 0;
57   for ( int i = 0; i < H; i++ ) {
58     maxv = max(maxv, getLargestRectangle(W, T[i]));
59   }
60
61   return maxv;
62 }
63
64 int main() {
65   scanf("%d %d", &H, &W);
66   for ( int i = 0; i < H; i++ ) {
67     for ( int j = 0; j < W; j++ ) {
68       scanf("%d", &buffer[i][j]);
69     }
70   }
71   cout << getLargestRectangle() << endl;
72
73   return 0;
74 }
```

17.6 その他の問題

本書で取り上げられなかった、動的計画法に関する問題をいくつか紹介します。

▶ DPL_1_C: Knapsack Problem

0-1 Knapsack Problem では、各品物を選ぶか選ばないかの組み合わせでしたが、この問題は各品物をいくつでも選べるナップザック問題です。

▶ DPL_1_E: Edit Distance (Levenshtein Distance)

２つの文字列の編集距離を求める問題です。1 文字の挿入・削除・置換を行って別の文字列に変換する手順の最小回数を動的計画法で求めます。

▶ DPL_2_A: Traveling Salesman Problem

巡回セールスマン問題と言われる問題です。重み付きグラフのある頂点から出発し、各頂点をちょうど一度通って出発点へ戻る閉路の最短距離を求める問題です。頂点の数が少ないので、ビット DP と言われるテクニックで解くことができます。

▶ DPL_2_B: Chinese Postman Problem

中国人郵便配達問題と言われる問題です。重み付きグラフのある頂点から出発し、各辺を少なくとも一度は通って出発点へ戻る閉路の最短距離を求める問題です。頂点の数が少ないので、ワーシャルフロイドのアルゴリズムとビット DP を使って解くことができます。

18章

整数論

整数の性質について研究する数学の分野を整数論と言います。整数論は、情報の暗号化などにおいて重要な役割を果たします。そこで、整数に関数する数々のアルゴリズムが考案されてきました。

この章では整数に関するいくつかの問題を解いていきます。

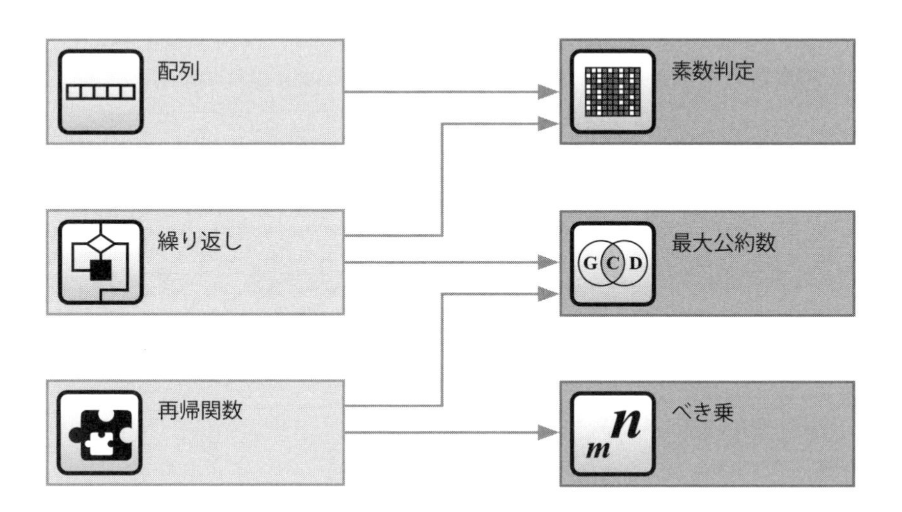

この章の問題を解くためには、配列、繰り返し処理、再帰関数などの基本的なプログラミングスキルが必要です。アルゴリズムとデータ構造に関する特定の前提知識は必要ありません。

18.1 素数判定

ALDS_1_C: Prime Numbers

制限時間 1 sec　　メモリ制限 65536 KB　　正解率 25.84%

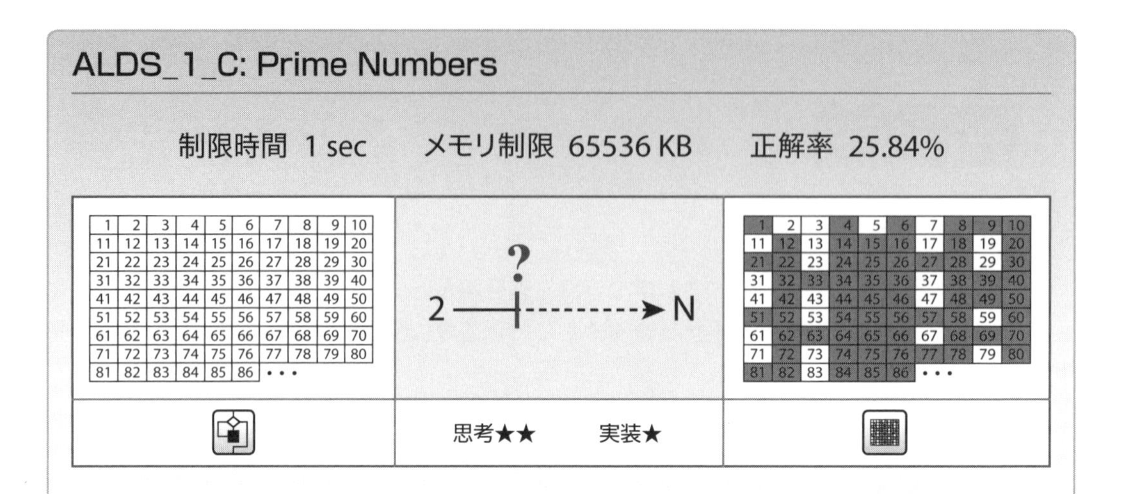

約数が1とその数自身だけであるような自然数を素数と言います。例えば、最初の8つの素数は2, 3, 5, 7, 11, 13, 17, 19となります。1は素数ではありません。

n 個の整数を読み込み、それらに含まれる素数の数を出力するプログラムを作成してください。

入力　最初の行に *n* が与えられます。続く *n* 行に *n* 個の整数が与えられます。

出力　入力に含まれる素数の数を1行に出力してください。

制約　$1 \leq n \leq 10{,}000$
$2 \leq$ 与えられる整数 $\leq 10^8$

入力例

```
6
2
3
4
5
6
7
```

出力例

```
4
```

解説

整数xが素数であるかどうかを判定する素朴なアルゴリズムは次のようになります。

Program 18.1: 素数判定を行う素朴なアルゴリズム

```
1  isPrime( x )
2    if x <= 1
3      return false
4
5    for i = 2 to x-1
6      if x % i == 0
7        return false
8
9    return true
```

このアルゴリズムは、与えられた整数xが2から$x-1$までの数で割り切れるかどうかを順番に調べるので、ひとつのデータに対して$O(x)$、全体としてはx_i ($i = 1, 2, ..n$) の合計に比例する計算量がかかり、制限時間内に答えを出力することはできません。そこで、高速化する方法を考えてみましょう。

まず、2以外の偶数は素数ではないことを利用すれば計算量は半減、さらにxの半分まで調べれば十分と分かればさらに半減させることができます。しかしこれらの工夫を考慮しても$O(x)$のアルゴリズムに変わりはありません。

素数判定では、「合成数[1] xは$p \leq \sqrt{x}$を満たす素因子pをもつ」という性質を利用することができます。例えば、31が素数かどうかの判定は、31を2から6までの数で割ってみれば十分ということになります。もし7から30までの数で31を割り切れる数が存在するのであれば、すでに調べた2から6までの数に31を割り切れる数が必ず存在するので、6を超えた数字を調べることは無駄になります。

これを利用すると、2から$x-1$までではなく、2から$\sqrt{x}$までについて割り切れるかどうかを調べれば十分なので、$O(\sqrt{x})$のアルゴリズムに改良することができます。これは、例えばxが1,000,000とすると$\sqrt{x} = 1{,}000$となり、素朴なアルゴリズムの半減どころか1,000倍速くなります。

1　素数ではない数。

この素数判定のアルゴリズムは次のように実装することができます。

Program 18.2: 素数判定アルゴリズム

```
isprime(x)
  if x == 2
    return true

  if x < 2 または x が偶数
    return false

  i = 3
  while i <= x の平方根
    if x が i で割り切れる
      return false
    i = i + 2

  return true
```

素数に関する問題を効率良く解くためには、与えられた1つの整数xが素数であるか否かを判定する関数だけではなく、素数の列または素数表を予め用意した方が良い場合があります。

エラトステネスの篩（ふるい）（The Sieve of Eratosthenes）は、与えられた範囲内の全ての素数を列挙する効率的なアルゴリズムで、次のように素数表を生成します。

エラトステネスの篩

1. 2以上の整数を列挙しておきます。
2. 最小である2を残して、その倍数をすべて消します。
3. 残った最小の3を残して、その倍数をすべて消します。
4. 残った最小の5を残して、その倍数をすべて消します。
5. 以下同様に、まだ消えていない最小の数を残し、その倍数を消すことを繰り返します。

例えば、最初の４つの素数は次のように求まります。

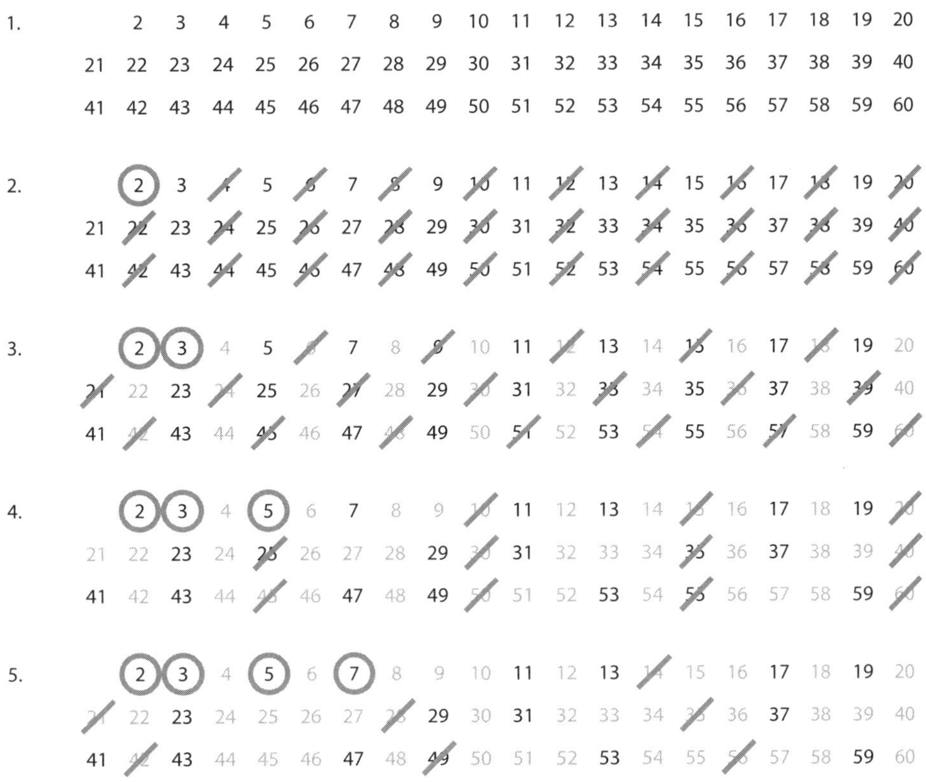

1.
2 3 4 5 6 7 8 9 10 11 12 13 14 15 16 17 18 19 20
21 22 23 24 25 26 27 28 29 30 31 32 33 34 35 36 37 38 39 40
41 42 43 44 45 46 47 48 49 50 51 52 53 54 55 56 57 58 59 60

2.
2 3 4 5 6 7 8 9 10 11 12 13 14 15 16 17 18 19 20
21 22 23 24 25 26 27 28 29 30 31 32 33 34 35 36 37 38 39 40
41 42 43 44 45 46 47 48 49 50 51 52 53 54 55 56 57 58 59 60

3.
2 3 4 5 6 7 8 9 10 11 12 13 14 15 16 17 18 19 20
21 22 23 24 25 26 27 28 29 30 31 32 33 34 35 36 37 38 39 40
41 42 43 44 45 46 47 48 49 50 51 52 53 54 55 56 57 58 59 60

4.
2 3 4 5 6 7 8 9 10 11 12 13 14 15 16 17 18 19 20
21 22 23 24 25 26 27 28 29 30 31 32 33 34 35 36 37 38 39 40
41 42 43 44 45 46 47 48 49 50 51 52 53 54 55 56 57 58 59 60

5.
2 3 4 5 6 7 8 9 10 11 12 13 14 15 16 17 18 19 20
21 22 23 24 25 26 27 28 29 30 31 32 33 34 35 36 37 38 39 40
41 42 43 44 45 46 47 48 49 50 51 52 53 54 55 56 57 58 59 60

図 18.1: エラトステネスの篩

エラトステネスの篩は次のように実装することができます。

Program 18.3: エラトステネスの篩

```
1  void eratos(n)
2    // 整数を列挙して素数の候補とする
3    for i = 0 to n
4      isprime[i] = true
5    // 0 と 1 を消す
6    isprime[0] = isprime[1] = false
7    // i を残して i の倍数を消していく
8    for i = 2 to n の平方根
9      if isprime[i]
10       j = i + i
11       while j <= n
12         isprime[j] = false
13         j = j + i
```

bool型の配列isprimeが素数表を表し、isprime[x] がtrue ならばx は素数、false ならばx は合成数となります。

考察

高速な素数判定の関数を用いると、問題ALDS1_1_Cは$O(\sum_{i=1}^{n} \sqrt{x_i})$で解くことができます。

エラトステネスの篩は、調べたい整数の最大値Nに比例するメモリ領域が必要になりますが、$O(N \log \log N)$ のアルゴリズムであることが知られています。

解答例

C

```
1   #include<stdio.h>
2   /* 素数判定*/
3   int isPrime(int x) {
4     int i;
5     if ( x < 2 ) return 0;
6     else if ( x == 2 ) return 1; /* 2 は素数*/
7     if ( x % 2 == 0 ) return 0; /* 偶数は素数ではない*/
8     for ( i = 3; i*i <= x; i+=2 ) { /* i が x の平方根以下の間*/
9       if ( x % i == 0 ) return 0;
10    }
11    return 1;
12  }
13
14  int main() {
15    int n, x, i;
16    int cnt = 0;
17    scanf("%d", &n);
18    for ( i = 0; i < n; i++ ) {
19      scanf("%d", &x);
20      if ( isPrime(x) ) cnt++;
21    }
22    printf("%d\n", cnt);
23
24    return 0;
25  }
```

18.2 最大公約数

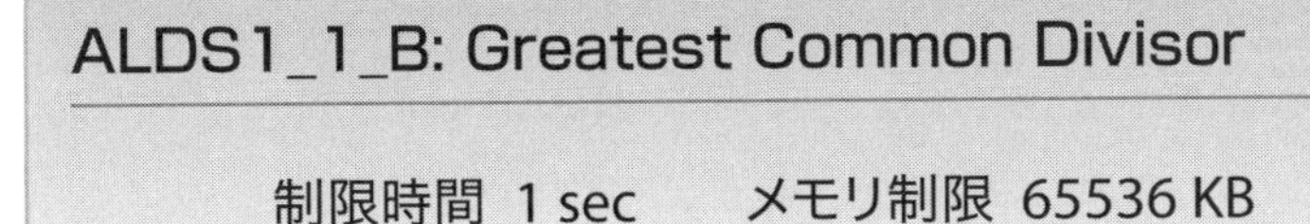

ALDS1_1_B: Greatest Common Divisor

制限時間 1 sec　　メモリ制限 65536 KB　　正解率 47.41%

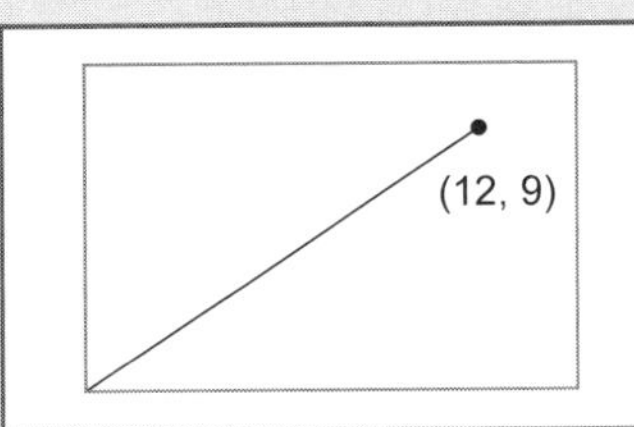

□ % △ = ○
△ % ○ = ⬢
○ % ⬢ = …

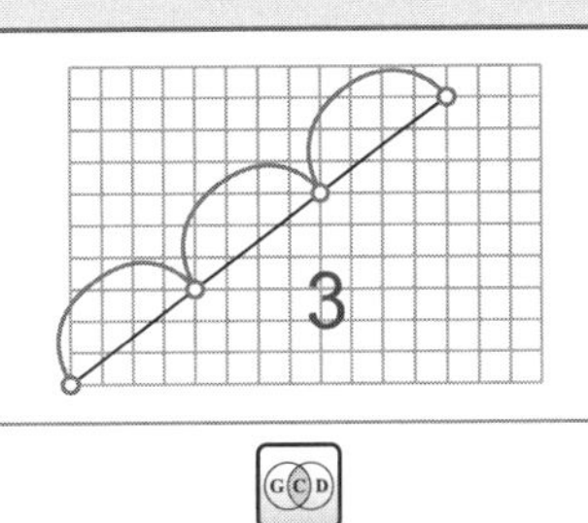

思考★★☆　　実装☆

2つの自然数x, yを入力とし、それらの最大公約数を求めるプログラムを作成してください。

2つの整数xとyについて、$x \div d$と$y \div d$の余りがともに0となるdのうち最大のものを、xとyの最大公約数（Greatest Common Divisor）と言います。例えば、35と14の最大公約数$gcd(35, 14)$は7となります。これは、35の約数{1, 5, 7, 35}、14の約数{1, 2, 7, 14}の公約数{1, 7}の最大値となります。

入力　xとyが1つの空白区切りで1行に与えられます。

出力　最大公約数を1行に出力してください。

制約　$1 \leq x, y \leq 10^9$

ヒント　整数x, yについて、$x \geq y$ならばxとyの最大公約数はyと$x\%y$の最大公約数に等しい。ここで$x\%y$はxをyで割った余りである。

入力例

```
147 105
```

出力例

```
21
```

最大公約数を求める素朴なアルゴリズムは次のようになります。

Program 18.5: 最大公約数を求める素朴なアルゴリズム

```
1  gcd(x, y)
2    n = (x と y の小さい方)
3    for d が n から 1 まで
4      if d が x と y の約数
5        return d
```

このアルゴリズムは、x と y の小さい方を n とし、d が n から 1 までについて、x と y の両方を割り切れるかを調べ、割り切れたら d を返します。

このアルゴリズムは、正しい出力を行いますが最悪 n 回の割り算を行う必要があるため、大きな数に対しては時間内に出力を得ることはできません。

ユークリッドの互除法は「$x \geq y$ のとき $gcd(x, y)$ と $gcd(y, x$ を y で割った余り$)$ は等しい」という定理を用いて x と y の最大公約数を高速に求めるアルゴリズムです。

例えば、74 と 54 の最大公約数は以下のように求めることができます。

$$
\begin{aligned}
& gcd(74, 54) \\
= & gcd(54, 74\%54) = gcd(54, 20) \\
= & gcd(20, 54\%20) = gcd(20, 14) \\
= & gcd(14, 20\%14) = gcd(14, 6) \\
= & gcd(6, 14\%6) = gcd(6, 2) \\
= & gcd(2, 6\%2) = gcd(2, 0) \\
= & 2
\end{aligned}
$$

$gcd(a, b)$ において、b が 0 になったときの a が、与えられた整数 x と y の最大公約数となります。

ここで、このアルゴリズムが正しいことを、a と b の公約数と b と r $(a \% b)$ の公約数が等しいことを示して確認します。d を a と b の公約数とすると、自然数 l、m を用いて $a = ld$、$b = md$ と表すことができます。$a = bq + r$ に $a = ld$ を代入し $ld = bq + r$ を得ます。これに、$b = md$ を代入して、$ld = mdq + r$、これをまとめると $r = (l - mq)d$ が得られます。この式は d が r の約数であることを示しています。また、d は b を割り切るので、d は b と r の公約数になります。一方、同様の方法で、d' が b と r の公約数なら d' は a と b の公約数であることが分かります。よって a と b の公約数の集合と、b と r の公約数の集合は等しく、最大公約数も等しくなります。

ユークリッドの互除法のアルゴリズムは次のように実装することができます。

Program 18.6: ユークリッドの互除法

```
gcd(x, y)
  if x < y
    x >= y となるように x と y を交換

  while y > 0
    r = x % y        // x を y で割った余り
    x = y
    y = r

  return x
```

考察

ユークリッドの互除法の計算量を見積もってみましょう。例えば、74と54にgcdを適用していくと$a = bq + r$は

$74 = 54 \times 1 + 20(= r_1)$
$54 = 20 \times 2 + 14(= r_2)$
$20 = 14 \times 1 + 6(= r_3)$
$14 = 6 \times 2 + 2(= r_4)$
$6 = 2 \times 3 + 0(= r_5)$
:

のようになります。ここでgcdを適用して得られる列$b = r_1, r_2, r_3, ...$がどのように減っていくかを考えます。$a = bq + r(0 < r < b)$とすると、$r < \frac{a}{2}$より、$r_{i+2} < \frac{r_i}{2}$が成り立ちます。このことより、ユークリッドの互除法は多くとも$2\log_2(b)$で完了するので、$O(\log b)$と見積もることができます。

解答例

C

```c
#include<stdio.h>

/* 再帰関数による最大公約数*/
int gcd(int x, int y) {
  return y ? gcd(y, x % y) : x;
}

int main() {
  int a, b;
  scanf("%d %d", &a, &b);
  printf("%d\n", gcd(a, b));

  return 0;
}
```

C++

```cpp
#include<iostream>
#include<algorithm>
using namespace std;

// ループによる最大公約数
int gcd(int x, int y) {
  int r;
  if ( x < y ) swap (x, y); // y < x を保障する

  while( y > 0 ) {
    r = x % y;
    x = y;
    y = r;
  }
  return x;
}

int main() {
  int a, b;
  cin >> a >> b;
  cout << gcd(a, b) << endl;

  return 0;
}
```

18.3 べき乗

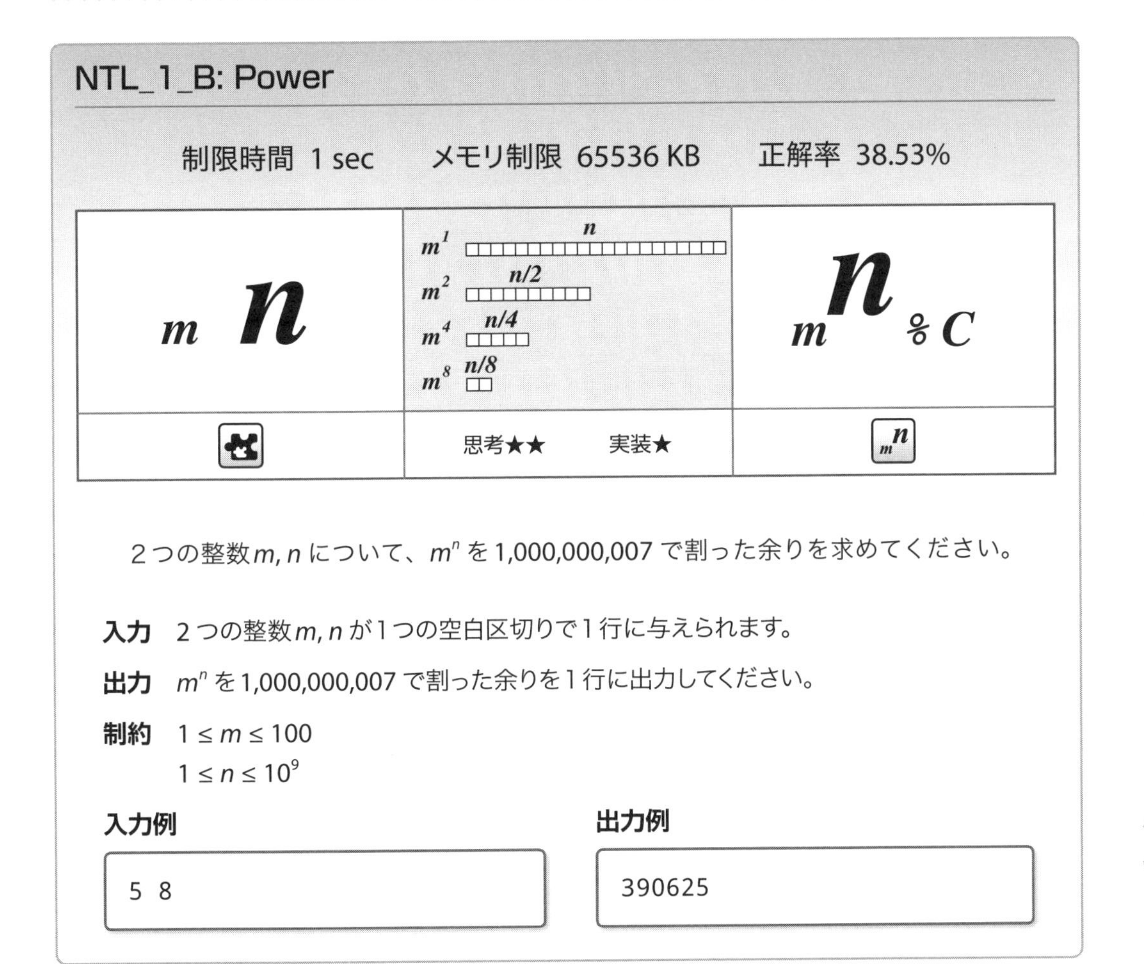

NTL_1_B: Power

制限時間 1 sec　　メモリ制限 65536 KB　　正解率 38.53%

思考★★　　実装★

2つの整数 m, n について、m^n を 1,000,000,007 で割った余りを求めてください。

入力　2つの整数 m, n が1つの空白区切りで1行に与えられます。

出力　m^n を 1,000,000,007 で割った余りを1行に出力してください。

制約　$1 \leq m \leq 100$

$1 \leq n \leq 10^9$

入力例

```
5 8
```

出力例

```
390625
```


解説

x^n は愚直に計算すると $n-1$ 回の掛け算が必要となり、$O(n)$ のアルゴリズムとなります。x のべき乗は繰り返し自乗法を用いてより高速に求めることができます。この手法は x^n は $(x^2)^{\frac{n}{2}}$ に等しいことを利用します。繰り返し自乗法のアルゴリズムは次の再帰関数により実装することができます。

$$pow(x,n) = \begin{cases} 1 & (n\text{が}0\text{のとき}) \\ pow(x^2, n/2) & (n\text{が偶数のき}) \\ pow(x^2, n/2) \times x & (n\text{が奇数のとき}) \end{cases}$$

例えば、3^{21} の計算を展開すると以下のようになります。

$$\begin{aligned} 3^{21} &= (3 \times 3)^{10} \times 3 \\ 9^{10} &= (9 \times 9)^{5} \\ 81^{5} &= (81 \times 81)^{2} \times 81 \\ 6561^{2} &= (6561 \times 6561)^{1} \end{aligned}$$

20回必要だった掛け算がおおよそ6回に抑えられます。

繰り返し自乗法によるxのn乗は次のように実装することができます。

Program 18.7: 繰り返し自乗法

```
1  pow(x, n)
2    if n == 0
3      return 1
4    res = pow(x * x % M, n / 2)
5    if n が奇数
6      res = res * x % M
7    return res
```

「答えをM（例えば1,000,000,007）で割った余りを求めてください」という問題では、以下のように値を計算します（ここでは、aをbで割った余りを$a \% b$と表記します）。

- 足し算の場合は、加算を行うごとに$\% M$を行います。
- 引き算の場合は、引かれる値にMを足してから引き算を行い$\% M$を行います。
- 掛け算の場合は、乗算を行うごとに$\% M$を行います。これは以下の理由で可能となっています。

aをMで割った余りと商をそれぞれar, aq
bをMで割った余りと商をそれぞれbr, bqとすると、

$$\begin{aligned} a \times b &= (aq \times M + ar) \times (bq \times M + br) \\ &= aq \times bq \times M^2 + ar \times bq \times M + aq \times br \times M + ar \times br \\ &= (aq \times bq \times M + ar \times bq + aq \times br) \times M + ar \times br \end{aligned}$$

つまり

$$(a \times b)\%M = ar \times br$$
$$= a\%M \times b\%M$$

▶ 割り算の場合はより複雑になります。ここでは解説できませんが、フェルマーの小定理と言われる素数の性質を用いて解決する方法が知られています。

考察

繰り返し自乗法は、再帰関数の引数nが半分になっていくので$O(\log n)$ のアルゴリズムとなります。

解答例

C++

```
#include<iostream>
#include<cmath>

using namespace std;
typedef unsigned long long ullong;

ullong power(ullong x, ullong n, ullong M){
  ullong res = 1;
  if ( n > 0 ){
    res = power(x, n / 2, M);
    if ( n % 2 == 0 ) res = (res * res) % M;
    else res = (((res * res) % M) * x) % M;
  }
  return res;
}

main(){
  int m, n;
  cin >> m >> n;

  cout << power(m, n, 1000000007) << endl;

  return 0;
}
```

18.4 その他の問題

本書で取り上げられなかった、整数論に関する問題をいくつか紹介します。

▶ NTL_1_A: Prime Factorize

与えられた整数 n を素因数分解する問題です。素数表を作成する必要はなく、素数判定で用いた方法で素因数分解を効率よく行うことができます。

▶ NTL_1_C: Least Common Multiple

与えられた n 個の整数の最小公倍数（LCM: least common multiple）を求める問題です。２つの整数の最小公倍数は、ユークリッドの互除法で得られる最大公約数を使用して求めることができます。

▶ NTL_1_D: Euler's Phi Function

正の整数 n について、1から n までの自然数のうち n と互いに素なものの個数を求める問題です。オイラーのファイ関数とよばれる関数を作成します。

▶ NTL_1_E: Extended Euclid Algorithm

与えられた２つの整数 a、b について $ax + by = gcd(a, b)$ の解 (x, y) を求める問題です。ユークリッドの互除法を拡張して解くことができます。

19章

ヒューリスティック探索

与えられた問題を解析的に解くことが困難な場合、あるいは効率的なアルゴリズムが知られていない場合には、試行錯誤を繰り返すことによって解を探さなくてはなりません。しかし多くの場合、探索しなければならない空間は膨大で、どのような経路が解へと導くかは明確ではありません。従って、無駄な探索を避けたり、より速く解を見つけるための工夫が必要になります。

この章では、典型的なパズルに関する問題を解いていき、状態空間の中を体系的に探索するアルゴリズムを紹介します。

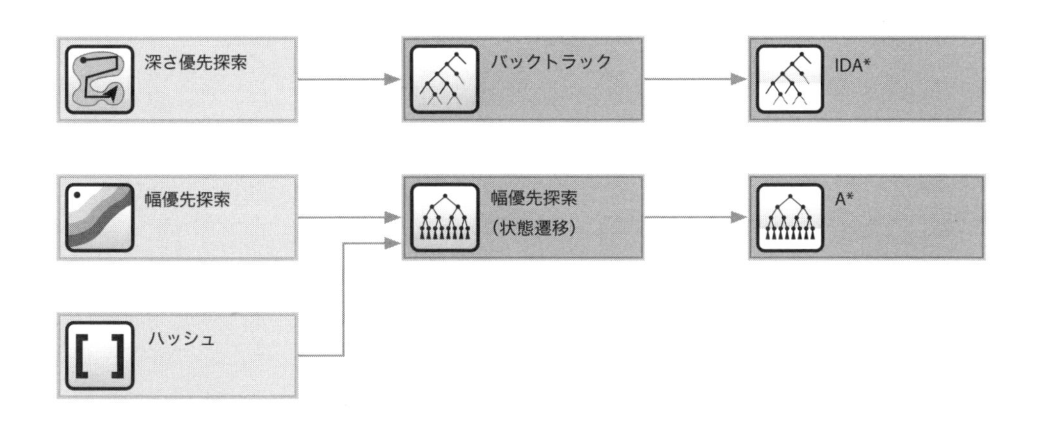

この章の問題を解くためには、深さ優先探索と幅優先探索に関する知識が必要です。また、ハッシュ法や二分探索木を応用することができるプログラミングスキルが必要です。

19.1 8クイーン問題

ALDS1_13_A: 8 Queens Problem

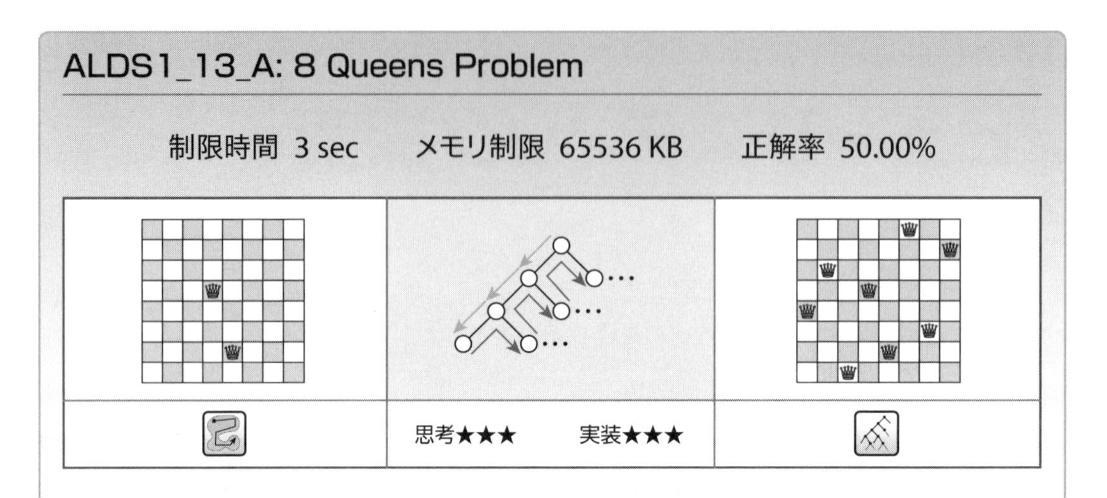

8クイーン問題とは、8×8のマスから成るチェス盤に、どのクイーンも他のクイーンを襲撃できないように、8つのクイーンを配置する問題です。チェスでは、クイーンは次のように8方向のマスにいるコマを襲撃することができます。

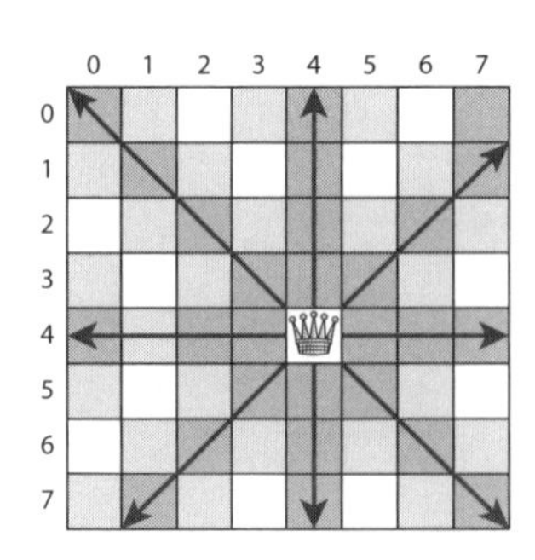

図19.1: クイーンの襲撃範囲

すでにクイーンが配置されているk個のマスが指定されるので、それらを合わせて8つのクイーンを配置したチェス盤を出力するプログラムを作成してください。

入力 1行目に整数kが与えられます。続くk行にクイーンが配置されているマスが2つの整数r cで与えられます。r、cはそれぞれ0から始まるチェス盤の行と列の番号を表します。

出力 出力は8 × 8のチェス盤を表す文字列で、クイーンが配置されたマスを'Q'、配置されていないマスを'.'で表します。

制約　入力に対する解はただ1つ存在する。

入力例

```
2
2 2
5 3
```

出力例

```
......Q.
Q.......
..Q.....
.......Q
.....Q..
...Q....
.Q......
....Q...
```

解説

この問題を解くための最も素朴な方法が、8つのクイーンを全ての組み合わせについて配置し、上記の条件を満たすかをチェックする方法です。$8 \times 8 = 64$ のマスから、8個選ぶ組み合わせなので、${}_{64}C_8 = 4,426,165,368$ 通りありますが、2つ以上のクイーンを同じ行には配置できないので、1行に1つのクイーンしか配置できないことを考えると、$8^8 = 16,777,216$ 通りになります。さらに、2つ以上のクイーンが同じ列に配置できないことを考えれば、$8! = 40,320$ 通りとなります。

一方、上記の組み合わせを全て調べるよりも、以下のようにバックトラックを適用すれば、さらに効率的に8クイーン問題を解くことができます。

- 1行目の任意のマスに、クイーンを配置する
- 1行目に配置したクイーンによって襲撃されない2行目のマスに、クイーンを配置する
- ...
- 各クイーンが他のどのクイーンも襲撃しないように、i 個のクイーンを最初の i 行に配置できた状態で、これらのどのクイーンにも襲撃されない $(i+1)$ 行目のマスに、クイーンを配置する
  - もしも、そのようなマスが $(i+1)$ 行目のマスに存在しなければ i 行目に戻り、i 行目で行っていた「襲撃されないマスを探す処理」を続行する。もしそのようなマスがなければ、さらに $(i-1)$ 行目に戻る

このように、可能性のある状態を体系的に試していき、現在の状態から解は得られないと分かった時点で探索を打ち切り、一つ前の状態に戻って（途中から）探索を再開する手法をバックトラックあるいはバックトラッキングと言います。グラフの深さ優先探索はバックトラックに基づくアルゴリズムです。

8クイーン問題では、マス(i, j)が他のクイーンによって襲撃されているか否かを記録するために、以下の配列変数を用意します。ここでは$N = 8$とします。

変数	対応する状態
row[*N*]	*row*[*x*] がNOT_FREEならば、行 *x* は襲撃されている
col[*N*]	*col*[*x*] がNOT_FREEならば、列 *x* は襲撃されている
dpos[2*N*-1]	*dpos*[*x*] がNOT_FREEならば、左下方向の列 *x* は襲撃されている
dneg[2*N*-1]	*dneg*[*x*] がNOT_FREEならば、右下方向の列 *x* は襲撃されている

ここで各変数における(i, j)とxの対応は以下のようになります。

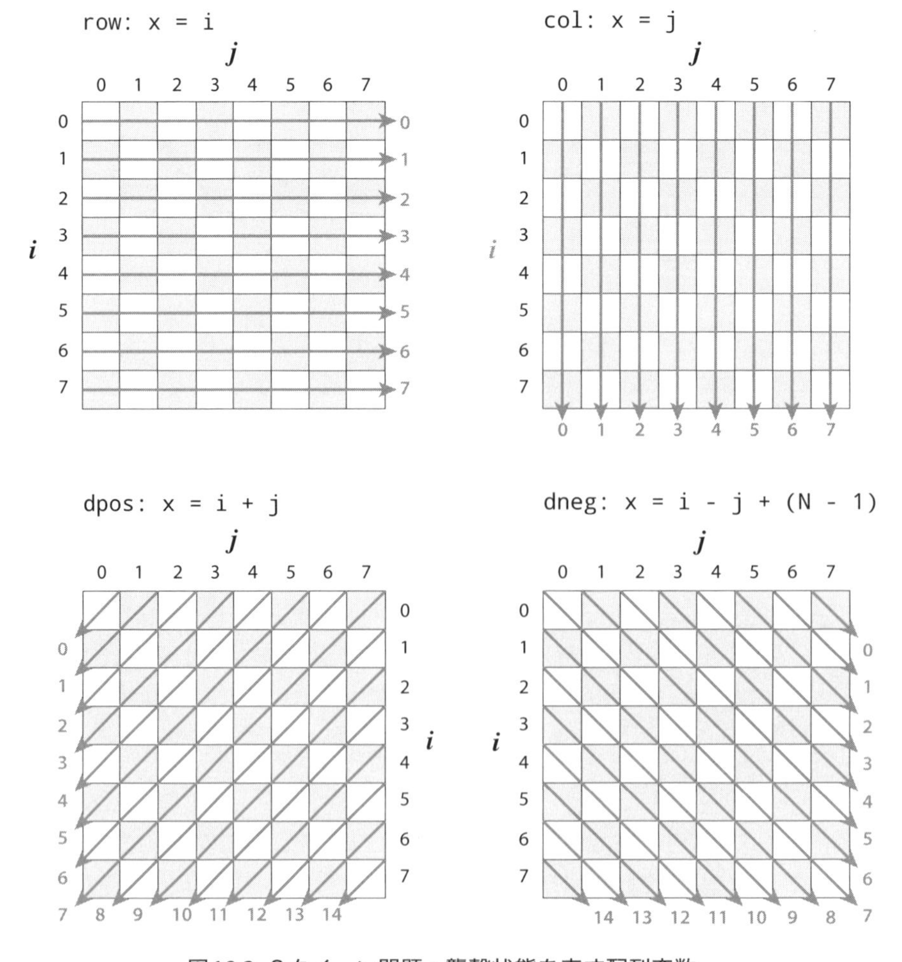

図19.2: 8クイーン問題：襲撃状態を表す配列変数

row[*i*]、col[*j*]、dpos[*i*+*j*]、dneg[*i*-*j*+N-1]のいずれかがNOT_FREEであれば、コマ(*i*, *j*)が襲撃されていることになります。つまり、row[*i*]、col[*j*]、dpos[*i*+*j*]、dneg[*i*-*j*+N-1]すべてがFREEのとき、クイーンを配置することができます。

解答例

C++

```
1  #include<iostream>
2  #include<cassert>
3  using namespace std;
4  
5  #define N 8
6  #define FREE -1
7  #define NOT_FREE 1
8  
9  int row[N], col[N], dpos[2 * N - 1], dneg[2 * N - 1];
10 
11 bool X[N][N];
12 
13 void initialize() {
14   for ( int i = 0; i < N; i++ ) { row[i] = FREE, col[i] = FREE; }
15   for ( int i = 0; i < 2 * N - 1; i++ ) { dpos[i] = FREE; dneg[i] = FREE; }
16 }
17 
18 void printBoard() {
19   for ( int i = 0; i < N; i++ ) {
20     for ( int j = 0; j < N; j++ ) {
21       if ( X[i][j] ) {
22         if ( row[i] != j ) return;
23       }
24     }
25   }
26   for ( int i = 0; i < N; i++ ) {
27     for ( int j = 0; j < N; j++ ) {
28       cout << ( ( row[i] == j ) ? "Q" : "." );
29     }
30     cout << endl;
31   }
32 }
33 
34 void recursive(int i) {
35   if ( i == N ) { // クイーンの配置に成功
36     printBoard(); return;
```

19章 ヒューリスティック探索

```
37    }
38
39    for ( int j = 0; j < N; j++ ) {
40      // (i, j) が他のクイーンに襲撃されている場合は無視
41      if ( NOT_FREE == col[j]  ||
42           NOT_FREE == dpos[i + j]  ||
43           NOT_FREE == dneg[i - j + N - 1] ) continue;
44      // (i, j) にクイーンを配置する
45      row[i] = j; col[j] = dpos[i + j] = dneg[i - j + N - 1] = NOT_FREE;
46      // 次の行を試す
47      recursive(i + 1);
48      // (i, j) に配置されているクイーンを取り除く
49      row[i] = col[j] = dpos[i + j] = dneg[i - j + N - 1] = FREE;
50    }
51    // クイーンの配置に失敗
52  }
53
54  int main() {
55    initialize();
56
57    for ( int i = 0; i < N; i++)
58      for ( int j = 0; j < N; j++ ) X[i][j] = false;
59
60    int k; cin >> k;
61    for ( int i = 0; i < k; i++ ) {
62      int r, c; cin >> r >> c;
63      X[r][c] = true;
64    }
65
66    recursive(0);
67
68    return 0;
69  }
```

19.2 8パズル

ALDS1_13_B: 8 Puzzle

制限時間 3 sec　　メモリ制限 65536 KB　　正解率 50.00%

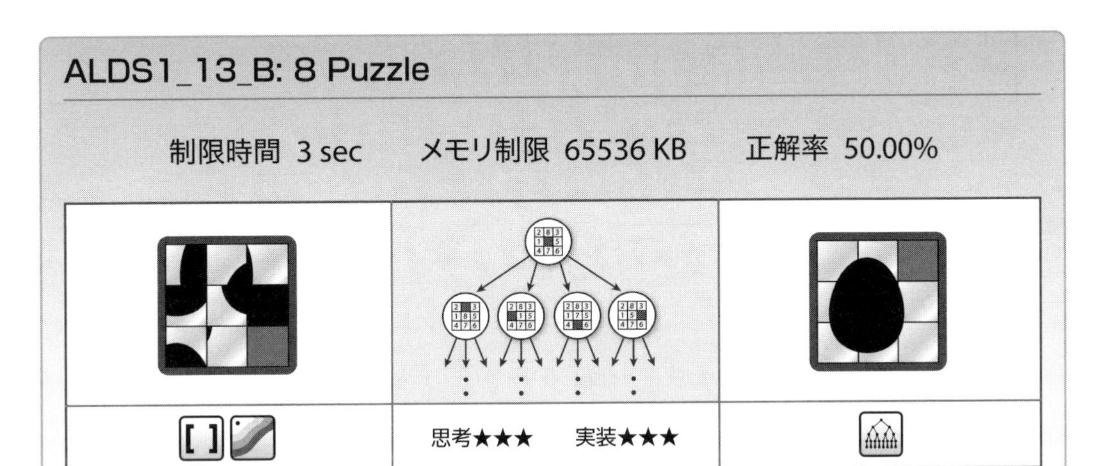

8パズルは図のような1つの空白を含む3×3のマス上に8枚のパネルが配置され、空白を使ってパネルを上下左右にスライドさせ、絵柄を揃えるパズルです。

この問題では、次のように空白を0、各パネルを1から8の番号でパズルを表します。

```
1 3 0
4 2 5
7 8 6
```

1回の操作で空白の方向に1つのパネルを移動することができ、ゴールは次のようなパネルの配置とします。

```
1 2 3
4 5 6
7 8 0
```

8パズルの初期状態が与えられるので、ゴールまでの最短手数を求めるプログラムを作成してください。

入力　入力はパネルの数字あるいは空白を表す3×3個の整数です。空白で区切られた3つの整数が3行で与えられます。

出力　最短手数を1行に出力してください。

制約 与えられるパズルは必ず解くことができる。

入力例

```
1 3 0
4 2 5
7 8 6
```

出力例

```
4
```

解説

このようなパズルの問題は、「状態遷移」を繰り返してゴールを発見する探索アルゴリズムで解くことができます。一般的に探索アルゴリズムは、与えられた初期状態から最終状態（ゴール）までの状態変化の列を生成します。8パズル問題では、考えられる列の中で最も短いものを探す必要があります。

多くの探索アルゴリズムでは、一度生成した状態を再度生成しないように、探索の空間は木構造になります。次の図のように木（またはグラフ）のノードが状態を表し、エッジが状態遷移を表します。

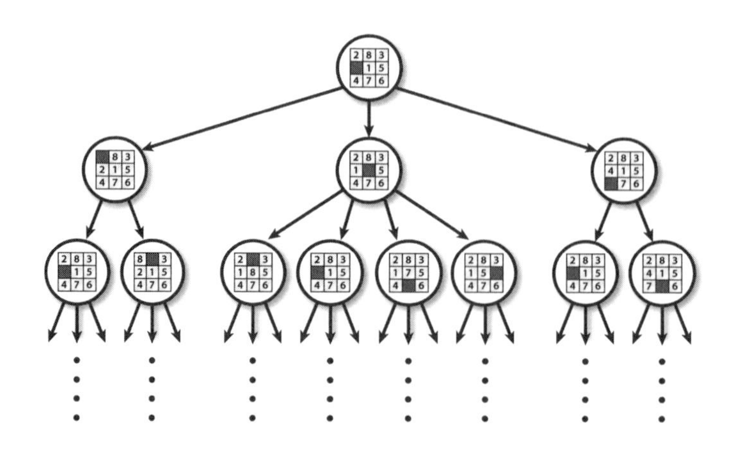

図 19.3: 状態遷移

8 パズルでは、各パネルと空白の位置情報が「状態」であり、パネルを上下左右に動かすことが「状態遷移」に相当します。各状態（パズルの局面）の生成状況を効率的に管理するためには、ハッシュ法や二分探索木を応用します。

8 パズルのように考えられる状態の総数がそれほど多くない場合は、深さ優先探索や幅優先探索で解を求めることができます。

深さ優先探索

深さ優先探索はグラフにおける深さ優先探索と同様に動作し、初期状態から最終状態に至るまで可能な限り状態遷移を繰り返します。ただし、

- 現在の状態からそれ以上状態遷移が不可能な場合
- 状態遷移が一度生成した状態を生成してしまった場合
- 問題の性質からこれ以上探索しても明らかに無駄があると断定できる場合

などは探索を打ち切って前の状態に戻ります。つまりバックトラックを行います。探索を打ち切るので、「枝を刈る」とも表現されます。

深さ優先探索の深さに制限を持たせた方法を深さ制限探索と言います。このアルゴリズムは、次のように探索の深さ（木の深さ）がある定められた値limit に達したところで探索を打ち切ります。問題の性質から深さを制限することができれば探索を高速化することができます。

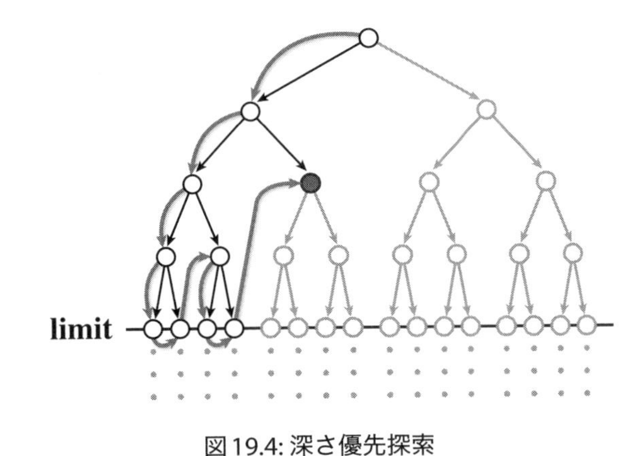

図 19.4: 深さ優先探索

単純な深さ優先探索アルゴリズムは、以下のような特徴を持ちます。

- 最短の解を求めるとは限らない
- 無駄な探索をしてしまうため計算量が大きい
- 枝を刈らなければ最悪の場合（解がない場合など）は全探索してしまう

幅優先探索

幅優先探索はグラフにおける幅優先探索と同様に動作し、次の図のように幅広く状態遷移を行います。

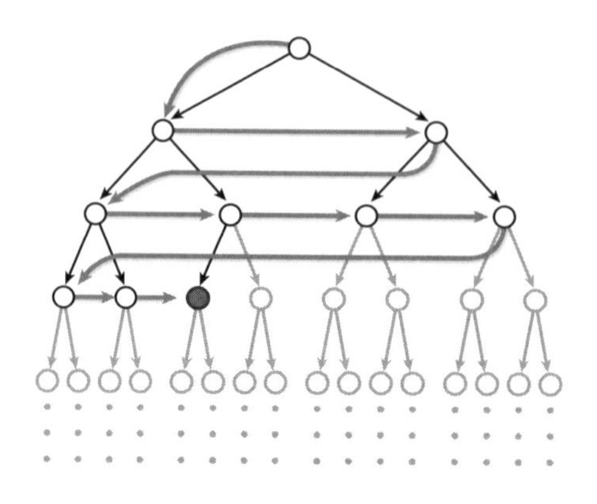

図 19.5: 幅優先探索

現在の状態から可能な全ての状態遷移を行い新しい状態を作ります。この探索を体系的に行うために、状態遷移によってつくられた新しい状態をキューに追加していき、探索を展開するためにキューの先頭の状態からさらに状態遷移を繰り返します。一度生成した状態を再び作らないように、生成された状態はメモリに記録する必要があります。

幅優先探索は多くのメモリを必要としますが、問題に解が存在すれば初期状態から最終状態までの最短の経路を比較的簡単に求めることができます。

解答例

C++

```
1  #include<iostream>
2  #include<cmath>
3  #include<string>
4  #include<map>
5  #include<queue>
6  using namespace std;
7  #define N 3
8  #define N2 9
9
10 struct Puzzle {
11   int f[N2];
```

```
12   int space;
13   string path;
14 
15   bool operator < ( const Puzzle &p ) const {
16     for ( int i = 0; i < N2; i++ ) {
17       if ( f[i] == p.f[i] ) continue;
18       return f[i] > p.f[i];
19     }
20     return false;
21   }
22 };
23 
24 static const int dx[4] = {-1, 0, 1, 0};
25 static const int dy[4] = {0, -1, 0, 1};
26 static const char dir[4] = {'u', 'l', 'd', 'r'};
27 
28 bool isTarget(Puzzle p) {
29   for ( int i = 0; i < N2; i++ )
30     if ( p.f[i] != (i + 1) ) return false;
31   return true;
32 }
33 
34 string bfs(Puzzle s) {
35   queue<Puzzle> Q;
36   map<Puzzle, bool> V;
37   Puzzle u, v;
38   s.path = "";
39   Q.push(s);
40   V[s] = true;
41 
42   while ( !Q.empty() ) {
43     u = Q.front(); Q.pop();
44     if ( isTarget(u) ) return u.path;
45     int sx = u.space / N;
46     int sy = u.space % N;
47     for ( int r = 0; r < 4; r++ ) {
48       int tx = sx + dx[r];
49       int ty = sy + dy[r];
50       if ( tx < 0 || ty < 0 || tx >= N || ty >= N ) continue;
51       v = u;
52       swap(v.f[u.space], v.f[tx * N + ty]);
53       v.space = tx * N + ty;
54       if ( !V[v] ) {
55         V[v] = true;
56         v.path += dir[r];
57         Q.push(v);
```

```
58          }
59        }
60      }
61
62      return "unsolvable";
63    }
64
65    int main() {
66      Puzzle in;
67
68      for ( int i = 0; i < N2; i++ ) {
69        cin >> in.f[i];
70        if ( in.f[i] == 0 ) {
71          in.f[i] = N2; // set space
72          in.space = i;
73        }
74      }
75      string ans = bfs(in);
76      cout << ans.size() << endl;
77
78      return 0;
79    }
```

19.3 15 パズル

ALDS1_13_C: 15 Puzzle

制限時間 3 sec　　メモリ制限 65536 KB　　正解率 50.00%

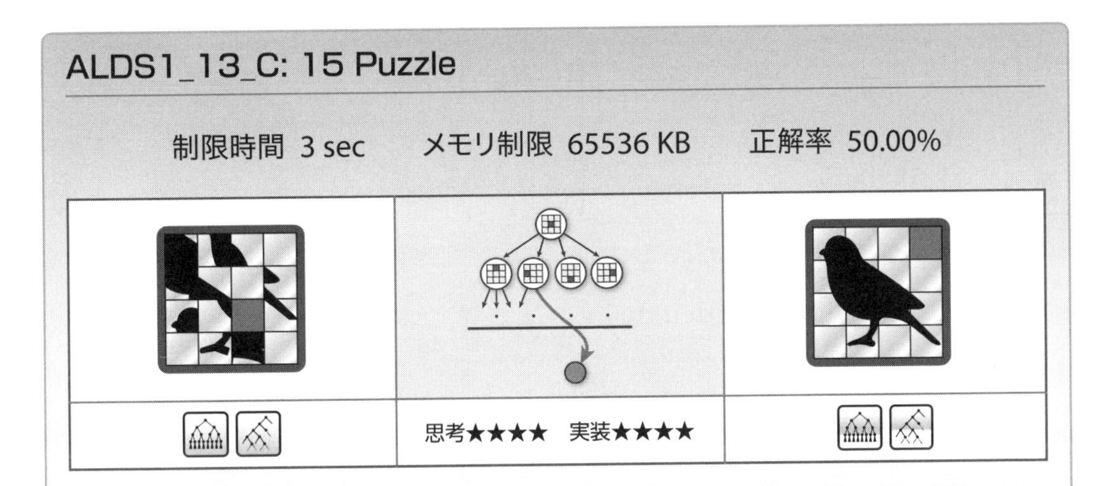

15パズルは図のような1つの空白を含む4 × 4のマス上に15枚のパネルが配置され、空白を使ってパネルを上下左右にスライドさせ、絵柄を揃えるパズルです。

この問題では、次のように空白を0、各パネルを1から15の番号でパズルを表します。

```
1  2  3  4
6  7  8  0
5 10 11 12
9 13 14 15
```

1 回の操作で空白の方向に 1 つのパネルを移動することができ、ゴールは次のようなパネルの配置とします。

```
 1  2  3  4
 5  6  7  8
 9 10 11 12
13 14 15  0
```

15 パズルの初期状態が与えられるので、ゴールまでの最短手数を求めるプログラムを作成してください。

入力　入力はパネルの数字あるいは空白を表す4 × 4 個の整数です。空白で区切られた4つの整数が4 行で与えられます。

出力 最短手数を1行に出力してください。

制約 与えられるパズルは45手以内で解くことができる。

入力例

```
1 2 3 4
6 7 8 0
5 10 11 12
9 13 14 15
```

出力例

```
8
```

解説

この問題は状態の数が膨大になるため、8パズルを解くことができた単純な深さ優先探索や幅優先探索では解くことができません。ここでは、15パズルのように状態の数が大きい問題を解くことのできる、高等的な探索アルゴリズムを紹介します。

反復深化（Iterative Deepening）

単純な深さ優先探索では初期状態から最終状態までの最短経路を求めることは不可能でした。しかし、深さを制限した深さ優先探索（深さ制限探索）を繰り返すことによって最短経路を求めることができます。つまり深さの制限limitを増加させながら解が見つかるまで深さ制限探索を繰り返します（図19.6）。このアルゴリズムを反復深化と言います。

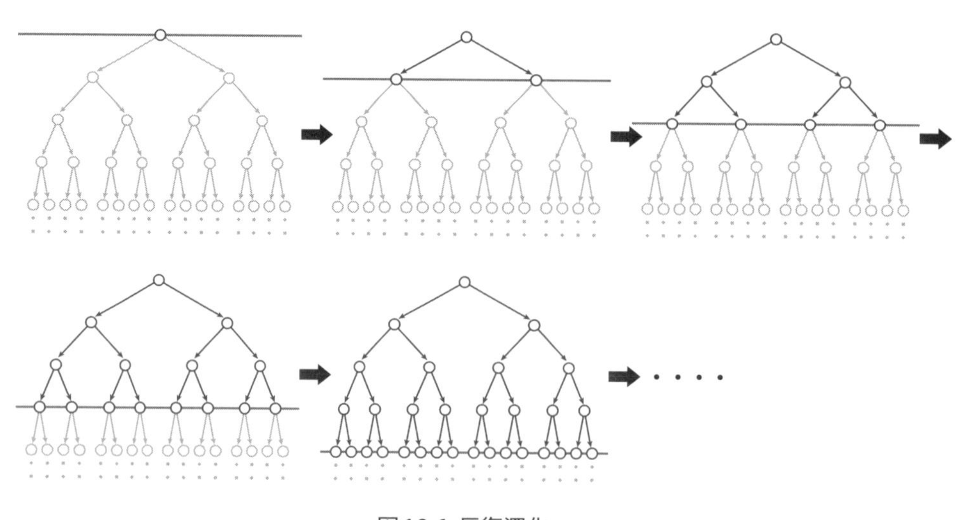

図19.6: 反復深化

一般的に、反復深化では高速化を図るために探索済みの状態をメモリに記憶しません。ただし、１つ手前への状態に戻らないようにするなど、適宜工夫します。

IDA*

反復深化において、推定値を用いて枝を刈るアルゴリズムを反復深化A*(エースター)またはIDA* と呼びます。ここで、推定値はヒューリスティックとも呼ばれ、ゴールまでの下限値を推定値として用いることができます。

15 パズルでは、現在の状態から最終状態までの最短コスト*h* を見積もることができれば枝を刈ることができます。つまり、現在の状態の深さ*g* に「ここからあと最低でも*h* 回の状態遷移は必要だろう」というコスト*h* を加えた値が深さの制限*d*を超えた場合、そこで探索を打ち切ることができます（図19.7）。

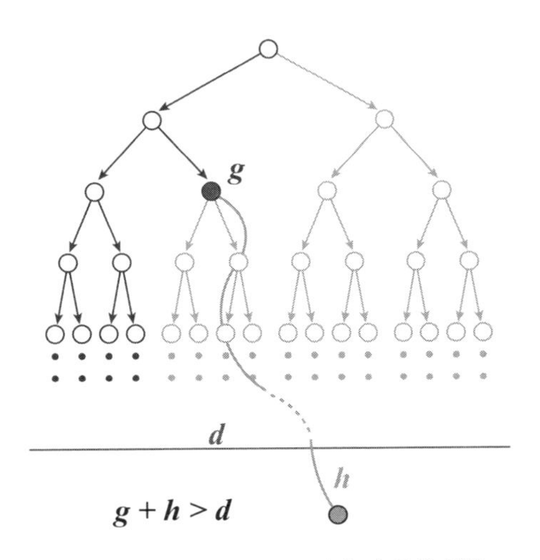

図19.7: ヒューリスティックによる枝刈り

*h*は見積もりであって正確な値である必要はありません。*h*の値が大きいほど探索の速度は上がりますが、大きく見積もりすぎると解を見逃してしまうので注意が必要です。

８パズルにおける推定値を考えてみましょう（15パズルにも同様に適用します)。

候補１:　最終状態の位置にないパネルの数を推定値 *h*1 とする

例えば、以下の状態で最終状態の位置にないパネルの数は7となります。

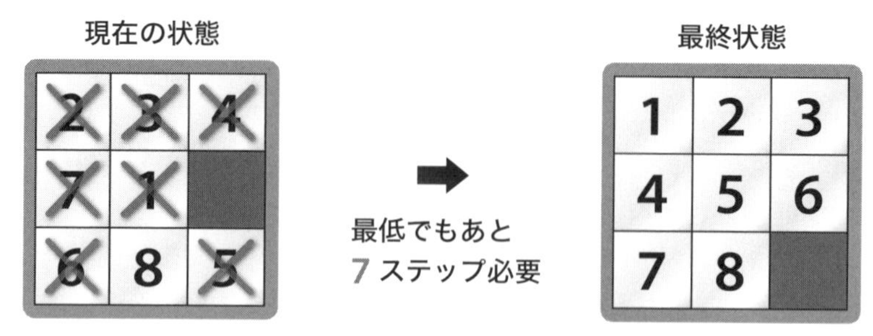

図19.8: 8パズルの推定値(1)

候補2：各パネルにおける最終状態までのマンハッタン距離の総和を推定値 *h*2 とする

マンハッタン距離とは「斜めに進むことができない上下左右だけの移動の総距離による2点間の距離」を言います。例えば、次の状態を考えてみましょう。

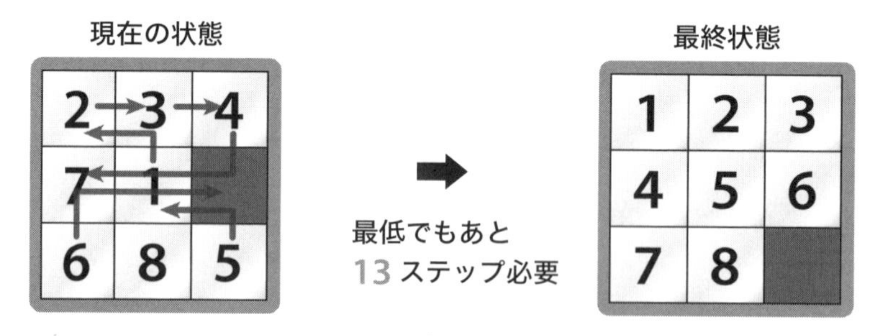

図19.9: 8パズルの推定値(2)

各パネル 1, 2, ..., 8 について、最終状態までのマンハッタン距離はそれぞれ2, 1, 1, 3, 2, 3, 1, 0 となり、その総和は 13 になります。

*h*1 も *h*2 も推定値（下限値）として用いることができますが、*h*2の方が*h*1よりも値が大きいので、優位であると言えます。

A*

反復深化A*に用いた推定値は、優先度付きキューを用いたダイクストラのアルゴリズム（あるいは幅優先探索）をベースとした探索アルゴリズムにも適用することができます。これはA*（エースター）アルゴリズムと呼ばれ、状態を優先度付きキューで管理し、「始点から現在位置までのコスト＋そこからのゴールまでの推定値」が最も小さい状態から優先的に状態遷移を行うことによって、より速く解を見つけることができます。

解答例

C++（IDA*による探索）

```
// Iterative Deepening
#include<stdio.h>
#include<iostream>
#include<cmath>
#include<string>
#include<cassert>
using namespace std;
#define N 4
#define N2 16
#define LIMIT 100

static const int dx[4] = {0, -1, 0, 1};
static const int dy[4] = {1, 0, -1, 0};
static const char dir[4] = {'r','u','l','d'};
int MDT[N2][N2];

struct Puzzle { int f[N2], space, MD; };

Puzzle state;
int limit; /* 深さの制限*/
int path[LIMIT];

int getAllMD(Puzzle pz) {
  int sum = 0;
  for ( int i = 0; i < N2; i++ ) {
    if ( pz.f[i] == N2 ) continue;
    sum += MDT[i][pz.f[i] - 1];
  }
  return sum;
}

bool isSolved() {
  for ( int i = 0; i < N2; i++ ) if ( state.f[i] != i + 1 ) return false;
  return true;
}


bool dfs(int depth, int prev) {
```

```
39    if ( state.MD == 0 ) return true;
40    /* 現在の深さにヒューリスティックを足して制限を超えたら枝を刈る*/
41    if ( depth + state.MD > limit ) return false;
42
43    int sx = state.space / N;
44    int sy = state.space % N;
45    Puzzle tmp;
46
47    for ( int r = 0; r < 4; r++ ) {
48      int tx = sx + dx[r];
49      int ty = sy + dy[r];
50      if ( tx < 0 || ty < 0 || tx >= N || ty >= N ) continue;
51      if ( max(prev, r)-min(prev, r) == 2 ) continue;
52      tmp = state;
53      /* マンハッタン距離の差分を計算しつつ、ピースをスワップ*/
54      state.MD -= MDT[tx * N + ty][state.f[tx * N + ty] - 1];
55      state.MD += MDT[sx * N + sy][state.f[tx * N + ty] - 1];
56      swap(state.f[tx * N + ty], state.f[sx * N + sy]);
57      state.space = tx * N + ty;
58      if ( dfs(depth + 1, r) ) { path[depth] = r; return true; }
59      state = tmp;
60    }
61
62    return false;
63  }
64
65  /* 反復深化*/
66  string iterative_deepening(Puzzle in) {
67    in.MD = getAllMD(in); /* 初期状態のマンハッタン距離*/
68
69    for ( limit = in.MD; limit <= LIMIT; limit++ ) {
70      state = in;
71      if ( dfs(0, -100) ) {
72        string ans = "";
73        for ( int i = 0; i < limit; i++ ) ans += dir[path[i]];
74        return ans;
75      }
76    }
77
78    return "unsolvable";
79  }
80
81  int main() {
82    for ( int i = 0; i < N2; i++ )
83      for ( int j = 0; j < N2; j++ )
84        MDT[i][j] = abs(i / N - j / N ) + abs(i % N - j % N);
```

```
85
86    Puzzle in;
87
88    for ( int i = 0; i < N2; i++ ) {
89      cin >> in.f[i];
90      if ( in.f[i] == 0 ) {
91        in.f[i] = N2;
92        in.space = i;
93      }
94    }
95    string ans = iterative_deepening(in);
96    cout << ans.size() << endl;
97
98    return 0;
99  }
```

C++（A*による探索）

```
1   #include<cstdio>
2   #include<iostream>
3   #include<cmath>
4   #include<map>
5   #include<queue>
6
7   using namespace std;
8   #define N 4
9   #define N2 16
10
11  static const int dx[4] = {0, -1, 0, 1};
12  static const int dy[4] = {1, 0, -1, 0};
13  static const char dir[4] = {'r','u','l','d'};
14  int MDT[N2][N2];
15
16  struct Puzzle {
17    int f[N2], space, MD;
18    int cost;
19
20    bool operator < ( const Puzzle &p ) const {
21      for ( int i = 0; i < N2; i++ ) {
22        if ( f[i] == p.f[i] ) continue;
23        return f[i] < p.f[i];
24      }
25      return false;
26    }
27  };
```

```
28
29 struct State {
30   Puzzle puzzle;
31   int estimated;
32   bool operator < (const State &s) const {
33     return estimated > s.estimated;
34   }
35 };
36
37 int getAllMD(Puzzle pz) {
38   int sum = 0;
39   for ( int i = 0; i < N2; i++ ) {
40     if ( pz.f[i] == N2 ) continue;
41     sum += MDT[i][pz.f[i] - 1];
42   }
43   return sum;
44 }
45
46 int astar(Puzzle s) {
47   priority_queue<State> PQ;
48   s.MD = getAllMD(s);
49   s.cost = 0;
50   map<Puzzle, bool> V;
51   Puzzle u, v;
52   State initial;
53   initial.puzzle = s;
54   initial.estimated = getAllMD(s);
55   PQ.push(initial);
56
57   while ( !PQ.empty() ) {
58     State st = PQ.top(); PQ.pop();
59     u = st.puzzle;
60
61     if ( u.MD == 0 ) return u.cost;
62     V[u] = true;
63
64     int sx = u.space / N;
65     int sy = u.space % N;
66
67     for ( int r = 0; r < 4; r++ ) {
68       int tx = sx + dx[r];
69       int ty = sy + dy[r];
70       if ( tx < 0 || ty < 0 || tx >= N || ty >= N ) continue;
71       v = u;
72
73       v.MD -= MDT[tx * N + ty][v.f[tx * N + ty] - 1];
```

```
74        v.MD += MDT[sx * N + sy][v.f[tx * N + ty] - 1];
75
76        swap(v.f[sx * N + sy], v.f[tx * N + ty]);
77        v.space = tx * N + ty;
78        if ( !V[v] ) {
79          v.cost++;
80          State news;
81          news.puzzle = v;
82          news.estimated = v.cost + v.MD;
83          PQ.push(news);
84        }
85      }
86    }
87    return -1;
88  }
89
90  int main() {
91    for ( int i = 0; i < N2; i++ )
92      for ( int j = 0; j < N2; j++ )
93        MDT[i][j] =  abs(i / N - j / N) + abs(i % N - j % N);
94
95    Puzzle in;
96
97    for ( int i = 0; i < N2; i++ ) {
98      cin >> in.f[i];
99      if ( in.f[i] == 0 ) {
100       in.f[i] = N2;
101       in.space = i;
102     }
103   }
104   cout << astar(in) << endl;
105
106   return 0;
107 }
```

付録

本書で獲得できるスキルの一覧

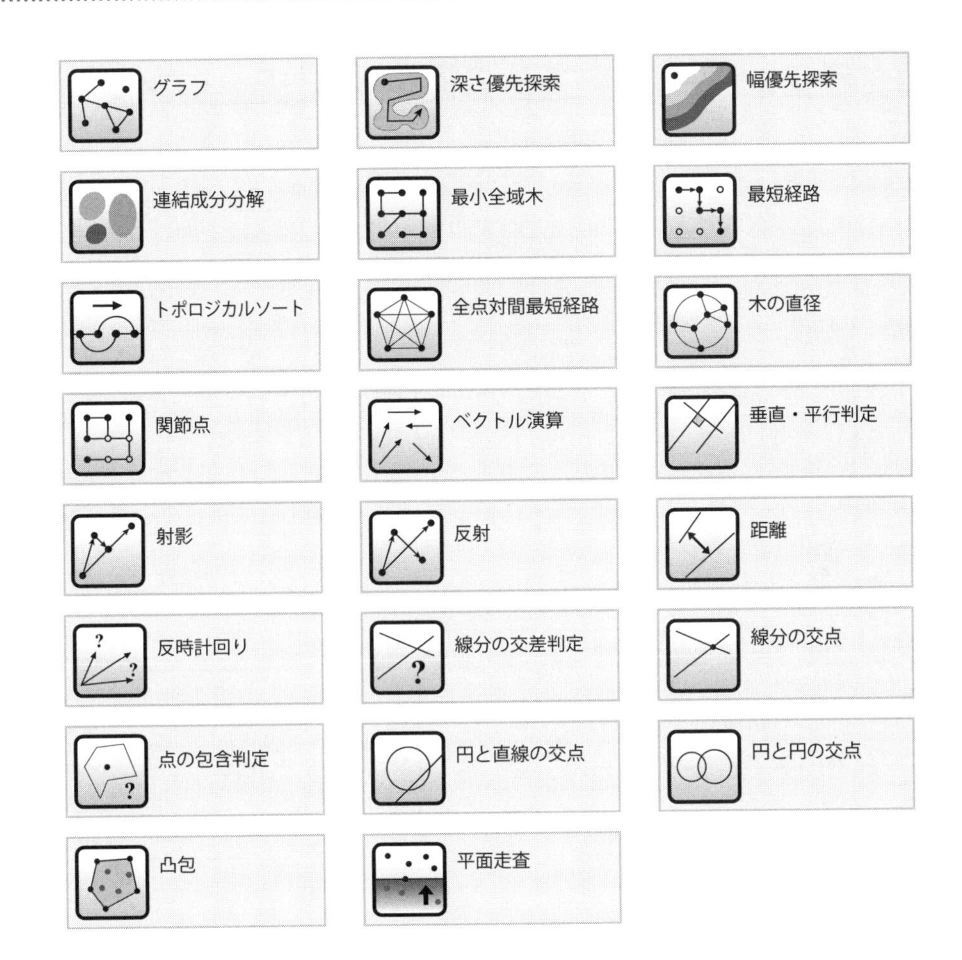

ここにあげたカードは本書の演習問題を通して獲得することができるスキルの一覧です。アルゴリズム、データ構造、典型問題に関連するアイコンで表現されています。

プログラミングコンテストの過去問にチャレンジ！

本書で獲得したスキルを使って、プログラミングコンテストの過去問にチャレンジしてみましょう。表の項目は左から、Aizu Online Judgeの問題ID、問題タイトル、関連スキル、難易度です。難易度は0.5刻みの5段階評価です（★が1、☆が0.5）。

整列・探索

1187	ICPC Ranking	整列	★
2104	Country Road	整列	★☆
0529	Darts	二分探索	★★
0539	Pizza	二分探索	★★

データ構造

1173	The Balance of the World	スタック	★
0558	Cheese	キュー	★★
0301	Baton Relay Game	リスト	★★☆
0282	Programming Contest	優先度付きキュー	★★★
2170	Marked Ancestor	Union-Find	★★★☆
1330	Never Wait for Weights	Union-Find	★★★☆

再帰・分割統治

0507	Square	再帰	★★☆
0525	Osenbei	全探索	★★☆
2057	The Closest Circle	分割統治	★★★★

グラフ

0508	String With Rings	深さ優先探索	★★
1166	Amazing Mazes	幅優先探索	★★
2511	Sinking island	最小全域木	★★★
0519	Worst Sportswriter	トポロジカルソート	★★☆
0526	Boat Travel	単一始点最短経路	★★☆
1182	Railway Connection	全点対間最短経路	★★★
1162	Discrete Speed	単一始点最短経路	★★★☆
1196	Bridge Removal	木の直径	★★★☆
2224	Save your cat	最小全域木	★★★☆

動的計画法

2272	Cicada	2次元動的計画法	★☆
1167	Pollock's conjecture	コイン問題	★★
2090	Repeated Subsequences	最長共通部分列	★★☆
0561	Books	ナップザック問題	★★☆
2431	House Moving	最長増加部分列	★★★
0310	Frame	2次元動的計画法	★★★☆

計算幾何学

1053	Accelerated Railgan	反時計回り	★★☆
2003	Railroad Conflict	交差判定・交点	★★☆
1157	Roll-A-Big-Ball	距離	★★★
1298	Separate points	凸包	★★★
1047	Crop Circle	円と円の交点	★★★☆
1247	Monster Trap	多角形の点の包含	★★★★☆

整数

1257	Sum of Consecutive Prime Numbers	素数判定	★★
0211	Jogging	最大公約数	★★☆
1327	One-Dimensional Cellular Automaton	繰り返し自乗法	★★★

探索（状態遷移）

1116	Jigsaw Puzzles for Computers	バックトラック	★★☆
2157	Dial Lock	DFS	★★★
2297	Rectangular Stamps	BFS	★★★
1281	The Morning after Halloween	A*	★★★☆
1128	Square Carpets	IDA*	★★★★☆

複合問題

1189	Prime Caves	整数論、動的計画法	★★★
0520	Lightest Mobile	整数論、木	★★★
1301	Malfatti Circles	探索、計算幾何学	★★★
1183	Chain-Confined Path	計算幾何学、グラフ	★★★★
2173	Wind Passages	計算幾何学、グラフ	★★★★
0284	Happy End Problem	計算幾何学、動的計画法	★★★★☆

参考文献

- Algorithms in C, Parts 1-4: Fundamentals, Data Structures, Sorting, Searching,
  Robert Sedgewick, Addison-Wesley.
- Algorithms in C, Part 5: Graph Algorithms,
  Robert Sedgewick, Addison-Wesley.
- C++標準ライブラリ, チュートリアル&リファレンス,
  Nikolai M. Josuttis, ASCII, 2001.
- C言語によるプログラミング[基礎編],
  内田智史, Ohmsha, 1999.
- Introduction to Algorithms,
  Thomas H. Cormen, Charles E. Leiserson, Ronald L. Rivest, Cliford Stein, Second Edition, The MIT Press.
- アルゴリズムイントロダクション第1巻,
  T. コルメン, C. ライザーソン, R. リベスト, C. シュタイン, 近代科学社, 2013.
- アルゴリズムイントロダクション第2巻,
  T. コルメン, C. ライザーソン, R. リベスト, C. シュタイン, 近代科学社, 2013.
- アルゴリズムデザイン,
  J. Kleinberg, E. Tardos, 共立出版, 2008.
- アルゴリズム論,
  ジル・ブラッサール, ポール・ブラットレー, 東京電機大学出版局, 1992.
- 計算幾何学入門,
  譚学厚,平田富夫,森北出版株式会社,2003
- コンピュータ・ジオメトリー計算幾何学:アルゴリズムと応用,
  M. ドバーグ, M. ファンクリベルド, M. オーバマーズ, O. チョン, 近代科学社.
- はじめての数論,
  ジョセフ・H・シルヴァーマン, ピアソン・エデュケーション.
- プログラミングコンテストチャレンジブック第2版,
  秋葉拓哉,岩田陽一,北川宜稔,マイナビ
- 最強最速アルゴリズマー養成講座,
  高橋直大, SBクリエイティブ

索引

英数字

あ・か行

さ・た行

な・は行

ま・や・ら・わ行

[著者略歴]
渡部有隆（わたのべ ゆたか）
1979年生まれ。コンピュータ理工学博士。会津大学 コンピュータ理工学部 情報システム学部門 上級准教授。
専門はビジュアルプログラミング言語。AIZU ONLINE JUDGE 開発者。
http://web-ext.u-aizu.ac.jp/~yutaka/

[協力者略歴]
Ozy（おじぃ　本名：岡田佑一 おかだゆういち）
学習塾経営の傍ら研究・開発を行う。主に組み合わせ最適化、可視化の分野を研究。著書に『ショートコーディング 職人達の技法』、翻訳書に『世界で闘うプログラミング力を鍛える本』（以上マイナビ出版刊）がある。

秋葉拓哉（あきば たくや）
2011年東京大学大学院に入学。プログラミングコンテストではiwiとして活躍。TopCoderレーティングでの最高は世界4位(2013年)。共著に『プログラミングコンテストチャレンジブック 第2版』、監訳に『世界で闘うプログラミング力を鍛える本』（以上マイナビ出版刊）がある。

本書の内容に関する質問は、下記のメールアドレスまで、お送りください。電話によるご質問、本書の内容以外についてのご質問についてはお答えできませんので、あらかじめご了承ください。
メールアドレス pc-books@mynavi.jp
本書の追加・正誤情報サイト　https://book.mynavi.jp/supportsite/detail/9784839952952.html

プログラミングコンテスト攻略のための アルゴリズムとデータ構造

2015年　1月22日　初版第　1刷発行
2025年　4月　2日　　　第17刷発行

著　者　　渡部有隆
協　力　　Ozy、秋葉拓哉
発行者　　角竹輝紀
発行所　　株式会社 マイナビ出版
〒101-0003 東京都千代田区一ツ橋2-6-3 一ツ橋ビル 2F
TEL：0480-38-6872（注文専用ダイヤル）
03-3556-2731（販売）
03-3556-2736（編集）
URL：https://book.mynavi.jp
E-mail：pc-books@mynavi.jp
カバーデザイン　アピア・ツウ
制作　企画室ミクロ／島村龍胆
編集担当　山口正樹
印刷・製本　シナノ印刷 株式会社

ISBN978-4-8399-5295-2